최근 국가시험 출제 기준에 따른 2026 최신판

단기속성합격 미용사 네일 필기시험 총정리문제

대한민국 국가대표 브랜드
최고의 적중률!! 최고의 합격률!!
크라운출판사
국가자격시험문제 전문출판
http://www.crownbook.co.kr
국가자격 시험문제 전문출판
에듀크라운
국가자격시험문제 전문출판

이 책을 발행하면서

미용의 근대화가 시작된 1960년대를 기점으로 산업체인 미용(이용)숍에서 헤어스타일 연출과 함께 네일케어가 대중화되어 현재 상업화에까지 이르렀다. 이를 근간으로 학계 역시 1991년 미용대학이 설립된 이후로부터 교육과정에 반영된 네일은 4개의 교과군 가운데 자리 잡고 미용사(일반)에 접목되어 있었다. 그러나 멋의 개념으로 출발했던 매니큐어가 공중보건위생을 필두로 보건복지부에서 미용사(네일) 자격기준을 갖춘 국가고시로의 제정과 시행을 결정시켰다.

이에 미용사(네일) 필기서는 국가기술자격 시험을 준비하는 수험생들에게 포괄성과 배타성의 원리를 적용하여 내·외적 구성요소를 토대로 출제기준에 어긋나지 않도록 집필되었다. 특히 미국이라는 거대 네일시장에서 파생되어온 네일관련 재료 및 도구, 실전용어들인 외래어는 후학들에게 혼란을 막기위해 우리나라 국립국어원 외래어 표기법에 근거하여 명명하였다.

이 미용사(네일) 필기교재는 국가기술자격시험을 위한 준비서이다. 한국산업인력공단에서 제시하는 미용사(네일) 출제기준(네일개론, 공중위생관리학, 화장품학, 피부학 등)을 포함한 네일개론, 네일미용기술을 과목별로 그림, 사진, 표 등을 통해 체계화하여 주요항목(5개)와 세부항목(18개)의 이론적인 기틀을 마련하였다. 특별부록으로는 누구나 쉽게 이해할 수 있는 핵심요약과 함께 항목별 출제예상문제는 물론, 최근 시험 유형분석문제 등을 상세한 해설과 함께 수록하였다.

산업체와 대학에서 네일테크니션으로 1년간의 준비과정을 거쳐 준비해온 이 교재는 수험생이 실제 시험을 다각도로 테스트해 볼 수 있도록 집필하여 제시하였다. 네일리스트가 되기 위해 불철주야 노력하시는 수험생의 원대한 꿈을 합격이라는 자격과 전문가로서의 영광으로 꼭 이루시기를 기도드린다. 이와 더불어 이 교재를 출판할 수 있도록 물심양면으로 도움을 주신 크라운출판사 회장님과 편집부 관계자 여러분들에게 진심어린 감사의 말씀을 드린다.

저자 올림

미용사(네일) 자격시험안내

1. 개요

미용사 네일 업무는 공중위생분야로서 국민의 건강과 직결되어 있는 중요한 분야이다. 국가의 산업구조가 제조업에서 서비스업으로 전환되는 차원에서 수요가 증대되고 있다. 머리, 피부미용, 화장 등 분야별로 세분화 및 전문화되고 있는 미용의 세계적인 추세에 맞추어 미용사 네일을 자격제도화함으로써 네일 분야 전문인력을 양성하여 국민의 보건과 건강을 보호하기 위하여 자격을 제정하였다.

2. 수행직무

손톱 · 발톱을 건강하고 아름답게 하기 위하여 적절한 관리법과 기기 및 제품을 사용하여 네일 미용 업무를 수행한다.

3. 진로와 전망

네일미용사, 미용강사, 화장품 관련 연구기관, 네일 미용업 창업, 유학 등

4. 자격시험 안내

① 시행처 : 한국산업인력공단(www.hrdkorea.or.kr)
② 응시자격 : 제한없음
③ 시험과목

필기	네일 화장품 적용 및 네일 미용관리(공중위생관리학, 피부의 이해, 화장품 분류 포함)등에 관한 사항
실기	네일미용실무

④ 검정방법 및 합격기준

구분	필기시험	실기시험
검정방법	객관식 4지 택일형, 60문항(1시간)	작업형(2시간 30분 정도)
합격기준	100점 만점에 60점 이상	

※ 기타 자세한 사항은 한국산업인력공단이나 Q-Net(www.q-net.or.kr)에서 확인 가능하다.

미용사(네일) 필기시험 출제기준

직무 분야	이용·숙박·여행·오락·스포츠	중직무 분야	이용·미용	자격 종목	미용사(네일)	적용 기간	2022. 1. 1. ~ 2026. 12. 31.

직무내용 : 고객의 건강하고 아름다운 네일을 유지·보호하기 위해 네일 케어, 컬러링, 인조 네일, 네일아트 등의 서비스를 제공하는 직무이다.

필기검정방법	객관식	문제수	60	시험시간	1시간

필기과목명	문제수	주요항목	세부항목	세세항목
네일 화장물 적용 및 네일 미용 관리	60	1. 네일미용 위생 서비스	1. 네일미용의 이해	1. 네일미용의 개념과 역사
			2. 네일숍 청결 작업	1. 네일숍 시설 및 물품 청결 2. 네일숍 환경 위생 관리
			3. 네일숍 안전 관리	1. 네일숍 안전수칙 2. 네일숍 시설·설비
			4. 미용기구 소독	1. 네일미용 기기 소독 2. 네일미용 도구 소독
			5. 개인위생 관리	1. 네일미용 작업자 위생 관리 2. 네일미용 고객 위생 관리 3. 네일의 병변
			6. 고객응대 서비스	1. 고객응대 및 상담
			7. 피부의 이해	1. 피부와 피부 부속 기관 2. 피부유형분석 3. 피부와 영양 4. 피부와 광선 5. 피부면역 6. 피부노화 7. 피부장애와 질환
			8. 화장품 분류	1. 화장품 기초 2. 화장품 제조 3. 화장품의 종류와 기능
			9. 손발의 구조와 기능	1. 뼈(골)의 형태 및 발생 2. 손과 발의 뼈대(골격) 3. 손과 발의 근육 4. 손과 발의 신경
		2. 네일 화장물 제거	1. 일반 네일 폴리시 제거	1. 일반 네일 폴리시 성분 2. 일반 네일 폴리시 제거 작업
			2. 젤 네일 폴리시 제거	1. 젤 네일 폴리시 성분 2. 젤 네일 폴리시 제거 작업
			3. 인조 네일 제거	1. 인조 네일 제거방법 선택 및 제거 작업
		3. 네일 기본관리	1. 프리에지 모양만들기	1. 네일 파일 사용 2. 자연 네일 프리에지 모양
			2. 큐티클 부분 정리	1. 자연 네일의 구조 2. 자연 네일의 특징 3. 큐티클 부분 정리 작업 4. 큐티클 부분 정리 도구
			3. 보습제 도포	1. 네일미용 보습 제품 적용

필기과목명	문제수	주요항목	세부항목	세세항목
		4. 네일 화장물 적용 전 처리	1. 일반 네일 폴리시 전 처리	1. 네일 유분기 및 잔여물 제거 2. 일반 네일 폴리시 전 처리 작업
			2. 젤 네일 폴리시 전 처리	1. 젤 네일 폴리시 전 처리 작업
			3. 인조 네일 전 처리	1. 인조 네일 전 처리 작업
		5. 자연 네일 보강	1. 네일 랩 화장물 보강	1. 네일 랩 화장물 보강 작업 및 도구
			2. 아크릴 화장물 보강	1. 아크릴 화장물 보강 작업 및 도구
			3. 젤 화장물 보강	1. 젤 화장물 보강 작업 및 도구
		6. 네일 컬러링	1. 풀 코트 컬러 도포	1. 풀 코트 컬러링
			2. 프렌치 컬러 도포	1. 프렌치 컬러링
			3. 딥 프렌치 컬러 도포	1. 딥 프렌치 컬러링
			4. 그러데이션 컬러 도포	1. 그러데이션 컬러링
		7. 네일 폴리시 아트	1. 일반 네일 폴리시 아트	1. 기초 색채 배색 및 일반 네일 폴리시 아트 작업
			2. 젤 네일 폴리시 아트	1. 기초 디자인 적용 및 젤 네일 폴리시 아트 작업
			3. 통 젤 네일 폴리시 아트	1. 네일 폴리시 디자인 도구 및 통 젤 네일 폴리시 아트 작업
		8. 팁 위드 파우더	1. 네일 팁 선택	1. 네일 상태에 따른 네일 팁 선택
			2. 풀 커버 팁 작업	1. 풀 커버 팁 활용 및 도구
			3. 프렌치 팁 작업	1. 프렌치 팁 활용 및 도구
			4. 내추럴 팁 작업	1. 내추럴 팁 활용 및 도구
		9. 팁 위드 랩	1. 팁 위드 랩 네일 팁 적용	1. 네일 팁 턱 제거 및 적용 작업
			2. 네일 랩 적용	1. 네일 랩 오버레이 및 네일 랩 적용 작업
		10. 랩 네일	1. 네일 랩 재단	1. 네일 랩 재료 및 작업
			2. 네일 랩 접착	1. 네일 랩 접착제 및 접착 작업
			3. 네일 랩 연장	1. 인조 네일 구조 및 네일 랩 연장 작업
		11. 젤 네일	1. 젤 화장물 활용	1. 젤 네일 기구 및 젤 화장물 사용방법
			2. 젤 원톤 스컬프처	1. 네일 폼 적용 및 젤 원톤 스컬프처 작업
			3. 젤 프렌치 스컬프처	1. 젤 브러시 활용 및 젤 프렌치 스컬프처 작업
		12. 아크릴 네일	1. 아크릴 화장물 활용	1. 아크릴 네일 도구 및 사용방법
			2. 아크릴 원톤 스컬프처	1. 아크릴 브러시 활용 및 아크릴 원톤 스컬프처 작업
			3. 아크릴 프렌치 스컬프처	1. 스마일 라인 조형 및 아크릴 프렌치 스컬프처 작업
		13. 인조 네일 보수	1. 팁 네일 보수	1. 팁 네일 상태에 따른 화장물 제거 및 보수작업
			2. 랩 네일 보수	1. 랩 네일 상태에 따른 화장물 제거 및 보수작업
			3. 아크릴 네일 보수	1. 아크릴 네일 상태에 따른 화장물 제거 및 보수 작업
			4. 젤 네일 보수	1. 젤 네일 상태에 따른 화장물 제거 및 보수작업
		14. 네일 화장물 적용 마무리	1. 일반 네일 폴리시 마무리	1. 일반 네일 폴리시 잔여물 정리 및 건조
			2. 젤 네일 폴리시 마무리	1. 젤 네일 폴리시 잔여물 정리 및 경화
			3. 인조 네일 마무리	1. 인조 네일 잔여물 정리 및 광택

필기과목명	문제수	주요항목	세부항목	세세항목
		15. 공중위생관리	1. 공중보건	1. 공중보건 기초 2. 질병관리 3. 가족 및 노인보건 4. 환경보건 5. 식품위생과 영양 6. 보건행정
			2. 소독	1. 소독의 정의 및 분류 2. 미생물 총론 3. 병원성 미생물 4. 소독방법 5. 분야별 위생·소독
			3. 공중위생관리법규 (법, 시행령, 시행규칙)	1. 목적 및 정의 2. 영업의 신고 및 폐업 3. 영업자 준수사항 4. 면허 5. 업무 6. 행정지도감독 7. 업소 위생등급 8. 위생교육 9. 벌칙 10. 시행령 및 시행규칙 관련 사항

차례

제 1 장 시험에 꼭 나오는 핵심요약 이론

Part 01   네일미용 위생 서비스 ····················· 12
Part 02   네일 화장물 ······························· 43
Part 03   네일 미용기술 ···························· 49
Part 04   공중위생관리 ···························· 67

제 2 장 미용사(네일) 필기시험문제
[출제예상문제]

Part 01   네일미용 위생 서비스 출제예상문제 ·············· 94
Part 02   네일 화장물 ······························· 131
Part 03   네일 미용기술 출제예상문제 ················· 137
Part 04   공중위생관리 출제예상문제 ················· 149

제 3 장 실전모의고사

제1회 실전모의고사 ····································· 194
제2회 실전모의고사 ····································· 201
제3회 실전모의고사 ····································· 208
제4회 실전모의고사 ····································· 215

제 1 장

시험에 꼭 나오는 핵심요약 이론

Part 01　네일미용 위생 서비스
Part 02　네일 화장물
Part 03　네일 미용기술
Part 04　공중위생관리

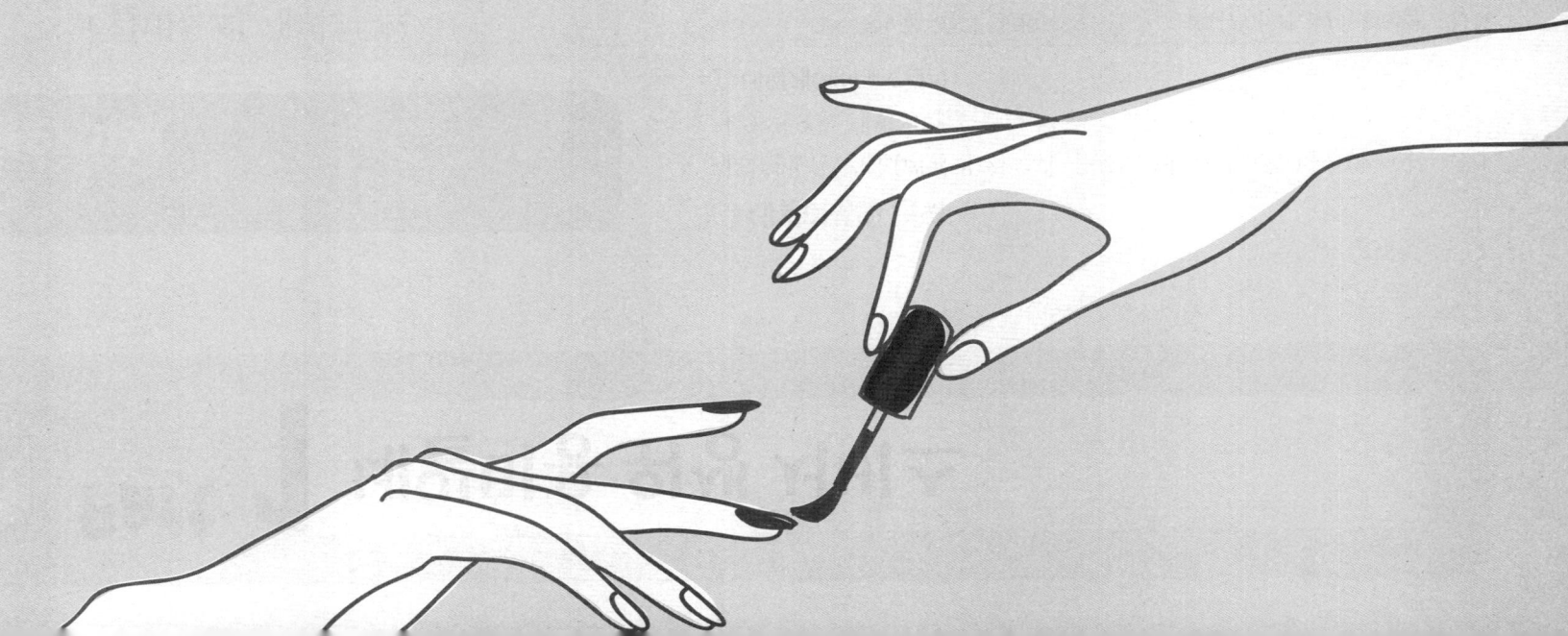

Part 1 네일미용 위생 서비스

Chapter 01
네일미용의 이해

Section 01 ● 네일미용의 개념과 역사

01 네일미용총론 개요

네일이란 헤어와 마찬가지로 피부의 변성물이며, 손톱과 발톱을 총칭하는 단어이다. 네일미용이란 손톱을 소재로 한 손 관리(매니큐어)와 발톱을 소재로 한 발 관리(페디큐어)를 통해 상태를 개선 또는 미화시키는 과학적 작업이다. 네일미용술이란 손과 발 또는 손톱과 발톱의 생리는 물론 형태에 따른 관리의 개념과 색을 칠하는 화장의 실제를 가진 기술이며 예술이다.

1. 네일미용의 개요

(1) 네일미용의 정의

① 네일은 매니큐어와 페디큐어를 총칭하는 명칭이다.
② 네일업은 손님의 손톱과 발톱을 손질하거나 화장하는 영업이다.
③ 네일 업무는 매니큐어, 페디큐어, 매니큐어 컬러링, 페디큐어 컬러링, 인조네일, 아트네일 등으로 구분된다.
④ 매니큐어는 광택을 내는 손톱 에나멜인 '폴리시' 자체를 의미하는 것이 아니라 '손톱을 관리한다'라는 총괄적 의미로서 페디큐어와 구별된다.
⑤ 역사적으로 고대에는 '손을 치료한다'는 의미였으나 현대에 와서는 손을 '아름답게 관리한다'라는 의미로서 재해석되고 있다.

보충설명

[매니큐어(Manicure)]
매니큐어는 라틴어에서 유래된 의미로 손을 의미하는 '마누스(Manus)'와 관리를 의미하는 '큐라(Cura)'에서 전래되었다. 고대 매니큐어는 '손을 치료한다'는 개념으로 시작하였지만 현재는 '손의 손질에 따른 관리'뿐 아니라 고급 미용패션의 액세서리 역할까지를 의미한다.

(2) 네일미용의 목적

① 손과 발의 지속적인 관리는 건강을 증진시키며 노화를 예방한다.
② 토탈 미용패션의 일부로서 심리적 욕구를 충족시킨다.
③ 여성스러움을 돋보이게 하여 매력적인 호감을 주고, 잉여 생산성을 높여 준다.
④ 손과 발은 개성을 나타내는 이미지 관리뿐 아니라 미적 수단의 도구가 된다.

(3) 네일미용의 영역

네일미용은 기초(레귤러)기술과 응용(스페셜)기술로 나뉜다. 이는 3가지 영역으로 대별된다.

① 네일케어(Nail Care)

매니큐어/매니큐어 컬러링	페디큐어/페디큐어 컬러링
• 습식 매니큐어 • 풀커버(레드, 화이트) 컬러링 • 프리에지 컬러링, 딥 프렌치 컬러링 • 그라데이션 컬러	• 페디큐어 • 풀커버(레드, 화이트) 컬러링 • 프리에지 컬러링, 딥 프렌치 컬러링 • 그라데이션 컬러

② 인조네일(Artifical Nail)

인조 팁	네일 랩	아크릴 네일 스컬프처	젤 네일 스컬프처

• 컬러 팁
• 풀 팁
• 롱 팁
• 하프웰 팁
	• 팁 위드
	  파우더
	• 팁 위드 랩
	  (실크)
		• 내추럴 팁 오버레이
		• 아크릴 스컬프처
		  − 원톤 스컬프처
		  − 프렌치 스컬프처
		• 아크릴 스컬프처 디자인
			• 팁 위드 젤 오버레이
			• 젤 스컬프처
			  − 원톤 스컬프처
			  − 프렌치 스컬프처
			• 젤 스컬프처 디자인

③ 아트네일(Art Nail)

아트네일		
• 핸드페인팅 • 콘페티 • 라인디자인(아트 펜, 아트 브러시 이용)	• 스트라이핑 테이프 • 마블링	• 라인스톤 • 스티커 데칼

(4) 네일미용의 특수성

특수성	내 용
의사표현의 제한	• 손님의 의견을 우선한다.
소재선정의 제한	• 손님의 신체 일부인 손톱과 발톱이 소재가 된다.
시간의 제한	• 사용되는 네일 제품의 지속성과 발림성의 제한이 작품의 완성도에 제한을 준다.
미적 표현의 제한	• 손님 각자의 개성과 이미지 변화를 고려하여 표현한다.
부용예술의 제한	• 손톱과 발톱이 갖는 조건이 다양한 예술적 표현에 제한을 받는다. • 고객의 연령, 계절, 경우, 직업에 어울리는 네일 기술을 연출해야 한다.

(5) 네일리스트가 갖추어야 할 능력

과학적이고 객관성을 가진 체계적인 이론을 토대로 한 정확한 훈련을 통해 기술을 수행해야 한다. 이는 고객을 우선으로 하는 창의적 능력을 갖춘 네일리스트로서의 자세이다.

① 손 · 발톱에 대한 위생적 측면을 알아야 한다.
② 네일 제품의 안전성과 안정성, 유효성 측면을 정확히 알아야 한다.
③ 네일이론의 객관화를 통한 기술에의 적응력을 갖는다.
④ 고객관리에 따른 기술적 문제를 이론화할 수 있는 태도를 갖는다.

네일미용 위생 서비스

02 용제의 종류와 특성

1. 네일 제품의 성분과 유해

(1) 네일 제품의 성분

네일에 사용되는 화장품을 크게 분류하면 13가지의 제형으로 나눌 수 있다.

종류	제품명	주성분 및 첨가제, 성상	작용 및 역할
유·수분 보충 및 영양제	핸드크림	• 파라핀 오일, 양기름, 기타 동물성 오일 등	• 네일 및 그 주변 피부 영양 보충 • 네일 성장 촉진
	큐티클 오일/크림	• 식물성 오일 : 올리브, 땅콩, 피마자, 비타민 F 등 • 동물성 오일 : 양기름 추출물	
강화제	네일 보강제	• 글리세롤, 칼리 명반, 푸로틴 하드너, 포름알데하이드 등	• 부러지고 약한 네일에 견고함을 부여
연마제	네일 연마제	• 파우더 또는 크림 형태의 원료	• 조체면에 문지르면 매끄러운 광택을 줌
제거제 (용해제)	폴리시 리무버 (아세톤)	• 산 또는 에틸렌 용액에 오일, 글리세롤 및 연화제를 첨가	• 인조네일 폴리시 제거 시 아세톤 성분이 없는(논 아세톤) 것을 사용
	리무버 원액	• 자연네일에 시술된 인조네일 제거 시에 사용	• '아세톤 원액' 또는 '전용 아세톤'이라고도 함
	큐티클 리무버	• 2~5% 염화칼슘 또는 염화나트륨, 글리세린 pH 11~12 강알칼리성, 유분, 알코올 등	• 큐티클에 리무버를 도포하여 연화시킨 후 니퍼로 자름
	큐티클 오일	• 아몬드 오일, 아보카도, 호호바 오일, 비타민 F 등	• 네일과 큐티클에 유분과 수분을 공급시키고 큐티클을 유연하게 해 줌
유화제	네일 폴리시 유화제(신나)	–	• 1회 2~3방울 정도 첨가한 후 가볍게 흔들어 사용
건조제	글루 드라이	• 기체상	• 실크나 젤 글루 사용 시 건조하는 스프레이형
	퀵 폴리시 드라이	• 기체상	• 컬러 후 빠른 건조를 유도하는 스프레이형
	액티베이터	• 액체상	• 글루 드라이와 같은 기능이 있으나 응고가 느림
소독제	에틸알코올	• 50~70% 에틸알코올 용액	• 손소독, 금속 계열 도구 소독
	손 소독제	• 70% 농도의 알코올	• 시술 전·후, 고객 또는 시술자 손소독
탈색제	네일 블리치	• 20% H_2O_2, 구연산, 레몬즙, 글리세린, 증류수 등	• 자연네일과 네일 주변 착색된 얼룩 제거 시 사용
착색 방지제	베이스 코트	• 송진, 아이소프로필알코올, 부틸아세테이트, 니트로셀룰로오스 등	• 조체 표면에 코팅막 형성 • 폴리시 착색 방지 및 조체면 교정
지속제	톱 코트	• 송진, 니트로셀룰로오스, 용해제 알코올, 폴리에스터, 레진 등	• 폴리시 색감과 광택 및 지속력 유지 아트네일 시 접착제 역할
색상제	네일 폴리시	• 니트로셀룰로오스, 천연송진+벤젠, 셀락, 클로로포름, 폴리초산 비닐, 포름알데하이드, 캄퍼 등	• 네일보호, 색상광택 부여
	네일 화이트너	• 산화연, 티타늄, 다이옥사이드	• 자유연을 더욱 희게 보이게 함
접착제	프라이머	• 아크릴 볼 또는 젤이 자연네일에 접착이 잘 되도록 하는 촉매제	• 아크릴 볼 또는 젤 네일의 접착제(젤 본더) 역할, 자연네일과 인조네일 간에 곰팡이 생성 방지
	프리멕스본더	• 산(Acid), 비산(Non-acid)으로 구분	• 산의 성분이 전혀 없는 접착제는 큐티클에 닿아도 무방함
지혈제	지혈제	• 아드레날린, 젤라틴, 칼슘, 식염수 등	• 네일 시술 시 상처가 생겼을 때 출혈을 멈추게 함

03 네일의 구조와 이해

네일은 손(발)톱에 관련된 생리를 근원으로 한 형태를 갖는다.

1. 네일의 구조

넓은 의미로서 조(爪)는 손톱, 발톱을 뜻하며, 좁은 의미로는 손가락이나 발가락 끝의 배측면상 각질의 피부 판을 일컫는다.

(1) 네일 구조

명칭	내용
조근 (Nail Root)	• 네일 루트는 조근이라고도 한다. • 표피와 접하여 깊은 곳에 대략 5mm 깊이로 심겨 있으며 매우 부드럽고 얇다. • 손(발)톱의 근원으로서 피부 밑에 묻혀 있다. • 세포분열이 형성되는 부분으로서 조상 내에 분포하고 있는 모세혈관으로부터 산소를 공급받아 손(발)톱이 자라기 시작하는 곳이다. • 조근에서 오래되고 딱딱해진 세포들은 조체 방향으로 밀려나면서 자란다.
조체 (Nail Body)	• 네일 바디는 네일 플레이트(Nail Plate) 또는 조갑(爪甲), 조판(爪版)이라고도 한다. • 손톱 자체의 판으로서 손톱 총 길이(조체+옐로우 라인+자유연)를 말한다. • 신경조직이 없는 각질화된 딱딱한 세포이다.
자유연 (Free Edge)	• 프리에지는 자유연(자유변)이라고도 한다. • 조체 내에서 옐로우 라인이 자유연의 출발선이다. • 옐로우 라인 밖은 수분공급이 되지 않아 수분함량이 적고, 강도가 약한 부분이다. • 네일의 말단면, 즉 조체의 외부로 향해 잘려져 나가는 부분인 옐로우 라인의 가장 바깥 면을 일컫는다. 　– 신경이나 혈관이 없다. 　– 영양부족 시 갈라지거나 찢어질 수 있다. 　– 중층상피세포로 구성되며 미세한 자극에도 부서지는 손상을 초래한다.
옐로우 라인 (Yellow Line)	• 네일의 조체와 자유연의 경계선이다.
스트레스 포인트 (Stress Point)	• 외부적인 충격을 가장 많이 받는 부분으로 조구가 끝나는 지점이다. • 내적 측면의 경계인 옐로우 라인이 시작되는 지점으로 자유연이 찢어지기 시작하는 곳이다.

PART 1 — 네일미용 위생 서비스

② 네일판 밑 부분

명 칭	내 용
조상(Nail Bed)	• 네일 베드는 조상(爪上)이라고도 하며 조체의 밑 피부이다.
조모(Nail Matrix)	• 네일 성장을 조정한다. • 매트릭스는 조모(爪母)라고도 한다. • 각질형성세포에서는 딸세포인 네일 세포(Nail Cell)를 생산하며 밤낮으로 쉼 없이 성장한다. • 색소형성세포에서는 미량의 멜라닌 색소가 분비되어 네일의 색을 형성시킨다. • 조모는 피부 속으로 박혀있는 부분으로서 조체의 줄기 세포이다. • 림프관과 혈관, 신경이 많이 분포하고 있는 가장 예민한 부분이다.
조반월(Nail Lunula)	• 네일 루눌라는 조반월(爪半月)이라고도 한다. • 조근과 연결된 부분으로 케라틴화가 덜 된 유백색의 반달 모양이다. • 충분히 각화되지 않아 부드러우며 하부와의 접착 정도가 불충분하여 불완전하다.
하조피(Hyponychium)	• 조상과 연결된 자유연 밑부분의 피부이다.

③ 네일 주변의 피부

명 칭	내 용
조표피 (Nail Cuticle)	• 네일 큐티클, 상조피(Eponychium), 후조관이라고도 한다. • 조모와 조체의 경계선에 있는 피부로서 조반월의 주변을 감싸고 있는 피부이다. • 각질세포의 생성은 물론, 성장 시 조절에 관여한다.
조구 (Nail Groove)	• 네일 그루브는 조구(爪丘), 조벽 또는 네일 웰, 조곽(후조곽, 측조곽)이라고도 한다. • 스트레스 포인트를 중심으로 조체를 따라 자라는 조상의 양 측면(측조곽)에서 만곡형으로 패인 홈을 말한다.
조상연 (Nail Perionychium)	• 네일 판 전체를 에워싼 조구 주변의 피부이다.

2. 네일의 이해

피부표피의 각질층과 투명층으로부터 변성된 반투명의 각질판인 네일은 손가락 끝과 발가락 끝을 보호하는 피부의 각질 부속기관으로서 신경, 혈관 등이 존재하지 않으나 일생동안 끊임없이 성장한다.

(1) 네일의 성장 및 기능

정상적인 네일의 성장은 조모(네일 매트리스)에서 시작한다. 건강한 손톱은 개인에 따라 다양한 형태로 성장할 수 있다.

1) 네일의 성장

정상적인 성인에서 네일의 성장은 다음과 같다.
① 평균 한 달에 조체 길이의 약 1/8 정도 자란다.

> **TIP** 하루 평균 0.1~0.15mm 정도, 한 달 약 3~5mm 정도 밀려나옴(Elongate)으로써 성장한다.

② 완전히 자라는 데 약 4~6개월 걸린다.
③ 겨울보다 여름에 더 빨리 자라며, 어린이들이 성인의 조체보다 더 빨리 자란다.
④ 손톱은 발톱보다 1/2 정도 더 빠르게 자라며, 발톱은 손톱보다 두껍

고 단단하다.
⑤ 조체의 성장은 일반적으로 건강과 질병, 영양 상태 등에 의해 영향을 받는다.

2) 네일의 기능

① 장식적인 역할을 한다.
② 손·발가락 끝의 피부를 보호한다.
③ 조체는 조상을 보호하는 철갑과 같은 역할을 한다.
④ 외부로부터 자극에 대한 방어 또는 공격의 기능을 갖는다.
⑤ 조상의 모세혈관으로부터 산소를 공급받는다.

---

04 네일의 특성과 형태

건강한 네일은 조체가 조상바닥에 강하게 부착되어 단단하고 탄력이 있으며 분홍빛을 띤다. 매끄러운 광택이 있고, 양호한 형태를 가진다.

1. 네일의 특성

(1) 네일의 경도 : 수분량과 경케라틴이라는 단백질 조성에 따라 다르며, 비타민과 미네랄이 부족하면 이상 현상이 나타난다.

(2) 네일의 세포층 : 중층상피세포의 구조로서 단단하며, 반투명한 편평사각형으로서 두께 0.5~0.75mm이다.

(3) 건강한 네일 : 건강한 손(발)톱은 표면이 매끄럽고 광택이 있으며, 일반적으로 연한 핑크빛을 띠고 있다.

(4) 네일의 지질함유량 : 지질은 0.15~0.75%를 포함하고 있다.

(5) 네일의 구조 : 루트, 바디, 프리에지, 베드, 매트릭스 등으로 구성되어 있다.

2. 네일의 형태

(1) 네일형태의 결정조건(생태적 형태)

네일의 형태는 조구의 모양, 조표피 모양, 스트레스 포인트의 위치에 의해 결정된다.

① 네일판 모양 결정 : 조체판의 크기는 스트레스 포인트를 기준으로 조곽 모양인 바깥선(Outline)을 결정한다.

> **TIP** 자유연의 성장은 6개월 동안 최대 1.8~3cm 정도 자란다.

② 네일의 길이 결정
조표피 중앙에서 옐로우 라인의 중앙을 지나는 길이에 의해 결정된다.
㉠ 골든 프로포션 : 네일 형태가 아름답고 우아하게 보이는 가장 편안한 길이를 의미한다.
㉡ 이상적인 길이 : 조체 전체(총길이)를 4등분하였을 때, 자유연은 성장 네일의 1/4 길이로 유지하는 것이 이상적인 비율이다.
㉢ 한계의 길이 : 성장조체 총길이에서 자유연이 1/3 이상 길어지면 부러지거나 찢어진다. 따라서 스트레스 포인트 양 측면에 부담을 주지 않도록 길이를 유지해야 하며, 부담이 느껴지면 자유연을 잘라야 한다.

네일미용 위생 서비스

(2) 네일 디자인 모형(이상적 형태)
① 정의 : 생태적 모양에서 출발한 조체는 디자인 모형에 따른 이상적 형태를 갖춤으로써 이미지 메이킹화된 네일 형태가 된다.
② 네일 디자인 모형 : 고객의 손가락 굵기와 길이는 생태적으로 모양을 유지한다. 그러나 라이프 스타일 및 선호도에 따라 길이와 모양을 이상적 네일 형태로 만들고자 할 때 이를 네일 디자인 모형이라고 한다.

(3) 네일 디자인 모형 만들기
네일 모양이 시작되는 근원은 스트레스 포인트와 조표피에 있다. 네일 디자인 모형은 5가지 유형을 기본으로 분류된다.

이 름	특 징
스퀘어 모양	파일 각도는 90°로 양쪽 끝을 굴리지 않고 각을 살린 강한 느낌의 형태이다.
스퀘어 오프 모양	파일 각도는 90°로 양쪽 끝을 약간 둥글게 하는 형태이며, 손·발톱에 많이 활용된다.
라운드 모양	파일 각도는 45°로 양쪽 네일 그루브에서 이어지는 스트레스 포인트 선은 그대로 남겨두고 양쪽 끝에 각이 지지 않도록 둥글게 한 모양을 말한다.
오발 모양	파일 각도는 15°~45°로 양쪽 끝을 둥글게 더 많이 다듬는 형태이다.
아몬드 모양	파일 각도는 10°~45°로 뉘여서 타원형보다 양쪽 끝을 더 많이 갈아 뾰족하게 만들어 주는 형태이다.

05 네일미용의 역사

네일미용의 역사는 고서 또는 고분, 전래된 구술 또는 풍습, 제품 및 도구 개발에 따른 사회적 유행 등을 통하여 유추할 수 있다.

1. 한국의 네일미용

(1) 고대의 네일미용
고대 우리나라에서는 문인(文人)을 선호하는 사상에서 희고 가느다란 손가락을 양반계층으로 보았다.
① 조선시대
「동국세시기」에 지갑화(指甲花)라 하여 봉숭아 꽃잎에 백반을 섞어 손톱에 곱게 물들였다.
－ 붉은 손톱이 건강을 나타내었다.

(2) 근대의 네일미용
1960년대 이후에서 1990년대 이전까지는 주로 이용실 또는 미용실에서 손톱 손질을 미용서비스 차원으로 제공하였다.

(3) 현대의 네일미용

종류 연도	전문네일살롱	교육기관 설립	협회 및 학회 발족
1988년	최초 살롱 개원 – 그리피스(서울 이태원)	–	–
1996년	백화점 전문네일코너 입점 (서울 압구정동)	–	–
1997년	숍인숍 네일코너 – 미용실 또는 피부관리실 내 전문살롱오픈 – 세씨네일, 헐리우드 네일	전문아카데미 개원 – 핑크네일 오브 뉴욕	한국네일협회 설립 – 네일 민간 인 자격제 도시행
1998년	–	미용 관련 대학 – 네일 교과목 개설	–
2002년			한국네일학회 창립
2014년	–	–	한국네일협회 설립 한국프로네일협회 설립

2. 외국의 네일미용

(1) 고대

구 분	B.C 3,000 ~ 2,000년경
이집트	왕과 왕비의 손톱에 헤나(붉은색 또는 오렌지색)를 칠함 왕비의 무덤에서 금속제로 제작된 오렌지 우드스틱 발견 네일의 색조가 신분을 규명하는 상징적 의미로 규정 고분에서 출토된 시녀의 미이라에 보라색의 옅은 색이 손톱에 발림 전쟁에 나가는 군인들의 손톱에 색조를 넣음
중국	B.C 600년 금색과 은색을 손톱에 바름 입술과 연지에 사용된 홍화를 손톱에 입혀 조홍이라 함 벌꿀과 계란흰자, 아라비아산 고무나무 수액을 조제하여 손톱화장을 함

(2) 중세
① 매니큐어를 남성 전유물로 여겼다.
② 전쟁 출전에 앞서 군인들은 염료를 사용해 입술과 네일에 동일계열의 색을 칠하였다.

(3) 15세기
① 명나라 때 흑색과 적색을 손톱에 발랐다.
② 가짜 손톱(인조손톱)을 사용하여 손톱이 길어보이게 하였다.

(4) 17세기

인도	프랑스
조모(Nail Matrix)에 문신바늘로 헤나를 주입하여 건강한 붉은 손톱을 표현함	궁전 문을 노크할 때 긴 손톱을 이용하여 긁는 방식을 취한 것을 보아 귀족들의 손톱손질이 보편화됨을 엿볼 수 있음

(5) 19세기

연도	내 용
1800년	네일케어가 대중화됨 아몬드형의 뾰족한 손톱 모양이 유행함 붉은색 오일을 발라 양가죽을 이용하여 손톱에 색깔과 광택을 냄
1830년	오렌지 우드스틱을 네일관리 도구로 사용[유럽의 발 전문의사 시트(Sitts)에 의해 개발]

네일미용 위생 서비스

1885년	• 네일 폴리시 피막 형성제인 니트로셀룰로오스 개발
1892년	• 미국에서는 여성 직업으로서 네일리스트 배출
1900년	• 크림이나 파우더로 손톱에 광을 냄 • 낙타털 브러시를 이용, 손톱에 컬러를 칠함 • 네일케어 시 금속가위와 금속파일 등의 네일도구 이용

(6) 근대

연 도	내 용
1910년	• 뉴욕에서는 네일 폴리시 제조회사(플라워리)가 설립됨
1925년	• 네일 폴리시는 주로 투명한 자연스러운 컬러로 제한됨 • 네일의 반월과 양 가장자리를 뺀 손톱 중앙에 컬러를 도포함 • 네일 폴리시 시장의 대중화에 의해 일반 화장품 가게에서도 폴리시 구입이 용이해짐
1927년	• 조체 내 자유연(프리에지)에 사용되는 화이트 폴리시가 출시됨 • 네일 큐티클 크림과 큐티클 리무버가 출시됨 • 제나 연구팀에 의해, 　– 다양한 채도의 레드 폴리시가 출시됨 　– 네일 폴리시 리무버, 워머 로션, 큐티클 오일이 출시됨 　– 전기기구를 이용하여 손톱에 광택을 냄
1932년	• 오늘날과 같이 채도, 명도, 색상 등 다양한 폴리시가 출시 • 레브론 사에서 립스틱과 어울리는 네일 폴리시 색상을 출시
1935년	• 인조네일을 개발
1940년	• 습식 매니큐어가 남성 이발소에서 최초 시술 • 뾰족한 손톱 모양에 빨간색을 가득 매우는 손톱화장이 유행함(영화배우 리타 헤이워드)
1948년	• 네일 손질에 도구 및 기구를 사용(미국의 노린레호) • 자연네일에 가까운 내추럴 폴리시 색상이 유행
1956년	• 미용학교에서 네일케어가 교과목으로 최초 채택(미국 여성잡지 편집장, 헬렌 걸리 브라운)
1957년	• 네일 팁 사용이 확대 · 증가됨 • 호일을 이용한 아크릴스컬프처가 시술됨 • 페디큐어가 시술되기 시작함

(7) 현대

연 도	내 용
1960년	• 실크와 린넨을 이용하여 네일 랩이 시술됨 • 약하고 부서지기 쉬운 손톱 보강술이 시도됨
1967년	• 손과 발 관리가 대중화됨
1970년	• 네일케어와 네일아트가 유행되기 시작함 • 긴 손톱을 위한 인조 팁과 아크릴 스컬프처가 본격화됨 • 여성의 직업으로 네일리스트가 확립되기 시작함
1973년	• 네일 접착제와 접착식 인조네일이 개발됨(미국 네일제조회사 IBD)
1974년	• 네일 폴리시, 리퀴드, 파이버 글래스, 필러 파우더, 프라이머, 베이스 코트 등이 제조됨(올리 인터내셔널 제조회사)
1975년	• 네일리스트협회가 창립됨 • 미국 식약청(FDA)에서 메틸 메타크릴레이트 제품의 아크릴을 사용 금지시킴
1976년	• 스퀘어형의 손톱모양이 유행함 • 네일아트가 미국에 정착됨 • 인조 팁, 아크릴 스컬프처, 섬유 랩 등이 제조됨

1981년	• 에씨, 오피아이, 스타 제조회사에서, 　– 네일 및 핸드용 전문제품이 출시됨 　– 네일 액세서리가 출시됨 　– 네일 제품 부스를 통해 박람회가 개최됨 　– 건성 또는 지성용의 베이스 코트, 톱 코트 등이 출시됨
1982년	• 아크릴 스컬프처 제품(파우더, 프라이머, 리퀴드) 개발됨
1986년	• 독일 바이어(화학)가 UV 경화법 개발 – 젤 스컬프처 시작
1992년	• 인기 여배우들에 의해 네일 대중화가 최고조로 확대됨 • NIA(The Nail Industry Association)가 창립되어 네일 산업이 정착됨
1994년	• 독일 라이트 큐어드 젤 시스템이 등장함 • 면허제도(네일 테크니션)가 뉴욕 주에 도입됨
2000년	• 젤 스컬프처(UV 경화 코팅법에 의한 고강도 · 고광택 특성) 확대됨

제 1 장　16　이론

PART 1 네일미용 위생 서비스

Chapter 02
네일숍 청결 작업

Section 01 ● 네일숍 시설 및 물품 청결

01 네일숍의 최적화 공기 환경

(1) 온도

온열 조건(기온, 기습, 기류, 복사열 등)이 고려되어야 하나 일반적으로 기온을 기준으로 한다.

냉방		난방	
국소	• 선풍기: 네일 작업 시 미세먼지 날림현상 • 에어컨: 제한적 공간의 네일숍 실내에 적합	국소	• 난로는 실내난방에 효율적임 - 난방 원료에 유의하여야 함
중앙	• 캐리어시스템: 냉·난방, 공기 세정 작용 등 위생적임	중앙	• 전체 실내온도를 같이 관리함으로써 위생적임 - 설치비용이 많이 듦
실내·외의 온도 차 10℃ 이상일 경우 냉방병 유발, 5~7 이내가 적정함		전기를 이용하지 않을 경우 난방 원료의 운반 및 보관 등이 불편하며 화재 발생 가능성이 있음	

(2) 습도

- 쾌적 습도는 상대온도 25℃ 60%를 기준으로 하나 기온이 높고 40~70% 이상의 습도가 올라가면 불쾌감을 느낀다.
- 네일숍에서는 온습도 측정기를 이용하여 주기적으로 체크하도록 한다. 건조 시 가습기를 이용하여 매일 세척하여 관리한다.

(3) 환기 시스템

- 네일숍 내 전체 환기(공기정화)를 위해 시설 설비 시 인공환기 장치(천정에 배관)를 천장뿐만 아니라 아래쪽에도 설치해야 한다.
  - 인공장치는 시설 낙후로 인한 덕트의 오염, 유기성 물질, 내부시설 자재의 오염 (부적절한 환기시스템의 운영에 의한) 등을 유발한다.

① 실내공기를 위한 환기
- 네일화장품 및 폐기물을 보관하거나 사용할 때에는 뚜껑을 닫아 보관한다.
  - 사용한 솜 또는 키친타월 등은 반드시 폐기하며 뚜껑이 달린 쓰레기통을 사용하며 자주비워준다.
  - 사용 후 젖은 타월은 뚜껑이 있는 용기에 임시 보관하였다가 짧은 시간 내에 세탁해야 한다.

② 충분한 환기를 위한 작업환경
- 신선한 자연 공기 유입이 가능하도록 개폐 가능한 창문을 설치한다.
- 별도의 공기 청정을 위해 냉·난방기를 준비한다.
- 네일 작업 시 작업유형에 따라 흡진기를 사용한다

02 네일숍의 최적화 작업환경

(1) 작업환경 유형에 따른 소독관리

환경관리는 소독제와 세척제, 설비 등 구체적인 계획에 따라 체계적인 소독방법으로 진행된다.

기기 및 도구	• 작업 도구 관련 도구들은 사용 후에는 소독을 하여 보관함 - 미용기기와 도구의 손잡이, 작업대, 문손잡이, 조명 스위치, 전화기, 리모컨, 의자와 작업 관련도 구 등
시설	• 접촉이 적은 표면은 규칙적인 청소 일정에 따라 시행하고 오염이 눈에 보이는 경우 즉시 제거함 - 벽, 커튼, 조명, 환기용 시스템 등
패브릭 제품	• 주기적인 일정에 따라 교환하고 눈에 보이는 오염이 있을 시 즉시 교체함 - 커튼, 테이블 덮개, 쿠션 등
화장실 및 개수대	• 매일 세정용 소독제로 오염이 눈에 띌 때 즉시 곰팡이가 있는지 확인하고 금이 갔거나 곰팡이가 있는 선반은 제거하거나 교체함 - 욕실과 개수대 변기 주위 등
숍 바닥	• 바닥은 소독제를 이용하여 청소하며 도구로는 자루걸레와 양동이 빗자루 등을 이용하여 적절히 세탁하여 건조하며 소독제는 자주 교체함
카펫	• 진공청소기를 사용, 정기적으로 청소하고 필터는 주기적으로 일정하게 교체해야 함, - 카펫은 먼지와 파편을 모으기 때문에 작업장, 왕래가 잦은 곳, 액체를 자주 쏟을 수 있는 구역에 설치하는 것은 권장되지 않음

Section 02 ● 네일숍 환경 위생 관리

01 네일숍 환경 위생 관리

(1) 네일 제품의 성분과 유해

1) 화학물질의 특징

① 독성 : 유독성과 무독성으로 분류된다.
② 농도 : 물질에 오염된 정도와 물질의 농도를 갖고 있다.
③ 오염 시간 정도 : 물질에 오염된 시간과 기간이 드러난다.
④ 화학물질 반응도 : 물질에 따른 개인의 반응도가 다르다.
⑤ 오염된 화학물질은 다른 물질과 상호작용한다.
⑥ 물질에 오염된 경로를 찾을 수 있다.

2) 화학물질의 형태

상	성질	제품	특징
고체 (Solute)	• 형태를 가진 물질 - 작은 입자를 구성하는 먼지나 섬유질 또는 분말	• UV 젤 • 아크릴 리퀴드 • 파우더	• 매우 조밀하고 견고하여 제거하기 어려움 • UV 젤 사용 시 • 빛을 차단해야 함 • 백열전등의 열을 이용해 수분을 증발시킴

네일미용 위생 서비스

액체 (Solvent)	• 유동성이 있는 물질	• 글루 • 베이스 코트 • 톱 코트 • 프라이머 • 네일 폴리시 • 프라이머 : 인조 • 네일 접착제	• 네일 폴리시나 톱 코트는 수분 증발을 통한 • 건조 과정이 필요함 • 부착력이 약하고 견고성이 떨어져 쉽게 제거
기체	• 대기 중에 부유하는 물질	• 자외선(UV light)	–
수증기	• 공기 중으로 증발한 액체에서 발생 • 아세톤 액체는 열린 병의 액체가 공기 중 에 증발하면서 아세 톤 수증기가 생성됨	• 폴리시 리무버 (아세톤)	• 아세톤 : 41℃에서 최적 반응

Chapter 03

네일숍 안전 관리

Section 01 ● 네일숍 안전관리

01 화재안전관리

(1) 화재 예방수칙

① 안전점검 주기(월 1회 이상), 점검자(소방안전 관리자 또는 소방시설 관리업자)를 지정 점검 후의 문제점을 보완하고, 이를 정비 보완 기록부에 기록하여 유지관리 하도록 한다.

② 소방시설의 파손 및 정상작동 여부 점검을 위해 육안 또는 검사 장비를 이용하여 정기검사를 진행한다.

③ 피난 통로, 방화문 등의 상단에 유도 등을 설치하여 위치를 식별할 수 있도록 한다.

02 전기안전관리

(1) 감전사고 예방수칙

① 전기 누전에 대비하여 배선의 피복 손상 여부를 수시로 확인한다.

② 건물이나 대용량 전기기구에는 회로를 분류하여 회로별로 누전 차단기를 설치함

③ 스위치 본전함의 내부를 정기적으로 점검하여 전기가 통할 수 있는 물질이나 가연성 물질 등을 제거함

03 안전사고 관리

(1) 화학물질 안전관리 수칙

• 작업대는 통풍구나 필터를 갖추도록 한다.

• 환풍기 또는 창문을 이용 수시 환기한다.

• 먼지 냄새 등을 흡입하는 흡진기를 갖춘다.

• 네일 미용사는 콘택트렌즈의 사용을 피하고 보호 안경과 마스크를 사용한다.

• 쏟아지지 않도록 재료정리 정리함에 보관하는 것이 적절하다.

• 공기 중에 퍼지는 스프레이 형태보다 스포이드나 브러시로 바르는 것을 선택한다.

• 유효기간이 지난 네일 재료는 사용을 금하며 유효기간이 지나면 반드시 폐기한다.

• 한번 덜어내어 사용한 네일 제품은 재사용할 수 없으며 폐기한다.

• 보관 시 빛 차단 용기 뚜껑 있는 용기 등을 사용하여 밀봉 후 서늘한 곳에 보관한다.

• 제품은 뚜껑이 있는 용기를 사용하고 사용한 후에는 뚜껑을 닫아야 한다.

PART 1 네일미용 위생 서비스

- 네일 재료는 스패츌러를 이용하여 덜어 사용하며 액체인 경우 스포이드를 사용하여 오염을 방지한다.
- 피부 유형에 따라 피부에 닿을 시 화상과 트러블을 일으킬 수 있으므로 닿지 않게 주의한다.

Section 02 ● 네일숍 시설·설비

01 물질안전기준표(Manterial Safety Data Sheet, MSDS)

미국에서 법으로 규제한 MSDS는 화학제품에 대한 정보 또는 위험성을 알려주는 기준표이다.
작업할 때 사용하는 제품에 대한 물질안전기준 파일을 숍 내부의 쉽게 접할 수 있는 장소에 비치해야 한다.

① 물질안전기준표의 정의
- 화학제품의 연소성을 나타낸다.
- 화학제품의 성분 위험도를 나타낸다.
- 작업장에서의 건강상 위험도를 나타낸다.
- 작업 시 사용하는 제품의 인체 위해도를 결정한다.
- 작업장에서 사고가 발생했을 때 응급 순서를 결정한다.

② 물질안전기준표에 명시되는 목록
- 제품의 이름 : 화학물의 이름, 상표 이름
- 제조업자, 판매자 또는 수입업자 : 이름, 주소, 비상시 전화번호
- 물질안전기준표에 제시된 날짜 • 제품에 함유된 위험한 성분들
- 제품이 암을 유발하는지 여부 • 악화할 수 있는 건강상 문제
- 물리적·화학적 특성 : 외형, 냄새, 녹는점, 끓는점, 증기압력 등
- 화재 또는 폭발의 위험성 : 인화성, 연소성, 발화점 등
- 통계치 수 : 필요한 환기 종류, 마스크나 장갑과 같은 보호장비 취급 요령
- 반응 : 다른 화학물질과 반응했을 때 새로운 위험성이 발생하는지 여부
- 노출의 경로 : 일반적인 호흡과 흡입, 피부 접촉을 통해 몸속으로 들어오는지에 대한 여부
- 건강에 끼치는 위험 : 장시간 혹은 단시간에 걸쳐 건강에 영향을 끼치는 징후들

Chapter 04
미용기구 소독

Section 01 ● 네일미용 기기 및 도구 소독

01 네일미용 기기 및 네일도구

(1) 네일기기

1) 네일기구

① 매니큐어 테이블
  ㉠ 매니큐어 전용 책상이다.
    - 네일용품의 진열과 보관이 가능해야 한다.
② 시술용 의자 : 바퀴와 등받이, 높낮이 조절장치 등이 달려 있어야 오랫동안(2시간 이상) 앉아 있는 네일리스트의 피곤을 감소시키고 시술을 용이하게 할 수 있다.
③ 고객의자
  고객에게 안락함을 줄 수 있도록 팔걸이가 있는 것을 선택한다.
④ 각탕기(페디스파기)
  페디큐어나 발마사지 시 혈행을 좋게 함으로써 피로를 풀어준다. 등받이는 진동마사지와 스파 바이브레이션 기능 등이 고객을 안락하게 해준다.
⑤ 파라핀 워머 : 파라핀을 녹일 때 사용하는 전기 기구이다.
⑥ 파라핀 미용장갑 : 열이 외부로 발산되는 것을 방지하고 열을 주어 혈액순환을 도와주는 기구이다.
⑦ 폴리시 드라이어(전기식 네일 드라이어) : 네일 색조화장 후 폴리시를 건조시켜주는 전기 기구이다.
⑧ 소독기 : 네일 도구의 소독, 살균을 위한 기기이다.
⑨ UV 램프 : '젤 큐어링 라이트기'라고도 하며 젤을 굳힐(건조) 때 사용하는 전기 기구이다.
⑩ 드릴
  ㉠ 여러 가지 다양한 모양의 금속 형태로 되어있는 비트를 드릴 머신에 끼워서 사용한다.
⑪ 비트 종류
  ㉠ 카본덤 화이트 포인트 : 루즈스킨 제거 또는 얇은 네일에 사용된다.
  ㉡ 카본덤 그린 포인트 : 거칠게 연마작업을 할 경우 사용된다.
  ㉢ 카바이드 콘 : 필링 시 큐티클 주위를 정리할 때 사용한다.
  ㉣ 티타늄 카바이드 : 초보자도 사용하기 용이하다.
  ㉤ 프레이져 : 섬세한 작업을 할 때 멘드릴 또는 샌딩 밴드를 사용한다.
    - 멘드릴 : 샌딩 밴드를 끼워서 사용하는 비트이다.
    - 샌딩 밴드 : 불필요한 피부조직을 정리하거나 표면을 다듬을 때 사용한다.

2) 네일도구

모든 도구는 소독을 철저히 하여 사용해야 한다.
① 큐티클 니퍼 : 손톱 주변의 굳은살과 거스러미를 제거할 때 사용되는 가위이다.

네일미용 위생 서비스

PART 1

② 푸셔(Pusher) : 큐티클을 밀어 올릴 때 사용한다.

③ 네일 클리퍼 : 자연네일 또는 인조네일의 길이를 자르는 도구이다.

④ 팁 커터 : 인조손톱(팁)을 자르는 데 사용한다.

⑤ 더스트 브러시 : 인조네일 시술 시 또는 자연네일의 모양을 다듬은 후 먼지나 이물질을 제거할 때 사용한다.

⑥ 핑거 볼 : 습식 매니큐어 시 손 끝의 큐티클을 불리기 위해 손가락을 담그는 용기이다.

⑦ 디스크 패드 : 라운드 패드라고도 하며, 파일 후 먼지나 조구 내의 거스러미 제거에 사용한다.

⑧ 샌딩 블럭
  ㉠ 조체 표면의 거칠과 가로세로 줄을 매끄럽게 정리할 때 사용하는 도구이다.
  ㉡ 랩이나 인조 팁 시술 시 글루나 젤 글루를 바른 후 부드럽게 마무리할 때 사용한다.

⑨ 에머리 보드(우드파일) : 자연네일의 모양이나 길이를 변경할 때 사용한다.

⑩ 파일 : 자연네일을 제외한 인조네일이나 연장시킨 네일의 모양 또는 길이를 변경할 때 사용한다.
  ※ 그릿(Grit)은 파일의 거칠기 정도로서 번호가 높을수록 부드러운 파일이다.

> **TIP** ・ 그릿 180 : 부드러운 파일로서 큐티클 주위와 손톱의 모양을 인위적으로 만들 때 사용한다.
> ・ 그릿 100 : 거친 파일로서 랩 시 또는 네일 팁의 턱을 제거할 때 사용한다.

⑪ 샤이니 블럭(3Way) : 손톱을 정리한 후 조체 표면에 광을 낼 때 사용한다.

⑫ 손목 받침대 : 시술 받는 동안 고객의 손목과 팔의 받침대로서 지지할 때 편안하게 해준다.

⑬ 페디파일 : 페디큐어를 할 때 사용되는 발 전용 파일로서 페디 주변을 정리할 때 사용한다.

⑭ 토우 세퍼레이터 : 발가락과 발가락 사이를 벌려 컬러가 묻지 않게 할 때 사용한다.

⑮ 랩 가위 : '실크가위'라 하며 실크, 린넨, 파이버 글래스 등 천을 재단할 때 사용하는 작은 가위이다.

⑯ 젤 브러시 : 인조 섬유로 된 브러시로서 조체 표면에 젤을 얹을 때 사용한다.

⑰ 아크릴 브러시 : 아크릴 볼을 조체 위에 얹어 인조네일을 만드는데 사용하며, 붓의 모양, 길이, 크기에 따라 여러 가지의 종류가 있다.

⑱ 디펜디시 : 아크릴 리퀴드 또는 아크릴 파우더를 덜어 쓰는 용기로 사용한다.

⑲ 디스펜서 : 액체 제품을 담아두는 용기로 사용된다.

⑳ 습식 소독용기 : 70~90%의 알코올에 철제 도구들을 20분 이상 담그는 소독 용기이다.

㉑ 오렌지 우드스틱 : 큐티클을 밀거나 네일 주위에 묻은 에나멜을 제거할 때 등 다양하게 사용한다.

Chapter 05
개인위생 관리

Section 01 ● 네일미용 작업자의 위생 관리

01 작업 전 소독

(1) 손소독

① 작업자
・ 고객에게 작업을 제공하기 직전에 손을 씻은 후 탈지면(70% 알코올을 적신)으로 손등–손바닥–손가락 사이 순서로 양손을 번갈아 가며 소독함
・ 작업이 끝날 때마다 항균비누와 손세척용 브러시를 사용하여 흐르는 미지근한 물에 40~50초간 깨끗이 씻고 일회용 페이퍼타월이나 손 건조기를 이용해 물기를 제거함

② 고객
・ 탈지면에 손소독제를 분사하여 적신 후 고객의 손을 한 손으로 받치고 손등을 닦으며 손을 뒤집어서 손바닥을 손가락 쪽으로 닦아낸다. 넓은 쪽을 닦은 후 손가락 사이사이를 차례대로 소독한다.
・ 나머지 한쪽 손도 같은 방법과 순서로 소독한 후 사용한 탈지면은 폐기 처리한다.

(2) 발소독

・ 손 소독하기와 동일하게 작업자의 손을 먼저 소독한다.
・ 고객의 발을 소독한다.
  – 발전용 소독제를 탈지면에 적신 후 고객의 발을 한 손으로 받치고 발등을 닦은 후 발을 옆으로 돌려서 발바닥을 발가락으로 향해 아래로 닦고 발가락 사이사이를 차례대로 소독한다.
  – 나머지 한쪽 발도 같은 방법으로 소독한 후 사용한 탈지면은 폐기 처분한다.

02 네일미용인의 자세

1. 네일미용인의 자세

(1) 기본 자세

① 네일리스트의 긴장된 태도는 고객도 긴장시킨다.
  ㉠ 자연스러운 자세로 고객 쪽으로 약간 몸을 기울인다.
  ㉡ 약간의 몸짓을 통하여 고객에게 이해도를 높여준다.
  ㉢ 상담 시 손을 많이 흔들거나 팔짱을 끼지 않는다(고객에게 거만하게 비칠 수 있다).
  ㉣ 상담 시 다리를 꼬거나 고객보다 낮은 자세로 내려 앉지 않는다.
② 네일리스트 자신의 자세와 몸짓이 어떤 의미를 전달하는지, 의도한 것인지를 분명히 파악해야 한다.
③ 효과적인 상담을 위해서는 고객의 말에 귀를 기울여야 한다.
④ 고객에게 반말 등 단적인 표현을 삼간다.

제 1 장 **20** 이론

(2) 네일리스트의 복장 및 위생

1) 복장
① 네일리스트는 명찰을 착용한다.
② 화려한 액세서리는 부착하지 않도록 한다.
③ 시술하기 편안한 복장을 착용한다.
④ 상담자는 항상 손톱, 발톱, 머리 상태, 복장 등이 깨끗해야 한다.
⑤ 상담자는 강한 향수 및 음식물, 땀 냄새 등이 나지 않도록 한다.

2) 위생
개인위생은 물론 숍 내의 청결과 위생을 생활화한다.
① 작업도구 : 소독이 요구되는 금속제 도구들은 70% 이상의 소독액을 소독용기에 80% 잠긴 상태에서 10분 이상 담근 후 잘 닦아 건조한다.
② 손세척 : 역성비누 등으로 깨끗이 씻고 마른 타월로 닦는다.
③ 테이블 : 클리너나 소독액으로 닦는다.
④ 쿠션 : 매 고객마다 깨끗한 새 타월을 깔아서 앉힌다.
⑤ 파일, 오렌지 우드스틱, 솜 등은 일회용으로 사용하고 폐기 처리한다.

> **TIP** 손톱, 발톱에 직접 접촉되는 도구나 기기들은 자외선 소독기 등에 소독한 후 사용한다.

⑥ 작업장, 서랍, 캐비닛 등 모든 시설은 위생적으로 깨끗하고 청결하게 관리한다.

(3) 네일리스트가 갖추어야 할 능력
네일에 관련된 기술은 과학적이고 객관성을 가진 체계적인 이론을 토대로 수행해야 한다.
① 손·발톱에 대한 위생적 측면을 알아야 한다.
② 네일이론의 객관화를 통한 기술에 적응력을 가져야 한다.
③ 고객관리에 따른 기술적 문제를 이론화할 수 있어야 한다.
④ 네일 제품의 안전성과 안정성, 유효성 측면을 정확히 알아야 한다.

Section 02 ● 네일미용 고객의 위생 관리

올바른 위생처리와 작업 습관은 전문인으로서 고객에게 신뢰감을 줄 수 있다.
- 숍 내에서의 위생 관리
- 에어컨 및 통풍구의 필터를 자주 교환한다.
- 숍 내에서 음식물이나 음료 섭취, 흡연 등을 금한다.
- 네일 도구 및 기기, 전열 기계의 마모 상태를 주기적으로 점검한다.
- 작업 시 요구되는 재료와 사용한 타월, 솜(코튼), 페이퍼 키친 등을 위생적으로 처리해야 한다.

Section 03 ● 네일의 병변

01 네일의 병변

네일은 내·외적 자극 또는 감염에 의한 이상 형태로서 병리 현상을 갖는다. 네일의 병리 현상이 보일 때는 비감염성 질환을 가진 조체라 하더라도 네일케어가 가능하지 않을 수도 있다. 따라서 반드시 의사의 지시를 받아야 한다.

1. 네일케어가 가능한 질환

① 고랑진 조체
  ㉠ 모양 : 조체 겉모습이 가로나 세로로 패인 주름 또는 고랑 모양의 선, 즉 고랑진 구(Groove, Trench)를 나타낸다.
  ㉡ 증상 : 아연결핍, 위장장애, 순환계의 이상, 영양실조, 고열, 임신, 홍역 등에 의해 나타난다.
② 조체 위축증(Onychoatrophy)
  ㉠ 모양 : 조체에 윤기가 없으며, 오므라들 듯이 보인다. 심하면 손톱이 축소되는 것처럼 떨어져 나가는 현상이다.
  ㉡ 증상 : 조모 손상, 내과적 질환, 강한 알칼리성 세제 사용 등에 의해 나타난다.
③ 혈종(血腫 ; Hematoma ; Hematomi ; Bruised Nail)
  ㉠ 모양 : 조상에 외부 충격이 가해져 혈액이 응고된 상태의 멍든 손톱을 말한다.
  ㉡ 증상 : 조모가 손상될 수도 있으나 손상되지 않았을 경우 약 1개월 후 손톱이 새로 자란다.
④ 조체증(Onychophagy)
  ㉠ 모양 : 손톱을 씹거나 깨무는 버릇에 의해 나타난다.
  ㉡ 증상 : 심리적 이상 현상이다.
⑤ 조체 연화증(Eggshell Nail)
  ㉠ 모양 : 계란 껍질 손톱이라고도 한다. 조체 표면이 흰색을 띠며 얇고 끝이 부러져 있다. 심한 다이어트나 비타민 부족 등 직업적 요인으로도 나타난다.
  ㉡ 증상 : 내과적(갑상선 기능 저하, 위장 장애) 질병, 신경계통(만성 관절염) 이상의 현상이다.
⑥ 손가락의 거스러미(Hangnails)
  ㉠ 모양 : 조체 주변 피부의 거스러미로서 기부(基部)인 상조피 또는 측부의 조구 내 스트레스 포인트 등에서 피부가 조그맣게 들떠있는 모습이다.
  ㉡ 증상 : 피부가 건조하여 나타나는 현상이다.
⑦ 조체종렬증(Onychorrhexis)
  ㉠ 모양 : 특발성 종렬을 지어 손톱이 세로로 갈라지고 부서지며 골이 파지는 현상이다.
  ㉡ 증상 : 비타민 A 또는 B의 결핍, 갑상선 기능항진, 과다 리무버 사용 등에 의한 현상이다.
⑧ 조내생(Onychocryptosis ; Ingrown Nail)
  ㉠ 모양 : 손·발톱 조내생(爪內生) 또는 인그로운 네일이라 한다. 조구로 파고 들어간 현상이다.

네일미용 위생 서비스

ⓒ 증상 : 프리에지를 제거하고자 할 때 바싹 깎거나 꽉 끼는 신발을 상용으로 신는 경우이다.

⑨ 조체입상편(Pterygium Unguis)
ⓐ 모양 : 표피조막이라고도 하며 큐티클의 과잉 성장으로 조체 표면을 덮는 형태이다.
ⓒ 증상 : 큐티클이 반월 쪽으로 치켜 들뜨는 증상이다.

⑩ 조체비대증(Onychauxis)
ⓐ 모양 : 과다한 두께 또는 성장에 의해 비후하게 보인다. 비대 또는 거대한 손톱과 발톱을 말한다.
ⓒ 증상 : 유전이나 질병 등에 의해 나타나는 현상이다.

⑪ 조체백반증(Leukonychia)
ⓐ 모양 : 색소가 빠져 백색(Leuko)으로 나타난다.
ⓒ 증상 : 원인은 불분명하다. 부분적인 백색 현상이며, 조상에 백색의 띠가 형성되는 경우도 있다.

⑫ 변색 또는 오염된 조체(Discolored Nail)
ⓐ 모양 : 내·외적 현상으로서 네일케어 과정에서 베이스 코트를 바르지 않고 유색 폴리시(Polish)를 바르는 등의 경우에 나타난다.
ⓒ 증상 : 변색, 퇴색, 오염된 조체의 일종으로서 혈액 순환과 심장이 안좋은 상태 또는 구강치료나 일반 치료 과정에서 나타날 수 있다.

⑬ 스푼형 조체(Koilonychia)
ⓐ 모양 : 스푼형 또는 숟가락형으로 조체가 함몰된 상태이다. 조체는 얇고 패어 있으며, 가장자리인 조구는 부풀어져 있다.
ⓒ 증상 : 조체의 발육이상 증상으로서 철분결핍증, 빈혈증을 수반하며 건선, 갑상선기능장애 등에서 나타난다.

⑭ 무조증(Anonychia)
ⓐ 모양 : 조체 결여증이라고도 한다. 한 개 또는 그 이상의 조체가 선천적으로 결여된다.
ⓒ 증상 : 선천성 발육부전증이나 심한 감염 등에서 볼 수 있다.

> **TIP** 스티븐존슨 증후군의 후유증으로도 영구조갑탈락이 발생한다.

2. 네일케어가 불가능한 질환

① 조체구만증(Onychogryphosis)
ⓐ 모양 : 조체의 만곡 상태가 심해지는 현상이다.
ⓒ 증상 : 정확한 원인은 아직 밝혀지지 않았지만 조체가 두껍게 변형된다.

② 조체박렬증(Onychoschisis)
ⓐ 모양 : 한 개 이상의 조체가 빠지는 현상이다.
ⓒ 증상 : 매독이나 당뇨병에 의해 유발되는 증상이다.

③ 화농성 육아종(Pyogenic Granuloma)
ⓐ 모양 : 염증이 심한 상태로, 네일 주위에 붉은 빛을 띠는 조직이 자란다.
ⓒ 증상 : 세균감염 또는 비위생적 도구 등의 사용이 그 원인이다.

④ 조체박리증(Onychoschizia, Onycholysis)
ⓐ 모양 : 조체의 전부 또는 일부가 조상에서 이완되거나 분리되는 것으로서 종종 건선의 한 증상으로 나타난다.

ⓒ 증상 : 외상, 감염, 내과적 질병으로 인한 특정 약물치료에 의해 발생한다. 의사 처방이 요구된다.

⑤ 조체주위염(Paronychia)
ⓐ 모양 : 조체 주위가 붉게 부풀어 오르고 살이 무르거나 염증과 고름을 동반하는 상태이다.
ⓒ 증상 : 조체 주위염으로서 조체 주위에 있는 피부조직이 세균에 감염되어 화농된 염증을 일으킨다. 비위생적인 도구를 사용하거나 큐티클을 많이 잘라낼 때 발생한다.

⑥ 일어나는 네일(Onychophosis)
ⓐ 모양 : 조체 밑 부분의 피부인 조상 층이 두꺼워진다.
ⓒ 증상 : 조체 밑에 축적되어 조상에서 조체를 이루는 판이 들떠 일어나게 된다.

⑦ 족부백선(Tinea Pedis ; Athlete's Foot)
ⓐ 모양 : 무좀이라고도 하며 피부의 침연, 균열 및 낙설과 심한 가려움증을 동반한다.
ⓒ 증상 : 만성 표재성 진균증으로서 발 또는 발가락 사이에서 나타난다.

⑧ 조체발인벽(Onychotillomania)
ⓐ 모양 : 조체판을 신경증적으로 뽑아내는 현상이다.
ⓒ 증상 : 조체에 대해 발인벽, 농근벽이라는 증상이다.

⑨ 조체진균증(Onychomycosis)
ⓐ 모양 : 진균에 의해 감염되어 변색되거나 두꺼워지고 울퉁불퉁하게 된다.
ⓒ 증상 : 프리에지로 감염되어 조근으로 퍼지며, 비정상적인 각화로 과립이 지속적으로 생긴다.

⑩ 사상균증(Mold)
ⓐ 모양 : 자연네일과 인조네일 사이로 습기가 스며들고 곰팡이균이 서식한다.
ⓒ 증상 : 누런색으로 시작하여 황록색, 청록색, 검은색 등의 순서로 색이 변하고, 네일이 약해지며 악취가 나고 부서질 수도 있다.

네일미용 위생 서비스

Chapter 06
고객응대 서비스

Section 01 ● 고객응대 및 상담

01 고객응대

1. 고객 응대의 중요성
네일숍을 방문한 고객이 신뢰와 호감을 느끼도록 끌어내는 일체의 행동으로서 충성 고객으로 만들어내는 중요한 요인이다. 이는 고객 응대에 따른, 즉 심리적 안정감은 물론 미용 서비스에 대한 신뢰감을 느끼게 함으로써 재방문과 매출에 영향력을 준다.

(1) 고객과의 접점관리
네일숍을 방문하는 고객 맞이 인사에서부터 서비스, 작업 등을 받고 숍을 떠나는 배웅 인사까지 전 과정, 즉 "고객과 만나는 모든 순간"이다. 이는 실수가 허용되지 않는 결정적인 순간(moment of truth, MOT)으로 나타낸다.

1) 대면 고객접점(고객과 만나는 세 가지 접점)
◆ 첫 번째 접점
- 고객이 목적 달성을 위해 직원과 상담하는 순간을 가장 기본적인 접점이라 함
  - 내방한 고객과 직원이 얼굴을 맞대는 접점

◆ 두 번째 접점
- 조직의 구조를 갖춘 헤어숍과 그 구성원 즉, 직원과의 관계 맺음도 접점에 해당됨.
  - 구성원의 역할이 중요시되는 요즘은 직원을 내부고객으로 인정하므로 내부고객이 만족해야만 첫 번째 접점에 대한 훌륭한 관리가 가능하다는 점에서 매우 중요한 접점임

◆ 세 번째 접점
- 고객과 조직의 설비가 만나는 접점으로서 각종 시설과 게시물들을 잘 관리하는 접점
  - 잘 정돈되고 깔끔한 인터넷 홈페이지, 고객 편의를 위한 내부 설비, 각종 시설과 게시물 관리 등이 접점의 핵심이 됨

2) 비대면 고객접점
비대면의 핵심은 얼굴을 보지 않는 것이 아니라 디지털화되어서 눈앞에 사람이 없어도 잘 돌아가게 하는 것이 비대면이다. 즉, 목소리나 글 또는 화상을 통하여 만나는 것으로 전화, E-mail, 홈페이지 게시판, 블로그, SNS(social network service) 등이 해당된다.

(2) 고객 응대 대화법
1) 대화법의 종류
① 긍정화법
- 나(서비스 제공자)의 전문성을 높이고 신뢰도를 향상하는 화법으로 본인에게도 긍정적인 마인드를 함양시킬 수 있다.
- 부정적인 상황을 설명하거나 안내 시 긍정적인 단어를 사용하는 대화기술로 "불가능하다"라는 말보다 "가능하다"라는 말을 더 많이 사용하기 때문에 상대방이 업무처리에 신뢰를 느낄 수 있다.

② 쿠션화법
- 쿠션이란 다소 권위적으로 들릴 수 있는 딱딱한 말을 쿠션처럼 폭신하고 부드럽게 전달하는 대화기술이다. 대화법 중에서 상대방이 존중과 배려를 받고 있다는 느낌이 들게 하는 마법 같은 힘을 갖고 있다.

③ 권유(청유형) 화법
- 레이어드 화법이라고도 하며 정중한 응대를 받고 있다는 느낌을 받게 하는 화법으로서 상대방의 의견을 구하는 표현을 사용한다. 명령조보다는 권유형, 질문형으로 바꾸어주는 대화법으로 종결어미의 마침은 조심스럽고 정중하게 물어보듯이 바꾼다.

④ yes화법
- 상대가 긍정적으로 답할 수 있는 예스 형식으로 질문을 던짐으로써 상대가 한 말을 반복하거나 동작을 따라 하다 보면 정확하게 자신의 호의를 전달할 수 있다.
- 상대에게 yes라고 말하게 하는 것으로 기분이 좋게 만드는 심리 테크닉이다.

2. 고객 응대 방법
(1) 데스크에서의 안내
고객이 네일숍 방문 시 데스크 직원(일명 매니저라 칭함)은 신규 또는 재방문 고객인지를 파악해서 예약 또는 비예약 방문의 경우로 나누어 응대 멘트를 한다.

(2) 전화 고객응대
전화는 고객의 얼굴을 직접 보지 않고 고객의 목소리만으로 대하기 때문에 고객에 관한 관심을 표현하고 고객의 의도를 파악하려는 배려심 있는 행동 등이 고객의 심리를 안정감 있게 하고 긍정적인 영향을 준다. 따라서 전화 응대 시 고객의 표정이나 감정, 동작을 볼 수가 없으므로 올바른 어휘 선택을 통해 상대방이 직접 나를 보고 있는 것처럼 느낄 수 있도록 배려하는 것이 필요하다. 전화응대의 기본 매너는 좋은 표정과 바른 자세, 예의 바른 말투와 밝은 목소리 등 고객 편의를 생각해서 고객이 전달하는 내용을 정확히 잘 듣고 명확하게 해야 한다.

(3) 대기 고객응대
대기 공간에서는 고객이 기다리는 동안(대기시간이) 휴식을 취하고 대접을 받았다는 느낌이 들도록 세심하게 서비스를 제공하여 지루하거나 아깝다는 생각이 들지 않도록 한다.

네일미용 위생 서비스

02 고객관리

1. 상담

(1) 네일 상담의 정의

네일리스트에게 상담의 의미는 고객과의 1 : 1 대화과정을 통하여 고객의 손톱과 발톱에 대한 미의 근거를 찾아내는 것이다. 이는 생활에 따른 관리 등을 체크하여 고객에게 네일 관련 서비스 종목을 제시함으로써 고객의 실생활에 요구되는 건강한 미적 관리를 행동으로 옮길 수 있도록 도와주는 과정이다.

(2) 네일 상담의 목적

상담은 고객과의 대화에 의해 전문가다운 언어를 사용하여 문제를 해결하는 과정이다.
① 네일에 관한 이론과 기술을 통해 고객의 인식이나 태도를 바꾸도록 도와준다.
② 네일관리 시 발생할 수 있는 문제를 주의하도록 지적하여 관리된 네일이 아름답게 유지할 수 있게 도와준다.
③ 고객의 네일 기호를 이해하여 만족할 수 있도록 도와준다.

(3) 상담자의 3요소

① 신뢰(고객카드 작성)
  ㉠ 네일미용기술에 들어가기 전에 고객과의 상담을 통하여 문제 개선 방안을 조언하며, 고객카드를 작성한다.
  ㉡ 고객의 생활습관, 건강상태, 기호를 이해함으로써 만족할 수 있는 서비스를 통해 신뢰감을 줄 수 있도록 한다.
② 지식
  ㉠ 네일에 관한 전문이론 및 임상결과로 쌓인 노하우, 고객질문 시 유연한 답변능력 등이 요구된다.
    • 상담 시 네일미용기술 서비스에 대하여 충분히 알려준다.
    • 시술이 불가능한 네일의 경우 의사의 진찰을 권유한다.
    • 전문지식뿐 아니라 자기계발을 끊임없이 함으로써 고객에게 더 가까이 갈 수 있다.
    • 새로운 네일 제품에 대한 충분한 이해를 통해 올바른 제품선택을 할 수 있다.
③ 배려
  고객관리는 고객을 만족시키는 데 있다.

2. 고객상담 방법

(1) 시술 전 고객상담

① 고객에 관한 일반적 사항은 생활습관, 건강상태 등을 확인할 수 있는 근거로 활용된다.
② 고객의 지속적인 관리를 위한 상담차트를 작성한다.

(2) 네일 진단

시진, 문진, 촉진 등을 통해 네일에 대한 내·외적 상황을 진단한다.

(3) 네일 서비스 설정

① 서비스 설정단계에서 상담이란 기초자료를 통해 고객의 네일 유형에 맞게 구체적 관리체계를 결정하는 과정이다.
② 네일리스트와 고객 간에 의사 소통이 이루어지는 과정이다.
③ 고객의 특성에 맞는 제품, 관리기기 등을 결정하기 위한 과정이다.

(4) 네일 서비스 중 상담

① 네일 서비스 과정에서 관리 중 상담은 관리 효과를 상승시키기 위한 과정이다.
② 관리 중의 불편사항이나 호전도에 따른 관리 변화 등 상담을 통해 효과를 증대시키기도 한다.

(5) 네일 서비스 관리 후 상담(사후관리)

네일 서비스가 끝난 상태에서 네일관리 요령을 고객에게 가이드 해주는 사후관리 역할로서의 홈케어 과정이다.

(6) 고객상담 시 주의사항

① 네일관리 전 상담 시 주의사항
  ㉠ 네일관리는 지속적임을 알려준다.
    고객의 네일 유형을 자연스럽게 언급하며, 관리는 어떻게 해야 하는지 알려준다.
  ㉡ 네일관리의 노력이 부족하다고 질책하기보다는 좋은 습관으로 유도한다.
  ㉢ 네일관리의 전 과정은 고객의 신뢰와 의지가 필요하므로 과장된 표현은 자제한다.
② 네일관리 중 상담 시 주의사항
  ㉠ 정확한 지식을 전달한다.
  ㉡ 관리 전·후의 정확한 비교와 분석을 시행한다.
  ㉢ 고객의 심리적, 사회·환경적 상황을 배려한다.
  ㉣ 주기적인 관리상담이 요구된다.
③ 네일관리 후 상담 시 주의사항
  ㉠ 고객에 대한 장기적인 관심과 배려를 갖는다.
  ㉡ 네일관리는 '네일리스트와 함께하는 평생관리'라는 인식을 갖게 한다.
  ㉢ 네일관리는 고객 자신의 문제로서 꾸준한 노력이 요구됨을 인식시킨다.

네일미용 위생 서비스

Chapter 07
피부의 이해

Section 01 ● 피부와 피부 부속기관

01 피부구조 및 기능

1. 피부구조 및 기능
피부는 외부환경이 접촉하는 경계면으로서 병균 및 유해물질이 침투하는 것을 막는 장벽이다.

(1) 피부의 정의 및 구조

1) 피부의 정의
① 일생동안 끊임없이 세포분열과 분화를 한다.
② 새로운 표피를 만들어내는 역동적인 기관이다.
③ 신체 내부로부터 체액이 빠져나가는 것을 막는다.

2) 피부의 구조
피부세포 구조는 중층편평상피로 구성되어 있다.
① 인체의 피부는 얇은 피부와 두꺼운 피부(투명층 포함)로 구분된다.
② 손톱과 발톱의 주변을 구성하는 피부는 얇은 피부이다.
③ 피부는 3개의 층으로서 표피, 진피, 피하조직 등으로 구성되어 있다.
④ 피부 부속기관은 각질 부속기관과 분비 부속기관으로 대별된다.

(2) 피부 조직의 기능

1) 표피(Epidermis)
① 표피의 특징
  ㉠ 상피조직으로서 두꺼운 피부는 0.8~1.4mm, 얇은 피부는 0.1~0.2mm의 두께를 갖는 층이다.
  ㉡ 혈관, 신경이 분포되어 있지 않다.
  ㉢ 무핵층과 유핵층으로 구분된다.
  ㉣ 영양과 산소는 확산과정을 통해 이루어진다.
  ㉤ 기저 줄기세포(Stem Cell)층이 존재한다.
  ㉥ 각화현상에 의해 표피탈락이 이루어진다.

② 표피의 부속기관

부속기관	내 용
각질형성세포 (Keratinocyte)	• 기저층의 기저세포가 유사분열에 의해 딸세포를 생산한다. • 딸세포는 점차 밀려나면서 섬유성 단백질인 각질세포를 생산한다.
색소형성세포 (Melanocyte)	• 자외선으로부터 인체를 보호한다. • 멜라닌 색소를 생성시켜 피부색을 결정한다.
항원전달세포 (Langerhan's Cell)	• 랑게르한스세포라 한다. • 알레르기 감각세포이다. • 면역작용에 관여하여 항원을 탐지한다. • 림프가 흐르는 곳인 기저층과 유극층 내에 존재한다.
촉각세포 (Markel Cell)	• '인지세포'라고도 한다. • 피부감각(온각·냉각·통각·압각·촉각)을 인지한다.

③ 표피의 각화현상(Keratinization)
기저층에서 만들어진 세포는 각각의 층을 거쳐 각질층으로 이동한다.
㉠ 각각의 층을 거치는 동안 수분 손실량에 의해 세포 모양이 달라진다.
㉡ 기저층 → 유극층 → 과립층(14일 소모) → 각질세포로 탈락(14일 소모)된다.
㉢ 각질층에서 14일간 머물다가 14일에 걸쳐 피탈(인설)된다. 약 28일 주기로 새로운 상피세포가 생성된다.

④ 피부색
카로틴 + 헤모글로빈(Hb) + 멜라닌 색소 = 피부색을 결정한다.
㉠ 피부 밑 지방층의 카로틴 양에 의해 노란기를 나타낸다.
㉡ 모세혈관의 혈류량과 혈색소의 산화 정도가 붉은기를 나타낸다.
㉢ 멜라닌 색소의 양과 분포도는 빨강, 노랑, 파랑 등 혼합색이 갈색기를 나타낸다.

2) 진피(Dermis)
① 진피조직의 세포층

세포층	진피조직
유두층 (Papillary Layer)	• 피부탄력 및 유연에 관여한다. • 표피 기저층과 인접하여 영양공급 및 체온을 조절한다. • 유두층 가장 위쪽은 이랑과 유두모양의 돌기 형태를 이룬다. • 혈관이 집중되어있어 상처를 회복시키고 피부 결을 만드는 기능을 한다.
망상층 (Reticular Layer)	• 진피층의 주요 몸체이다. • 랑거 당김선을 갖는다. • 치밀하게 짜여 있는 탄력섬유가 많다. • 피부 탄력성과 피부 반사작용에 관여한다. • 망상그물층이 굵은 교원(아교)섬유 다발을 이룬다.
세포 간 물질 (Ground Substance)	• 피부압박에 대해 저항력을 갖는다. • 진피 내 세포와 섬유 사이에 존재하는 반액체 물질이다. • 피부손상을 입은 후에라도 섬유조직 내에서 회복을 돕는다.

② 진피조직의 세포
대부분의 진피 내 결합조직은 1가지 이상의 조직이 결합된 것이다.
㉠ 섬유아세포(Fibroblast)
  • 교원섬유(Collagen Fibers)
    - 아교섬유 또는 백색섬유(White Fibers)라고도 한다.
    - 각각의 섬유는 섬유아세포로부터 분비되는 접착물질에 의해 다발을 형성한다.
  • 탄력섬유(Elastic Fibers)
    - 교원섬유의 빽빽한 다발들 사이에 무질서하게 분포된 매우 조잡한 섬유(엘라스틴)이다.
    - 육안으로는 황색으로 보여 황색섬유라고도 한다.
㉡ 비만세포(Mast Cell)
  • 염증과 알레르기 반응 시에 분비되는 히스타민과 세로토닌 같은 화학물질로서 과립을 갖는다.
㉢ 대식세포(Macrophage)

네일미용 위생 서비스

PART 1

- 노폐물 제거를 위한 식세포이다.
- 백혈구 내 단핵구인 대식세포이다.
- 섬유아세포처럼 여러 곳으로 이동함으로써 아메바성 병원균을 터트린다.
  ② 지방아세포(Lipoblast)
  - 글리세롤(Glycerol)과 지방산(Fatty Acid)으로 구성된 트라이글리세라이드 구조이다.

(3) 피하지방(Hypodemis)

① 피하지방 조직의 특징
  ㉠ 성긴 지방세포로 구성되어 있다.
  ㉡ 한선과 통증 수용체의 일부를 지지한다.
  ㉢ 진피로 가는 신경과 혈관의 통로가 된다.
  ㉣ 피부 밑 조직으로서 '피부 밑 지방층' 또는 '지방조직'이라고도 한다.
  ㉤ 피부의 움직임을 방지하기 위해 뼈의 골막이나 근육의 건막에 붙어있다.

② 피하지방 조직의 역할
  ㉠ 영양분의 저장소이다.
  ㉡ 외부 온도 변화로부터 신체를 보호한다.
  ㉢ 기계적 충격은 물론 물리적 충격을 방지한다.

③ 피하지방 조직량
  ㉠ 성별, 나이, 신체부위 등에 따라 다르다.
  ㉡ 일반적으로 남성보다 여성의 지방조직이 두껍다.

(4) 피부의 기능

① 보호의 기능
  ㉠ 수분을 유지한다.
  ㉡ 마찰로부터 보호한다.
  ㉢ 세균, 미생물로부터 방어한다.
  ㉣ 광선을 차단한다.

> **TIP** 멜라닌 색소와 표피의 투명층은 태양광선으로부터 피부를 보호한다.

② 흡수기능(경피흡수)
  ㉠ 피지막과 각질세포가 흡수기전을 방해한다.
  ㉡ 피부 부속기관(한선, 피지선, 모낭)을 통해 흡수된다.
  ㉢ 표피에서 흡수가 이루어지나 지성 피부는 흡수기전이 나쁘다.

③ 호흡기능
  인체의 약 99%는 폐로 호흡하지만, 피부로도 약 1% 호흡한다.

④ 분비 또는 배설의 기능
  ㉠ 피부는 흡수보다 배설이 더 강하다.
  ㉡ 한선이나 피지선을 통해 수분이나 피지 외에도 대사산물의 일부를 몸 밖으로 배출한다.

⑤ 체온조절기능
  ㉠ 혈관과 피하조직 피부에 의해 조절된다.
  ㉡ 우리 몸은 36.5°를 유지하려는 항상성이 있다.
  ㉢ 한선, 혈관, 입모근, 저장지방 등을 통해 조절된다.

⑥ 감각수용의 기능
  외부자극을 즉각 뇌에 전달하여 촉각, 압각, 통각, 온각, 한랭, 소양감 등을 받아들이는 장치가 있어 감각수용기로서의 역할을 수행한다.

⑦ 비타민 D의 합성기능
  ㉠ 칼슘의 흡수를 촉진시켜 뼈와 치아의 형성에 도움을 준다.
  ㉡ 피부 내 에르고스테롤은 자외선을 받으면 항구루병 인자의 비타민 D로 바뀌어 체내에 흡수된다.

⑧ 영양분 저장기능
  피하조직 내 지방은 우리 몸의 저장 기관으로 각종 영양분과 수분을 보유하고 있다.

⑨ 도구의 기능
  ㉠ 피부변성물인 손(발)톱은 손가락 또는 발가락을 보호한다.
  ㉡ 인체의 유용한 도구로서 손가락 끝에 힘을 주거나 발끝을 세울 때 충격방지와 반응의 역할을 한다.

02 피부 부속기관의 구조 및 기능

1. 피부 부속기관의 구조 및 기능

(1) 각질 부속기관

1) 모낭(Hail Follicle)

모발은 모낭 내에서만 생존한다. 모발섬유를 생성시키고, 보호하며, 이동시키는 모낭은 모근에 존재한다. 모낭은 상피근초와 진피근초로 구분된다.

① 상피근초(결합조직집)
  ㉠ 내모근초
    - 초표피(표피세포층인 각질층의 세포와 연결되어 있음)
    - 헉슬리층(표피세포층인 과립층의 세포와 연결되어 있음)
    - 헨레층(표피세포층인 유극층의 세포와 연결되어 있음)
  ㉡ 외모근초
    - 모낭의 기저인 각질형성세포(모모세포)를 따라 표피 기저층의 세포와 연결된다.

② 진피근초
  ㉠ 유리막
    - 표피의 기저막으로서 상피근초와의 경계에 있는 균일하게 관찰되는 막이다.
    - 유리막 안쪽의 상피근초는 안쪽 내모근초와 바깥쪽 외모근초로 구성되어 있다.
  ㉡ 내돌림층
    - 유리막 바깥쪽의 상피근초를 둘러싸고 있다.
    - 아교섬유가 가로로 둥글게 배열되어 있다.
  ㉢ 외세로층
    - 아교섬유가 세로로 배열되어 있다.
    - 주위 진피로 이행되는 기능이 있다.

2) 모발(Hair)

세포층	조직	구조
모표피 (Cuticle)	상표피	에피큐티클, 엑소큐티클, 엔도큐티클로 구성되어있다.
	세포 간 물질	상표피를 접착시키는 시멘트역할을 하고 있다.

제 1 장 **26** 이론

네일미용 위생 서비스

모피질 (Cortex)	결정영역 (주쇄결합)	폴리펩타이드 → ∝-헬릭스 → 프로토필라멘트(원섬유) → 마이크로필라멘트(미세섬유) → 매크로필라멘트(거대섬유)로 구성되어 있다.
	비결정영역 (측쇄결합)	수소결합, 펩타이드결합, 시스틴결합, 염결합, 소수성 결합 등이다.
모수질 (Medulla)	공공 (보이드)	빈 공동으로서 공기를 함유하는 역할을 한다.

3) 조갑(Onyx)
㉠ 피부의 부속물로서 투명한 각질판이다.
㉡ 조갑은 손(발)톱에 대한 전문적인 용어이다.
㉢ 조갑판은 신경이나 혈관이 들어있지 않다.
㉣ 생장주기가 없으며 항상 생장하고 있다.
㉤ 하루에 0.1~0.15mm 자란다.
㉥ 건강한 조갑은 매끄럽고 광택이 나며 연한 핑크빛을 띤다.

(2) 땀샘 부속기관
1) 한선(Sweat Gland)

종류	특징
소한선 (Eccrine Glands)	• 모공과 분리된 독립분비선으로서 땀을 분비한다. – 표피 쪽으로 직접 열려(표피개구) 땀을 배출한다. • 신체 전신에 분포되어 있다. – 특히 손·발바닥, 이마 부위에 많다. • 99% 수분으로 구성되어 있다. • 혈액과 더불어 신체 체온 조절 작용을 한다. – 매운 음식 섭취 또는 운동, 긴장, 온도 등에 민감하다.
대한선 (Apoccrins Glands)	• 모낭에 부착된 땀 분비선으로서 모공 쪽으로 열려 있다. • 성호르몬의 영향을 받는다. • 사춘기 이후에 분비선이 발달된다. • 체외로 분비되면 공기에 산화되어 유색을 띠며 냄새를 낸다. • 감정의 변화 또는 스트레스에 작용된다. • 겨드랑이, 생식기 주위, 유두 주위 등에 분포한다.

2) 피지선(Sebaceous Gland)
피지선에는 피지를 분비하며 피부를 윤택하게 하고 외부로부터 수분증발을 막는다. 또한 세균성, 진균성, 바이러스성 감염으로부터 피부를 보호한다.
① 피지선은 지질을 생산하며 몸 밖으로 분비한다.
② 피지선은 모낭의 협부와 모누두부의 경계에 존재한다.
③ 피지선은 코 주위, 이마, 가슴, 두개 피부 등에 분포해 있으며, 발바닥, 손바닥에는 존재하지 않는다.
④ 피지는 유화작용, 보호작용, 살균작용, 유독물질 배출작용을 한다.
⑤ 신경계통의 통제는 받지 않고 성호르몬의 영향을 받는다.
⑥ 남성호르몬, 황체호르몬, 식생활, 계절, 연령, 환경, 온도 등에 따라 분비량이 달라진다.
⑦ 피지는 세정 1시간 후에 20%, 2시간 후에 40%, 3시간 후에 50% 정도 분비된다.

Section 02 ● 피부유형분석

피부를 유형별로 분석한다는 것은 그에 맞는 화장품과 관리할 수 있는 방법을 예측할 수 있기 때문이다. 피부유형은 기본형(정상·건성·지성)과 문제형(민감성·노화피부)으로 분류할 수 있다.

피부유형은 유·수분의 분비량과 표피의 각화정도 등에 의해 결정된다.

1. 피부유형을 결정하는 요인
(1) 경피수분손실(Transepider Water Loss, TEWL)
각질층 내에서 수분이 공기 중으로 증발하는 상태로서 각질층의 보습이나 수분상태와 관련된다.

(2) 천연보습인자(Natural Moisturizing Factor, NMF)
과립층 내 케라토하이알렌(Keratohyalin)이 감소하면 NMF의 생산이 저하되어 보습능력이 낮아진다.

(3) 지질(Lipids)
피지선에서 분비되는 피지(Sebum)는 NMF가 각질세포 내에 막을 형성함으로써 수분을 조절한다.

(4) 각질층 수분함유량
정상피부의 각질층은 약 15~20%의 수분을 함유하며 12% 이하가 되면 건성피부로 분류한다.

2. 피부유형의 성상 및 특징
(1) 정상피부
① 성상
  ㉠ 보통(중성)피부라고도 한다.
  ㉡ 피부결이 섬세하다(전반적으로 주름이 없으며 탄력이 있다).
  ㉢ 피부조직상태 또는 피부생리기능이 정상적이다.
② 특징
  ㉠ 계절 : 건강상태, 생활환경 등에 의해 피부상태가 변화될 수 있다.
  ㉡ 유·수분 균형에 의해 피부가 윤기와 촉촉함을 갖는다.
  ㉢ 모공이 고르며 피지분비가 적절하다.
  ㉣ 피부이상색소, 여드름, 잡티 등이 없다.
  ㉤ 피부색은 선홍색으로서 모세혈관 내 혈색이 표피를 통해 보인다.
  ㉥ 표피는 얇고 두껍지 않으며 정상적인 각화현상을 갖는다.

(2) 건성피부
피부 건성화로 이마, 볼 부위 피부에 당김 현상이 있으며, 피부노화가 급속하게 진행될 수 있다.
① 성상
  ㉠ 유·수분의 분비기능이 저하되어 피부에 윤기가 없다.
  ㉡ 적절한 피지분비가 되지 않아 피부 표피의 수분 부족상태이다.

② 특징
ⓐ 유·수분이 부족하여 건조해 보이며, 모공이 좁아진다.
ⓑ 기온 또는 일광, 자극성 화장품에 의해 피부가 얼룩져 붉게 보인다.
ⓒ 작은 각질과 가려움을 동반한다.

(3) 지성피부
지방이 과다하게 분비되면 모낭(모공)에 축적되고 각질세포를 피탈시키지 못해 피부병변을 일으킨다.

① 성상
ⓐ 각질층이 두꺼워지며, 피부가 번들거린다.
ⓑ 분비된 피지가 모공입구를 막아 여드름을 유발한다.
ⓒ 피부가 불투명하고 칙칙해 보인다.

② 특징
ⓐ 모공이 크고 피부가 쉽게 오염된다.
ⓑ 온도 등 외부환경에 강하다.
ⓒ 피부혈액순환이 잘되지 않고, 색소침착이 잘된다.

(4) 민감성 피부
예민(민감) 피부라고도 한다. 외부 환경적 요인에 민감하다. 가벼운 자극이나 화장품에 의해서도 피부병변을 일으킨다.

① 성상
ⓐ 피부조직이 섬세하고 얇다.
ⓑ 표피 각화과정이 정상보다 빠른 현상을 나타낸다.
ⓒ 모공이 작고 모세혈관이 피부표면에 드러난다.

② 특징
ⓐ 표정주름이 나타난다.
ⓑ 외부환경(온도)에 대해 홍반 현상을 갖는다.
ⓒ 피부 건조화에 의해 당김 현상이 일어난다.
ⓓ 색소 침착이 잘 나타난다.
ⓔ 피부가 민감하여 잘 달아오르고, 피지분비가 약해져 피부가 예민해진다.

(5) 복합성 피부
거의 모든 사람의 피부유형으로서, 얼굴 부위(뺨, 광대뼈, T-zone, 눈 가장자리 등)에 따라 피부유형이 복합적으로 나타난다.

① 성상
ⓐ 지성과 건성이 피부 부위에 따라 다르게 나타난다.
ⓑ T-zone 부위는 번질거리나 그 외 주변피부는 건성화가 생긴다.
ⓒ 눈가에 잔주름이 많고, 광대뼈 부위에 기미가 있다.

② 특징
ⓐ 중년 이후에 나타나는 유형으로서 후천적 요인이 크다.
ⓑ 색조화장품 사용 시 피부 발림이 좋지 않다.
ⓒ 기초 화장품 선택이 중요하며, 얼굴 피부에 맞지 않은 화장품 사용 시 면포가 잘 형성된다.

(6) 노화피부
피부의 수분부족으로 탄력성이 저하되고 윤기가 없으며, 눈 가장자리에 잔주름이 형성되어 있다.

① 성상
생리적 노화와 광노화에 의해 피부 결합조직이 느슨해져 탄력을 잃고 늘어지거나 주름이 나타난다.

② 특징
ⓐ 피지선과 한선의 기능이 저하된다.
ⓑ 피부표피의 각질층이 증가되고, 면역기능이 떨어진다.
ⓒ 색소침착과 함께 감각기능도 상실한다.
ⓓ 혈액순환 불균형과 피부세포의 영양 섭취 저하 등으로 결체조직이 위축된다.

Section 03 ● 피부와 영양

인체에서의 영양분 공급은 질병을 예방하거나 치료를 겸할 수 있다. 특히 현대는 화학농법으로 말미암아 우리의 식생활에서 오는 영양의 불균형을 야기할 수 있다.

※ 인간은 매일 90여 종(60종의 미네랄, 16종 비타민, 12종의 아미노산, 3종의 필수지방산 등)의 영양을 식사를 통하여 모두 공급받아야 한다.

01 3대 영양소, 비타민, 무기질

1. 기초 식품군(5가지)
한국인의 몸에 필요한 영양소를 골고루 섭취할 수 있도록 강조할 식품군을 우선 순위로 제정하였다.

※ 공중위생관리학의 식품위생과 영양 관련 2. 영양과 영양소에 상세히 설명되어 있다.

(1) 3대 영양소
1) 단백질 식품
① 수조육류
쇠고기, 돼지고기, 닭고기 등은 16~21%의 양질 단백질이 함유되어 있으며, 비타민 A·B군도 다량 함유되어 있다.
② 어패류
13~20%의 단백질을 함유하며, 지방, 비타민 A·B_1·B_2 등도 다량 함유되어 있다.
③ 알류
달걀, 오리알, 메추리알 등 완전식품에 속한다.
④ 콩류
식물성 단백질의 주요 급원식품으로 대두는 40%의 단백질을 함유하고 있다.

2) 탄수화물 식품
영양 칼로리의 주체로서 한국인의 주식이다. 곡류와 감자류 등으로서 녹말이 풍부하며 단백질, 비타민 B_1, 무기질 등이 함유되어 있다.

네일미용 위생 서비스

3) 지질식품
① 식물성 오일
  지질과 함께 필수 지방산, 비타민 E가 풍부하다.
② 동물성 지방
  식품에 따라 지방의 함량은 다양하나 버터에는 약 80%, 돼지고기에 20~30%, 쇠고기의 각 부위에는 15~30%, 닭고기와 생선류에는 비교적 적게 함유되어 있다.
③ 가공유지
  비타민 A·D를 넣어 제조한 인조버터인 마가린은 불포화도가 높다.

(2) 비타민 및 무기질
1) 비타민과 무기질 식품과 영양
① 채소류와 과일류
  녹황색 채소에는 비타민 A·B·C 및 염류가 특히 풍부하다.
② 해조류
  요오드, 칼슘 등의 무기질이 다량 함유되어 있으며, 그 밖에 비타민 A·B_1·B_2 등 또한 풍부하다.
③ 버섯류
  인, 비타민 B_2 등이 풍부하며, 에르고스테롤이 많아 자외선을 받으면 비타민 D가 합성된다.

2) 칼슘식품
① 우유 및 유제품
  우유 및 유제품은 양질의 단백질과 지방의 급원 식품으로 대표적인 칼슘식품이며, 비타민 A·B_1·B_{12} 등도 다량 함유되어 있다.

02 피부와 영양

(1) 영양소
영양소는 우리가 먹는 식품의 구성물질이다. 체내에서 다양한 경로를 거쳐 생명을 유지시키며, 건강은 물론 성장을 촉진시켜주는 역할을 한다.

1) 영양소의 기능
① 몸을 구성하는 물질을 공급한다.
② 몸에 에너지를 공급한다.
  ㉠ 유기물질이 연소하여 에너지를 발생한다.
  ㉡ 당질, 단백질, 지질은 몸 안에서 서서히 연소함으로써 열량소를 발생한다.
  ㉢ 활동에너지와 체온유지를 위한 열에너지로 사용된다.
  ㉣ 몸의 생리적 기능을 조절한다.

2) 바람직한 영양섭취
① 자연식품을 섭취한다.
  - 섬유소가 많은 식품을 선택한다.
② 신선한 식품을 확인하여 섭취한다.
  - 식품 구입 시 제조일, 식품내용, 성분 등을 확인한다.
③ 고기류는 지방을 제거하고 닭고기류는 껍질을 벗긴 후 조리하여 섭취한다.
④ 설탕 대신 향신료를 사용하여 음식의 풍미를 높여 섭취한다.
⑤ 국물을 많이 먹지 않는다.
⑥ 아침식사는 반드시 섭취한다.
⑦ 식사량은 일정하게 해야 하나 식품은 다양하게 섭취한다.

03 체형과 영양

1. 표준체중
(1) 특징
① 어린이에서 청소년까지는 신장별 체중표(한국소아과학회, 1998년)의 50th 백분위 값을 사용한다.
② 성인은 브로카(Broca)법에 의한 표준체중 계산법을 사용한다.

2. 체형과 영양
(1) 비만체형
비만은 지방조직이 정상보다 과다하게 축적된 상태이다. 일반적으로 표준체중에 비해 10~20% 초과할 때 과체중(Overweight)이라 하며, 20% 이상 초과할 때 비만(Obesity)이라고 한다. 반대로 20% 이하일 경우 매우 마른 상태로 볼 수 있다.

보충설명

지방조직
인체 총 저장 열량의 85%를 차지하는 열량 저장원으로서 외부에 대한 방어 및 신체 단열재의 역할을 하지만 필요량 이상 축적 시 체내대사에 장애를 나타낸다.

① 비만의 종류 : 비만은 신체의 어느 부위의 지방이 축적되어 있느냐에 따라 분류된다.
  ㉠ 상체 비만형
    • 사과형 비만이라 하며, 성인병의 위험이 높다.
    • 복부 : 내장지방형으로서 신체 중심부에 지방이 과다 축적되는 형이다.
    • 허리둘레(Waist)에 지방이 쌓여있는 체형이다.
  ㉡ 하체 비만형
    • 서양배형 비만이라 하며, 여성형 비만이다.
    • 복부 아래 지방이 쌓이는 타입이다.
    • 엉덩이(Hip), 허벅지 둘레에 지방이 몰려있는 체형이다.

(2) 마른 체형
음식 섭취를 제한하여 살찌는 것을 극도로 두려워하는 섭식장애가 주요인이다.
① 신경성 식욕부진 : 날씬한 몸매에 집착하여 극도로 다이어트를 하는 심리적 장애이다.
  ㉠ 굉장히 수척해질 때까지 굶는 심리적 장애이다.
  ㉡ 날씬함에 대한 척도가 왜곡되어 있다.

네일미용 위생 서비스

PART 1

3. 영양관리

체중이란 건강과 밀접한 관계가 있는데, 섭취한 열량과 소비 열량이 서로 균형을 이루며 유지된다. 건강한 생활을 영위해 나가는데 필요한 영양소는 약 40여 종에 달한다. 다양한 식품을 골고루 적당히 하루 3번 시간을 지켜서 섭취하는 게 좋은 체형을 유지하는 데 바람직하다.

Section 04 ● 피부와 광선

01 피부와 광선

멜라닌 색소와 표피의 투명층은 피부에 해가 되는 광선 (UVA)으로부터 피부를 보호한다.

1. 자외선이 미치는 영향

(1) 자외선

1) 피부와 자외선

① 장점
  ㉠ 살균작용을 한다.
  ㉡ 비타민 D를 생성시킨다.
  ㉢ 자율신경 활동에 영향을 준다.
  ㉣ 호르몬 생성을 증가시켜 피부를 건강하게 한다.

② 단점
  ㉠ 피부 탄력성을 저하시킨다.
    • 과다 노출 시 콜라겐과 엘라스틴의 변성을 준다.
  ㉡ 멜라닌 색소를 증가시킨다.
    • 기미, 주근깨를 생성시킨다.
  ㉢ 피부를 칙칙하고 까칠하게 한다.
    • 수분함량 저하를 야기한다.
  ㉣ 피부염증 및 피부암을 유발한다.
  ㉤ 피부노화를 촉진시킨다.

2) 자외선의 종류

자외선은 200~400nm의 파장으로서 살균력이 강하며 화학반응을 일으키므로 화학선이라고도 한다. 이는 3개의 파장으로 분류하며 파장이 짧을수록 에너지는 강하다.

종류	특징
장파장 UVA 320~400nm	• 생활자외선으로서 실내유리를 통과하여 날씨와 관계없이 지속적으로 자외선을 노출한다. • 자외선 총량의 90% 이상을 차지하며 멜라닌 색소의 침착을 일으킨다. • 자외선 가운데 에너지는 약한 편이지만 세포배열을 파괴시켜 피부노화를 촉진시킨다. • 진피층의 콜라겐과 엘라스틴을 변성시켜 피부탄력을 저하시킨다.
중파장 UVB 290~320nm	• 자외선 총량의 10%를 차지하며, 비타민 D의 합성을 촉진한다. • 피부에 가장 유해한 광선으로 색소침착, 홍반, 심한 통증, 부종, 물집 등 일광화상을 일으킨다.
단파장 UVC 200~290nm	• 오존층이 파괴됨으로써 지표에 도달한 가장 에너지가 강한 자외선이다. • 피부암의 원인이 된다.

> **TIP** UVB와 UVC는 인체유전자 DNA의 손상을 준다.

3) 자외선 노출

① 자외선량은 3월~10월까지 노출이 된다.
② 연중 5~6월에 자외선량이 많고, 6월이 가장 강하다.
③ 하루 중에서는 9시부터 강해져서 오후 2시에 최고에 이른다.
④ 해발 1km 상승 시, 자외선은 20%씩 증가한다.

4) 자외선 차단지수

① SPF(Sun Protection Factor)
  SPF는 실험실 내에서 측정되는 자외선 차단효과를 지수로 표시하는 단위이다.

$$(SPF) = \frac{\text{자외선 차단제품 도포 후 최초 홍반량}}{\text{자외선 차단제품 미도포 상태의 최초 홍반량}}$$

> **TIP** SPF 1은 10분 내에 홍반이 나타남을 수치화 한 것이다.
> • SPF 18×10 = 180분(3시간)로서 SPF 30 정도면 적당하다.
> • 화학지수가 높을수록 피부에 자극적이다.
> • 외출 30분 전 정도에 도포해야만 흡수가 되어 차단효과가 있다.

② UVA
  UVA 차단 지수로 PFA(Protection Factor of UVA)로 표시된다. 이는 UVA를 조사했을 때 색소침착이 언제 나타나는지에 따라 구분하게 된다. UVA⁺, UVA⁺⁺, UVA⁺⁺⁺ 또는 PA⁺, PA⁺⁺, PA⁺⁺⁺로 표시한다. +수가 많을수록 차단효과는 우수하다.

2. 적외선이 미치는 영향

(1) 적외선

태양광선 중 적외선은 온열작용을 하며, 적외선의 적색빛은 세포를 자극해 활성화시키므로 열선 또는 건강선이라고도 한다.

1) 장점(효과)

① 피부 내 영양침투 및 흡수를 도와준다.
② 혈액순환 개선과 근육이완 작용을 통해 피부 내 독소 및 노폐물 체외배출을 도와준다.

2) 사용 시 주의사항

① 조사 시간은 10분을 넘기지 않는다.
② 피부로부터 30cm 거리를 유지하여 조사한다.
③ 조사 시 물기를 제거하고 영양제품일 경우 도포 전에 조사한다.

네일미용 위생 서비스

Section 05 ● 피부면역

01 면역의 종류와 작용

면역계의 주요 구성기관들인 피부, 점막, 골수, 림프계, 흉선 등은 외부 침입자로부터 인체를 보호하기 위해 가동되는 그물과 같은 방어체계를 형성한다.

1. 면역의 종류와 작업

(1) 인체의 첫 번째 방어기관
비특이적 방어장치로서 외부침입자인 질병과 병원균 등 구분치 않고 맞서 싸운다.

1) 피부
① 인체 첫 번째 방어장벽인 피부는 인체 중 가장 큰 무게와 넓이를 차지하며 건강할 때는 거의 모든 병원균의 침입을 차단한다.
② 긁힌 상처, 작은 구멍, 손가락 거스러미, 곤충에게 물린 곳은 병원균이 인체로 들어올 수 있는 통로가 되기도 한다.

(2) 두 번째 방어기관
낯선 침입자(항원)가 인체에 들어오면 표피 내 랑게르한스세포는 항원의 특성을 인식(항원 코드를 기록)하여 면역계에 중요한 정보를 전달한다.
골수는 인체 모든 혈구세포를 생산하는 곳이다. 혈구세포는 두 종류의 백혈구인 탐식세포와 림프세포를 만든다.

1) 탐식세포와 탐식작용
① 탐식세포
 ㉠ 대식세포
  • 침입한 병원균(항원)이 죽어있든 살아있든 간에 접근하여 먹고 소화처리한다.
 ㉡ 과립세포
  • 혈류에서 발견되며 낯선 침입자를 감시하고 신분조회를 하며 먼저 공격하여 먹어 치운다.
  • 세포질 내에 특수한 물질(염색되는 시약)을 포함하는 과립형의 소기관을 다량 포함하고 있다.
  • 우리 몸에 존재하는 과립세포는 호중구(70~80%), 호산구(20~30%), 알레르기 반응에 관여하는 호염구(1~2%) 등으로 구분된다.
 ㉢ 단핵세포 : 골수에서 분화한 단핵세포는 혈류를 따라 돌면서 종종 혈관벽을 뚫고 조직으로 나아가기도 한다.
② 탐식작용
 ㉠ 촉수와 같은 세포질로 낯선 침입자를 잡아서 세포 주름 안으로 끌어 당겨 삼켜버린다.
 ㉡ 삼킨 후 소화효소를 분비하여 낯선 침입자를 흡수한다.
 ㉢ 소화가 되지 않은 잔유물은 이동되어 인체 안의 다른 이물질과 함께 배출한다.

2) 림프구
골수에서 생산되는 백혈구는 β-세포와 T-세포로 구분된다.
① β림프구(β-세포)
 ㉠ 전체 림프구의 20~30% 차지한다.
 ㉡ 표면에 특정 항원 코드를 인식할 수 있는 수용체가 있다.
 ㉢ 특정 항원과 접촉할 때 탐식을 하면서 즉각적인 공격을 한다.
① T림프구(T-세포)
 ㉠ 가슴샘(흉선)은 림프구의 70~80%를 훈련시켜 T-세포를 만든다.
 ㉡ 탐식세포처럼 인체세포면역의 일부를 담당한다.
 ㉢ 골수에서 만들어지나 흉선으로 들어가 기능이 부여된 상태로 혈류로 나와 독특한 기능을 하게 된다.
 ㉣ 성숙하여 활성을 가지는 T-세포는 도움세포, 억제세포, 살해세포, 세포독성세포, 기억세포 등으로 발전한다.

(3) 세 번째 방어기관
림프계는 림프, 림프절, 림프구, 림프관 등으로 이루어져 있다.

1) 림프기관은 혈액과 림프를 정화한다.
림프는 림프관을 통해 인체를 순환하면서 혈류에 떠돌아다니는 해로운 생물체를 잡아들이는 액체이다.

2) 림프계는 림프, β-세포, T-세포 그리고 모든 면역계의 구성원들을 감염이 일어난 장소로 이동시킨다.

3) 비특이적 방어로서 피부, 코털, 점막, 세척기관, 방어력을 가지는 화학물질, 자연저항력, 정상세균총 등으로서 이들은 병원균이 인체에 들어오지 못하게 또는 남아있지 못하게 하는 역할을 한다.
① 손가락에 상처가 났을 때 상처부위가 부어오르면 이는 림프와 대식세포가 들어있는 혈액이 상처난 피부를 통해 침입하는 세균을 파괴하기 위하여 감염부위로 돌진해 오고 있다는 것을 말해주는 것이다.
② 이때 면역계가 건강하다면 림프세포는 세균과의 싸움에서 이겨 곧 세균을 파괴한다.

Section 06 ● 피부노화

01 피부노화의 원인

생물학적으로 노화성 피부는 유분(피지선)과 수분(한선)의 분비 대사 작용이 원활하지 못하여 건성피부와 같은 성상을 나타내며, 피부 탄력성 저하와 주름 형성 등의 외관을 관찰할 수 있다.

1. 노화 피부의 임상적 특징

(1) 표피의 수분부족 시
표피에서의 과다한 수분증발, 즉 유분이 부족하여 수분을 보유할 능력이 부족한 상태로서 다음과 같은 특징을 갖는다.

네일미용 위생 서비스

① 과각화 현상이 일어난다.
② 소양감이 있다.
③ 유연성이 없다.
④ 잔주름이 많다.
⑤ 외관상 탄력이 없고 건조하다.
⑥ 피부 땅김과 늘어짐이 진행된다.

(2) 진피 내 수분부족 시

① 주름살이 깊다.
② 피부조직에 탄력이 없다.
③ 피부색이 맑지 못하고 멜라닌 색소생성을 증가시킨다.
④ 얼굴에서 얇은 피부 또는 움직임이 많은 피부가 되어 당김과 늘어짐이 확연하다.

2. 노화피부의 조직학적 특징

(1) 표피의 변화

생물학적 노화	• 표피 두께가 얇아진다. • 기저대(표피와 진피의 경계)의 피부가 느슨해져 경미한 상처에도 쉽게 벗겨지거나 물집이 생긴다. • 멜라닌형성세포의 수가 감소됨으로써 피부면역기능이 감소된다. • 랑게르한스세포의 수가 감소됨으로써 색소침착이 활발해 진다.
광노화	• 자외선에 노출되면 각질형성세포가 손상되므로 각화현상이 비정상적으로 이루어진다.

(2) 진피의 변화

진피기질 단백질인 교원 · 탄력섬유의 생리활성이 활발하지 못하다.

생물학적 노화	• 진피층 두께가 얇아진다. • 세포 또는 혈관이 축소된다. • 교원섬유의 감소에 의해 주름이 형성된다. • 탄력섬유의 감소에 의해 피부탄력이 저하된다.
광노화	• 심한 자외선은 세포의 단백질을 파괴시킴으로써 교원 섬유의 전구체인 섬유아세포의 합성을 방해한다.

02 피부노화 현상

1. 표피의 변화

표피 내 보습도와 표피의 상태를 통해 나타난다. 노화피부는 각질층의 보습도가 과립층의 약 20% 수준밖에 되지 않는다.

(1) 생물학적 노화

① 보습도가 진피층에 비해 매우 적어 건조화 현상을 갖는다.
② 보습도는 각질층이 가장 낮고, 기저층으로 갈수록 증가된다.
③ 주름살, 피부처짐은 물론 피부 겉표정에서 부드러움, 유연성이 없어 까슬하고 윤기가 없다.

(2) 광노화

① 각화현상에 따른 얇고 위축된 피부를 나타낸다.
② 모세혈관이 확장되고 모공이 커지면서 딱딱한 피부의 질감을 나타낸다.

2. 진피의 변화

(1) 생물학적 노화

① 세포 증식력 저하에 따른 노화 세포층이 자리매김하고 있다.
② 진피의 기질세포(교원+탄력섬유) 내 저수량이 적어 강력한 탄력과 신축성이 없어진다.
③ 진피층 세포 손질에 의한 근육조직 약화에 따른 피부 탄력성이 상실된다.

(2) 광노화

① 자외선으로부터 피부방어기능이 약화되어 기질세포 변형을 통해 피부탄력과 팽창력을 감소시킨다.
② 멜라닌형성세포 수의 감소에 의한 색소침착이 노인성 반점을 형성한다.

Section 07 ● 피부장애와 질환

01 피부질환 및 면역

> **TIP** 피부에 상주하는 상주균은 $10^3 \sim 10^6$개/cm² 정도로서 신진대사 결과 한 사람이 평균 5억 개의 인설을 매일 탈락시킨다. 이중 1천만 개에는 세균이 부착된 인설로서 피부탈락과 함께 세균도 같이 탈락된다.

1. 원발진과 속발진

(1) 원발진(Primary Lesions)

원발진은 1차적 피부장애로서 직접적인 초기 손상을 일컫는다.

증 상	징 후	특 징
반점	• 피부함몰 또는 융기현상 없음 • 피부 표면의 색이 변함 • 경계선이 뚜렷한 원형 또는 타원형임	• 주근깨, 기미, 자반, 노화 반점 등
소수포	• 표피 밑 직경 1cm 미만의 체액 또는 혈청을 가진 물집	• 화상물집, 포진, 접촉성 피부염 • 물집을 인위적으로 터뜨리지 않으면 흉터가 남지 않음
대수포	• 직경 1cm 이상의 혈액성 내용물을 담은 물집 • 외부의 충격이나 온도 변화에 의해 생김	–
홍반	• 모세혈관의 울혈에 의한 피부가 발적됨 • 시간이 경과할수록 크기가 변함	–
팽진	• 표재성의 일시적인 부종으로 붉거나 창백함 • 다양한 크기로 부어올랐다가 사라지며 가려움증을 동반함	• 두드러기 또는 담마진이라 함
종양	• 직경 2cm 이상의 피부증식물로서 연하거나 단단한 내용물을 가진 종양 • 모양과 색깔이 다양한 비정상적인 세포집단임 • 양성과 악성종양으로 구분됨	–

제 1 장 이론

PART 1 네일미용 위생 서비스

비립종	• 면포와 달리 피부 내에 표재성으로 존재하는 작은 구형의 백색 상피낭종으로서 좁쌀만한 흰 알갱이 형태	–

(2) 속발진(Secondary Lesions)
원발진으로 인해 부차적 손상, 즉 2차적 피부장애를 갖는 것을 속발진이라 한다.

증상	징후	특징
가피	• 혈청이나 농이 섞인 삼출액이 말라있는 상태	• 상처 위에 생기는 딱지
미란	• 수포가 터진 후 표피가 떨어져나간 피부손실 상태 • 표피 표면은 습윤한 선홍색을 띰	–
찰상	• 표피 결손으로서 기계적 자극(손톱으로 긁거나 마찰)에 의해 벗겨진 상태	• 흉터 없이 치유됨
균열	• 질병이나 외상에 의해 표피가 선상으로 갈라진 상태	• 손·발가락 사이, 발뒤꿈치, 입술, 항문 등에 균열이 생김
태선화	• 피부가 가죽처럼 두꺼워지며 딱딱해지는 현상	–

2. 피부질환
(1) 질환의 징후와 증상
하나의 질환에서도 징후와 증상을 다양하게 진단할 수 있다면 예후(Prognosis)가 정확해질 것이다.

징후 (Sign)	질환을 의심할 수 있는 객관적인 지표로서 열이나 점의 크기, 피부 색깔의 변화 등으로 나타낸다.
증상 (Symptom)	증상은 주관적인 관심이 강하여 측정하기가 확실하지 않다. 그러나 개인의 내성과 인지력에 따라 달라지는 증상은 질환을 측정할 수 있는 요소 중 하나가 된다. 인체는 외상이나 질병 등이 원인이 되어 피부조직에 구조적 변화를 야기하므로 피부질환이 나타난다.

Chapter 08
화장품 분류

Section 01 · 화장품 기초

01 화장품의 정의

1. 정의
화장품법 제2조를 근거로 다음과 같이 정의할 수 있다.

(1) 화장품의 사용목적
화장품이란 인체를 청결 미화하여 매력을 더하고 용모를 밝게 변화시키거나 건강을 유지 또는 증진하는 데 목적이 있다.
① 인체를 청결하게 한다.
② 용모를 밝게 변화시킨다.
③ 인체를 미화시켜 매력적이게 한다.
④ 피부의 건강을 유지 또는 증진시킨다.

(2) 화장품의 사용 대상
인체의 외피인 피부와 모발, 네일 등을 대상으로 한다.

(3) 화장품의 사용방법
인체에 도포, 도찰, 산포 등 이와 유사한 방법으로 사용되는 물품이다.
① 인체에 바른다.
② 인체에 문지른다.
③ 인체에 뿌린다.

(4) 화장품의 사용효과
화장품을 사용하였을 때 질병을 치료하거나 예방하는 의약품이 아닌 물품이다. 이는 일상적으로 오랜 기간에 걸쳐 반복 사용하므로 약리적인 효능·효과에서는 인체에 대한 작용이 경미해야 한다.

2. 화장품의 분류
화장품은 안전성과 유효성에 따라 화장품(기능성 화장품, 유기농 화장품 포함), 의약외품, 의약품 등으로 분류할 수 있다.

(1) 법적 정의

구분		유효성에 따른 분류
화장품	기초 화장품	• 세안, 세정, 청결을 목적으로 하는 클렌징 제품 등 • 피부를 보호하거나 정돈하는 화장수, 팩, 크림, 에센스 등
	색조 화장품 (네일제품 포함)	• 피부의 색을 표현하는 메이크업 베이스, 파운데이션, 파우더 등 • 피부의 결점을 보완하는 아이섀도, 아이라이너, 마스카라, 블러셔(볼터치), 립스틱, 네일 폴리시·리무버 등

네일미용 위생 서비스

PART 1

화장품	기능성 화장품	• 주름 개선제, 미백제, 자외선 차단제 등
	유기농 화장품	• 유기농원료, 동·식물 및 그 유래 원료 등으로 제조되고, 식품의약품안전처장이 준하는 기준에 맞는 화장품
의약 외품	식약처의 허가 및 인증에 의한 화장품	• 클렌징, 세정효과의 제품들(청결제 등) 그리고 소독제, 마스크(황사용, 보건용, 수술용) 등
의약품	의사처방이 요구되는 질병을 가진 환자에게 사용하는 물품	• 대한민국약전에 실린 물품 중 의약외품이 아닌 물품 • 사람이나 동물의 질병을 진단·치료·경감 처리 또는 예방할 목적으로 사용하는 물품 • 사람이나 동물의 구조와 기능에 약리학적 영향을 줄 목적으로 사용하는 물품

Section 02 ● 화장품 제조

01 화장품 원료

1. 화장품의 원료

(1) 화장품의 기본 성분

인체에 직접 사용되는 화장품은 고도로 정제된 원료를 사용해야 하므로 품질관리 면에서 안전성이 요구된다. 화장품의 원료는 물에 녹는 것(수성)과 기름에 녹는 것(유성)으로 구분된다.

1) 물

수용성 용매로 사용되는 물은 세균과 금속이온이 제거된 정제수로서 스킨, 로션, 크림 등 기초 화장품에 사용된다.

2) 알코올류

알코올은 에탄올, 메탄올, 아이소프로필알코올, 글리세린 등 종류에 따라 사용되는 용도 또한 다양하다.
① 에탄올
  ㉠ 에탄올은 유기용매로서 향료, 색소, 유기안료 등을 녹이는 용매로 사용된다.
  ㉡ 살균, 소독작용과 함께 휘발성과 청량감이 있어 수렴화장수, 스킨로션, 향수 등에 사용된다.
② 글리세린
  ㉠ 3가 알코올로서 보습제로 사용되며 용매, 유화제, 감미료 등에 사용된다.

3) 오일류

합성오일은 천연물에서 추출된 액상 천연오일을 가수분해, 수소화(경화 피마자유, 스쿠알렌) 등의 화학적인 과정을 통해 에스테르화(합성에스테유)의 공정을 거쳐 유도체로 이용한다.

오일구분		종 류	비 고
천연	식물성	올리브유, 아몬드유, 야자유, 맥아유, 피마자유 등	피부친화성이 높으나 공기 중에 노출되면 쉽게 변질된다.
	동물성	스쿠알렌, 밍크오일, 난황유, 거북유 등	
	광물성	유동파라핀, 바셀린 등	피부친화성이 높고 유성감이 강해 피부호흡을 방해한다.
합성		실리콘 오일, 미리스틴산 아이소프로필 등	–

4) 왁스류

유성성분인 고체 왁스는 실온에서 고형화제로서 제품의 기능이나 변질이 적어 안정성을 향상시킨다. 즉 피부나 모발에 대한 사용감이 산뜻하고 부드러우며 흡수력과 광택감이 있다.

구 분	종 류
식물성	호호바유(조조바 오일), 카르나우바 왁스, 칸데릴라 왁스 등
동물성	밀납, 경납, 라놀린, 향유고래유, 망치고래유 등
광물성 고체 왁스	몬테왁스

5) 보습제

수용성 물질인 보습제는 흡착성이 높아 수분 증발을 억제하거나 점도나 경도를 유지함으로써 사용감과 함께 유용성이 높다.

구 분		종류 및 성분
화장품 보습제	수용성 다가 알코올	글리세린, 프로필렌글리콜, 솔비톨 등
	천연보습인자	요소, 젖산염, 폴리펩타이드, 히아론산, 솔비톨, 콜라겐, 엘라스틴, 아미노산 등
	유도체	세라마이드, 카복시메틸 덱스트란 등

6) 계면활성제

친수성기의 특징에 따라 구분되는 계면활성제는 계면활성을 나타내는 원자단의 특성에 따라 음이온계, 양이온계, 양성계(이온성·비이온계) 계면활성제로 분류한다.
① 계면활성제의 작용

구 분	특 징
습윤·침투	• 오염물의 부착력을 느슨하게 한다. • 오염물을 팽윤시켜 표면에서 떼어낸다. • 모발 및 피부 표면을 적셔 오염물의 계면장력을 저하시킨다.
유화	• 유성물질은 계면활성제 분자의 흡착에 의해 표면에서 떨어져 액중에 분산되어 더욱 작은 기름 방울로 세분화됨으로써 유화상이 된다.
분산	• 오염입자에 흡착하여 큰 입자에서 미세 입자로 세분화된다. • 세분화된 입자는 표면에 흡착되어 있는 계면활성제에 의해서 집합이 방해되어 액 중에서 안정화된다.
재 부착 방지	• 떼어낸 오염물이 재 부착되지 않도록 오염입자를 안정하게 하는 작용이다.
가용화	• 물에 난용성인 유성물질을 미셀 내에 가두어 용해한 것처럼 만든다.
기포	• 가용화된 미셀끼리 접촉을 막아 마찰을 없애 면적을 확대한다.
헹굼	• 모발과 피부에서의 오염물 또는 세제를 제거하는 과정이다.

네일미용 위생 서비스

표면장력	• 표면장력 저하 작용으로서 습윤작용이 커짐과 동시에 물체의 작은 구멍에도 들어갈 수 있도록 침투작용을 증대시킨다.

② 계면활성제의 종류

계면활성제 구분		종류
음이온	지방산계	지방산염(비누)
	고급알코올계	알칼리 황산에스터염(AS), 폴리옥시에틸렌알킬에테르 등
양이온		아민염, 4차 암모늄염 등
양성		이미다졸린형, 알킬 베타인형, 설포 베타인형 등
비이온계		알코올 또는 알킬페놀의 폴리옥시에틸렌에테르, 스팬, 트윈 등

7) 방부제 및 살균제

화장품이 미생물에 오염되면 혼탁, 분리, 침전, 변색, 악취, 변질, 분해 등이 일어난다. 미생물에 의한 변질은 상품의 성분과 수분함량에 따라 다르나 O/W형이 W/O형보다 변질되기 쉽다.

분류	종류
산류	안식향산, 안식향산 염류, 살리실산, 살리실산 염류, 솔빈산 및 염류, 붕산 등
페놀류	페놀, 파라클로로메타크레졸, 레조신, 레조신 오소 아세테이트 등
아마이드류	트라이클로르카비닐, 클로로아세트아마이드 등
4급 암모늄 화합물	염화벤젠코윰, 염화세틸피리디늄 등
양성계면활성제	염화알킬트리메딜암모늄, 라우릴 다이(아미노에틸)글리신 등

8) 금속봉쇄제

물 또는 원료 중의 미량 금속이온은 화장품의 효과를 저해시키므로 이를 막기 위해 금속봉쇄제를 첨가한다. 종류에는 인산, 구연산, 아스콜빈산, 호박산, 글루콘산, 폴리인산나트륨이 있으나 특히 에틸렌다이아민테트라초산(EDTA) 나트륨염이 대표적이다. 이는 산화방지보조제(산패)로서도 효과가 있다.

9) 향료

향료에는 천연 동·식물 향료와 합성향료가 있으며 항균력이 있다. 향료는 유기용매에 유용성이 있으며 반응성이 큰 화학 물질로서 휘발성이 커야 한다.

분류		종류
천연	식물성	레몬, 오렌지, 베르가모트, 계피, 종자, 바닐라, 장미, 샌달우드 등
	동물성	사향, 영묘향, 해리향, 용연향 등
합성		벤젠계, 테르펜계 등

10) 색소

① 화장품에는 기초 화장품은 물론 메이크업 화장품에 이르기까지 다채로운 색이 사용되고 있다. 색소는 염료와 안료로 구분된다. 염료는 물에 녹는 수용성 염료와 오일에 녹는 유용성 염료로 구분되며, 안료는 물과 오일에 녹지 않는 것으로 무기안료와 유기안료로 구분된다.

② 무기안료는 커버력이 우수하며 빛, 산, 알칼리 등에 강하나 색상이 화려하고, 유기안료는 빛, 산, 알칼리에 약하다.

11) 활성성분(기능성원료)

① 주름 완화 및 개선제

주름은 생리적으로 콜라겐이나 하이알루론산이 줄어들게 되면 주름 발생, 진피 내 탄력섬유, 결합섬유, 근육섬유 등이 퇴화·위축·변성에 따른 노화를 생성한다. 자외선을 차단하거나 항산화 작용을 하는 화장품이나 음식물 섭취, 정신과 신체의 과로를 피하는 것으로 주름 현상을 완화할 수 있다.

② 자외선 차단제

강한 햇빛을 방지하며 피부를 곱게 태워주거나 자외선을 차단 또는 산란시켜 자외선으로부터 피부를 보호하는 데 도움을 주는 제품에 한한다. 화장품에 사용되는 자외선 흡수제는 독성과 피부 장애 없이 안정성이 높아야 한다. 현재 주로 사용되는 원료는 벤조페논 유도체, 파라아미노 안식향산 유도체, 메톡시계피산 유도체, 살리실산 유도체 등이 있다.

③ 미백제

멜라닌 색소는 우리 몸을 자외선으로부터 보호하기 위해 피부 내에서 생성되는 과립색소이다. 피부 노화 또는 멜라닌 색소 과다생성 시 색소가 침착된다. 미백제는 활성산소를 제거하는 항산화 능력이 탁월하여 자외선 및 스트레스로 인한 피부 손상 복귀에 도움을 준다.

④ 탈모 증상 완화제

성분조합 추가 시 탈모 증상 완화에 도움을 주는 기능성 화장품 중에 고시된 성분, 함량 조합을 사용할 경우로서 기능성 화장품 심사 시에 안전성, 유효성과 관련된 자료의 제출은 면제된다.

⑤ 여드름성 피부 완화제

여드름 유발성 물질로서 폐쇄막을 형성하는 화장품 원료인 미네랄오일(유동성파라핀), 페트롤라튬(바세린), 라놀린, 올레익애씨드, 라우릴알코올, 코코아버터는 피부호흡 또는 피부 분비기능 등을 방해한다. 따라서 본 품 적당량을 취해 피부에 사용한 후에는 물로 깨끗이 씻어낸다.

⑥ 피부 장벽 기능회복제

• 표피 각질층의 라멜라 바디를 구성하는 지질(피부세포의 시멘트와 같은 역할)은 세라마이드, 콜레스테롤, 지방산으로 구성된다. 피부톤과 피부결을 개선하는 세라마이드(인지질막)는 햇빛이나 나이 등에 의해 피부 장벽을 약화함으로써 수분 부족 증상과 함께 피부트러블이 생긴다.

• 피부 장벽의 기능을 회복하여 가려움 등의 개선에 도움을 주는 화장품은 세라마이드로서 아토피성 피부로 인한 건조함 등을 완화하는 데 도움을 주는 제품이다.

⑦ 체모 제거제

체모를 제거하는 기능을 가진 화장품으로 제형은 액제, 크림·로션제, 에어로졸에 한한다.

네일미용 위생 서비스

PART 1

02 화장품 제조에 따른 특성

1. 화장품 품질 요소

(1) 화장품 품질 기술

구분		요인
품질특성	안전성	• 피부자극 및 독성, 이물질 유입, 알레르기 등이 없어야 한다.
	안정성	• 분리, 변질, 변색, 미생물오염 등 화장품 보관에 지장이 없어야 한다.
	유용성	• 피부보습, 자외선 차단, 세정, 미백, 색상 등이 적절해야 한다.
	사용성	• 피부친화(촉촉함, 부드러움)에 대한 사용감, 형상, 크기, 휴대 등에 따른 사용편리감이 있어야 한다.
	기호성	• 디자인, 색, 향기 등의 감각성이 있어야 한다.
품질보증	안전성	• 첩포시험, 중금속시험 등
	안정성	• 색조·내광성·향·내온도·내습도 안정성, 방부 등
	유용성	• 제품별 시험
	사용성	• 심리학, 관능조사 등
	기호성	• 레올로지(점탄성), 색채학, 향료학 등

2. 화장품 제형의 분류

화장품 개개의 기능을 목적으로 하는 제품은 감촉(사용감)과 입자의 크기에 따른 외관 등 상품적 요소와 그 안정성에 화장품의 특성을 반영시킨다.

(1) 가용화

• 소량의 오일(3~5%)에 물(95%)이 섞이게 하여 만들어지는 즉, 물에 의해 투명하게 용해되는 상태로서 미셀을 형성한다.
• 물에 녹지 않은 오일, 향료 등은 가용화제(용해화제)를 첨가함으로써 화장품 제형을 투명하게 만든다. 가용화 시 형성되는 미셀은 모노머가 15~25개로 구성된 화합체로서 최초 미셀이 형성되는 농도를 임계미셀농도라 한다.
① 임계미셀농도(CMC)
  • 미셀은 회합체가 생성되기 시작하는 시점의 계면 활성제 농도이다. 어느 농도 이상에서 돌연 나타나는 현상을 임계미셀농도라고 한다.
② 친수-친유성의 균형(HLB)
  • 비이온 계면활성제를 대상으로 HLB값은 결정되이 다값.은 0~20의 범위로서 값이 작을수록 분자 전체로서 친유성이 강하게 나타나며, 값이 커질수록 친수성이 강하게 나타난다.

(2) 분산

분산은 안료 등의 고체입자를 액체 속에 균일하게 혼합된 상태를 말하다. 이를 더 오래 안정된 분산상태로 유지하기 위한 계면활성제를 분산제라고 한다.

• 용해되지 않는 미세한 작은 입자(유지류 또는 왁스류)를 내부상, 즉 분산상이라 하며, 이 미세한 구상입자를 둘러싸고 있는 하나의 액체(물 또는 수용성 물질)를 외부상, 즉 연속상으로서 분산매이다.

(3) 유화

물과 기름 각각은 액체지만 서로 섞이지 않는 분산계를 이루며 유화상태로 존재한다. 분산계는 하나의 액체(물 또는 수용성 물질)가 용해되지 않는 다른 액체(유지 또는 왁스류) 가운데 미세한 상태로 분산된상태이다.

• 기름과 물을 유화하는 경우 안정된 유화를 취하기 위해서는 유화제가 요구된다. 이는 미셀 형성에 따른 퍼짐성과 관련된다.

1) 유화의 형태

유화는 연속상(분산매) 또는 유화입자(분산상)에서 물 또는 기름 중 어느 형의 유화가 계면활성제 배향에 위치하는가에 의해 형태는 달라진다.

❖ 수중유형(Oil in Water, O/W형)
① 물에 기름이 분산된 유화상태로서 단순히 유화형이 결정되고 친수성의 유화제는 연속상(계면활성제의 미셀)이 수상에서 형성된다.
② 물-기름 계면에 흡착된 계면활성제의 배향은 친유기를 외측에, 친수기를 내측에 배향한다.

❖ 유중수형(Water in Oil, W/O형)
① 기름에 물이 분산된 유화 상태로서 친유성의 유화제는 연속상이 유상에서 형성된다.
② 기름-물 계면에 흡착된 계면활성제의 배향은 친수기를 외측에, 친유기를 내측에 배향한다.

❖ 유화형의 기능 및 제형

구분	기능	제품
O/W형	물에 잘 지워진다.	로션, 크림, 에센스 등
W/O형	물에 잘 지워지지 않는다.	선크림, 선로션 등

3. 부향률에 따른 향료 및 데오도란트

향수 원액과 알코올의 비율을 나타내는 향수 원액이 포함된 비율 즉, 향수의 농도이다. 따라서 원액함유율이 높고 향이 강하고 오랜 시간 유지됨은 부향률이 높다는 의미와 같다.

(1) 향수

"연기를 내어 통과한다"라는 라틴어 perfumare에서 유래된 방향성 화장품 즉, 향수이다. 향수 화장품은 향료(향기)가 주체인 화장품으로서 향료의 농도, 알코올의 순도, 지속시간 등에 따라 5단계로 분류한다.

1) 퍼퓸

• 향료농도(15~20%), 알코올순도(99.5%), 향기의 지속력 (6~7시간)
• 가장 높은 향기로서 가장 완성도가 높으며 고가임
  – 향기 가장 풍부(떠난 자리에 진한 향이 한참 남는)

2) 오드퍼퓸

• 향료농도(10~15%), 알코올순도(85%~90%), 향기지속력(5~6시간)
• 오드(eau)는 물을 의미하듯, 알코올과 정제(증류)수가 포함

- 퍼퓸에 가까운 완성도를 갖으나 퍼퓸보다 값이 싸다.

3) 오드뚜알렛
- 향료농도(6~10%), 알코올순도(80~85%), 향기지속력(3~5시간)
  - 가벼운 느낌의 향기화장수로서 스프레이 형태이며 일반적으로 가장 많이 사용

4) 오드코롱
- 향료농도(3~5%), 알코올순도(75~85%), 향기지속력(1~3시간)
- 향입문자들에게 좋은 가장 가벼운 방향성화장품(향수)
  - 상쾌한 느낌에 운동 또는 샤워 후 전신에 뿌려 사용(알코올에 감귤류 기타 천연 방향유 배합)

5) 샤워코롱
- 향기농도(1~2%), 향기지속력(1시간 이내)
- 나폴레옹 향수로 잘 알려져 있으며 샤워 이후 가볍게 전신에 사용함으로써 잔향이 오래 유지되고 보습 성분을 보완하기도 함

4. 향료채취방법 및 테라피
(1) 식물성 향료추출법
향료의 원료인 식물 대부분은 수증기 증류 추출에 의해 정유가 채취된다. 이는 방향성 식물로서 대부분 휘발성 유상물질로서 물보다 가볍다. 즉 원료를 가열하면서 수증기를 보내면 향료 성분이 증발하므로 이를 냉각시키면 물과 분리하여 추출한다. 이 수증기 증류법은 10세기경 아랍에서 최초로 개발되어 지금까지 널리 쓰이고 있다.

① 흡착법(침윤법)
- 열에 약한 꽃의 향(정유)을 추출할 시 사용 방법
  - 꽃과 잎을 압착 후 따뜻한 식물유에 넣어 정유가 흡수할 수 있게 함
  - 동물성 유지(라드)를 바른 종이 사이 사이에 꽃잎을 넣어 추출
  - 알코올에 정유를 함유한 식물을 담가 추출

② 용매추출법
- 식물의 정유를 휘발성 유기용매(벤젠, 에터, 알코올 등)를 이용하여 추출
  - 성분이 열화하여 냄새가 나빠질 경우 석유계 용제로 성분을 용출시킴

③ 압착법
- 정유 성분이 파괴되는 것을 막기 위해 실온의 저온 상태에서 압착
  - 향기의 역화를 방지함(에센셜오일 추출)
- 정제한 돼지, 말의 기름 등에 원료를 넣어 향료 성분을 유지로 옮긴 다음, 알코올에 의해서 성분을 용출
  - 레몬, 오렌지 등의 감귤류에서 얻은 정유는 껍질(과일 껍질 외부에 오일이 들어 있음)을 압착하여 추출

④ 수증기증류법
- 가장 오래된 방법으로서 대부분의 정유 생산에 이용하며 단시간에 대량의 정유를 추출
  - 원료를 가열하면서 수증기를 보내면 향료 성분이 증기와 열
- 농축의 과정을 거쳐 수증기와 정유가 함께 추출된 후 물과 오일을 분류시킴

- 고온에서 추출하므로 열에 불안정한 성분을 파괴하며 추출된 수증기는 약간의 유분을 함유하므로 화장품에 이용됨

⑤ 초임계 이산화탄소 추출법
- 선택적 용매(이산화탄소)로 추출하는 공정으로 원유를 채취할 때 채취량을 늘릴 목적으로 사용하거나 다른 화합물 합성의 원료로 사용됨
  - 이산화탄소는 31℃의 낮은 온도와 73기압에서 초임계 상태가 됨

⑥ 냉침법
- 유리판에 라드를 바르고 신선한 꽃잎을 펼쳐 놓으면 꽃잎 속의 오일이 지방에 흡수됨, 지방이 오일을 흡수할 때까지 반복한 다음 지방만을 모아 알코올과 섞어 강하게 휘저으면 지방산 오일이 분리됨

(2) 아로마테라피
자연요법으로서 대체의학 중 하나인 에센셜오일의 치유 효능을 통해 스트레스를 해소하고 면역력을 높인다. 방향성 약용식물에서 추출한 천연오일로서 100% 순수 에센셜오일만을 사용한다. 전문가용 메디칼(medical)이나 테라피(therapy) 등급의 에센셜오일 구매 시 학명, 원산지, 추출 부위, 추출법 등을 확인해야 한다.

① 에센셜오일(essential oil)
식물체가 가진 강장, 항균, 성분(방향성 약용 식물추출)이 있어 특유의 향과 살균, 진정, 이완 등 치유기능을 가진다.

② 캐리어오일(carried oil)
- 식물의 씨와 과육을 압착하거나 용매를 사용하여 추출(불포화지방산과 비타민, 미네랄이 풍부하게 함유)된 식물성 오일은 특유의 약한 향이 나며 피부에 잘 흡수된다. 또한 피부 속으로 전달하는 역할을 한다하여 캐리어 또는 베이스·고정오일이라 하며 에센셜오일을 희석하는 데 사용한다.
- 피부보호와 보습·유연 효과가 있다.
  호호바오일, 아보카도오일, 코코넛오일, 포도씨오일, 스윗트아몬드 오일, 올리브오일, 해바라기씨오일, 로즈힙오일, 아르간오일 등

Section 03 • 화장품의 종류와 기능

01 기초 화장품

1. 기초 화장품 사용 목적 및 종류
(1) 목적
피부를 청결히 하며, 유·수분 균형을 통해 신진대사를 촉진시켜 피부 항상성을 유지하며 자외선을 차단시킨다.

(2) 종류

구분	종류
세안제	• 세안비누, 클렌징 폼, 클렌징 로션, 클렌징 크림, 클렌징 오일, 클렌징 젤, 클렌징 워터 등

네일미용 위생 서비스

PART 1

피부정돈제	• 수렴화장수(아스트리젠트, 토닝 로션, 토닝 스킨), 유연화장수 등
피부보호제	• 로션, 크림(안티에이징·아이·넥·핸드·풋·바디·화이트닝), 자외선 차단제, 팩 등

02 메이크업 화장품

1. 메이크업 화장품의 사용목적 및 종류

(1) 목적

얼굴을 아름답게 하거나 피부를 보호함으로써 자신감과 만족감을 갖게 한다.

(2) 종류

구분	종류
베이스 메이크업	• 메이크업 베이스, 파운데이션, 파우더 등
포인트 메이크업	• 립스틱, 블러셔, 아이라이너, 마스카라, 아이섀도 등

03 모발 화장품

1. 모발 화장품의 사용 목적 및 종류

(1) 목적

모발 화장품을 이용하여 세정하는 것은 위생과 외양에 관심을 나타내는 미용 절차뿐 아니라 손상을 방지하거나 복구·성장 또는 미적 목적으로 모발색을 변화시키거나 모발형태를 펴거나 웨이브를 형성시키는 데도 사용된다.

(2) 종류

모발에 대한 전문적인 손질방법에 대한 처치제로서 많은 화학제품이 사용된다.

구분	종류
기초 화장품	• 샴푸제, 린스제, 컨디셔너제, 트리트먼트제, 스프레이, 무스, 로션, 포마드, 미스트, 젤, 오일, 왁스, 팩, 육모제 등
반응성 화장품	• 펌제(웨이브 펌제, 스트레이턴드 펌제), 일시적·반영구적·영구적 염모제(식물성, 광물성, 유기합성 염모제) 등

04 바디 관리 화장품

바디 관리 화장품은 몸의 청결 및 거칢으로부터 보호, 생리적인 분비물 및 체취, 피부트러블의 예방 및 보호 등에 사용되는 제품이다.

1. 바디 관리 화장품의 사용 목적 및 종류

(1) 목적

얼굴과 마찬가지로 생리적 현상이 같은 전신을 관리하는 것은 신체를 쾌적(유, 수분 보충)하게 하거나 미적인 아름다움 및 젊음의 유지를 목적으로 한다.

(2) 종류

구분	종류
세정제	• 목욕제로서 비누, 바디샴푸, 바스(코롱, 퍼퓸), 바디솔트 등
보습제	• 바디로션, 바디크림, 바디오일 등
방향제	• 파우더, 코롱 등
자외선 차단제	• 선스크린(리퀴드, 크림, 젤), 선탠(오일, 리퀴드, 젤), 애프터 선 케어 로션 등
방충제	• 모기스크린, 곤충리베라 등
손·발 관리제	• 핸드(로션, 크림), 제모(무스, 크림), 디스칼라, 각질연화(로션, 크림) 등
방취제	• 데오드란트(로션, 스프레이, 파우더, 스틱) 등

05 네일 화장품

손(발)톱의 생태적 형상(얇고, 두껍고, 크고, 작고, 편평, 곡선 등)은 다양하다. 네일 화장품은 이상적인 손(발)톱을 유연성과 광택, 단단함, 색채, 길이 연장, 보강술 등에 사용되는 제품이다.

1. 네일 화장품의 사용 목적 및 종류

(1) 목적

네일 화장품은 표피세포의 변성으로 각질화되는 손(발)가락 끝단, 즉 손(발)톱을 보호하고 아름답게 하기 위한 목적으로 사용되고 있다.

(2) 종류

구분	종류
손질제	• 소독제, 폴리시 리무버, 큐티클(오일, 리무버), 네일 트리트먼트, 프라이머 등
색조 화장제	• 베이스 코트, 네일 폴리시, 톱 코트 등
연장제	• 팁, 실크, 린넨, 파이버 글래스, 아크릴 볼, 글루, 젤 등

06 향수

일반적으로 좋은 냄새를 의미하는 향은 주관적인 심리적 표현으로서 정확한 수지나 척도를 나타내지 못한다. 화장품이 향장품과 동의어로 사용되듯 화장품은 향과 밀접한 관계를 유지한다. 즉, 몸을 보호(방부, 방충)하거나, 생활 전반(의, 식, 주)에서 드러나는 부패, 발효 등이 갖는 후각·미각·청각·기호적 생리·심리적, 주술적, 상징적, 치료 등의 역할까지 다양하다.

1. 향수의 사용 목적 및 종류

(1) 목적

화장품학에서 요구되는 향은 아름다움과 건강을 목적으로 사용된다. 화

네일미용 위생 서비스

장품에서의 향은 사용하는 사람의 매력을 이끌 뿐 아니라 자신만의 이미지를 연출하고자 함을 목적으로 한다.

(2) 종류

구분		종류
천연향료	식물성	꽃, 잎, 종자, 껍질(수피), 뿌리, 과실, 목재 등
	동물성	사향(사향노루), 영묘향(사향고양이), 해리향(비버), 용연향(향유고래) 등

07 에센셜(아로마) 오일 및 캐리어 오일

향을 의미하는 아로마는 향기 나는 식물, 향초를 의미하나 오늘날에는 에센셜 오일로서 정유 또는 향유를 의미한다. 캐리어 오일은 에센셜 오일을 피부에 효과적으로 흡수시키기 위한 베이스 오일이다.

1. 에센셜(아로마) 오일 및 캐리어 오일의 사용 목적 및 종류

(1) 목적
식물에 존재하는 향기 물질을 이용하여 두뇌와 신체 특정기관을 자극하여 질병을 치유하는 목적으로 사용된다.

(2) 종류

구분		종류
아로마 오일	상향	감귤, 오렌지, 레몬, 페퍼민트, 타임, 로즈마리, 유카리, 바질 등
	중향	라벤더, 마조람, 로즈, 제라늄, 네롤리 등
	하향	샌달우드, 프랑킨센스, 자스민, 벤조인 등
캐리어 오일		호호바, 아몬드, 아보카도, 그레이프 씨드, 코코넛, 살구씨, 캐롯오일 등

08 기능성 화장품

화장품과 의약외품의 중간 영역에 속하는 기능성 화장품은 피부의 항상성을 유지하기 위해 사용되는 일반적인 성분 이외에 화장품의 약리적인 유효성을 기능적으로 부여하고 있다. 이는 세포재생에 따른 주름 개선, 미백 개선, 색소침착 방지에 따른 자외선 차단 등을 중심으로 활발하게 진행된다.

1. 기능성 화장품 사용 목적 및 종류

(1) 목적
화장품의 기본적인 기능에 따라 새로운 기능을 추가시킴으로써 수분보유 및 세포재생에 따른 노화 및 색소침착 방지 등을 목적으로 한다.

(2) 종류

구분	종류
기능성 화장품	미백개선, 주름개선, 자외선 차단 등

네일미용 위생 서비스

PART 1

Chapter 09
손발의 구조와 기능

Section 01 ● 뼈(골)의 형태 및 발생

골격계는 206개의 뼈와 연골, 인대, 관절 등을 살펴볼 수 있다. 뼈대 위에는 근육과 피부가 존재한다. 뼈대를 만드는 뼈는 신체에서 연약한 부위를 지지하여 보호하고 혈구를 생산하며, 미네랄과 지방을 저장한다.

1. 뼈의 형태 및 발생

(1) 골격

골격은 신체 내에서 보호 · 조혈 · 저장 · 지지 · 운동 기능 등을 한다.
① 골격의 기능
   ㉠ 신체를 지지한다.   ㉡ 혈액세포를 생성한다.
   ㉢ 장기를 보호한다.   ㉣ 숨쉬기를 돕는다.
   ㉤ 미네랄을 저장한다.   ㉥ 운동 시 지지대의 역할을 한다.
   ㉦ 활발하게 성장하며 스스로 재구성한다.
② 골격의 분류
   골격의 주요 구성요소는 뼈이다.

분류	내 용	특 징
긴 뼈(장골)	너비에 비해 길이가 긴 뼈	팔뼈, 다리뼈
짧은 뼈(단골)	너비와 길이가 거의 같은 뼈	손목뼈, 발목뼈
편평골(납작뼈)	편평하거나 커브 등의 형태를 가진 뼈	머리뼈, 갈비뼈, 복장뼈
불규칙뼈	퍼즐의 일부처럼 불규칙적이며, 뼈와 뼈를 연결시키는 형태의 뼈	엉치뼈, 척추뼈

③ 골의 조직
   골의 조직은 뼈의 표면인 치밀골과 뼈의 중심부인 해면골로 구성된다.
   ㉠ 뼈의 전체적인 구조

종 류	뼈 구조
뼈 바깥막 (Periosteum)	• 혈관과 림프관, 신경이 분포해 있다. • 혈액과 영양분을 뼈세포에 공급해 준다. • 뼈 바깥막은 인대와 건이 부착되어 있다. • 섬유질로 된 두꺼운 결합조직으로 덮여있다.
뼈끝 (Epiphysis)	• 각 뼈의 끝이며, 뼈의 몸통(뼈몸통) 끝으로 갈수록 굵고 둥글게 된다.
뼈 골수 공간	• 황색과 적색의 2가지 골수가 있다. • 뼈몸통의 공간으로서 골수를 보관하는 역할을 수행한다. ※ 황색 골수는 다량의 지방을 갖고 있으며, 다량의 혈액 손실 시 적색 골수로 변환된다.

(2) 연골(Cartilage)

① 뼈와 뼈 사이에서 쿠션 역할을 한다.
② 연골에는 조그만 윤활 주머니가 윤활액을 담고 있다.
③ 접힘, 장력, 압력을 위한 특수 형태와 밀집된 결합조직이다.
④ 손 · 발과 같은 관절 연골은 뼈끝에 위치하여 움직임을 관장한다.

⑤ 움직일 때 충격을 흡수하여 뼈끝이 부딪치는 것을 방지한다.

(3) 관절과 인대
① 관절(Joint)
   ㉠ 뼈를 연결하고 있는 결합조직에 의해 관절이 분류된다.
   ㉡ 관절은 움직임을 관장하며, 2개 이상의 뼈가 합쳐져서 형성된다.
② 인대(Ligament)
   ㉠ 뼈와 뼈를 연결한다.
   ㉡ 특수한 결합조직에 의해 관절을 움직일 수 있게 한다.

관절명	상지관절	관절명	하지관절
손목	요골수근관절	발목	거퇴관절
손목뼈사이	수근간관절	발목뼈사이	족근간관절
손목손허리	수근중수관절	발목허리	족근중족관절
손허리손가락	중수지절관절	발목, 허리, 발가락뼈	중족지절관절
손가락뼈사이	지절간관절	발가락뼈사이	지절간관절

Section 02 ● 손과 발의 뼈대(골격)

1. 손(발)의 골격

손가락뼈인 수지골은 인지, 중지, 약지, 소지 등으로서 긴 뼈인 첫마디뼈(기절골), 중간마디뼈(중절골), 끝마디뼈(말절골)로 구성된다. 그외 모지는 기절골과 말절골로 구성된다.

손의 골격	위치	구성 및 내용
수근골 (Carpal Bones)	손목뼈	8개의 뼈 (작고 불규칙한 두 줄로 된 뼈)
중수골 (Metacarpal Bones)	손바닥뼈	5개의 뼈 (손가락뼈와 연결된 길고 가느다란 뼈)
수지골 (Phalanges)	손가락뼈 (5개의 손가락뼈)	14개의 뼈 • 제1지(2개 뼈) • 제2지(3개 뼈) • 제3지(3개 뼈) • 제4지(3개 뼈) • 제5지(3개 뼈)
척골 (Ulna)	아래팔의 내측	손목뼈와 연결 (소지 방향으로 연결되는 뼈)
요골 (Radius)	아래팔의 외측	손목뼈와 연결(모지 방향으로)

발의 골격	위치	구성 및 내용
족근골 (Tarsal Bones)	발목뼈	7개의 관절 (몸의 무게를 지탱, 발목뼈의 일부)
중족골 (Metatarsals)	발등뼈	각 발가락뼈로 연결되는 길고 가는 뼈

PART 1 네일미용 위생 서비스

족지골 (Phalanges)	발가락뼈	14개의 뼈 • 제1지(2개 뼈) • 제2지(3개 뼈) • 제3지(3개 뼈) • 제4지(3개 뼈) • 제5지(3개 뼈)
경골 (Tibia)	하퇴의 내측을 구성하는 뼈	2개의 뼈
비골 (Fibula)	경골 바깥쪽에 있는 가는 뼈	1개의 뼈

Section 03 ● 손과 발의 근육 형태 및 기능

1. 손(발) 근육의 정의

근육(Muscles)은 수축과 이완이 있는 모든 조직을 칭하는 일반적인 용어이다. 섬유질 조직인 근육은 약 650개로서 형태와 크기가 다양하다. 이는 체중의 40~50%를 차지하며 수행하는 기능에 따라 구성되어 있다.

2. 손(발) 근육의 형태

근육은 펴거나(신전), 굽히거나(굴곡), 돌리거나(회전), 벌리거나(외전), 모으거나(내전), 엎치거나(회내), 뒤집는(회외) 등의 역할을 한다.
① 신근 : 손(발)가락을 벌리거나 펴서 내·외측 회전과 내·외향에 작용하는 근육이다.
② 굴근 : 손(발)목과 손(발)가락을 굽히며 내·외향에 작용하는 근육이다.
③ 외전근 : 손(발)가락 사이를 벌리는 근육이다.
④ 내전근 : 손(발)가락 사이를 모으거나 붙이는 근육이다.
⑤ 회외근 : 손(발)바닥을 위로 향하게 하는 근육이다.
⑥ 회내근 : 손(발)목을 안으로 하여 손(발) 등을 위로 향하는 근육이다.
⑦ 대립근 : 물건을 쥐거나 잡을 때 작용하는 근육이다.

3. 손(발) 근육의 기능

(1) 운동을 일으킨다.
(2) 자세를 유지한다.
(3) 열을 발생시킨다.
(4) 혈관의 확장과 수축을 관장한다.
(5) 수축을 통해 혈액의 순환을 일으킨다.
(6) 물질이 들어오고 나가는 문 역할을 한다.

Section 04 ● 손과 발의 신경

신경계는 우리 몸의 주요한 조절작용을 통괄하는 계통으로서 인지, 기억, 생각을 포함하는 모든 정신적 활동의 중추기관이다. 우리 몸 내·외부의 환경변화에 대한 간파, 통찰, 반응에 대한 능력은 물론 항상성도 조절한다.

1. 신경조직

(1) 신경계의 기초 형성체는 신경세포 또는 뉴런이다.
뉴런의 길이는 1cm~1m 이상으로서 엄지발가락에서부터 뇌까지 메시지를 전달한다. ※ 뉴런(neuron)은 신경계의 기본 단위이다.

(2) 신경세포는 몸의 가장 분화된 세포이다.
① 핵과 세포막을 갖고 있지만 스스로 세포분열을 하지 않는다.
② 적절한 자극에 대한 반응으로 발전시키거나 불을 내는 전기장치와 비슷하다.

(3) 신경세포는 충격들을 가져오고 내보내는 과정에 의해 차별화되는 특징이 있다.
① 수지상돌기는 가늘고 여러 갈래로 뻗은 섬유들의 세트이다.
  • 감지장치로써 안테나처럼 신호를 받고 세포 몸체에 따라 이차 연장체인 축삭돌기로 전송한다.
② 하나의 단일 섬유인 축삭돌기는 신호들을 다른 세포 또는 근육 이나 감각세포로 전송할 수 있도록 돕는다.

(4) 신경세포의 자극은 보통 한 방향으로만 전달한다.

2. 신경의 기능

각 신경세포는 자신의 정보를 전송하기 위해 전기 화학적 신호로 바꾼다.

(1) 감각신경(구심성)
① 감각뉴런은 수용체라는 장치를 통해 몸속과 외부로부터 정보들을 수집한다.
  ㉠ 정보들은 적절한 조치가 결정되는 뇌와 척수로 보내진다.
  ㉡ 말초의 자극을 중추 쪽으로 전달하는 신경이다.

(2) 운동신경(원심성)
① 뇌와 척수로부터 적절한 샘, 기관 또는 근육으로 지시사항을 전달한다.
  ㉠ 중추의 자극을 말초로 전달하는 신경이다.

(3) 개재신경
감각신경과 운동신경 간의 신호들을 왕복시키고 중추신경계 속에 완전히 놓여 있다.

네일미용 위생 서비스

3. 신경의 구조

신경구조는 신경세포로서 신경원(Neuron)이라는 단위를 갖는다.

① 신경세포체

핵과 세포질로 구성되며 수지상돌기를 옆가지로 하여 신경세포의 성장 및 물질대사에 관여한다.

② 수지상돌기

수용체로서 외부로부터 자극을 받아 신경세포체에 전달한다.

③ 축삭돌기

말초의 자극을 중추 쪽으로 전달하거나 중추의 자극을 말초로 전달한다.

④ 시냅스

신경세포와 신경세포를 연결하는 접속 부위이다.

4. 신경계의 종류

(1) 중추신경계

① 뇌와 척수로 구성되며 외부로부터의 자극을 분석, 종합, 판단하도록 조절하여 인체 각 부분으로 반응을 전달한다.

ㄱ 모든 정신적 작용을 조절한다.

ㄴ 몸의 움직임과 표정 등의 근육을 조절한다.

ㄷ 시각, 후각, 미각, 청각 등의 감각기능을 조절한다.

(2) 말초신경계

① 체성신경계

ㄱ 감각기관에서 받아들인 외부자극을 중추신경계로 보내거나 중추신경계의 명령을 말초신경계로 보낸다.

② 자율신경계

ㄱ 교감신경과 부교감 신경으로 구성된다.

ㄴ 몸의 기능이 의지와는 상관없이 자율적으로 조절된다.

Part 2 네일 화장물

Chapter 01
일반 네일 폴리시 제거

Section 01 ● 일반 네일 폴리시 성분

01 네일 화장물의 정의
조체에 사용되는 매니큐어와 페디큐어, 그리고 인조네일, 아트네일 등을 네일 위에 표현하기 위해 사용하는 모든 재료 및 제품, 장식물을 말한다.

02 네일 폴리시 성분
- 베이스코트는 송진, 아이소프로필 알코올, 부틸아세테이트, 에칠아세테이트, 니트로셀룰로즈, 포르말디하이드를 주성분으로 한다.
- 톱코트는 송진, 니트로셀룰로즈, 용해제 알코올, 부틸아세테이트, 에칠아세테이트, 레진 등이 주성분이다.
- 네일 폴리시는 색상을 담고 있는 것으로서 성분은 벤조페논, 에칠아세테이트, 아이소프로페놀, n-부틸 아세테이트, 니트로셀룰로즈 성분을 포함하고 휘발성 용해액으로 용해시킨 것으로 휘발성이 강하다.

03 네일 폴리시 리무버(Nail Polish Remover)
- 아세톤 성분이 비교적 적게 함유되어 있다.
- 에나멜 리무버(enamel remover)라고도 하며, 네일 폴리시 제거에 사용되고 있다.
- 액상 형태의 물질로 다른 물질을 녹일 때 사용한다. 아세톤(Acetone), 아세테이드에틸(ethylacetate), 아세테이드 n-부틸(n-butyl acetate) 등이 대표적인 용제이다.

Section 02 ● 일반 네일 폴리시 제거 작업

01 네일 화장물 제거제
네일 표면에 작업된 네일 화장물을 용해해 제거하는 제품을 말한다.

02 네일 화장물의 종류별 특징과 제거제 선택

(1) 네일 폴리시의 종류
- 조체에 색을 입히는 네일 색조 화장용 컬러 액체로서 에나멜, 폴리시, 네일컬러 또는 락커라고도 한다.
- 베이스 코트는 조체가 유색 컬러에 착색되는 것을 방지하고 조체와 폴리시가 잘 밀착되도록 도와주는 역할을 한다.
- 탑 코트는 조체에 광택을 부여하고 폴리시가 쉽게 벗겨지지 않도록 방지한다.
- 네일 폴리시는 니트로셀룰로즈로 제거할 때 네일 폴리시 리무버로 제거해야 한다.

(2) 네일 화장물 제거를 위해 필요한 재료
① 디스펜서
- 액체 용액을 담아두는 용기이다.
- 사용 시에는 용기의 뚜껑을 열고 탈지면을 적셔 사용하며, 사용하지 않을 때는 뚜껑을 덮어 놓는다.

② 화장솜
- 네일 폴리시, 유분 정리, 소독 등을 할 때 사용한다.
- 뚜껑 있는 용기를 사용하여 청결하게 화장솜을 보관해야 한다.

③ 네일 폴리시
- 네일 폴리시는 안료에 따라 다양한 컬러, 펄, 글리터가 함께 섞여 있는 경우 제거하기가 어렵다. 이때는 리무버를 적신 탈지면을 네일 위에 올려놓고 일정 시간이 지나면 제거된다.

(3) 네일 폴리시 제거하기
① 손 소독하기(시술자+고객)
  소독솜(안티셉틱)에 적셔진 것을 사용하여 시술자의 손과 고객의 손을 소독한다.
② 네일 폴리시 제거하기
  ㉠ 네일 폴리시 리무버를 솜에 적셔 컬러된 소지 위에 얹는다.
  ㉡ 조체 위에 얹힌 솜을 이용하여 소지부터 모지로 이행하면서 닦는다.
  ㉢ 조체판, 자유연 안, 측·후 조곽(조벽)까지 섬세하게 닦는다.

PART 2

네일 화장물

Chapter 02

젤 네일 폴리시 제거

Section 01 ● 젤 네일 폴리시 성분

01 젤 네일 폴리시 성분

- 젤 성분은 아세톤(acetone), 아이소프로페놀(isopropanol), 에칠 카바매트(ethyl carbamat),에칠시아노 아크릴레이트(ethyl cyanoacrylate)가 포함되어 있다.
- 라이트 큐어드 젤의 제거방법에 따라 하드젤(hard gel)과 속오프젤(soak off gel)로 나누어진다.
- 젤은 우레탄과 메타 아크릴레이트 혼합물, 항-황화제 UV 광장치를 필요로 하는 광개시제와 셀룰로오즈를 포함하고 있다.

02 젤 네일 폴리시리무버(Gel Nail Polish Remover)

네일 폴리시의 성분과 비슷하나 아세톤 함량이 높다.
아세톤 함량이 높아 백화현상이 나타나고, 젤 네일 폴리시 화장물의 제거제로 사용한다.

Section 02 ● 젤 네일 폴리시 제거 작업

01 젤 네일 화장물의 종류별 특징과 제거제 선택

(1) 젤 네일 폴리시 종류
- 조체에 색을 입혀 컬러를 부여한다.
- 제거되지 않는 젤 제품은 네일 파일로 갈아서 제거해야 한다.
- 유색 젤로서 자연 건조되지 않고 젤 램프기기를 사용하여 경화시킨다.
- 젤 네일 폴리시 도포 후 폴리시를 보호하고 광택을 주기위해 탑 젤을 사용한다.
- 젤 네일 폴리시를 제거할 때는 젤 네일 전용 폴리시 리무버나 퓨어 아세톤을 선택하여 제거해야 한다.
- 유색 젤 네일 폴리시 도포전 조체 보호와 착색을 방지하고 밀착력을 높이기 위해 베이스 젤을 사용한다.
- 탑 젤은 조체에 광택을 부여하고 젤 폴리시가 쉽게 벗겨지지 않도록 하는 역할을 한다.

(2) 네일 파일의 종류
- 네일 파일은 일회용 파일과, 소독하여 재사용이 가능한 워셔블 파일 등이 있다.

- 인조네일은 인조네일의 유형과 강도에 따라 적절하게 파일을 선택하여 사용한다.
- 네일 파일은 인조네일의 모양이나 길이를 변경하거나 인조네일을 제거할 때 사용한다.
- 네일 파일은 사용 용도에 따라 자연네일과 인조네일, 네일 주변의 각질 정리에 적용한다.
- 180그릿 이상의 네일 파일은 자연네일의 손상을 최소화하기 위해 자연네일에 사용한다.

(3) 네일 파일의 종류별 사용 용도
① 샌딩블록
- 조체 표면의 거칢과 가로세로 줄을 매끄럽게 정리할 때 사용하는 도구이다.
- 랩이나 네일팁 시술 시 글루나 젤을 바른 후 부드럽게 마무리할 때 사용한다.
② 광택파일
- 샤이니 블록이라고도 한다.
- 파일면의 거칠기가 2면으로 구성되어 있다.
- 네일을 정리한 후 네일 표면에 광을 낼 때 사용한다.
③ 에모리 보드(우드파일)
- 자연손톱의 모양이나 길이를 변경할 때 사용한다.
④ 디스크 패드
- 라운드 패드라고도 하며 파일 후 조체의 잔해나 조체 밑 또는 조곽 내 거스러미 제거에 사용한다.

(4) 젤 네일 폴리시 제거하기
① 손 소독하기(시술자+고객)
  소독솜(안티셉틱)에 적셔진 것을 사용하여 시술자의 손과 고객의 손을 소독한다.
② 큐티클 오일 바르기 및 아세톤을 이용한 솜 올리기
  ㉠ 큐티클 라인에 오일을 바른다.
  ㉡ 솜에 아세톤을 적셔 인조손톱에 올린다.
  ㉢ 호일을 사용하여 손톱을 감싼다.
③ 손톱 표면에 젤 폴리시가 남아있을 경우 푸셔나 오렌지 우드스틱을 사용하여 프리에지 방향으로 밀어내고 파일을 사용하여 남아있는 잔여물을 제거한다.

PART 2 네일 화장물

Chapter 03 인조 네일 제거

Section 01 ● 인조 네일 제거방법 선택 및 제거 작업

01 인조 네일 종류

인조 네일은 사용되는 재료에 따라 팁네일, 랩네일, 젤네일, 아크릴네일 등으로 나누어진다.

(1) 인조 네일 화장물의 유형에 따른 네일 파일의 선택 방법
- 인조 네일 화장물 표면의 두께를 네일 파일로 먼저 제거하는 것이 바람직하다.
- 작업된 두께에 따라 네일 파일에 그릿이 달라질 수 있으므로 네일 미용사가 알맞게 선택하여 사용한다.

1) 팁 네일, 랩 네일의 유형
150~180그릿 네일 파일을 사용하여 네일 표면의 두께를 제거한다.

2) 젤 네일의 유형
150~180그릿의 네일 파일을 사용하여 네일 표면의 두께를 제거한다.

3) 아크릴 네일의 유형
100~150그릿의 네일 파일을 사용하여 네일 표면의 두께를 제거한다.

02 퓨어 아세톤(Pure Acetone)

인조 네일을 제거할 때는 퓨어 아세톤(리무버 원액)을 선택하여 제거해야 한다.

03 인조네일 제거 방법

인조네일 제거 방법	종류		
	팁 위드 실크 인조네일	아크릴 인조네일	젤 인조네일
손 소독제로 시술자의 손과 고객의 손을 소독한다.	◎	◎	◎
네일 리무버로 컬러링된 폴리시를 깨끗이 지운다.	◎	◎	◎
네일의 길이가 길 경우 고객이 원하는 네일 길이에 맞추어 프리에지 부분을 자른다.	◎	◎	◎
100% 아세톤을 솜에 적신 후 네일 위에 올린 후 아세톤이 휘발되지 않도록 호일로 감싸준다.	◎	◎	◎
10~15분 후 호일과 솜을 제거한 후에 접착제가 녹아서 밀려나면 오렌지 우드스틱이나 푸셔를 사용하여 프리에지 방향으로 밀어내면서 제거한다.	◎	◎	◎
팁 제거기(팁 프리기)를 이용하여 제거하는 방법 – 팁 제거기에 100% 아세톤을 붓고 손톱(인조손톱+손톱)을 10~15분 정도 담근 후 접착제가 녹아서 밀려나면 오렌지 우드스틱이나 푸셔를 사용하여 프리에지 방향으로 밀어내면서 제거한다.	◎	◎	◎
샌딩 블록을 사용하여 자연손톱의 남아 있는 접착제를 제거한다.	◎	◎	◎
큐티클 오일과 로션을 사용하여 손질한 후 고객이 원하는 작업을 실시한다.	◎	◎	◎
제거(Soak off)되지 않는 젤은 아세톤에 녹지 않으므로 파일로 제거해야 한다.	–	–	◎

04 인조네일 제거 시술 절차

절차	시술방법
① 손 소독하기	시술자의 손과 고객의 손을 소독한다.
② 네일 폴리시 제거하기	화장솜에 폴리시 리무버를 적셔 네일에 얹어준 후 깨끗이 제거한다.
③ 프리에지 자르기	네일의 길이에 따라 또는 고객이 원하는 상황에 맞추어 불필요한 프리에지를 정리한다.
④ 큐티클 오일 바르기	네일 주변에 큐티클 오일을 발라 가볍게 문질러 준다.
⑤ 아세톤을 이용한 솜 올리기	100% 아세톤을 솜에 적힌 후 네일 위에 올린다.
⑥ 호일 감싸기 및 제거하기	솜에 적셔 네일에 올린 아세톤이 휘발되지 않도록 알루미늄 호일로 감싸서 10~15분 정도 방치한 후 호일과 솜을 제거한다.
⑦ 인조네일 접착제 제거하기	인조네일에 사용된 코트된 접착제가 녹아서 밀려나면 오렌지 우드스틱이나 푸셔를 사용하여 프리에지 방향으로 밀어내면서 제거한다.
⑧ 팁 제거하기(팁 위드 랩일 경우에 적용)	팁을 붙인 인조네일에서 코트된 접착제가 녹아서 밀려나면 오렌지 우드스틱이나 푸셔를 사용하여 프리에지 방향으로 밀어내면서 제거한다.
⑨ 파일하기(젤 네일일 경우에 적용)	속 오프제를 사용한 인조네일은 아세톤에 녹지 않으므로 파일로 제거한다.
⑩ 샌딩하기	부드러운 240그릿으로 남아있는 접착제 잔재를 없애주기 위해 버퍼로 곱게 샌딩한다.
⑪ 오일 및 마사지하기	오일 마사지(큐티클 오일과 로션 사용) 또는 팩을 실시할 경우 자연손톱으로의 빠른 회복이 이루어진다.
⑫ 유분기 제거하기	페이퍼 타월 또는 오렌지 우드스틱을 이용하여 닦아낸다.

 보충설명

- 팁 제거기에 100% 아세톤을 붓고 네일을 담근 후 접착제가 녹아서 밀려나면 오렌지 우드스틱이나 푸셔를 사용하여 프리에지 방향으로 밀어내면서 제거한다.
- 볼에 아세톤 원액을 부어 손끝이 충분히 잠기도록 한 후 10~15분 정도 담근다.
- 네일을 담근 상태에서 우드스틱을 이용하여 팁을 프리에지 부분으로 수시로 밀어낸다.
- 아세톤 원액을 솜에 충분히 적셔 네일판 위에 올린 뒤 호일을 이용하여 충분히 감싼 후 오렌지 우드스틱을 이용하여 수시로 팁을 밀어내고 아세톤 원액이 마르면 수시로 보충한다.

PART 2

네일 화장물

Chapter 04
일반 네일 폴리시 전 처리

Section 01 ● 네일 유분기 및 잔여물 제거

01 　큐티클과 네일 주변 거스러미 정리

(1) 전 처리 시 큐티클 제거의 목적
- 큐티클을 지나치게 제거하는 것은 좋지 않다.
- 네일 화장물 적용을 위해 큐티클 제거 작업을 한다.
- 네일 화장물 작업 시 표면과 뜨지 않고 밀착하도록 한다.
- 큐티클은 네일 루트에 세균이 침투하는 것을 막아주는 역할을 한다.

(2) 전 처리 시 네일 주변의 거스러미 정리 목적
- 네일 주변의 각질들은 네일 화장물 적용 시 완성도를 낮추며 네일 화장물의 유지력에도 영향을 준다.
- 조체 주변의 각질 또는 불필요한 거스러미 등은 푸셔와 니퍼, 오일 등을 사용하여 네일 화장물의 완성도와 유지력을 향상한다.

(3) 큐티클과 네일 주변 거스러미 정리 적용
- 큐티클이 없을 경우 큐티클을 밀어 올려 마무리한다.
- 큐티클과 거스러미가 있는 경우 니퍼를 사용하여 정리한다.
- 큐티클과 거스러미를 정리할 경우 푸셔와 거즈를 사용하여 작업을 진행한다.
- 큐티클과 거스러미 정리 시 네일과 큐티클의 상태에 따라 선택적으로 적용한다.

Section 02 ● 일반 네일 폴리시 전 처리 작업

01 　큐티클과 네일 주변 거스러미 정리

(1) 물리적 제거
- 과도한 파일 작업은 자연 네일이 얇아지는 등의 손상이 생길 수 있다.
- 자연 네일 표면을 180그릿 이상의 파일을 사용하여 유분기를 제거해 준다.

(2) 화학적 제거
- 멸균 거즈 및 탈지면에 아세톤 성분을 포함한 용제를 사용하여 네일 표면을 전체적으로 닦아준다.
- 오렌지우드스틱 끝에 솜을 말아(면봉 처리된 오렌지우드스틱 사용) 폴리시 리무버를 적셔 손톱판과 프리에지 밑(하조피)에 묻어있는 유분기를 제거한다.

Chapter 05
젤 네일 폴리시 전 처리

Section 01 ● 젤 네일 폴리시 전 처리 작업

- 작업 매뉴얼에 따라 작업에 적합한 네일 길이 및 모양을 만들 수 있다.
- 네일 상태에 따라 표면정리를 통하여 제품의 밀착력을 높일 수 있다.
- 작업 매뉴얼에 따라 네일과 네일 주변의 거스러미를 정리할 수 있다.
- 작업 매뉴얼에 따라 접착력을 높이기 위하여 전 처리제를 도포할 수 있다.

PART 2 네일 화장물

Chapter 06
인조 네일 전 처리

Section 01 ● 인조 네일 전 처리 작업

01 인조 네일 전 처리 작업

- 멸균 거즈 또는 더스트 브러시를 사용하여 손톱 표면의 분진을 제거한다.
- 젤 네일 폴리시의 밀착력을 높이기 위해 네일 표면에 전처리를 하는 방법이다.
- 전 처리제 도포 시 큐티클 부분과 주변 스킨에 넘쳐나지 않도록 도포한다.
- 전 처리제로는 프리 프라이머, 프라이머, 젤 본더 등이 있다.

02 전 처리제 종류

(1) 프리 프라이머
- 네일의 pH 발란스를 위해 사용한다.
- 손톱 표면의 유·수분기를 빠르게 제거해 준다.

(2) 프라이머
- 아크릴이 자연손톱에 접착이 잘되도록 발라주는 촉매제이다.
  *프라이머를 잘못 사용했을 경우 피부나 눈에 치명타를 입히기 때문에 사용 시 주의해야 한다.
  *사용 시 보안경과 마스크를 착용한다.

(3) 젤 본더
- 젤이 자연손톱에 잘 접착되도록 발라주는 역할을 한다. (단, 제조회사가 젤 본더를 바르라고 명시한 경우에만 바른다.)

Chapter 07
일반 네일 폴리시 마무리

Section 01 ● 일반 네일 폴리시 잔여물 정리 및 건조

01 일반 네일 폴리시 건조

(1) 물리적 건조
용제의 휘발에 의해 자연 건조하는 일반 네일 폴리시에 많은 양의 공기가 노출되도록 하는 방법이다. 공기에 노출되는 양을 늘리기 위해 기기에 내장된 팬을 돌려 바람을 일으킨다.

(2) 화학적 건조
용제의 휘발을 높이는 제품을 직접 분사 또는 도포하는 방법으로 도포된 건조 촉진제가 일반 네일 폴리시의 용제를 휘발시켜 건조한다. 일반 네일 폴리시 건조 촉진제의 접촉 방법에 따라 스프레이형과 도포형으로 구분된다.

1) 스프레이형
스프레이 타입의 제품으로 컬러링이 마무리된 후 일반 네일 폴리시의 표현에 뿌리면 고려 건조를 촉진한다. 분사 시 컬러링 표면에서 10~15cm 정도 떨어져서 균일한 양이 분사되도록 사용한다.

2) 도포형
스포이트 타입 또는 브러시 타입으로 드롭하거나 브러시로 네일 주변에 올리면 자연 확산하는
제품으로 일반 네일 폴리시를 도포한 후 그 위에 적용한다. 오일과 유사한 제형으로 산업에서는 일반적으로 드라이 오일이라 지칭하며 컬러링된 일반 네일 폴리시 표면에 한 방울 떨어뜨려 일반 네일 폴리시의 건조를 촉진한다

네일 화장물

PART 2

Chapter 08
젤 네일 폴리시 마무리

Section 01 ● 젤 네일 폴리시 잔여물 정리 및 경화

01 젤 램프기기

- 젤 네일 폴리시는 젤 성분에 반응하는 빛에 의해 경화된다.
- 젤 램프기기는 램프의 세기와 종류에 따라 다양한 형태의 제품이 있다.

02 젤 클렌저

- 젤 네일 폴리시 경화 후 미경화된 젤을 닦아 사용한다.

Chapter 09
인조 네일 마무리

Section 01 ● 인조 네일 잔여물 정리 및 광택

1. 인조 네일 표면 광택 적용

(1) 톱 젤 적용

톱 젤은 젤 네일의 마지막 과정에 광택을 더해주고 풍만감을 주기 위해 도포하는 네일 화장물이다. 디자인 젤 스컬프처의 경우에는 디자인을 보호하는 역할을 더한다. 톱 젤을 도포한 후 큐어링을 통하여 완벽하게 경화하도록 한다. 톱 젤의 사용 후 젤 클렌저를 사용하여 도포된 미경화 젤을 제거할 수 있다.

(2) 광택 네일 파일 적용

표면 광택을 위한 파일은 샌딩 파일과 240그릿, 400그릿 파일 등 그릿 수가 높은 네일 파일이 사용된다. 연마제가 표면에 없는 400그릿 이상의 광택 파일을 상하좌우를 문지르듯 적용한다

(3) 분진 제거

네일베드와 측면, 프리에지의 아랫부분까지 깨끗하게 정리한다. 더스트 브러시로 분진을 제거한다.

(4) 오일 마무리

인조 네일의 표면과 손톱 주변에 오일을 가볍게 도포하고 마무리한다.

Part 3 네일 미용기술

Chapter 01
네일 기본 관리

Section 01 ● 네일 파일 사용

01 재료와 도구

1. 재료와 도구 운용

(1) 파일 사용
① 파일링 시 주의점
  ㉠ 자연손톱인 경우에는 한 방향으로 파일을 해야 한다.
  ㉡ 양방향으로 파일을 할 경우 조체판의 균열로 인하여 깨지거나 부서질 수 있다.

(2) 브러시 사용
본 교재에서의 모든 시술 작업의 순서와 방향은 고객의 관점에서 서술된다.

1) 브러시에 젖은 제품 조절 방법
① 브러시에 묻은 네일 제품의 양을 조절하기 위해 붓의 한쪽 면에만 묻도록 제품 케이스(병 입구)에서 조절한다.
② 브러시의 양쪽에 묻게 되면 조체에 도포될 때 제품이 뭉치거나 흐를 수 있기 때문에 브러시의 한쪽 면에 묻어나도록 한다.

2) 브러시 운행 방법
조체에 사용되는 브러시 각도는 45°가 되도록 한다. 브러시 끝(붓 끝)이 45° 이상 또는 45° 이하로서 눕거나 세워서 바르게 되면 제품들이 뭉쳐 줄을 이룰 수도 있다.

3) 브러시를 이용한 폴리시 컬러링 운행 방법
① 폴리시를 바르는 순서는 왼쪽 그림(ⓐ → ⓑ → ⓒ → ⓓ)과 같다.
② 2번 이상 도포 시에도 앞의 방법과 동일한 순서로 이행한다.

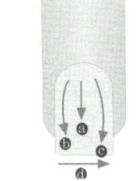
〈컬러링 운행 방법〉

TIP 이 방법은 미국식 컬러링 운행 방법이다.

4) 폴리시 컬러링 시 줄이 생길 때
① ⓐ에서 ⓑ를 도포할 때 오버랩 되는 부분이 생긴다. 이때 재차 쓸어 준 후 ⓒ로 도포한다.
② ⓐ와 ⓒ 사이에 오버랩 되는 부분 역시 브러시로 재차 쓸어준 후 도포량을 조절한다.
③ ⓐ, ⓑ, ⓒ를 매끄럽게 컬러링한 후 ⓓ의 프리에지를 일자로 정리한다.

④ 위의 그림은 일반적으로 네일 숍에서 폴리시 도포 시 적용하는 방법이다.

(3) 오렌지 우드스틱 사용
조체 주위에 묻은 컬러를 면봉 처리된 오렌지 우드스틱 끝에 리무버를 적셔 닦아주도록 한다.

(4) 퀵 폴리시 드라이 사용
전기식 드라이어를 사용하고 있다면 한쪽 손을 바르는 동안 다른 손을 건조시키면 좋다.

1) 퀵 폴리시 드라이
① 손톱 색조화장이 끝난 후 뿌려주는 스프레이이다.
② 컬러가 빨리 마르도록 도와준다.

2) 전기식 드라이어
전기식 드라이어에 손을 올려 놓으면 바람에 의해 컬러를 빠르게 건조시켜주는 기계이다.

02 습식 매니큐어

1. 매니큐어 개요
본 교재에서의 모든 시술과정은 시술자(네일리스트)의 위치에서가 아닌 고객의 관점에서 서술된다.

(1) 매니큐어의 정의
1) 손질과정(1단계, 12과정)
① 손 소독하기(시술자 + 고객)
  솜(코튼지)에 손 소독제(안티셉틱)를 듬뿍 적신 화장솜으로 시술자의 손과 고객의 손을 소독해 준다.
② 네일 폴리시 제거하기
  네일 폴리시 리무버를 솜에 적셔 네일 컬러 또는 젤을 제거한다.
③ 손톱 모양 다듬기
  에머리보드 파일을 이용하여 파일링한다. 먼저 손톱의 오른편 스트레스 포인트에서 손톱의 중앙을 향하여 파일링하고, 왼편도 스트레스 포인트에서 손톱의 중앙을 향하여 한쪽 방향으로 파일링한다.
④ 샌딩하기
  손톱 면이 고르지 않을 경우에는 샌딩 블록을 사용하여 조체 표면을 가볍게 다듬어준다.
⑤ 거스러미 제거하기
  손톱에서 나온 불필요한 거스러미를 브러시나 디스크 패드로 깨끗이 정리한다.
⑥ 큐티클 연화시키기
  오른손의 파일작업이 끝나고 왼손 작업을 하는 동안 먼저 오른쪽 손의 큐티클을 연화시키기 위해 미온수가 담겨진 핑거 볼에 손가락을 담근다(오른손부터 작업하는 경우).

PART 3

네일 미용기술

⑦ 손가락 물기 말리기
　고객의 손을 핑거 볼에서 꺼낸 후 페이퍼 타월로 고객의 손가락 사이 사이의 물기를 제거한다.

⑧ 큐티클 리무버 바르기
　큐티클을 연화시키기 위해 큐티클 리무버 또는 큐티클 오일을 바른다.

⑨ 큐티클 밀어 올리기
　푸셔를 45°로 연필처럼 잡고 자연손톱판이 최대한 긁히지 않도록 큐티클을 가볍게 밀어준다.

⑩ 큐티클 잘라내기
　니퍼를 사용하여 큐티클을 제거한다. 니퍼 날의 1/3만 큐티클에 닿도록 하며 니퍼를 45°로 들어준 뒤 사용한다.

⑪ 손 소독하기(고객)
　큐티클 제거가 끝난 조상연 주위에 소독제를 뿌려준다.

⑫ 유분기 제거하기
　오렌지 우드스틱 끝에 솜을 말아(면봉 처리된 오렌지 우드스틱 사용) 폴리시 리무버를 적셔 손톱판과 프리에지 밑(하조피)에 묻어있는 유분기를 제거한다.

Section 02 ● 보습제 도포

01 　보습제의 종류별 타입

(1) 큐티클 오일
- 큐티클 리무버와 같은 용도로 사용된다.
- 큐티클에 유·수분을 공급하여 큐티클 제거 작업을 용이하게 하며 유연하고 부드럽게 하는 식물성 오일이다.

(2) 큐티클 리무버
큐티클 오일과 같이 쓸 수 있으며 큐티클을 유연하게 해준다.

02 　큐티클 보습제 절차

손 소독하기(수험자 + 모델)→ 큐티클 연화시키기→ 손가락 물기 말리기→ 큐티클 오일 또는 리무버 바르기→ 큐티클 밀어 올리기→ 큐티클 잘라내기→ 소독제 분무하기(모델)→ 손 마사지→ 유분기 제거하기

03 　손 마사지 절차

① 로션이나 크림을 바른다.
② 손등과 손바닥을 가볍게 쓰다듬는다.
③ 수험자가 모델의 손가락을 인지와 중지로 당기면서 손가락을 늘려준다.

④ 수험자의 양손으로 모델의 손을 가볍게 비벼준다.
⑤ 수험자가 모델의 팔목을 잡은 후 깍지 껴서 팔목을 천천히 돌려준다.
⑥ 모델의 손목에 무리가 가지 않도록 해야 한다.
⑦ 수험자의 양손을 모델의 모지와 소지에 끼우고 손바닥을 눌러서 늘려준다.
⑧ 수험자가 손을 둥글게 주먹을 쥔 상태로 손의 측면을 이용하여 모델의 손등과 손바닥을 가볍게 두드려 준다.

04 　파라핀 매니큐어 절차

① 파라핀 매니큐어를 위한 사전준비
　㉠ 네일미용 테이블을 갖추고 재료 세팅을 한 후 테이블에 타월을 깐다.
　㉡ 파라핀을 녹이는 시간은 4~5시간이 소모된다. 일과가 시작될 때 On으로 하고 하루일과를 마무리할 때 Off를 하면 파라핀 매니큐어를 하는 데 용이하다.
　㉢ 전기장갑은 사용하기 5분 전에 플러그를 미리 꽂아서 예열한 후 사용한다.

② 파라핀에 손 담그기 : 고객의 손에 로션이나 오일을 바른 후 파라핀에 천천히 손을 담근다. 5초 정도 기다렸다가 3~5회 반복한다.

③ 비닐팩 씌우기 : 손에 비닐팩을 씌우면 손에 있는 파라핀의 열이 외부로 빠져나가는 것을 방지함으로써 신진대사를 높여준다.

④ 전기장갑 끼우기(파라핀용) : 비닐팩을 씌운 손에 보온 장갑을 끼우고 약 8~10분 정도 보온시킨다.

⑤ 파라핀 제거 및 마사지하기 : 전기 보온장갑과 비닐장갑을 벗기고 손목에서 손끝 방향으로 파라핀 왁스를 조심스럽게 벗겨낸다.

05 　핫오일 매니큐어 절차

소독하기(시술자+고객) → 네일 폴리시 제거하기 → 손톱모양 다듬기 → 샌딩하기(거스러미 제거하기) → 핫 오일에 손가락 담그기 → 손가락 유분기 제거하기 → 큐티클 리무버 바르기 → 큐티클 밀어올리기 → 큐티클 잘라내기→ 손소독하기(고객) → 유분기 제거

PART 3 네일 미용기술

Chapter 02
자연 네일 보강

Section 01 ● 네일 랩 화장물 보강

01 자연 네일의 보강

- 자연 네일이 약해지거나 손상되고 찢어진 상태에 다양한 재료를 사용하여 네일의 두께를 만드는 것을 의미한다.
- 자연 네일의 길이를 연장하기보다는 자연 네일에 오버레이 하여 네일의 두께를 형성한다.

(1) 자연 네일 보강의 범위

1) 전체 보강
- 자연 네일을 전체적으로 보강하는 방법이다.
- 전체적으로 약해진 자연 네일에 사용하는 보강 방법으로 찢어지거나 손상된 경우에도 적용할 수 있다.

2) 부분 보강
- 부분적으로 손상되거나 찢어진 자연 네일을 보강하는 방법을 말한다.
- 부분 보강은 좁은 부분의 보강과 넓은 부분의 보강을 모두 포함한다.

(2) 자연 네일 보강을 위한 네일 랩 유의사항
- 네일 기구 및 네일 재료는 위생적으로 관리한다.
- 글루가 네일 주변 피부에 흐르지 않도록 주의해서 도포한다.
- 글루드라이 분사 시 10~15cm 거리에서 분사하도록 한다.
- 글루드라이 분사 시 너무 가까이에서 분사하면 뜨겁다.

Section 02 ● 아크릴 화장물 보강

01 아크릴을 이용한 자연 네일 보강의 특징

- 손상된 부분의 범위가 넓고, 단단하게 두께를 형성해야 하는 경우는 아크릴 화장물로 자연네일을 보강하는 것이 적절하다.
- 찢어진 자연 네일의 경우는 접착제를 사용하여 찢어진 부위를 붙인다. 아크릴 화장물을 적용하기 전 올바른 전처리 과정을 수행하지 않으면 리프팅이 될 수 있으므로 표면의 광택을 제거하고 전 처리제를 도포 한다.
- 아크릴은 가장 단단하고 수축 및 변형이 없어 보강이 필요한 자연 네일 중 내구성이 가장 좋다.

02 자연 네일 보강을 위한 아크릴 유의사항

- 아크릴과 자연 네일의 연결이 자연스러워야 한다.
- 전처리제 사용 시 네일 주변 피부에 닿지 않도록 도포한다.
- 아크릴과 자연 네일 사이에 기포가 발생하지 않도록 해야 한다.
- 아크릴 브러시를 사용하지 않을 때에는 굳지 않도록 깨끗이 닦아 보관한다.
- 전처리제의 과도한 사용은 자연 네일의 유·수분을 탈수시킬 수 있어 제품에 따라 유의해서 사용한다.
- 보안경을 착용하여 네일 제품이 눈에 닿지 않도록 주의하고, 마스크를 착용하여 호흡기를 보호하고 환기에 신경을 쓴다.
- 아크릴 볼은 자연 네일에만 올려야 하며, 주변 피부에 흘렀을 경우 리프팅의 원인이 되기 때문에 넘치지 않도록 양을 조절해서 사용한다.

Section 03 ● 젤 화장물 보강

01 젤을 이용한 자연 네일 보강의 특징

- 자연 네일의 상태에 따라 하드 젤과 소프트 젤을 선택하여 사용한다.
- 젤은 한 번에 많은 양을 올리게 되면 경화 시 네일 베드가 뜨거워질 수 있어 적절한 양을 조절하여 경화한다.
- 젤은 퍼지는 성질이 있으므로 약해진 자연 네일을 보강하거나 자연 네일의 손상을 예방하거나, 네일에 전체적으로 보강할 때에 효과적이다.
- 찢어진 자연 네일의 경우 네일 접착제를 사용하여 찢어진 부위를 붙이고, 젤을 적용한다.
- 젤 볼을 네일에 올리기 전 전처리 과정을 수행하지 않으면 리프팅의 원인이 될 수 있어 표면의 광택을 제거하고 전 처리제를 도포한다.

02 자연 네일 보강을 위한 젤 유의사항

- 네일 기구 및 네일 재료는 위생적으로 관리한다.
- 젤이 네일 주변 피부에 흐르지 않도록 주의해서 도포한다.
- 전기제품의 사용 방법과 안전수칙을 이해하고 있어야 한다.
- 젤 램프기기를 사용할 때에는 경화 방법과 시간을 확인한다.
- 젤 램프기기 사용 시 광원을 눈으로 직접 보지 않도록 주의한다.
- 젤이 큐티클 라인으로 넘친 경우 멸균 거즈나 키친타월을 사용하여 젤을 닦아낸 후 젤 램프기기에 경화해야 한다.
- 전처리제의 과도한 사용은 자연 네일의 유·수분을 탈수시킬 수 있어 제품에 따라 유의해서 사용한다.
- 보안경을 착용하여 네일 제품이 눈에 닿지 않도록 주의하고, 마스크를 착용하여 호흡기 보호와 환기에 신경 쓰도록 한다.

PART 3

네일 미용기술

Chapter 03
네일 컬러링

Section 01 ● 풀 코트 컬러 도포

01 풀 코트 컬러 도포

1. 매니큐어 컬러링

(1) 매니큐어 컬러링의 정의
손톱의 아름다움을 색채로 표현하는 색조화장의 미용기술 과정이다.

1) 색조화장 과정(2단계, 4과정)
① 절차

베이스 코트 → 네일 폴리시 컬러링 → 톱 코트 → 마무리 등 일련의 절차를 가진 과정이다.

㉠ 네일 컬러하기
- 네일 컬러를 조체에 2~3회 반복하여 얇게 펴 바른다.
- 네일 컬러 용기 뚜껑을 연필처럼 잡고 브러시의 흔들림을 방지하기 위해 반대쪽 손의 중지, 약지 또는 소지에 고정한 후 조체의 중앙 부분을 먼저 컬러링하고, 프리에지에서 마무리한다.

순서	내용
조체의 중앙 컬러하기	큐티클 라인 바로 앞 0.2mm 간격을 띄우고 브러시 끝을 45°로 프리에지까지 가볍게 쓸어내려 준다.
조체 내 우측 컬러하기	손톱의 오른쪽으로 브러시 끝을 굴린 상태에서 위에서 아래(반월 → 프리에지)로 컬러링한다. 반월 부분의 큐티클 라인이 둥글기 때문에 선을 따라 둥글게 컬러링한다.
조체 내 좌측 컬러하기	손톱의 왼쪽 부분을 브러시 끝으로 굴려서 바르고 뭉친 부분이 있을 시에는 가볍게 쓸어내려 준다.
프리에지 마무리하기	브러시에 남아있는 컬러를 이용하여 손톱의 프리에지 부분을 발라 준다.

㉡ 톱 코트 바르기
- 컬러된 손톱판에 코팅막을 형성하여 광택과 지속력을 높여줄 수 있다. 프리에지 밑 부분까지 발라준다.

> **TIP** 손톱 색조화장의 마무리 기술 : 오렌지 우드스틱에 솜을 말아 폴리시 리무버를 적셔 손톱 주변에 묻은 컬러를 닦아낸다.

2. 레귤러

매니큐어 실제는 레귤러(습식·건식) 매니큐어, 매니큐어 컬러링, 스페셜 매니큐어, 스페셜 매니큐어 컬러링으로 대별된다. 레귤러 매니큐어는 베이직 매니큐어(습식 매니큐어), 베이직 컬러링(풀커버 컬러링)으로 구분된다.

(1) 레귤러 매니큐어
본 교재에서는 습식 매니큐어를 기준으로 하며, 고객 관점에서 앞서 시술된 절차를 참고할 수 있다.

1) 습식 매니큐어
습식은 미온수에 손가락을 담가 큐티클을 연화시킨 다음에 큐티클 오일을 사용하여 니퍼로 큐티클을 적당히 제거시킨다.

2) 건식 매니큐어
건식 매니큐어는 큐티클 리무버로 큐티클을 연화시킨 후, 니퍼로 큐티클을 적당히 제거시킨다.

(2) 레귤러 매니큐어 컬러링
① 풀커버 컬러링 : 레드 또는 화이트 폴리시를 이용하여 손톱면 전체를 꽉 채우듯이 컬러를 도포한다.

Section 02 ● 프렌치 컬러 도포

01 풀 코트 컬러링

1. 스페셜 기술

스페셜 매니큐어 컬러링은 손톱 색조화장을 강조하기 위한 프리에지 컬러링, 딥 프렌치 컬러링과 그라데이션 컬러 등이 있으며, 스페셜 매니큐어는 손톱에 유·수분을 보충함으로써 보습효과를 갖는 파라핀 매니큐어, 핫오일 매니큐어 등이 있다.

(1) 스페셜 매니큐어 컬러링
1) 프리에지 컬러링
① 프리에지(프렌치) 컬러링

※ 1차 손질과정 절차 12단계를 이후로는 프리퍼레이션(준비과정)으로 칭한다.

㉠ 1차(손질과정) : 프리퍼레이션
- 2차(색조화장 과정)
- 1차 습식 매니큐어 손질절차가 끝난 후, 2차 손톱 색조화장으로 베이스 코트 → 프리에지 컬러링 → 톱 코트 → 프리에지 마무리 순으로 시술한다.
- 첫째, 손질된 조체에 베이스 코트를 바른다.
- 둘째, 화이트 폴리시를 컬러링하기 위해 프리에지 중앙 쪽으로 옐로우 라인의 흐름을 따라 둥글게 바른 다음, 다른편에서 프리에지 중앙을 향하여 컬러링한다.
- 셋째, 톱 코트를 바른다.

> **TIP** 톱 코트는 브러시를 이용한 도포방법과 동일하다. 즉, 붓 끝을 이용하여 펴 바르는 방법이다.

- 넷째, 프리에지 마무리하기를 한다.

제 1 장 **52** 이론

PART 3 네일 미용기술

Section 03 ● 딥 프렌치 컬러 도포

01 딥 프렌치 컬러링

(1) 딥 프렌치 컬러링
① 딥 프렌치 컬러링 실제
  ㉠ 1차 : 프리퍼레이션
  ㉡ 2차(색조화장 과정)
    • 1차 프리퍼레이션 후, 2차 손톱 색조화장으로 베이스 코트 → 반월을 제외한 풀커버 컬러링 → 톱 코트 순으로 한다.
      – 첫째, 손질된 조체에 베이스 코트를 바른다.
      – 둘째, 딥 프렌치 컬러를 하기 위해 손톱의 반월을 제외하고 풀커버 컬러링한다. 즉, 고객 손톱의 오른쪽에서 반월 부위를 제외하고 중앙쪽으로 반월의 흐름에 따라 둥글게 바른 다음, 다른쪽에서 중앙의 반월을 향하여 풀커버 컬러링한다.
      – 셋째, 톱 코트 시 얇게(1회) 발라준다.
② 손톱 색조화장의 마무리 기술
  오렌지 우드스틱에 솜을 말아 네일 리무버를 적셔 손톱 주변에 묻은 컬러를 닦아낸다.

Section 04 ● 그러데이션 컬러 도표

01 그라데이션 컬러

① 그라데이션 컬러의 실제
  ㉠ 1차 : 프리퍼레이션
  ㉡ 2차(색조화장 과정) : 1차 습식 매니큐어, 즉 손질 절차가 끝난 후 2차 손톱 색조화장으로 베이스 코트 → 풀커버 컬러링(그라데이션 컬러의 도구인 스펀지를 사용하여 반복적으로 두드려 컬러를 입혀줌) → 톱 코트 순으로 시술한다.
② 그라데이션에는 단색 기법과 2가지 이상 색을 사용하는 기법이 있다.

그라데이션 기법	실 제
레드 폴리시를 이용한 단색 기법	첫째, 손질된 조체에 베이스 코트를 바른다. 둘째, 폴리시로 적셔진 스펀지를 손톱 맨 윗부분(반월)부터 프리에지를 향하여 점차 그라데이션(옅은 색에서 짙은 색으로 또는 짙은 색에서 옅은 색으로) 기법으로 풀커버 컬러링한다.
2가지 이상 색을 이용한 응용기법	첫째, 손질된 조체에 베이스 코트를 바른다. 둘째, 손톱판에 대해 90°를 유지하면서 가볍게 폴리시 컬러를 적신 스펀지를 톡톡 반복적으로 두드리듯 도포한다. 셋째, 그라데이션 컬러된 손톱을 건조시킨 후 풀 커버로 톱 코트를 발라준다.

Chapter 04 — 네일 폴리시 아트

Section 01 ● 일반 네일 폴리시 아트

01 기초 색채 배색 및 일반 네일 폴리시 아트 작업

1. 네일 폴리시 개념
- 네일 락커(nail lacquer), 컬러 폴리시(color polish), 네일 폴리시(nail polish), 네일 에나멜(nail enamel)은 같은 용어로 사용되기도 한다.
- 네일 폴리시는 자연 네일에 장식의 목적으로 사용하거나 다른 것과 조합해 사용하는 유용한 화장품이다.
- 얇은 막을 형성하는 폴리머(polymers)와 손톱 표면에 얇은 막의 접착을 증가시키는 레진(resins)과 가소제로 구성된다.
- 막 형성제는 나이트로셀룰로오즈(nitrocellulose)로 내구성과 방수성이 강하다.
- 열가소성 레진은 폴리시가 손톱 표면에 접착이 잘되도록 한다.
- 네일 폴리시는 흑백영화에서 사용하는 film forming materials(필름형성체)의 일종인 나이트로셀룰로오즈에 색소를 배합하여 휘발성 용제로 용해한 것으로 휘발성이 강하다.
- 네일 폴리시를 손톱에 바르면 휘발성 용제가 휘발하여 나이트로셀룰로오즈와 착색제 등피막이 손톱 표면에 밀착된다.

2. 네일 폴리시 성분
일반 네일 폴리시는 네일 폴리시와 베이스 코트, 탑 코트로 구분되며 베이스 코트는 불규칙한 네일 표면을 채우고, 폴리시가 네일에 착색되거나 변색되는 것을 방지하여 에나멜의 밀착성을 높여준다. 탑 코트는 네일과 에나멜에 광택을 부여하고, 폴리시가 쉽게 벗겨지지 않도록 방지한다. 톨루엔, 아세트산에틸, n-부틸 아세트산은 에나멜과 베이스 코트, 탑 코트에 많이 포함된 화학물질이다.

3. 네일 폴리시 디자인
- 네일 폴리시를 사용하여 네일에 표현하는 것을 말한다.
- 네일 폴리시에 세필 브러시, 라이너 브러시, 툴 등의 도구를 사용하여 아트를 표현할 수 있다.
- 네일 폴리시는 건조가 빠르므로 아트를 표현할 때는 폴리시가 굳기 전에 아트를 표현해야 한다.
- 폴리시를 물에 떨어뜨려 움직임을 표현하는 워터마블과 네일 위에 직접 컬러를 섞어 디자인하는 기법이 있다.

네일 미용기술

PART 3

Section 02 ● 젤 네일 폴리시 아트

01 기초 디자인 적용 및 젤 네일 폴리시 아트 작업

1. 젤 네일의 개념
- 네일 위에 광택과 색을 부여하는 것으로 자연 건조되지 않고 빛에 경화되는 폴리시를 말한다.
- 젤은 종류에 따라 베이스 젤, 탑 젤, 젤 네일 폴리시, 하드 젤, 소프트 젤 등으로도 구분된다.
- 젤은 자외선(ultra violet light) 또는 할로겐램프(halogen lamp)의 빛을 네일에 조사하여 젤을 경화시킨다.
- 라이트 큐어드 젤의 제거방법에 따라 하드 젤(hard gel)과 속 오프 젤(soak off gel)로 나누어진다.

2. 젤 네일 폴리시 성분
- 젤 성분은 acetone, isopropanol, ethyl carbamat, ethyl cyanoacrylate가 포함되어 있다.
- 젤은 우레탄과 메타 아크릴레이트 혼합물, 항-황화제 UV 광장치를 필요로 하는 광개시제와 셀룰로오즈(cellulose)를 포함한다.

3. 젤 폴리시 디자인
- 젤 폴리시를 사용하여 네일에 디자인하는 것을 말한다.
- 젤 폴리시 경화를 위해 젤 램프기기를 사용해야 한다.
- 네일 산업에서는 젤 네일 폴리시 아트가 많이 적용되고 있다.
- 젤 폴리시는 경화 전에는 굳지 않으므로 디자인의 수정 보완이 가능한 장점이 있다.
- 젤 네일 폴리시의 경우 흐르는 정도의 점도를 가지고 있어 병 형의 용기에 담아 내장된 브러시로 도포한다.
- 젤 폴리시는 네일 폴리시와 아크릴릭 네일의 단점들을 보완하여 작업시간 단축과 지속력이 우수하다.

Section 03 ● 통 젤 네일 폴리시 아트

01 네일 폴리시 디자인 도구 및 통 젤 네일 폴리시 아트 작업

1. 통 젤 네일 폴리시의 개념
- 젤 네일 폴리시와 유사한 성분으로 젤의 점성 차이로 구분된다.
- 통 젤의 경우 제형에 점도가 있어 통에 담아 사용하며 탄력이 있는 젤 전용 브러시로 젤을 떠서 적용한다.

---

2. 통 젤 네일 폴리시의 종류

① 컬러통젤
- 다양한 컬러로 발림성과 퍼짐성이 좋다. 다른 젤과 혼합하여 원하는 색을 만들어 디자인할 수 있다. 단점은 젤이 묽을수록 양 조절이 안 되면 큐티클라인과 손톱 주변으로 흘러내릴 수 있다.

② 스컬프쳐 통젤
- 점도가 높고 퍼짐성이 적어 흘러내리지 않는 장점으로 자연 네일의 보강을 위한 오버레이와 자연손톱을 연장할 때 사용되며 빌더젤이라고도 한다.
- 단점은 퍼짐성이 적기 때문에 네일의 표면정리가 부자연스러워 파일링을 해야 한다.

③ 글리터통젤
- 투명 젤에 글리터를 혼합하여 사용하는 젤로 글리터의 크기에 따라 그라데이션 표현과 라인을 표현할 때 다양한 느낌으로 표현할 수 있다.

네일 미용기술

Chapter 05
팁 위드 파우더

Section 01 ● 네일 팁 선택

01 네일 상태에 따른 네일 팁 선택

1. 네일 팁 개요
(1) 네일 팁의 정의

자연손톱의 짧은 길이를 인위적으로 늘이고자 할 때 인조 팁(이하 '인조손톱'이라 함)을 부착하여 연장에 사용한다.

1) 팁 활용법

① 팁 활용 시 주의사항
  ㉠ 팁을 붙일 때에는 조체의 1/3이 적당하므로 손톱 길이의 반 이상을 덮지 않도록 한다.
  ㉡ 팁 선정 시, 자연손톱보다 팁 크기가 작거나 크지 않도록 한다.

② 팁 선택
자연손톱판의 크기와 모양과 같은 팁을 선정하여야 한다.
  ㉠ 자연손톱에 비해 팁이 클 때
    • 팁의 양쪽 측면을 파일링하는 불편함은 물론, 파일 시 손톱손상의 주원인이 된다.
  ㉡ 자연손톱에 비해 팁이 작을 때
    • 자연손톱 양 측면이 변형되거나 잘 부러지고 접착이 불안정하여 분리되기가 쉽다.

[오버레이(Overlay)]
• 오버레이는 '덧바르다'라는 의미로서 종이나 섬유, 파우더가 아닌 점성이 있는 재료를 사용하여 자연손톱을 보강하기 위해 손톱판 전체에 덧바르는 작업과정을 말한다.

[랩(Wraps)]
• 인조 팁을 부착한 후에 그 위를 덮어씌우는 작업과정을 말한다.

[연장(Extension)]
• 인조손톱의 연장 : 자연손톱이 길어 보이도록(연장) 팁을 붙여서 늘이는 방법이다.
• 인조네일의 연장 : 아크릴이나 젤 등의 제품을 사용하여 자연네일의 길이를 늘려주는 방법이다.
• 팁 사용에 의한 연장방법 : 팁 위드 랩, 팁 위드 아크릴, 팁 위드 젤 등이 있다.
• 네일 폼 사용에 의한 연장방법 : 아크릴 스컬프처, 젤 스컬프처가 있다.

(2) 네일 팁의 종류

내추럴 팁, 화이트 팁, 유색 팁, 투명 팁, 아트 팁 등이 있다.

① 네일 팁의 재료
  나일론, 플라스틱, 아세테이트 등을 원료로 하여 만들어진다.

② 네일 팁의 구조 - 웰(Well)
  ㉠ 팁의 위쪽에 움푹 들어가 있는 부분이다.
  ㉡ 팁은 자연손톱판 전체에 접착시키는 형태를 갖고 있으며, 웰은 자연손톱판의 정지선이다.

③ 네일 팁의 종류
  ㉠ 풀 웰 : 스퀘어 팁이 있다.
  ㉡ 하프 웰
    • 팁 자체에 색이 들어있는 것으로서 유색 팁이 있다.
      → 프렌치 팁, 컬러 팁 등이다.
    • 팁 자체에 색이 들어 있지 않은 것으로서 무색 팁이 있다.
      → 레귤러 팁 또는 스마일 팁 등이 있다.

④ 네일 팁의 보강제품
팁만을 이용하여 접착하였을 경우 쉽게 부러지거나 자연손톱으로부터 이탈될 수 있다. 필러 파우더, 실크, 아크릴 볼, 젤 등과 함께 사용할 시 네일 자체를 단단하게 보강 또는 보완시켜 준다.

(3) 팁의 모양

풀 팁, 하프 팁, 롱 팁 등이 있다.

[풀 팁]
• 네일 전체에 글루나 젤 글루를 이용하여 자연손톱판 전체에 부착하는 방법이다.
• 풀 팁 부착 시, 팁과 자연손톱 사이에 공간이 들뜨게 되면 곰팡이가 생길 수 있다.

Section 02 ● 풀 커버 팁 작업

01 풀 커버 팁 활용 및 도구

1. 풀 커버 접착 시 주의사항

• 큐티클 라인에 맞추어 풀 커버 팁을 부착하고 옆면에 곡선이 자연스럽게 형성되도록 가볍게 눌러 양쪽 옆면에 부족한 곳이 없는지 확인한다.
• 큐티클 라인부터 자연 네일 프리에지까지 네일 접착제가 도포되어야 한다.
• 접착되는 면적이 넓으므로 접착 후 기포가 발생할 가능성이 크다.
• 네일 주변으로 네일 접착제가 흐를 수 있기 때문에 접착 시 각별한 주의가 필요하다.
• 네일 접착제는 자연 네일 중앙을 중심으로 먼저 도포하고 가장자리는 얇게 네일 접착제를 도포하면 주변으로 흐르는 네일 접착제를 방지할 수 있다.
• 점성이 높은 접착제를 사용하여 가볍게 눌러주면 기포 발생을 줄일 수 있다.

네일 미용기술

PART 3

Section 03 ● 프렌치 팁 작업

01 프렌치 팁 활용 및 도구

- 프렌치 팁은 다양한 컬러를 선택하여 접착할 수 있다.
- 컬러링을 하지 않아도 되는 장점이 있다.
- 프렌치 팁의 웰은 하프 웰과 웰이 없는 팁으로 구분된다.
- 웰이 없는 프렌치 팁은 자연 네일의 프리에지에서 프렌치 라인을 조절하여 접착할 수 있다.

1. 프렌치 팁 파우더 절차

손 소독하기(시술자 + 고객) → 네일 폴리시 제거하기 → 큐티클 밀어 올리기 → 손톱 길이 및 모양 다듬기 → 네일 표면 광택 제거하기 → 컬러 팁 선택하기 → 컬러 팁 부착하기 → 팁 길이 자르기 → 인조 팁 버핑 후 네일모양 만들기 → 글루를 바른 후(첫 번째) 필러 파우더 뿌리기 → 글루 드라이어 분사 후(1차) 네일 표면 다듬기 → 글루 또는 젤글루를 바른 후(두 번째) 글루 드라이어(2차) 분사하기 → 샌딩블럭으로 버핑하기 → 큐티클 밀기 및 마무리하기

- 자연손톱에 손상이 가지 않도록 해야 한다.
⑧ 글루 바르기 → 필러 파우더 뿌리기
- 손톱 전체에 글루를 바른 후 필러 파우더를 뿌려 하이 포인트를 만들어준다. 필러 파우더와 글루를 1~2회 반복한다.
⑨ 글루 드라이어 분사(1차) 후 → 손톱 표면 다듬기
- 글루 드라이어 분사 후 글루가 건조되었으면 파일로 손톱 모양과 손톱 면을 고르게 파일한 후 버핑 작업을 한다.
- 더스트 브러시를 사용하여 먼지를 깨끗이 제거한다.
⑩ 글루 또는 젤글루바르기 → 글루 드라이어 분사(2차)하기
- 샌딩블럭으로 버핑한다.
⑪ 표면 샌딩하기 → 큐티클 밀기
- 네일 표면과 측면을 매끄럽게 버핑한다.
- 큐티클에 묻은 접착제(글루, 젤 글루)를 오렌지우드스틱으로 밀어준다.
- 거스러미가 있으면 니퍼로 제거한다.

Section 04 ● 내추럴 팁 작업

01 내추럴 팁 활용 및 도구

1. 손질 과정의 절차

① 손 소독하기 : 수험자 + 모델
② 네일 폴리시 제거하기 : 습식 매니큐어의 실제와 동일하다.
③ 큐티클 밀어 올리기 : 푸셔로 45° 각도로 자연손톱에 상처가 생기지 않도록 큐티클을 조심스럽게 밀어 올린다.
④ 손톱 길이 및 모양 다듬기 : 에머리보드 파일을 이용하여 모델의 소지 손톱 판 오른쪽 스트레스 포인트에서 손톱의 중앙을 향하여 파일하고, 왼쪽 스트레스 포인트도 같은 방법으로 파일링한다.
⑤ 네일 표면 광택 제거하기
- 손톱 표면에 유·수분기가 있으면 들뜸 현상의 원인이 될 수 있다.
- 브러시나 디스크 패드를 사용하여 손톱과 프리에지 부분을 깨끗하게 정리한다.
⑥ 인조 팁 선택하기 → 인조 팁 부착하기
- 고객의 손톱 양쪽 끝(스트레스 포인트)과 인조 팁의 모양이 11자가 되는 동일한 것을 선택한다.
- 웰 부분에 젤 글루 또는 글루를 이용하여 팁과 손톱이 45°가 되도록 하여 팁을 부착한다.
- 조구 내 스트레스 포인트 양 사이드 부분에 잘 부착되도록 수험자의 모지와 인지로 팁의 양 끝을 살짝 눌러준다.
⑦ 인조 팁 턱 제거 → 손톱 모양 만들기

PART 3 네일 미용기술

Chapter 06
팁 위드 랩

Section 01 ● 팁 위드 랩 네일 팁 적용

01 네일 팁 턱 제거 및 적용 작업

(1) 팁 위드 랩(Tip with Wraps)

1) 손질과정

① 손질과정의 절차
  ㉠ 손 소독하기 : 시술자 + 고객
  ㉡ 네일 폴리시 제거하기 : 습식 매니큐어의 실제와 동일하다.
  ㉢ 큐티클 밀어 올리기 : 푸셔를 45°로 하여 자연손톱에 상처가 생기지 않도록 큐티클을 조심스럽게 밀어 올려 준다.
  ㉣ 손톱 길이 및 모양 다듬기 : 에머리보드 파일을 이용하여 시작한다. 시술방법은 고객의 소지 손톱판에서도 오른쪽 스트레스 포인트에서 손톱의 중앙을 향하여 파일링하고 왼쪽 스트레스 포인트도 같은 방법으로 파일링한다.
  ㉤ 네일 표면 광택 제거하기
  • 손톱 표면의 광택을 제거한다.
  • 손톱 표면에 유·수분기가 있을 경우 들뜸 현상의 원인이 될 수 있다.
  • 브러시나 디스크 패드를 사용하여 손톱과 프리에지 부분을 깨끗하게 정리한다.
  ㉥ 인조 팁 선택하기 → 인조 팁 부착하기
  • 고객의 손톱 양쪽 끝(스트레스 포인트)과 인조 팁의 사이즈가 일치자가 되는 것을 선택한다.
  • 웰 부분에 젤 글루 또는 글루를 이용하여 팁과 손톱을 45°로 하여 팁을 부착한다.
  • 조구 내 스트레스 포인트 양 사이드 부분에 잘 부착되도록 시술자의 모지와 인지로 팁의 양끝을 살짝 눌러준다.

[젤 글루와 글루를 이용한 팁 붙이기]
• 기포가 생기지 않도록 한 번의 시도로 접착해야 한다.
• 기포가 생길 시, 프리에지에는 젤 글루를 소량 도포하고 팁의 웰에는 글루를 바른다.

  ㉦ 인조 팁 턱 제거 → 손톱 모양 만들기
  • 자연손톱에 손상이 가지 않도록 해야 한다.
  ㉧ 글루 바르기 → 필러 파우더 뿌리기
  • 손톱 전체에 글루를 바른 후 필러 파우더를 뿌려 하이 포인트를 만들어준다. 필러 파우더와 글루를 1~2회 반복한다.
  ㉨ 글루 드라이어 분사(1차) 후 → 손톱 표면 다듬기
  • 글루 드라이어 분사 후 글루가 건조되었으면 파일로 손톱 모양과 손톱면을 고르게 파일한 후 버핑작업을 한다.

  • 더스트 브러시를 사용하여 먼지를 깨끗이 제거한다.
  ㉩ 실크 재단하기 → 재단한 실크 부착하기
  큐티클 라인에 붙여질 실크의 모서리는 약간 둥글게 자른 후 손톱의 사이드 부분에 붙여질 실크는 사다리꼴 모양으로 자른다.
  • 큐티클 라인 아래 1~2mm 남기고 접착시킨다.
  • 실크를 손톱의 모서리 부분에 맞춰 들뜸 현상이 없게 부착한다.
  ㉪ 글루 바르기 → 글루 드라이어 분사(2차)하기
  • 랩 위에 글루를 떨어뜨린 후 글루 드라이어를 분사한다.
  • 샌딩 블록으로 버핑한다.
  ㉫ 인조 네일 모양 다듬기 → 랩 턱 갈기
  • 파일을 이용하여 손톱모양을 다듬어 준다.
  • 180그릿 파일로 랩 턱 부분을 매끄럽게 갈아준다.
  ㉬ 표면 샌딩 후 글루 바르기 → 글루 드라이어 분사(3차)하기
  • 표면 샌딩 후 글루와 젤 글루를 바르고 글루 드라이어를 분사한다.

Section 02 ● 네일 랩 적용

01 네일 랩 오버레이 및 네일 랩 적용 작업

인조네일은 크게 팁 위드 랩, 아크릴 네일(아크릴 오버레이, 아크릴 스컬프처), 젤 네일(젤 오버레이, 젤 스컬프처) 등으로 대별된다.

(1) 네일 랩(Nail Wrap)

네일 랩(Nail Wrap)이란 손톱을 '포장' 또는 '감싼다'는 뜻으로 '덮어 씌운다'는 의미와 동일하다. 이는 천이나 종이를 손톱 크기만큼 잘라 글루를 사용하여 손톱에 붙이는 방법이다. 이와 더불어 네일 랩은 약한 손톱판에 연장시킨 팁 위에 덧붙여서 튼튼하게 유지시켜주는 역할을 한다.

① 랩의 재료 : 섬유(천) 랩, 종이 랩, 리퀴드 랩, 파우더 등이 있다.
② 랩의 구조 : 천 또는 종이, 파우더 타입으로서 적절히 오려쓰거나 도포한다.
③ 랩의 종류 : 제작 원료 또는 재료의 성상에 따라 분류할 수 있다.
  ㉠ 섬유 랩(Fabric Wrap)

실크	• 가장 얇고 부드러워 다소 시술이 어려우나 보편적으로 많이 사용된다.
파이버 글래스	• 인조유리섬유 또는 광섬유라고도 한다. 올이 굵고 단단하여 시술 후에 반드시 유색 폴리시로 컬러링해야 한다.
린넨	• 투박한 올로서 섬유 랩 중 가장 두꺼운 질감을 나타내므로 시술 후에 반드시 유색 폴리시로 컬러링해야 한다.

  ㉡ 종이 랩(Papper Wrap)
  • 맨딩 티슈라고하며 글루(맨딩 리퀴드)를 사용하여 접착시킨다.
  • 얇은 종이로서 사용 시, 폴리시 리무버에 용해되므로 매번 시술을 다시 해야 한다.

네일 미용기술

ⓒ 리퀴드 랩(Liquid Wrap)
- 액체 타입으로서 일종의 손톱 보강제이다.
- 종류에는 랩 플러스가 있다.

(2) 네일 오버레이(Nail Overlay)

네일 오버레이란 손톱에 '덧 바르다'라는 뜻으로, 팁으로 연장된 인조손톱 위에 아크릴 또는 젤을 이용하여 덧씌워 바르고 또 바른다는 의미로서 아크릴 오버레이, 젤 오버레이라고 한다.

Chapter 07
랩 네일

Section 01 ● 네일 랩 재단

01 네일 랩 작업

랩을 사용하여 연장한 인조손톱은 약하기 때문에 보강제품으로 필러파우더와 글루 등을 사용한다.

1. 네일 랩 재단 방법

① 손질 과정 : 손 소독 및 폴리시 제거 → 큐티클 밀기 → 조체 길이 및 모양 다듬기
② 랩 재단 및 부착하기
- 손톱에 붙이기 편하도록 실크의 모서리를 약간 둥글게 자른다.
- 랩을 손톱의 모서리 부분에 잘 맞춰 부착한다. 랩이 늘어나면 모양이 변형되기 때문에 당기지 말고 큐티클라인 아래 1.5mm 남기고 부착한다.
- 네일 그루브 부분의 손톱 선에 맞게 재단하고 큐티클 아랫부분은 약간 둥글게 자른다.
③ 글루 바르기
- 자연네일의 프리에지와 실크가 뜨지 않도록 자연네일에만 글루를 도포하고 C 커브를 잡아준다.
④ 글루 및 필러파우더 뿌리기
- 글루를 도포한 부분에 필러 파우더와 글루를 2~3회 뿌려 두께와 하이포인트를 만든다.
- 글루드라이 도포 후 스트레스포인트 부분을 시술자의 양 엄지로 눌러주어 C 커브를 만든다.
⑤ 길이 정리클리퍼를 사용하여 1cm의 길이를 남겨두고 잘라준다.
⑥ 모양 만들기 스퀘어 모양이 되도록 손톱 모양을 만들어준다. 손톱 길이와 사이드, 표면 등을 파일링한다.
⑦ 표면정리 및 이물질제거
- 네일 표면을 매끄럽게 해주기 위해 양쪽 사이드 부분과 손톱의 표면을 ∩자 모양으로 둥글게 겹쳐가면서 파일링한다.
- 샌딩블럭을 사용하여 표면을 매끄럽게 파일링하고, 더스트 브러시를 이용하여 손톱 표면과 뒷면의 먼지를 털어낸다.
⑧ 글루 및 젤글루 바르기
- 큐티클 라인은 제외하고 전체적으로 글루를 바른 후, 연장된 랩의 뒷부분에도 글루를 바른다.
- 젤 글루를 네일에 도포한다.
⑨ 글루드라이 분사 및 버핑하기
- 글루 드라이를 분사한다.
- 샌딩블럭을 사용하여 표면의 광택을 제거한다.
- 이물질이 있으면 디스크 패드를 사용하여 제거한다.
⑩ 오일바르기
- 큐티클 라인 전체와 연장된 뒷부분에 오일을 바르고 오렌지 우드스틱으로 큐티클을 조심스럽게 밀어 올린다

네일 미용기술

Chapter 08
젤 네일

Section 01 ● 젤 화장물 활용

젤 네일은 팁과 글루를 이용하여 자연손톱에 접착시킨 후 아크릴 볼 대신에 젤을 사용하여 인조네일을 완성시킨다. 이는 젤 스컬프처와 팁 위드 젤 오버레이로 구분하여 살펴보고자 한다.

1. 젤 네일의 개요

젤은 글루와 같은 성분으로서 글루보다 강도가 강한 접착제이며, 응고를 도와주는 별도의 카탈리스트(특수한 빛)가 필요하다. 그러나 화학냄새가 전혀 없고 파일링 또한 필요하지 않다. 젤은 폴리시를 컬러링하는 것처럼 펴서 바른다. 본 교재에서의 모든 시술과정은 고객의 관점에서 서술된다.

(1) 젤의 종류

종 류	방 법
팁 위드 젤 오버레이	팁을 프리에지에 부착한 후 그 위에 젤을 사용하여 오버레이한다.
젤 스컬프처	네일 폼을 하조피와 프리에지 사이에 받쳐놓고 젤을 손톱판에 얹어 인조네일을 만들어 준다.

2. 젤 스컬프처

젤 스컬프처란 네일 폼을 받침대로 지탱한 후 젤을 이용하여 네일을 연장시키고 보강시키는 인조네일 기술이다.

(1) 젤 스컬프처의 활용법

젤은 글루와 같이 강한 접착제로서 농도에 따라 묽기가 다르다. 네일의 상태와 길이에 따라 두께를 조절할 수 있다.
① 네일 폴리시를 컬러하듯이 젤 용기뚜껑에 부착된 브러시를 이용하여 도포한다.
② 젤은 아크릴 소재와 같은 화학적 농도를 갖지만 시술과정에서 별도의 응고제(촉매물질로서 카탈리스트)가 요구된다.
③ 젤은 브러시를 이용하여 도포를 잘하였을 때에는 파일링이 필요없다.

[라이트 큐어드 젤]
특수한 빛(특수광선이나 할로겐 램프)에 노출시켜 젤을 굳히는 일반적인 방법이다. 시술 후 크리스탈처럼 투명한 광택이 있다. 또한 금이 가기 쉬우며 젤 네일을 제거하고자 할 때 작업이 어렵다.

[노 라이트 큐어드 젤]
• 젤 활성액(스프레이 또는 붓으로 바르거나 물에 담그는)을 사용하여 젤을 굳히는 방법이다.
• 젤 응고를 위한 드라이어가 요구된다.

(2) 젤 스컬프처의 제품 특성
① 투명감에 의해 광택이 오랫동안 유지된다.
② 다양한 색상에 의해 네일 폴리시를 사용하지 않아도 된다(컬러 젤을 이용할 때 네일 폴리시 컬러링 효과를 나타낸다).
③ 들뜸이 없으며 자연손톱에서 야기되는 손상이 적다.
④ 젤은 실온에서 정교한 모양을 자유롭게 만들 수 있다(자외선을 받기 전까지 굳지 않는다).
⑤ 냄새가 없어 부작용없이 시술이 가능하며 사용 또한 간편하다.

(3) 젤 스컬프처 관리
① 젤 제품은 제조회사에 따라 사용법이 다를 수 있다.
→ 설명서를 잘 읽어보고 사용한다.
② 다른 종류의 인조네일과 마찬가지로 2주에 한 번씩 젤을 더 얹어 보수해야 오래도록(3개월~6개월) 유지할 수 있다.
③ 젤 스컬프처 제거 시, 드릴머신을 이용하거나 파일하기도 하지만 아세톤(속 오프 젤)에 손가락을 담가서 제거한다.

[하드 젤과 소프트 젤]
• 하드 젤
 – 자연손톱이 약할 때 하드 젤을 사용 : 자연손톱의 두께를 유지해 주기 때문이다.
 – 속 오프가 되지 않아 파일 또는 드릴로 제거해야 하는 단점이 있다.
• 소프트 젤 : 속 오프(Sock Off Gel)가 되므로 아세톤에 의해 제거될 수 있다.

(4) 젤 네일의 종류
① 젤 오버레이
팁 위에 젤이 올려져 시술되는 오버레이로서 네일을 보강시키는 방법이다.
② 젤 스컬프처
네일 폼(스컬프처)을 하조피와 프리에지 사이에 덧대고 젤을 사용하여 네일을 연장한 후 보강시키는 방법이다.

Section 02 ● 젤 원톤 스컬프처

01 네일 폼 적용 및 젤 원톤 스클프처 작

(1) 원톤 젤 스컬프처
1) 손질과정
① 손질의 절차
㉠ 손 소독하기(시술자 + 고객) → 네일 폴리시 제거 → 큐티클 밀어 올리기 → 손톱길이 및 모양 다듬기 → 네일 표면 광택제거 → 프라이머 바르기 등(이하 프리 퍼레이션이라 칭함)
㉡ 베이스 젤 바르기 및 건조하기
㉢ 네일 폼 끼우기
 * ㉠, ㉡, ㉢까지는 아크릴 스컬프처의 실제와 동일하므로 자세한 설명은 생략한다.

PART 3 네일 미용기술

ㄹ 젤 얹기 및 건조하기
  • 받침대 위 프리에지에 클리어 및 핑크 젤을 얹어 길이를 연장시키고 2분간 건조시킨다.
ㅁ 젤 얹기 및 건조하기
  • 조체면 전체에 클리어 및 핑크 젤을 올리고 1분간 건조시킨다.
ㅂ 미경화 젤 닦기 및 파일하기
ㅅ 젤 보강하기 및 건조하기
  • 조체면이 고르지 못하면 젤을 얹어서 보강한 후 큐어링한다.
ㅇ 파일 및 샌딩하기
  • 파일링 후 버퍼로 표면을 고르게 한 후 털어준다.
ㅈ 탑 젤 및 건조하기
  • 탑 젤을 바르고 1분간 건조시킨다.
ㅊ 미경화 젤 닦아내기
ㅋ 큐티클 밀기 및 마무리
  • 오렌지 우드스틱으로 큐티클을 조심스럽게 밀어서 마무리한다

Section 03 ● 젤 프렌치 스컬프처

01 젤 브러시 활용 및 젤 프렌치 스컬프처 작업

(1) 화이트 프렌치 젤 스컬프처(투톤 젤 스컬프처)
네일 폼 장착 후 프리에지에 1차로 젤을 얹어 붓 끝단을 이용하여 선명한 프렌치 라인(스마일 라인)을 조형한다. 2차 손톱 총길이에 클리어 젤을 조금 두껍게 올려 조형한다. 투톤 젤 인조네일은 5번의 큐어가 이루어진다.

1) 손질과정
손 소독, 손톱 모양 및 길이, 큐티클 정리 후 네일 폼을 이용하여 인조네일을 만드는 일련의 과정이다.
① 손질의 절차
  ㄱ 손 소독하기(시술자+고객) → 네일 폴리시 제거 → 큐티클 밀어 올리기 → 손톱 길이 및 모양 다듬기 → 네일 표면 광택제거 → 프라이머 바르기
  ㄴ 베이스 젤 바르기 및 건조하기
  ㄷ 네일 폼 끼우기
  * ㄱ, ㄴ, ㄷ까지는 아크릴 스컬프처의 실제와 동일하므로 자세한 설명은 생략한다.
  ㄹ 화이트 젤 얹기 및 건조하기
    • 받침대 위 프리에지에 화이트 젤을 얹어 길이를 연장시킨다.
    • 2분간 건조시킨다. 클리어 젤보다 건조시간이 길다.
  ㅁ 클리어 젤 얹기 및 건조하기
    • 조체면 전체에 클리어 젤을 올리고 1분간 건조한다.
  ㅂ 미경화 젤 닦기 및 파일하기
  ㅅ 젤 보강하기 및 건조하기
    • 조체면이 고르지 못하면 젤을 얹어서 보강한 후 큐어링한다.

ㅇ 파일 및 샌딩하기
  • 파일링 후 버퍼로 표면을 고르게 한 후 털어준다.
ㅈ 탑 젤 및 건조하기
  • 탑 젤을 바르고 1분간 건조시킨다.
ㅊ 미경화 젤 닦아내기
ㅋ 큐티클 밀기 및 마무리
  • 오렌지 우드스틱으로 큐티클을 조심스럽게 밀어서 마무리한다.

(2) 내추럴 팁 위드 젤 오버레이
내추럴 팁을 자연손톱에 접착시킨 그 위에 젤(클리어 또는 핑크 젤)로 오버레이하여 자연손톱과 팁을 보강하는 인조네일 시술방법이다.

1) 손질과정
① 특징 : 소독, 손톱 모양 및 길이 정리, 큐티클 정리 후, 젤 제품과 인조 팁을 이용하여 인조네일을 만드는 등의 일련의 과정이다.
② 손질과정의 절차
  ㄱ '손 소독하기(시술자 + 고객) → 네일 폴리시 제거 → 큐티클 밀어 올리기 → 손톱 길이 및 모양 다듬기 → 네일 표면 광택 제거 (→ 프라이머 바르기) → 팁 사이즈 고르기' 과정은 화이트 팁 아크릴 오버레이 실제와 동일하므로 자세한 설명은 생략한다.
  ㄴ 팁 붙이기
    • 젤 글루 또는 글루를 팁의 웰 부분에 도포한 후 약 45°로 맞춘 다음 기포가 들어가지 않도록 살짝 내리면서 접착시킨다.
    • 손톱의 양쪽사이드 부분이 잘 부착되도록 모지와 인지로 인조 팁의 양쪽 끝을 눌러준다.
  ㄷ 팁 길이 자르기
    • 인조 팁의 길이는 고객이 원하는 길이만큼 팁 커터기로 자르고 클리퍼를 사용할 경우에는 2~3회 직선으로 맞춰준다.
    • 팁 커터기는 90°로 인조 팁을 잘라주어야 한다.
  ㄹ 팁 턱 제거 후 네일 모양 만들기
    • 파일을 사용하여 스퀘어 형태의 모양을 위해 직선으로 갈아준다.
  ㅁ 젤 본더 바르기 및 건조하기
    • 인조손톱에 젤 본더를 얇게 펴 바른다(젤 타입의 프라이머 : 30초 건조 / 액체 타입 : 바로 도포).

> **TIP** 제품에 따라 젤 본더를 바른 후 큐어(건조)를 하는 것은 제품 회사에 따라 다르다.

  ㅂ 베이스 젤 바르기 및 건조하기
    • 큐티클 라인을 제외하고 인조손톱 표면에 베이스 젤을 펴 발라준다.
    • 30초~1분 정도 램프에 건조시킨다.

보충설명

[큐어링(Curing)]
• '건조시키다'의 의미를 가진 큐어는 제조회사에서 제시한 시간만큼 건조과정이 요구된다. 램프가 자외선(UV)일 때는 눈에 자극을 받지 않도록 주의를 해야 한다.
• 클리어 젤을 두껍게 올리고 건조시킬 경우 고객의 손톱이 뜨거움을 느낄 수 있다. 이때는 램프 앞에서 10~20초 정도 있다가 손가락을 램프 안으로 넣으면 된다.

네일 미용기술

ⓐ 클리어 젤 오버레이 및 건조하기
- 클리어 젤을 인조손톱 표면에 전체적으로 도포해 준다.
- 30초~1분 정도 램프에 건조해 준다.

ⓔ 파일하기
- 인조네일 표면을 균일하게 해주기 위하여 표면을 파일링한다.
- 샌딩 블록으로 측면과 표면을 매끄럽게 버핑한다.

ⓙ 탑 젤 바르기 및 건조하기
- 표면을 깨끗하게 정리해준 후 톱 코트를 얇게 펴 발라준다.

ⓩ 미경화 젤 닦아내기
- 젤 클리너를 사용하여 인조네일 표면에 남아있는 미경화 젤을 닦아낸다.

ⓚ 큐티클 밀기 및 마무리

Chapter 09
아크릴 네일

Section 01 ● 아크릴 화장물 활용

01 아크릴 스컬프처

1. 아크릴 네일의 개요
※ 본 교재에서의 모든 시술과정은 고객의 관점에서 서술된다.

(1) 아크릴의 종류

종류	방법
내추럴 네일 오버레이	• 자연손톱의 보수, 보강을 위해 오버레이를 해준다.
팁 위드 아크릴 오버레이	• 팁을 프리에지에 부착한 후 그 위에 아크릴 볼을 사용하여 오버레이 한다.
아크릴 스컬프처	• 종이 폼을 프리에지 밑(하조피)에 받쳐놓고 아크릴 볼을 손톱판에 얹어 인조 네일을 만들어 준다.

(2) 아크릴의 방법

종류	방법
원톤	• 투명 또는 반투명의 단일(클리어, 핑크, 내추럴 중 선택 1) 색상 파우더와 리퀴드를 혼합 사용한다. 자연손톱에 받침대로서 네일 폼을 받친 후 아크릴 볼을 이용하여 네일의 길이와 모양을 만들어준다.
투톤 (화이트 프렌치 스컬프처)	• 화이트 아크릴 볼은 프리에지 부분을 연장시키고, 조체는 핑크 아크릴 볼을 사용하여 인조네일을 만들어준다.

2. 아크릴 스컬프처
아크릴 스컬프처란 네일 폼을 받침대로 사용하여 액체와 분말 아크릴을 혼합하여 만든 인조네일이다. 혼합량에 따라 네일 두께는 달라진다.

(1) 아크릴 스컬프처의 활용법
① 네일에 덧씌워 자연손톱을 보강시키거나 연장 또는 기형적인 손톱의 교정을 위해 시술된다.
② 인조네일 시술 시 보강 또는 보수에 사용된다.

(2) 아크릴 스컬프처의 재료
액체+분말 아크릴, 카탈리스트를 중심으로 인조네일이 만들어진다.
① 아크릴 리퀴드(모노머)
  ㉠ 에틸렌 글리콜, 다이메타크릴레이트를 주성분으로 하며, 모노머(Monomer)라고도 한다.
  ㉡ 모노머는 구형(작은 구슬 형태)으로 액체 타입이다.
② 아크릴 파우더(폴리머)
  ㉠ 특징
    - 모노머가 다량 연결된 모양으로서 분말상의 폴리머이다.
    - 폴리에틸메타크릴레이트를 주성분으로 하여 제작완료된 인조네일이다.

네일 미용기술

ⓛ 아크릴 파우더의 종류

파우더 색상에 따라 다음과 같이 분류된다.

- 핑크 파우더
- 내추럴 파우더
- 클리어 파우더
- 화이트 파우더

③ 프라이머

㉠ 아크릴 제품 사용하는 시술에는 반드시 사용하여야만 인조네일이 오래 유지된다.

㉡ 아크릴이 네일에 잘 부착되도록 접착제의 역할과 손톱판의 pH 조절제, 방부제의 역할을 한다. 주성분은 메타크릴산이다. 자연네일에만 사용하며 인조네일 전체에 사용하지 않도록 한다.

> **TIP** 메타크릴산은 강산성으로 피부 발진과 실명을 유발할 수 있어 사용 시 주의를 요한다.

㉢ 사용법

- 자연손톱에 1~2회 도포한다.
  → 먼저 첫 번째 도포 시 손톱을 하얗게 만들 수 있다. 이때는 재차 도포하는 것이 효과적이다.
- 손톱판 표면의 pH 균형을 조절하는 역할을 한다.

④ 프리 프라이머

아이소프로필을 주성분으로 하며, 손톱판의 유·수분을 제거하여 준다. 다만 샌딩 블록으로 손톱 판의 광택을 제거할 시, 프리 프라이머 도포를 생략할 수 있다.

> **TIP** 프리 프라이머를 사용한 후 프라이머를 사용한다.

(3) 아크릴 스컬프처 도구

① 네일 폼(Nail Form)

자연손톱에 끼워 길이를 연장시켜주는 받침대 역할을 해준다. 라운드형, 스퀘어형, 오발형 등의 모양을 만들기 위해 사용되는 받침대가 스컬프처이다.

㉠ 네일 폼 사용법

- 양손으로 C 커브가 잡힐 수 있도록 손톱 밑(하조피) 부분에 끼운다.
- 너무 강하게 손톱판에 폼을 끼우면 하조피가 상할 수 있다.

㉡ 네일 폼의 종류

- 1회용 폼(종이 폼)
  - 폼 뒷면에 접착기능이 있다.
  - 손톱판의 크기에 맞추어 잘라서 사용한다.
  - 콘테스트 시 2장의 폼을 접착시켜 사용한다.
  - 작업이 용이하여 가장 많이 사용된다.
- 반영구적 폼 : 알루미늄 폼, 플라스틱 폼 등이 있다.

② 아크릴 브러시

크기와 모양이 다양하고, 특히 흡수력과 탄력성이 좋아야 한다.

> **TIP** 시술되는 작업에 따라 브러시의 등이나 붓 끝이 이용된다.

③ 브러시 클리너

브러시 세척제로서 자체의 털이 그대로 유지되며, 파우더의 찌꺼기 등을 녹이는 역할을 한다.

④ 리퀴드 볼(디펜디시)

아크릴 리퀴드를 사용하기 위해 덜어내는 작은 용기로서 세라믹이나 유리 형태의 용기이다.

⑤ 그 외 보호안경, 마스크 등이 있다.

(4) 아크릴 네일의 종류

① 아크릴 오버레이

팁 위에 아크릴 볼이 올려져 시술되는 네일 오버레이로서 네일을 보강시키는 방법이다.

② 아크릴 스컬프처

네일 폼(스컬프처)을 하조피와 프리에지 사이에 덧대고 아크릴 볼을 사용하여 네일을 연장한 후 보강시키는 방법이다.

(5) 아크릴 스컬프처의 실제

1) 아크릴 볼 만들기

아크릴 브러시를 리퀴드에 적당히 적신 후 아크릴 파우더에 살짝 올렸다가 떼어내면 동그란 볼이 만들어진다.

보충설명

[아크릴 리퀴드와 아크릴 파우더 혼합 용량에서]

- 아크릴 리퀴드 양이 많을 때 : 아크릴 볼의 농도는 묽고 건조시간이 길다.
- 아크릴 리퀴드 양이 적을 때 : 아크릴 볼을 손톱판에 올렸을 때 기포인 흰점이 생길 수 있으나 건조는 빠르다.

2) 아크릴 실제 시 주의사항

① 아크릴 작업과정 시 주의사항

㉠ 손톱판의 유·수분을 제거하고 오물을 없애기 위해 적용하는 에칭작업에 들뜸(Lifting) 현상이 나타난다.

보충설명

[들뜸 현상]

- 짧은 손톱에 팁을 길고 두껍게 붙였을 때 나타난다.
- 불순물이 섞인 아크릴 파우더나 리퀴드를 사용했을 때 나타난다.
- 아크릴이 자연손톱으로부터 따로 분리될 때 나타난다.
  - 아크릴 볼 도포 시, 큐티클로 넘쳐날 때 들뜸을 갖는다.
  - 반월 부분에 아크릴 볼 처리과정에서 두껍게 올려지거나 자연손톱과의 턱을 자연스럽게 처리하지 못했을 때 그 틈 사이로 습기가 스며든다.
- 자연손톱에 프리 프라이머 또는 프라이머 처리로 인해 나타난다.
  - 손톱판의 유·수분 제거가 충분하지 않았다.
  - 프라이머가 오염 또는 변질된 것을 사용하였다.

㉡ 자연손톱과 아크릴 스컬프처(인조네일) 사이에 공간이 생겨 곰팡이가 생기는 현상이 나타난다.

보충설명

[곰팡이 생성 현상]

- 자연손톱과 인조손톱 사이에 습기가 스며들면 곰팡이가 생성되며 들뜸을 방치하였을 때 나타난다.
- 아크릴 스컬프처의 제거가 요구됨에도 불구하고 계속 보수 작업으로 유지하고 있을 때 손톱 자체에서 형성된 수분으로 인해 들뜸과 함께 곰팡이균이 서식하게 된다.

㉢ 적절한 온도 이하에서 아크릴 스컬프처는 시술하였을 경우 깨짐(Crack) 현상이 나타난다.

PART 3 네일 미용기술

[보충설명]

[깨짐 현상]
- 손톱에 가해진 부주의한 충격에 의해 금을 형성시킨다.
- 아크릴은 두께에 비해 여름보다 겨울에 금이 잘 나간다.
- 아크릴 볼 처리 시 너무 얇게 펴 발랐을 경우에 금이 잘 생긴다.

② 일시적 처리과정 시 주의사항
  ㉠ 아크릴 작업은 환기가 잘 되는 곳에서 해야 한다.
  ㉡ 사용 중 피부나 눈에 심하게 들어갔을 경우 의사의 진찰을 받는다.
  ㉢ 직사광선을 피하고 냉암소에 보관한다.
   - 아크릴 파우더는 유통기한이 길지만, 분말상이라도 직사광선이나 습기에 노출되면 붓 끝으로 아크릴 볼을 만들 때 끈적거림이 생겨 잘 굳지 않는다.
  ㉣ 액체와 분말 아크릴이 혼합되면 온도에 민감하다.
   - 온도가 높을수록 빨리 굳는다.
  ㉤ 액체 아크릴은 모노머로서 액화될 때 폴리머로 스며들어 굳을 수 있다.
   - 모노머와 폴리머는 따로 보관해 두어야 한다.
   - 아크릴 리퀴드는 산화되기 쉬워 적당량을 덜어 사용해야 한다.

Section 02 ● 아크릴 원톤 스컬프처

01 아크릴 원톤 스컬프처 작업

(1) 원톤 아크릴 스컬프처

① 손질의 절차
  ㉠ 손 소독하기(시술자 + 고객) → 네일 폴리시 제거 → 큐티클 밀어 올리기 → 손톱 길이 및 모양 다듬기 → 네일 표면 광택 제거까지는 네일 팁의 실제와 동일하므로 자세한 설명은 생략한다.
  ㉡ 프리 프라이머 및 프라이머 바르기
   - 아크릴 볼 사용 시 프리 프라이머는 손톱의 유분기를 없애주고 손톱에 접착이 잘 되도록 해준다.
  ㉢ 네일 폼 끼우기
   - 폼은 각지지 않도록 시술자가 양쪽 모지를 이용하여 둥글게 굴려 고객의 프리에지 밑(하조피)에 넣었을 때 들뜨지 않도록 붙여주어야 한다.
  ㉣ 아크릴 볼 만들기
   - 아크릴 리퀴드를 아크릴 브러시에 적신 후 아크릴에 붓 끝단을 담갔을 때 볼이 형성된다.
  ㉤ 아크릴 볼 올리기
   - 아크릴 볼은 붓 끝단에 적당한 크기로 만들어진다.
   - 프리에지 부분에 첫 번째 아크릴 볼을 올려서 방사선 형태로 펴준다. 두 번째 아크릴 볼을 자연손톱판 가운데로 올려서 방사선 형태로 펴준다.

  TIP 경계가 생기지 않도록 브러시로 쓸어 내려 주어야 한다.

- 세 번째 볼은 큐티클 라인 1.5~2mm를 남기고 아크릴 볼을 올려준 후 브러시로 쓸어내려 준다.

  TIP 세 번째 아크릴 볼은 첫 번째, 두 번째의 아크릴 볼보다 적은 양을 사용한다.

- 손톱의 가장자리는 얇게 펴주고, 큐티클 라인 또한 얇게 연결하여 펴준 후 쓸어내려 준다.
- 아크릴 볼을 손톱에 올린 후 브러시는 페이퍼 타월에 항상 닦아서 사용한다.

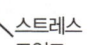

〈핀치주기〉

  ㉥ 핀치주기(C 커브)
   아크릴 볼이 완전히 마르기 전 시술자는 고객의 스트레스 포인트를 양 모지로 지그시 눌러주어 C 커브를 만들어 준다.
  ㉦ 네일 폼 제거하기
   아크릴이 건조되었으면 폼을 제거한다.

[보충설명]

[원톤 스컬프처 건조상태 확인법]
- 건조가 안 된 상태에서 파일링하면, 아크릴 볼로 만든 인조네일이 밀린다.
- 아크릴 붓의 손잡이로 두드렸을 때 맑은 소리가 나면 건조된 것이므로 이때 폼을 제거한다.

  ㉧ 인조 네일 모양 다듬기
   - 원하는 손톱 모양을 만들기 위해 프리에지와 양쪽 측면 손톱의 표면을 ∩자(하이 포인트) 모양으로 둥글게 겹쳐가면서 파일링한다.
   - 거친파일(100그릿) → 중간파일(180그릿) 순으로 측면과 표면을 파일링한다.
   - 인조네일의 일정한 두께를 만들기 위해서는 '위 → 아래'로 파일링한 다음 가로로 파일링한다.
  ㉨ 표면 샌딩하기
   - 측면과 표면을 부드럽게 버핑해 준다.
  ㉩ 큐티클 밀기
   - 큐티클을 오렌지 우드스틱으로 조심스럽게 밀어준다.
   - 거스러미가 있을 경우에는 니퍼로 제거한다.

Section 03 ● 아크릴 프렌치 스컬프처

01 아크릴 프렌치 스컬프처 작업

(1) 화이트 프렌치 아크릴 스컬프처(투톤 아크릴 스컬프처)

1) 손질과정
① 특징 : 소독, 손톱 모양 및 길이, 큐티클 정리 후 네일 폼을 이용하여 인조네일을 만드는 일련의 과정이다.

네일 미용기술

PART 3

② 손질과정의 절차

　⊙ 손 소독하기(시술자 + 고객) → 네일 폴리시 제거 → 큐티클 밀어올리기 → 손톱 길이 및 모양 다듬기 → 네일 표면 광택 제거 → 프라이머 바르기 → 네일 폼 끼우기는 원톤 스컬프처와 동일한 실제 과정이므로 자세한 설명은 생략한다.

　⊙ 프리에지 화이트 아크릴 볼 올리기
　　• 스마일 라인 만들기 : 리퀴드가 묻은 붓을 화이트 아크릴 파우더에 넣고 적당한 볼을 만든다.
　　• 프리에지 부분에 화이트 아크릴 볼을 올려놓는다.
　　• 브러시 중간 단을 이용하여 아크릴 볼을 가볍게 누르고 두드리면서 펴준 후 붓 끝단으로 스마일 라인을 만든다.

　⊙ 손톱판에 핑크 아크릴 볼 올리기
　　• 조체판 아치형 만들기
　　　– 핑크 아크릴 볼은 조체의 중앙에 놓고 조곽에 묻지 않도록 붓으로 모양을 만든다.
　　　– 큐티클 라인 1.5~2mm를 남긴 후 핑크 아크릴 볼을 올려서 붓 끝단을 사용하여 얇게 펴서 쓸어내려 준다.
　　• 원톤에서와 같이 아크릴 볼 올리는 순서는 동일하다.

　⊙ 핀치주기(C커브)
　　• 아크릴이 완전히 마르기 전 시술자는 고객의 스트레스 포인트를 모지의 양면(측면)으로 지그시 눌러주어 C 커브를 만들기 위해 핀치한다.

　⊙ 네일 폼 제거하기
　　• 아크릴이 건조되었으면 폼을 제거한다.

　⊙ 네일 모양 다듬기
　　• 원하는 네일 모양을 만들기 위해 프리에지와 양쪽 측면 네일의 표면을 ∩자 모양으로 둥글게 겹쳐가면서 파일링한다.
　　• 거친파일(100그릿) → 중간파일(180그릿) 순으로 측면과 표면을 파일링한다.

　⊙ 표면 샌딩하기
　　• 네일의 측면과 표면을 부드럽게 버핑한다.

　⊙ 큐티클 밀기 및 마무리하기
　　• 큐티클을 오렌지 우드스틱으로 조심스럽게 밀어준다.
　　• 거스러미가 있을 경우에는 니퍼로 제거한다.

(2) 내추럴 팁 위드 아크릴 오버레이

내추럴 인조 팁을 자연손톱에 접착시킨 후 아크릴 리퀴드와 파우더를 사용하여 자연손톱과 팁을 보강하는 방법이다.

1) 손질과정

① 특징 : 소독, 손톱 모양 및 길이, 큐티클 정리 후, 팁과 아크릴 제품을 이용하여 인조네일을 만드는 등의 일련의 과정이다.

② 손질과정의 절차

　⊙ '손 소독하기(시술자 + 고객) → 네일 폴리시 제거 → 큐티클 밀어올리기 → 손톱 길이 및 모양 다듬기 → 네일 표면 광택 제거하기 → 팁 사이즈 고르기' 과정은 화이트 팁 아크릴 오버레이의 실제와 동일하므로 설명은 생략한다.

　⊙ 팁 붙이기
　　• 젤 글루 또는 글루를 웰에 바른 후 인조 팁을 자연손톱에 약 45°

로 맞춘 다음 기포가 들어가지 않도록 살짝 내려준다.
　　• 손톱의 양쪽 사이드 부분이 잘 부착되도록 모지와 인지로 팁의 양쪽 끝을 눌러준다.

　⊙ 팁 길이 자르기
　　• 팁의 길이는 고객이 원하는 만큼 팁 커터로 자른다.
　　• 파일을 사용하여 스퀘어 형태의 모양을 위해 직선으로 갈아준다.

　⊙ 팁 턱 제거 후 표면 광택 제거하기
　　• 손톱과 팁의 연결부분인 턱 부분을 매끄럽게 갈아주고 샌딩 블럭을 이용하여 표면의 광택을 제거한다.

　⊙ 프라이머 바르기
　　• 자연손톱에 손상이 가지 않도록 팁 턱 부분을 제거해야 한다. 자연손톱판에 프라이머를 얇게 바른다.
　　• 첫 번째 바른 프라이머가 하얗게 마르면 다시 한 번 프라이머를 바른다.

　⊙ 아크릴 볼 올리기
　　• 브러시에 적당량의 아크릴 리퀴드를 묻혀 아크릴 파우더에 넣고 아크릴 볼을 만들어준다.
　　• 손톱의 길이에 따라 2~3단계로 아크릴 볼을 올려준다.

　⊙ 네일 모양 다듬기
　　• 아크릴이 잘 말랐는지 확인한 후 네일 표면을 파일로 매끄럽게 갈아내고 모양을 잡는다.

　⊙ 샌딩하기
　　• 샌딩 블럭으로 표면과 측면을 매끄럽게 버핑한다.
　　• 디스크 패드를 이용하여 거스러미를 제거한다.

　⊙ 큐티클 밀기 및 마무리
　　• 큐티클을 오렌지 우드스틱으로 조심스럽게 밀어준다.

PART 3 네일 미용기술

Chapter 10 인조 네일 보수

Section 01 팁 네일 보수

01 팁 네일 상태에 따른 화장물 제거 및 보수작업

(1) 팁 네일 보수

팁의 보수절차	시술방법
① 손 소독하기	• 소독제를 적신 화장솜을 이용하여 시술자와 고객의 손을 소독한다.
② 네일 폴리시 제거하기	• 전용 아세톤을 사용하여 네일 폴리시를 제거한다.
③ 인조네일 체크하기	• 인조 네일(팁 네일)의 손상 정도를 확인한다.
④ 큐티클 제거하기	• 큐티클을 밀어 니퍼로 거스러미를 제거한다. • 인조 네일의 보수는 큐티클 오일 도포와 습식케어를 하지 않는다. • 오일 도포와 습식케어 시 들뜸(리프팅) 현상이 생길 수 있다.
⑤ 파일하기	• 인조네일과 자라나온 자연네일 사이가 들뜸 현상이 있을 경우 니퍼를 이용하여 들뜬 부분을 제거한다. • 들뜸 현상이 없을 경우 팁과 자연네일의 경계 부분을 180 그릿의 파일을 사용하여 파일링 한다.
⑥ 글루 바르기	• 큐티클라인에 닿지 않도록 파일링 된 부분에 글루를 골고루 바른다.
⑦ 필러 파우더 및 글루드라이 분사하기	• 필러 파우더는 팁과 자연네일의 파일링된 부분에 뿌리고 글루를 재도포한다. • 자라나온 자연네일의 상태에 따라 글루와 필러 파우더를 2-3번에 나누어 작업한다. • 글루드라이를 뿌려 건조 시킨다.
⑧ 파일 및 샌딩하기	• 파일링 후 샌딩으로 면을 고르게 한 후 먼지를 털어낸다.
⑨ 젤글루 바르기	• 젤글루는 폴리시 바르는 방법으로 네일 전체 표면에 젤 글루를 얇게 도포 후 글루드라이 분사 후 샌딩으로 면을 고르게 한 후 먼지를 털어낸다.
⑩ 큐티클 밀기 및 마무리 하기	• 큐티클 오일을 바르고 오렌지 우드스틱으로 큐티클을 밀어 정리한다. 멸균 거즈를 사용하여 고객의 손을 닦아준다.

Section 02 랩 네일 보수

01 랩 네일 상태에 따른 화장물 제거 및 보수작업

실크의 보수 절차	시술방법
① 손 소독하기	소독제를 적신 화장솜을 이용하여 시술자와 고객의 손을 소독한다.
② 네일 폴리시 제거하기	논 아세톤을 사용함으로써 접착제의 손상을 예방한다.
③ 인조네일 체크하기	인조네일(실크)의 손상 정도를 확인한다. 손상이 심할 경우 아세톤 원액(팁 프리 이용)에 손가락을 담가 제거한다.
④ 실크정리	들뜬 실크를 자연네일에 손상 없이 니퍼를 이용하여 정리한다.
⑤ 파일하기	파일로 자연손톱의 들뜬 부분을 파일링한다. 가능한 자연 네일이 손상되지 않도록 많이 파일링한다.
⑥ 글루 바르기 및 털기	글루가 완전히 스며들 수 있게 파일링된 부분에 글루를 골고루 발라준다. 글루가 마르면 샌딩 블록으로 손톱 표면을 부드럽게 해주고 버핑하면서 손톱모양을 만든다.
⑦ 필러 파우더 뿌리기 및 파일하기	필러 파우더를 큐티클을 제외한 손톱표면 전체에 뿌리고 그 위에 바로 글루를 바르고 건조되면 파일 또는 샌딩한 후 털어낸다.
⑧ 랩 부착하기	글루를 바르고 즉시 실크를 부착한 다음 다시 글루를 덧바른다. 글루는 손톱 표면과 밑 부분까지 꼼꼼하게 도포한다.
⑨ 파일링 및 샌딩하기	파일링 후 샌딩으로 마무리한다.
⑩ 오일 바르기 및 유분기 제거	큐티클 라인을 포함 손톱표면 전체에 바르고 가볍게 문질러 준다. 페이퍼 타월을 이용하여 가볍게 닦아낸다.

Section 03 아크릴 네일 보수

01 아크릴 네일 상태에 따른 화장물 제거 및 보수작업

인조네일 시술 후 자연네일이 자라남에 따라 큐티클 주변에 들뜸이 생길 수 있으므로 정기적인 꾸준한 관리가 요구된다. 이는 들뜬 부위에 파일링한 후 채워주는 작업이다. 보수 시 큐티클과 인조네일의 시술 부위 사이(자연네일)에는 프라이머를 반드시 발라 주어야 한다.

절차	시술방법
① 손 소독하기	소독제를 적신 화장솜을 이용하여 시술자와 고객의 손을 소독한다.
② 컬러제거 및 인조네일 상태 확인하기	논 아세톤을 사용하여 꼼꼼하게 제거한 후 손상 정도를 확인한다.
③ 큐티클 제거하기	자라나온 자연네일을 샌딩하고 푸셔를 이용하여 큐티클을 밀어 니퍼로 거스러미를 제거한다.
④ 턱 파일하기	인조네일과 자라나온 자연손톱 사이의 들뜬(Lifting) 부분을 파일링한다.
⑤ 1차 프라이머 바르기	자연네일 표면의 불순물과 유분기를 제거한다.
⑥ 아크릴 볼 올리기	적당량의 아크릴 볼을 올린다. 자라나온 자연네일과 인조네일의 들뜬 부분이 연결될 수 있도록 브러시의 붓 끝을 이용한다.
⑦ 파일하기	아크릴이 완전히 건조되었을 때 인조네일 표면을 파일링한다.
⑧ 샌딩하기	샌딩 블록을 이용하여 인조네일 표면을 매끄럽게 샌딩한다.
⑨ 마무리	큐티클을 정리하고, 마사지 후 유분기를 제거한다.

PART 3 · 네일 미용기술

Section 04 ● 젤 네일 보수

01 젤 네일 상태에 따른 화장물 제거 및 보수작업

보수기간은 개인차가 있다. 시술 전에는 언제, 어떠한 관리를 받았는지 고객카드를 확인한 후 보수 관리를 한다.

절차	시술방법
① 손 소독하기	소독제를 적신 화장솜을 이용하여 시술자와 고객의 손을 소독한다.
② 컬러 제거 및 인조네일 상태 확인하기	논 아세톤을 사용하여 젤(인조네일) 표면을 꼼꼼하게 제거한 후 손상 정도를 확인한다.
③ 큐티클 제거하기	자라나온 자연네일을 샌딩하고 푸셔로 큐티클을 밀고 니퍼로 거스러미를 제거한다.
④ 턱 파일하기	젤(인조네일)과 자연네일 사이의 들뜬 턱 부분을 파일링한다.
⑤ 프라이머 바르기	자연네일 표면의 불순물과 유분기를 제거한다.
⑥ 젤 올리기	적당량의 젤을 떠서 올린다. 자라나온 자연네일과 젤(인조네일) 사이 들뜬 부분에 그라데이션 기법으로 연결시킨다.
⑦ 건조하기	제조사에서 요구되는 시간으로 큐어링한다.
⑧ 젤 클리너하기	퍼프에 클리너를 묻혀 인조네일 표면의 미경화 젤을 닦아낸다.
⑨ 파일링 후 샌딩하기	인조네일 표면을 균일하게 해주기 위하여 파일로 모양을 잡아준 후 샌딩한다.
⑩ 탑 젤 후 건조하기	깨끗하게 정리된 인조네일에 탑 젤을 얇게 펴바르고 큐어링한다.
⑪ 미경화 젤 닦아내기	퍼프에 클리너를 묻혀 인조네일 표면의 끈적이는 미경화 젤을 닦아낸다.
⑫ 큐티클 밀기 및 마무리	오렌지 우드스틱으로 큐티클을 밀어 정리하고 마사지 후 유분기를 제거한다.

Part 4 공중위생관리

Chapter 01
공중보건

Section 01 ● 공중보건 기초

1. 공중보건학의 개념
① 건강과 관련된 사회적 요인을 규명하고 이를 개선하려는 데 주안점을 둔다.
② 인구집단을 대상으로 건강증진 저해 요소에 대한 집단적 활동을 실천 위주로 연구한다.
③ 사회적 변천 과정에서 파생되고 요구된 질병 예방과 건강 증진을 위한 지역사회의 노력을 이룩하고 체계화시킨 학문이다.

(1) 공중보건학 정의
① C.E.A Winslow(미국 예일대 교수, 1920년) 정의
공중보건학이란 조직적인 지역사회의 노력을 통해서 질병을 예방하고 수명을 연장시키며 신체적, 정신력 효율을 증진시키는 기술과학이다.
② 공중보건학의 정의는 시대와 학자에 따라 매우 다양하다. 이는 개인의 건강이 아닌 지역사회 주민을 통해서 조직화된 지역사회의 노력을 제시하고 있기 때문이다.

(2) 공중보건학의 목적
인류 누구나 태어나면서부터 건강과 장수의 생득권을 실현할 수 있도록 함이 목적이다.

(3) 공중보건학의 범위
공중보건학의 정의는 지역사회를 단위로 한다. 즉, 질병을 예방하고 건강을 유지·증진시키는 3가지 분야로서 연구되고 있다.
① 환경보건 분야
환경위생, 식품위생, 환경오염, 산업보건 등이다.
② 질병관리 분야
역학, 감염병 관리, 기생충 질병 관리, 비감염성 질병 관리 등이다.
③ 보건관리 분야
보건교육, 보건행정, 보건통계, 보건영양, 모자보건, 성인보건, 학교보건, 정신보건, 가족계획 등이다.

(4) 공중보건의 3대 사업
① 보건교육 ② 보건행정(보건의료 서비스) ③ 보건관계법(보건의료 법규) 등이다.

(5) 공중보건의 수준 평가지표
① 영아사망률 ② 평균수명 ③ 비례사망지수 ④ 조사망률 ⑤ 사인별 사망률 ⑥ 질병이환율 등이다.

2. 건강과 질병

(1) 건강의 정의
① 일반적으로 질병이 없는 상태로서 시대와 학자에 따라 다양하게 정의된다.
② 세계보건기구(W.H.O, 1948년) 헌장 전문
건강이란 단순히 질병이 없거나 허약하지 않을 뿐만 아니라 신체적, 정신적, 사회적으로 완전히 안녕한 상태라고 정의하였다.

(2) 질병의 정의
F. S. Clark(질병 발생 삼원론) 정의 : 신체의 구조적, 기능적 장애로서 질병 발생의 삼원론에 의해 항상성이 파괴된 상태라고 하였다.

(3) 질병 발생 결정요인
① 병인(Agent) : 질병을 일으키는 데 직접적인 원인이 되는 병인적 인자이다.
② 숙주(Host) : 같은 조건의 병인과 환경이라 하더라도 숙주 상태에 따라 발생 양상은 다르다. 질병에 대한 감수성은 개인차가 크다.
③ 환경(Environment) : 주위의 환경을 말한다. 질병 발생에 간접적으로 영향을 많이 미친다.

(4) 질병의 예방
① 1차 예방 : 질병 자체를 억제한다.
② 2차 예방 : 1차 예방 실패 시, 증상기에 대책을 강구하고 질병을 조기에 발견, 즉각적으로 치료한다.
③ 3차 예방 : 질병의 회복기 이후에 적용한다.

> **보충설명**
>
> [질병 생성 과정(6개 항목)]
> 병원체 → 병원소(병원체의 생존, 증식, 저장되는 장소) → 병원소로부터 병원체의 탈출 → 전파 → 새로운 숙주에의 침입 → 숙주감염

Section 02 ● 질병관리

1. 질병의 발생요인
모든 질병이 생성되는 과정은 일반적으로 연쇄적 현상에 의해 이루어진다.

(1) 역학의 정의
집단 현상으로 발생하는 질병인 감염병이 미치는 영향을 연구하는 학문이 역학이다. 이는 예방 차원에 기여함을 목적으로 한다.

(2) 역학의 목적
① 인구집단의 건강상태를 기술한다.

공중위생관리

② 건강문제 원인을 규명한다.
③ 인구집단에서의 질병 문제 발생을 예견한다.
④ 질병 문제가 발생하지 않도록 통제한다.
⑤ 계절에 따른 질병 발생 시 환경위생과 예방접종 등을 통제한다.

2. 질병 관리

(1) 질병 발생요인

① 병인(감염원)

병원체, 병원소를 포함하는 모든 감염원으로서 질병을 일으키는 데 직접적인 원인이 된다.

② 환경(감염경로)

㉠ 감염경로, 즉 병원체의 전파 조건이 되는 모든 환경요인이다. 이는 인간이 살아가는 시·공간으로서 병인과 숙주 사이에서 지렛대 역할을 한다.

㉡ 건강과 질병에 많은 영향을 준다.

③ 숙주(감수성)

질병을 받아들이는 인간을 말하며, 유병률은 사람에 따라 다르다.

(2) 병원체 관련 질병

보충설명

[감염병의 신고 규정]
• 제1급 감염병은 발생 또는 유행 즉시 신고해야 한다.
• 제2, 3급 감염병은 발생 또는 유행 시 24시간 이내에 신고해야 한다.
• 제4급 감염병은 7일 이내에 신고해야 한다.
• 발생 감염병 환자의 신고는 소재지 관할 보건소장에게 신고한다.

① 병인

㉠ 병인(병원체)

병인		관련 질병	비교
세균	간균	콜레라, 이질(세균, 아메바성), 장티푸스, 파라티푸스, 파상풍, 웰슨병, 페스트, 결핵, 나병, 디프테리아 등	질병을 일으키는 병원체이다.
	구균	성홍열, 수막구균성 수막염, 백일해, 폐렴, 매독, 임질, 연성하감 등	
	나선균	매독균, 렙토스피라증, 희귀열 등	
바이러스		폴리오, 감염성 감염, 트라코마, 일본뇌염, 두창, 홍역, 유행성 이하선염 등	
리케차		발진열, 발진티푸스, 양충병, 쯔쯔가무시증 등	
스피로헤타		매독, 재귀열, 와일씨병, 서교증 등	
원충성		아메바성 이질, 말라리아, 질 트리코모나스 등	
후생동물		회충, 요충, 십이지장충 등	
진균(사상균)		곰팡이, 무좀, 칸디다 곰팡이증 등	

㉡ 병인(병원소)

병인	병원소	관련 질병	비교
사람	환자 병원소	은닉환자, 간과환자, 전기구환자, 현성환자 등	병원체가 생활하고 증식하며 계속해서 다른 숙주에게 전파될 수 있는 상태로 저장되는 장소이다.
	건강 (불현성 보균자)	디프테리아, 폴리오, 일본뇌염 등 (증상이 없으면서 균을 보유하고 있는 자로서 보건관리가 가장 어려움)	
	잠복기 (발병 전 보균자)	디프테리아, 홍역, 백일해 등 (증상이 나타나기 전에 균을 보유하고 있는 자)	
	병후 (만성 회복기 보균자)	이질, 장티푸스, 디프테리아 등 (균을 지속적으로 보유하고 있는 자)	
동물	소	파상열, 결핵, 탄저병 등	—
	개	광견병(공수병)	
	돼지	살모넬라, 파상열, 탄저병 등	
	말	탄저병, 살모넬라, 일본뇌염 등	
	쥐	페스트, 살모넬라, 와일씨병, 서교증, 발진열 등	
	고양이	살모넬라, 서교증, 톡소플라마스증 등	
	토끼	야토증	
곤충	파리	콜레라, 이질, 장티푸스, 결핵, 파라티푸스, 트라코마 등	흡혈, 피부, 외상을 통해서 감염시킨다.
	모기	일본뇌염, 말라리아, 뎅기열, 황열 등	
	이	발진티푸스, 재귀열 등	
	벼룩	페스트, 발진열 등	
	바퀴벌레	콜레라, 이질, 장티푸스 등	
	빈대	재귀열	
	진드기	야토병	
토양	흙, 먼지, 토양	파상풍	—

② 환경(병원소로부터 병원체 이탈, 전파, 숙주잠입)

요인	구분	침입 경로	관련 질병	비교
환경 (감염 경로)	병원소로부터 병원체 이탈	호흡 기계	결핵, 나병, 두창, 디프테리아, 성홍열, 수막구균성 수막염, 백일해, 홍역, 유행성 이하선염, 폐렴 등	• 비말 또는 비말핵 흡입이다. • 기침, 재채기, 담화 등을 통해 탈출한다.
		소화 기계	콜레라, 세균성 이질, 장티푸스, 파라티푸스, 폴리오, 감염성 간염, 파상열 등	• 경구 침입, 소화기계 질병으로서 주로 분변을 통해 탈출한다.
		피부 직접 접촉(성기 점막피부)	매독, 임질, 연성하감 등	• 성전파 질환이며 주로 소변이나 분비물을 통해 탈출한다.
		피부기계 (점막피부)	트라코마, 파상풍, 웰슨병, 페스트, 발진티푸스, 일본뇌염 등	• 흡혈 시 탈출 발열, 발진, 근육통을 일으킨다.
		기계적 탈출	말라리아	• 이, 벼룩, 모기 등 흡혈성 곤충에서 탈출한다.

제 1 장 68 이론

공중위생관리

			관련 질병	설명
	병원소로부터 병원체 이탈	개방병소	나병(한센병)	• 농양, 피부병 등의 병변 부위에서 직접 탈출한다.
환경 (감염 경로) 전파	직접 접촉	비말(포말) 감염	결핵, 디프테리아, 백일해, 성홍열, 인플루엔자 등	• 비말(타액) : 대화, 기침, 재채기 등을 통해 접촉된다. • 포말 : 눈, 호흡기 등을 통해 접촉된다.
	간접 접촉	진애감염	결핵, 두창, 디프테리아, 발진티푸스 등	• 공기를 통해 전파된다.
		수질감염	이질, 콜레라, 장티푸스, 파라티푸스 등	• 물, 식품을 통해 전파된다.
		토양감염	파상풍균, 비탈저균 등	• 토양을 통해 전파된다.
		경구감염	세균성 이질, 아메바성이질 등	• 환자, 보균자의 분뇨를 통해 배출된 병원체가 식품에 오염 경구적으로 침입한다.
		경피감염	파상풍, 양충병, 광견병 등	• 토양이나 퇴비접촉과 교상에서 전파된다.
		개달감염	결핵, 트라코마, 두창, 비탈저, 디프테리아 등	• 수건, 의류, 서적, 인쇄물 등의 개달물에 의해 감염된다.

※ 전파는 병원체가 병원소로부터 탈출하여 새로운 숙주에 침입하는 것이다.

③ 숙주(면역성과 감수성)

병원체가 숙주인 인체 내에 침입하여 발생되는 것으로 감염균에 대하여 자기방어 능력과 저지할 수 있는 환경에 의해 다르게 나타난다.

(3) 질병 관리방법
① 전파예방
② 감염력 감소(면역증강)
③ 병원소의 격리(환자관리)

3. 법정 감염과 검역 질병

(1) 법정 감염병

군(종)	관련 질병	신고 주기	비고
제1급 감염병 (17종)	에볼라바이러스병, 마버그열, 라싸열, 크리미안콩고출혈열, 남아메리카출혈열, 리프트밸리열, 두창, 페스트, 탄저, 보툴리눔독소증, 야토병, 신종감염병증후군, 중증급성호흡기증후군(SARS), 중동호흡기증후군(MERS), 동물인플루엔자 인체감염증, 신종인플루엔자, 디프테리아	즉시	• 생물테러 감염병 또는 치명률이 높음 • 집단 발생의 우려가 큼 • 음압격리와 같은 높은 수준의 격리가 필요
제2급 감염병 (20종 / 21종*)	결핵, 수두, 홍역, 콜레라, 장티푸스, 파라티푸스, 세균성이질, 장출혈성대장균 감염증, A형간염, 백일해, 유행성이하선염, 풍진, 폴리오, 수막구균 감염증, b형헤모필루스인플루엔자, 폐렴구균 감염증, 한센병, 성홍열, 반코마이신내성황색포도알균(VRSA) 감염증, 카바페넴내성장내세균속균종(CRE) 감염증, *E형간염 (2020.07.01. 추가)	24시 이내	• 전파가능성을 고려해야 함 • 격리가 필요
제3급 감염병 (26종)	파상풍, B형간염, 일본뇌염, C형간염, 말라리아, 레지오넬라증, 비브리오패혈증, 발진티푸스, 발진열, 쯔쯔가무시증, 렙토스피라증, 브루셀라증, 공수병, 신증후군출혈열, 후천성면역결핍증(AIDS), 크로이츠펠트-야콥병(CJD) 및 변종크로이츠펠트-야콥병(vCJD), 황열, 뎅기열, 큐열, 웨스트나일열, 라임병, 진드기매개뇌염, 유비저, 치쿤구니야열, 중증열성혈소판감소증후군(SFTS), 지카바이러스 감염증	24시 이내	• 발생을 계속 감시할 필요가 있음
제4급 감염병 (23종)	인플루엔자, 매독, 회충증, 편충증, 요충증, 간흡충증, 폐흡충증, 장흡충증, 수족구병, 임질, 클라미디아감염증, 연성하감, 성기단순포진, 첨규콘딜롬, 반코마이신내성장알균(VRE) 감염증, 메티실린내성황색포도알균(MRSA) 감염증, 다제내성녹농균(MRPA) 감염증, 다제내성아시네토박터바우마니균(MRAB) 감염증, 장관감염증, 급성호흡기감염증, 해외유입기생충감염증, 엔테로바이러스감염증, 사람유두종바이러스 감염증	7일 이내	• 제1~3급감염병 외에 유행 여부를 조사할 필요가 있는 감염병 • 표본 감시 활동 필요

(2) 기생충 감염병
기생충에 감염되어 발생하는 감염병 중 보건복지부장관이 고시하는 감염병

4. 침입경로에 따른 질병

경로	관련 질병	병원체(소)/전파	침입	증상
소화기계 (7종)	장티푸스	환자나 보균자 (분뇨)	경구	고열
	콜레라	환자	배변, 토사물	위장 장애
	세균성 이질	환자	경구 (파리, 위생 불량의 분변)	발열, 구토, 경련 등
	폴리오	환자	인두 분비물, 비말산포로 감염	중추신경계 손상
	파라티푸스	환자(보균자)	대소변	고열, 위장염, 식중독과 혼동
	장출혈성 대장균 감염증	소, 가금류, 대변	오염된 식품(물)	오심, 구토, 복통, 미열 등
	유행성 간염	환자	오염된 식품(물), 경구감염	급성 감염 (바이러스성)
호흡기계 (7종)	디프테리아	환자, 보균자 배설물	인후·코 - 국소적 염증	신경조직 장애
	백일해	환자	체외독소분비 직접접촉 비말, 환자 배설물	발작성 기침, 구토 등
	홍역	환자	공기감염 - 환자와의 접촉	열, 전신발진 등
	인플루엔자	환자	비말, 포말감염	발열, 오한, 근육통, 사지통 (급성 호흡기 감염병) 등

공중위생관리

	풍진	환자	비말, 환자와의 접촉	얼굴, 목, 홍진 등
호흡기계 (7종)	수두	환자	비말, 공기 전파, 사람 피부 분비물	발진, 미열 등
	성홍열	환자나 보호자 손	간접 전파	발열, 인후염, 편도 선염, 경부임파선 등
절족동물 매개 감염병 (7종)	페스트	벼룩(매개)	경피(흡열, 상처)	패혈증, 임파선, 폐렴 등
	발진티푸스	집쥐 / 쥐벼룩(매개)	경피(흡열, 상처)	발열, 근육통, 정신 신경 증상, 발진 등
	말라리아	환자나 보균자 / 모기(매개)	경피(흡열, 상처)	발열 수반, 오한 등
	유행성 일본뇌염	들쥐 / 모기(매개)	경피	뇌에 염증
	유행성 출혈열	들쥐 / 좀 진드기 (매개)	들쥐 배설물과 좀 진드기 오염물	심한 각혈, 위장출 혈, 혈뇨, 단백뇨에 발현 등
	발진열	쥐 / 쥐벼룩	쥐벼룩 대소변 및 분진이 상처로 접 촉되거나 흡입	발열, 발진 등
	쯔쯔가무시병	좀 진드기	노출된 피부, 물린 상처	고 출혈성 질환 등
동물 매개 감염병 (4종)	공수병	포유동물 – 개, 고양 이 / 사람(교상)	교상 / 사람	물소리 등에 발작증 세
	탄저	소, 말, 양	경피 감염	급성패혈증
	브루셀라	소, 돼지, 말, 양, 개	환자 배설물 (직접접촉)	발열, 오한, 발한, 권 태 쇠약 등
	렙토스 피라증	들쥐 / 경피감염	들쥐 배설물 – 물·토양 경구 감염	급성 발열성 증상
만성 감염병 (5종)	결핵	사람, 소	호흡기(환자 기침) 객담	피로감, 발열, 각혈, 기침 등
	한센병	사람	비강분비물	피부병변
	성병	세균, 바이러스, 원충	분비물	〈임질〉 • 남성–배뇨 곤란, 요도에서 고름 • 여성–요도염, 자궁 경관염 〈매독〉 • 성기의 구진, 무통 하감, 피부발진 등
	B형 간염	사람	환자 혈액, 타액, 정액	오심, 구토, 피곤감, 황달 등
만성 감염병 (5종)	후천성면역 결핍증	사람	성교, 수혈, 혈액 (감염)	식욕부진, 체중감량, 발열, 만성 설사 등

※ 백일해는 소아감염병 중 가장 사망률이 높은 질병 중 하나이다.

Section 03 ● 가족 및 노인보건

1. 가족보건

(1) 모자보건

모자보건사업은 모체와 영·유아에게 보건의료 서비스를 제공하여 모성 및 영·유아의 사망률을 저하시키고 나아가 대상자의 건강증진에 기여하는 데 있다.

① 모자보건의 중요성

모자보건은 한 국가나 지역사회의 보건수준을 제시하는 지표로 사용되고 있다.

② 모자보건의 지표

구분	지표 내용
모성사망률	임산부의 산전, 산후관리 수준을 반영하는 지표이다.
영아사망률	지역사회의 보건수준을 표시하는 대표적 지표이다.
성비	남녀 간의 비율을 뜻한다.
시설분만율	보건의료기간 등의 시설에서 분만하는 비율을 뜻한다.

(2) 영·유아보건

태아 및 신생아, 영·유아기의 보건관리를 영·유아 보건관리라 한다.

① 영·유아의 보건관리

종류	관리 내용
미숙아 관리	• 미숙아는 임신기간 37주 미만에 체중 2.5kg 이하로 태어난 아이이다. – 미숙아는 반드시 입원시켜 체온보호, 호흡관리, 영양보급, 질병 감염을 방지시켜야 한다.
신생아 관리	• 미숙아, 호흡장애, 출생 시 손상 및 선천성 기형 등 발생원인을 규명하지 못하는 것으로 신생아 사망의 대부분은 여기에 속한다.
영·유아 관리	• 생리적 발육을 위해 영양공급, 예방접종 및 사고예방, 정서지도 등의 관심이 요구된다.

② 영·유아의 주요 질병

영·유아기에는 호흡기나 소화기계의 감염 및 사고가 대부분이나 선천성 기형이 일부 작용한다.

(3) 성인보건

① 성인병의 개념

ㄱ 질병 자체가 영구적인 기간을 가진다.

ㄴ 재활을 위한 훈련이 특수하게 요구된다.

ㄷ 병적으로 불가역적인 변화를 하는 질병이다.

ㄹ 병적 후유증으로 무능력 또는 불구상태를 가진다.

ㅁ 장기간에 걸쳐 지도 및 관찰이 요구되는 질환이다.

ㅂ 기능장애에 따른 전문적인 관리가 요구되는 질환이다.

② 성인병의 정의

성년기 이후에 발병되는 성인병은 노화와 더불어 발생될 수 있는 만성·퇴행성 질환, 불구, 무능력 상태, 기능장애 등으로서 비감염성 질환이다.

PART 4 공중위생관리

③ 성인병 예방대책
  ㉠ 식생활을 개선한다.
  ㉡ 규칙적인 운동을 한다.
  ㉢ 충분한 수면과 휴식을 취한다.
  ㉣ 음주와 흡연을 삼간다.
  ㉤ 시간활용에 따른 여가활동을 적절히 보강한다.
  ㉥ 긍정적인 생산활동에 참여한다.

2. 노인보건

① 노인보건의 목표
  만성 퇴행성 병변을 일으키는 여러 가지 요건을 연구하여 가능한 한 그 영향을 적게 받도록 함으로써 인간을 형태적, 기능적으로 젊게 유지하는 데 있다.

② 노화 현상
  ㉠ 노화 현상은 개인차가 크고 유전적 요인보다 환경적 요인이 크게 작용한다.
  ㉡ 전신위축, 색소침착, 혈관의 탄력성 감퇴 등이 뚜렷하게 나타난다.

③ 노화의 배경
  노화는 내·외적 환경에 의해 발생되는 기능의 소약함과 사회, 경제, 환경 등의 변화를 가진다.
  ㉠ 내적 기능의 변화
    • 생리적 : 운동기능, 대사기능, 신경기능, 내분비기능 등의 변화
    • 정신적 : 기억력, 심리적 불안, 우인(교우)관계, 가족관계 등의 변화
  ㉡ 외적 기능의 변화 : 지식, 영양, 노동환경의 변화 등의 변화

④ 노화예방
  40세 전후로 건강관리를 시작해야 한다.
  ㉠ 정기적으로 건강진단을 받는다.
  ㉡ 식습관 및 알맞은 운동을 꾸준히 한다.
  ㉢ 육체적 노동에 따른 휴식활동을 가진다.
  ㉣ 감정적 자극의 감소 및 취미생활을 한다.

Section 04 ● 환경보건

현대 환경위생은 개인위생뿐 아니라 지역사회 전체 주민을 대상으로 생활환경을 개선하고 도모한다.

1. 환경위생의 개념

(1) 환경위생의 정의

① 세계보건기구(환경위생전문위원회)의 정의
  인간의 신체 발육과 건강 및 생존에 유해한 영향을 미치거나 미칠 가능성이 있는 모든 환경 요소를 관리하는 것이다.

② 우리나라(환경보전법)의 정의
  자연환경과 인간의 일상생활과 밀접한 관계가 있는 재산의 보호 및 동·식물의 생육에 필요한 생활환경을 말한다.

2. 환경위생의 분류

(1) 물리·화학적 환경

① 대기(공기)오염
  ㉠ 공기
    공기의 99%가 질소와 산소로 구성되어 있으며, 나머지 1%는 화학성분으로 구성되어 있다. 공기성분은 질소(78%), 산소(21%), 아르곤(0.93%), 이산화탄소(0.03%), 기타(0.04%) 등 이다.

  TIP 공기는 대기의 하부층으로 구성된 기체로서 주로 해발 10km 내의 공간에서 측정한다.

  • 질소(N_2)
    − 공기 중의 약 78% 차지한다.
    − 고기압 환경이나 감압 시에는 감압병(잠함병)을 나타낸다.
      ※ 부족 시 중추신경 증상으로서 전신의 동통과 신경마비, 보행 곤란 등을 나타낸다.
    − 공기 중의 산소를 부드럽게 하는 작용을 한다.

  • 산소(O_2)
    − 산소는 공기 구성성분 중 가장 중요한 성분이다.
      ※ 산소량 10% 이하 시, 호흡곤란을 일으킨다.
      ※ 산소량 7% 이하 시, 질식사한다.

  TIP 성인 1일 산소 소비량은 0.52㎘/day이다.

  • 이산화탄소(CO_2)
    − 무색, 무취, 비독성 가스이며, CO_2 중독은 거의 없다.
    − 성인은 호기 중에서 약 4%의 CO_2를 배출한다.
    − 최대 허용량(서한량)은 8시간 기준으로 700~1,000ppm (0.07~0.1%)이다.

CO_2 농도	공기 중에서 증상
3% 이상	불쾌감
6% 이상	호흡횟수 증가
8% 이상	호흡곤란
10% 이상	의식상실 또는 사망

  TIP CO_2는 실내공기의 오염이나 환기 유무를 결정하는 척도이며, 한사람이 1시간에 약 20ℓ의 CO_2를 배출한다.

  • 일산화탄소(CO)

헤모글로빈 결합	공기중에서 증상
10%	공기 중에 10% 미만이어야 함
30~40%	심한 두통, 구토현상
50~60%	혼수, 경련, 가사 상태
80% 이상	즉사

  TIP 일산화탄소 중독(산소결핍증) : 헤모글로빈(Hb)의 산소결합 능력을 빼앗아 혈중 산소(O_2) 농도를 저하시킨다.

  • 아황산가스(SO_2)
    − 피부, 점막, 기관지 등을 자극한다.
    − 최대 허용량(서한량)은 연간 기준으로 0.05ppm이다.
    − 무색으로써 공기보다 무거우며, 자극성의 취기가 강하다.

공중위생관리

PART 4

– 도시공해 요인으로 자동차 배기가스, 공장 매연에서 다량 배출된다.

> **TIP** 대기오염의 지표가 되며 산성비의 원인이 된다.

• 오존(O_3)
– 지상 25~30km(성층권)에 있는 오존층은 자외선 대부분을 흡수한다.
– 10ppm에서는 권태감을 주며 폐렴 증세를 일으킨다.
– 살균작용($O_3 = O_2 + O\uparrow$)을 한다.

> **TIP** 일상생활에서 사용되는 프레온가스(냉장고, 에어컨, 스프레이 등의 사용)가 오존층을 파괴하는 주범이 된다.

ⓛ 기후와 온열요소
• 기후 : 어떤 장소에서 매년 반복되는 대기현상의 종합된 현상을 기후라 하며 기온, 기습, 기류가 대표적인 기후요소이다.

기후(3대요소)	적정조건
기온	• 보통 수은 온도계를 사용하여 지상 1.5m 높이에서 측정한다. • 쾌적온도 : 18 ± 2℃
기습	• 기온에 따라 달라지는 습도는 인체에 적당하게 작용되면서 쾌적감각을 가진다. • 쾌적습도 : 40~70%
기류	• 기압과 기온의 차이에서 형성되는 기류는 바람이라고도 하며, 바람의 세기를 풍속 또는 풍력이라고도 한다. • 쾌적 기류 : 실내 0.2~0.3m/sec, 실외 1m/sec

> **보충설명**

[실내의 기류 0.5m/sec일 때]
• 항상 존재하나 느끼지 못하는 불감기류이다.
• 신체방열 작용을 하며, 자연환기가 이루어진다.

• 온열요소
– 실제 지구 표면에 도달하는 태양광선은 가시광선(약 45%), 자외선(약 10%), 적외선(약 45%), 복사선(2,900~5,000Å) 등이다.

> **보충설명**

[의복에 의해 조절되는 기온]
• 10~26℃로서 머리와 다리의 온도 차는 2~3℃ 이상이어야 한다.
• 10℃ 이하에서는 난방이 요구된다.
• 26℃ 이상에서는 냉방이 필요하다.

ⓒ 대기오염의 유형
• 온난화 현상, 오존층 파괴, 산성비, 기온역전(역전층)

② 수질오염
ⓐ 수질(물)
인체의 60~70%가 수분으로서 이 가운데 세포 내(40%), 조직 내(20%), 혈액 내(5%)에 존재함으로써 20% 이상 수분 상실 시에는 생명이 위험하다.

> **TIP** 성인 1일 기준 수분섭취량 : 약 2~2.5ℓ / day

• 음용 기준
– 색도 : 5도(무색투명, 무미, 무취)이다.

> **보충설명**

[경도(물의 단위)]
• 물속에 녹아있는 Ca^{2+}, Mg^{2+}의 총량을 탄산칼슘($CaCO_3$)의 양으로 환산하여 표시한다.
• 경도 1도에는 물 1mℓ에 탄산칼슘이 1g 함유되어 있음을 나타낸다.
• 경수(센물) : 경도 10 이상의 물로서 Ca, Mg이 많이 포함되어 있다.
– 우물물, 지하수가 대표적인 물이며 세탁, 세발 등에는 부적합하다.
• 연수(단물) : 경도 10 이하의 물로서 수돗물이 대표적이다.
– 세발, 세탁, 음용 등이 가능하다.

– 불소 : 2.0mg/ℓ를 넘지 아니한다.
– 탁도 : 2도 이하이어야 한다.
– 수은(Hg) : 0.001mg/ℓ를 넘지 아니한다.
– 수온이온농도 : pH 5.5~8.5이다.
– 염소이온 : 250mg/ℓ 이하이다.
– 대장균 : 100mℓ에서 검출되지 않아야 한다.
– 일반 세균 : 1cc 중 100CFU(Colony Forming Unit) 이하 검출되어야 한다.

• 물의 소독 : 열처리법, 자외선 소독법, 오존 소독법, 염소 소독법 등이 있다.

소독제 종류	장점	단점
염소 소독	• 잔류 효과가 크고 조작이 간편하다. • 비용이 적게 들어 경제적인 소독법이다. • 살균 효과가 우수하며 가장 많이 이용된다. • 상수 소독제는 액화염소 또는 이산화염소를 주로 사용한다.	• 독성이 있다. • 강한 취기가 있다. • 바이러스는 사멸시키지 못한다.
오존 소독	• 세균, 바이러스를 사멸시킨다. • 강한 표백작용을 한다. • 무미, 무취, 무색의 기체로서 산화력이 강하다. – 유해 잔류물을 남기지 않는다.	• 비용이 많이 든다. – 복잡한 오존발생 장치를 요구하기 때문이다.
자비 소독 (습윤멸균법)	• 가정에서 소독 시 많이 사용한다. • 100℃ 끓는 물에서 10~30분 이상 가열한다.	• 열 저항성 아포, B형 간염 바이러스, 원충의 포낭형 등은 사멸시키지 못한다.
자외선 소독	• 살균력이 매우 강하다. – 자외선(2,650~3,000Å)은 수심 120mm까지 살균 효과가 있다.	• 자외선 침투력이 약해 외부 이물질과 먼지 등의 요인에 의해 감소된다.

• 물의 정수법
– 물의 자정작용 : 희석작용, 침전작용, 일광 내 자외선에 의한 살균작용, 산화작용, 생물의 식균작용 등이 있다.
– 인공정수 방법

순서	침전 → 여과 → 소독의 순서로 정수한다.
완속사 여과	보통침전법을 사용한다.

공중위생관리

| 급속사 여과 | 약물침전법을 사용한다. |

ⓒ 수질오염 및 오탁
- 유해 금속질병의 감염원 : 산업폐수에서 유출되는 유해물질로서 각종 중독성 질환을 야기한다[( )은 원인물질이다].

병명	증상
미나마타병 (Hg)	• 수은이 인체에 축적되어 발생되며, 태아에게도 전이된다. • 인근 공장폐수로부터 오염된 어패류 섭취 시, 신경장애, 언어 및 청력장애 등이 발병된다.
이타이이타이병 (Cd)	• 논의 용수 속에 카드뮴 오염수가 유입되어 생산된 쌀 섭취 시 발병된다. • 카드뮴 중독, 골연화증 등을 유발시킨다.
비소 (As)	• 밀가루와 같은 금속성분으로서 농약이나 첨가물을 통해 섭취 시 구토, 경련, 마비 증상이 있다.
납 (Pb)	• 빈혈, 구토, 설사와 같은 증상이 30분 이상 지속되는 납 중독 증상이 있다.
그 외	• 시안(CN), 크롬(Cr^{6+}), 음이온 계면활성제(ABS) 등에 의해 증상을 갖는다.

- 수중불소와 우식치 : 특히 8~9세까지의 어린이에게 주로 발생된다.
  - 반상치 : 과다 불소 첨가물을 장기 음용 시 발생된다.
  - 우식치 : 불소량이 적은 물을 장기 음용 시 발생된다.

(2) 인위적 환경

① 주택
주택이 갖추어야 할 4대 조건은 건강성, 안전성, 기능성, 쾌적성 등과 같다.

② 채광(조명)
㉠ 자연채광 : 태양광선에 의하여 실내 밝기를 유지하는 것으로 직사광선과 천공광으로 나눈다.

> **보충설명**
> [천공광(Sky Light)]
> • 창을 통하여 실내에 이용되는 자연조명을 말한다.

구분	채광 조건
창의 면적	벽 높이의 1/3
창의 방향	조명의 균등을 요하는 네일 숍은 동북향 또는 북창 방향
환기 면적	방바닥 면적의 1/20 이상
개각	4~5°
입사각	28° 이상

 TIP 조도의 균등함은 눈의 피로를 없애주며, 주광률(Daylight Factor)은 1% 이상이어야 한다.

㉡ 인공채광(조명) : 조명의 색은 균등한 조도를 가진 주광색에 가까운 것이 좋다.

> **보충설명**
> [룩스(Lux)]
> • 조도의 측정 단위, 빛의 밝기 정도
> • 1 Lux는 1 촉광의 빛으로부터 1m 떨어진 거리에서 평면으로 비치는 빛

- 조명의 조건 : 조도가 균일하고 적당하며, 그림자가 생기지 않고, 수명이 길고, 효율이 높아야 한다.
  - 부적절한 조명 : 근시, 안정피로, 안구진탕증, 백내장 등의 신체장애를 발생시키고 작업능률이 저하된다.
  - 적절한 조명 : 작업능률이 향상되고, 정상시력이 유지되며 사고예방에 따른 위험요소가 없어야 한다.

> **보충설명**
> [상황별 적절한 조명]
> • 일반 작업 시 : 100~200Lux, 정밀 작업 시 : 300~500Lux, 독서 시 : 150Lux

- 인공조명의 조건
  - 비싸지 않아야 한다.
  - 유해가스가 발생되지 않아야 한다.
  - 작업 시 사용되는 조도는 균등해야 한다.
  - 광원은 주광색에 가까운 간접조명이 좋다.
  - 폭발, 발화의 위험이 없고 취급이 간편해야 한다.
  - 왼쪽 머리 위(좌상방)에서 조명이 비치는 것이 좋다.

③ 상하수도
㉠ 상수도
- 수원의 종류
  천수, 지표수, 지하수, 복류수, 해수 등이 있다.
- 도수(물길) : 수원이 멀어서 온수로를 이용하여 정수장까지 운송하여 사용한다.

> **보충설명**
> [운송과정]
> • 수원 →(도수로) 정수장 →(송수도) 배수기 →(배수관) 가정

- 정수 : 인공적으로 정수장에서 물을 정화시키는 과정이다.
  * 침사 → 침전 → 여과 → 소독 → 급수
- 송수(정수장에서 배수지까지) : 송수로를 통하여 물을 끌어가는 과정을 일컫는다.
- 배수 : 배수지에서 각 가정, 학교, 산업장까지의 송수를 배수라 한다.

㉡ 하수도

TIP 우리 생활에 의해 생기는 오염된 물(오수)을 '하수'라고 한다.

- 하수처리
  - 하수처리법 : 희석법, 침전법, 관개법, 부패조법, 임호프탱크법, 접촉여상법, 안정지법, 살수여상법, 활성오니법 등이 있으나 가장 진보된 방법은 활성오니법이다.

공중위생관리

PART 4

- 하수처리 과정 : 예비처리, 본처리, 오니처리의 단계를 거친다.
  - 예비처리(1차 처리)
    ⓐ 제진망(스크린) 설치 : 하수 유입구에서 부유물질이나 고형물을 자주 제거한다.
    ⓑ 침사조 : 토사같이 비중이 큰 물질을 감속으로 유속시켜 침전시킨다.
    ⓒ 침전지 : 제진망, 침사조에서 제거되지 않은 부유물을 제거하기 위해 부유물을 침전시킨다.
  - 본처리(2차 처리)
    ⓐ 혐기성처리 : 무산소 상태(혐기성균을 이용)에서 유기물을 분해하는 방법이다. 부패조 처리법, 임호프탱크 등을 이용(혐기성균에 의한 부패촉진, 오니는 액화되고 가스를 발생시킴)한다.
    ⓑ 호기성처리 : 산소를 공급시켜 호기성 세균을 증식시키는 방법이다. 살수여상법, 활성오니법, 접촉여상법, 산하지법 등을 이용한다.
    ⓒ 오니처리 : 최종 하수처리 후 남은 찌꺼기를 처리하는 방법이다. 투기법(육상·해상), 소각법, 소화법, 퇴비화, 사상건조법 등을 이용한다.
- 하수오염의 측정

수질검사	오염도
용존산소량 (DO)	• 5ppm 이상 • 용존산소의 부족은 오염도가 크다. • 용존산소는 수중에 용해된 산소량으로서 mg/ℓ로 표시한다. • 4mg/ℓ 이하일 때 어류는 생존 불가능하다.
생물화학적 산소요구량 (BOD)	• 5ppm 이하 • BOD가 높으면 오염도가 크다. • 유기물질 또는 질소화합물을 산화(분해)시키는데 소비되는 산소량이다.
화학적 산소요구량 (COD)	• 물속의 유기물을 무기물로 산화시킬 때에 필요로 하는 산소요구량이다.
수소이온농도 (pH)	• 산성, 중성, 알칼리성을 나타내는 척도이다. • pH 7 이하 산성, pH 7 이상 알칼리성을 띤다.
부유물질 (SS)	• 쓰레기 등이 떠 있지 않아야 한다.
대장균군	• 100mℓ당 대장균 수를 나타낸다.

TIP 하수의 오염도를 측정하는 데는 BOD 측정이나 COD 시험법이 주로 사용되나 하수 중의 DO로도 알 수 있다.

Section 05 ● 식품위생과 영양

1. 식품위생

(1) 식품위생의 정의
① 우리나라 식품위생법
  식품, 첨가물, 기구 또는 용기, 포장을 대상으로 하는 음식물에 관한 위생으로 정의하고 있다.
② 세계보건기구의 정의
  식품의 생육, 생산 또는 제조에서부터 최종적으로 사람이 섭취할 때까지에 이르는 모든 단계에서 식품의 안전성, 건강성 및 건전성을 확보하기 위한 모든 수단이라고 정하고 있다.

(2) 식품의 보존과 변질
① 식품의 보존법
  ㉠ 물리적 보존법 : 건조법, 냉동·냉장법, 가열법, 통조림법, 자외선 살균법 등이 있다.
  ㉡ 화학적 보전법 : 지입법, 훈연법, 가스저장법, 훈증법, 방부법 등이 있다.
② 식품의 변질
  식품 변질의 개념으로서 산패, 변패, 부패, 발효 등으로 나눌 수 있다.

보충설명

[식중독 예방]
- 식품보존 시 주의를 요한다.
- 음식물은 가열 또는 살균한다.
- 손이나 조리 기구를 청결하게 한다.

  ㉠ 식중독의 정의 : 내·외적 환경의 영향 등으로 변질된 식품을 섭취하였을 때 일어나는 식중독은 세균성·화학성·자연독 식중독 등으로 분류할 수 있다.
  ㉡ 식중독 분류
    - 세균성 식중독
      - 감염형, 독소형, 생체독소형 등이 있다.
    - 화학성 식중독
      - 유독 금속류로서 납, 구리, 수은, 비소, 카드뮴 등이 있다.
      - 유기화합물로 메틸알코올, 식품첨가물, 용기 포장 용출물, 우기살충제(농약) 등이 있다.
    - 자연독 식중독
      - 식물성 자연독으로는 감자, 독버섯, 맥류, 독미나리, 청매, 독매, 면실유 등이 있다.
      - 동물성 자연독으로는 조개류, 복어 등이 있다.

2. 식품위생과 기생충
기생충학은 기생충과 숙주와의 관계를 파악하는 학문으로서 사람에게 유해한 기생충은 원생동물과 후생동물, 곤충류 등으로 분류된다.

제 1 장 **74** 이론

공중위생관리

PART 4

TIP 기생충(Parasite) : 스스로 자생력이 없고 다른 생물체에 의존하여 생명을 유지한다.

(1) 원생동물

① 원충류(Protozoan)

㉠ 이질아메바

종류	구분	증상	관리
이질 아메바	• 영양형(급성기 또는 아급성기의 아메바증)과 포낭형(만성이나 아급성기 아메바증)으로 구분된다.	• 감염에서 증상까지 수일~수개월 또는 수년이 된다. • 급성 이질 시 점혈변을 배설한다.	• 환자와 보충자(Cystcanier)는 격리 치료한다. • 음식물, 물은 끓여서 음용한다. • 토양, 하수도 오염을 관리한다.
말라 리아 원충	• 우리나라에서는 학질이라고 알려져 있다. • 모기(종숙주)에서 유성 생식 후 인체(중간숙주) 내로 유입되어 무성 생식한다.	• 감염과 사망률이 높은 질병이나 근래는 감소 추세이다. • 열 발작(3일 열형 말라리아)은 48시간 동안 열을 수반한 오한으로 발생한다.	• 모기 유충 및 성충을 박멸한다. • 모기에게 물리지 않도록 한다.

(2) 후생동물

후생동물에게 속하는 선충류는 회충, 요충, 편충, 구충, 동양모양선충, 선모충 등이 있으며 흡충류 및 조충류도 이에 포함된다.

구분	충류	구분	증상	관리
선충류	회충증	• 인체 경구 감염 시, 소장에서 유충으로 부화하며 1년의 수명을 가진다. • 감염 후 2개월~2개월 반이 지나면 성충이 된다.	• 감염 시, 무증상이나 감염 후 권태, 복통, 빈혈, 식욕감퇴 등을 나타낸다. • 다양한 침입 경로에 의해 증상 또한 다르게 나타난다.	• 회충 관리방법은 다른 기생충 관리에도 적용된다.
선충류	요충증	• 도시 소아의 항문 주위에 산란함으로써 침구, 침실 등에 충란으로 오염되며 집단 감염과 자가 감염(수지)을 일으킨다. • 인체 맹장, 충수돌기, 결장 부위에 기생한다. • 배출된 충란이 경구로 인체에 침입하면 소장에서 부화하여 맹장, 결장 등에 이르러 성충으로 성장 및 기생한다.	• 항문소양증이 있다. • 2차 세균감염이 나타난다.	• 의류는 열처리 세탁, 침구는 일광 소독한다. • 집단적으로 구충제를 복용한다.
선충류	편충증	• 인체 감염 시, 소장에서 부화된 후 맹장, 충수돌기, 결장으로 내려와서 정착한다.	• 인체 감염 시, 무증상이다. • 충체 감염(다량) 시 복통, 구토, 복부 팽창, 미열, 두통 등이 생긴다.	• 회충 관리방법과 유사하다.
선충류	구충증	• 우리나라에서는 십이지장충과 아메리카 구충 둘 다를 일컫는다. • 인체의 경구와 경피를 통해 감염된다. • 인체감염 시 소장 상부에 기생한다.	• 경피감염 시, 채독으로서 피부염증과 소양감을 나타낸다. • 소화장애, 출혈성 혹은 중독성 빈혈을 야기한다.	• 회충 관리방법과 유사하다.
선충류	동양 모양 선충증	• 경구감염에 의해 인체에 침입하면 소장에서 기생한다.	• 소화장애 혹은 빈혈을 야기한다.	
선충류	선모충증	• 세계적으로 분포하나 우리나라에는 보고된 바 없다.		
흡충류	간흡충증	• 담수에서 충란은 제1 중간숙주(왜우렁이)를 거쳐, 제2 중간숙주인 민물고기(참붕어, 잉어 등)를 거쳐 사람이 섭취함으로써 감염된다. • 인체 간의 담관에 기생한다.	• 간 및 비장 비대, 복수, 소화기 장애, 황달, 빈혈 등이 나타난다.	• 민물고기, 왜우렁이의 생식을 금지한다. • 인분 위생적 처리, 생수, 양어장 등이 오염되지 않도록 한다.
흡충류	폐흡충증	• 폐흡충류는 인체 폐에서 기생하며 산란된 충란은 객담과 함께 기관지와 기도를 통해 외부로 배출된다. • 담수에서 충란은 제1 중간숙주(다슬기)를 거쳐, 제2 중간숙주(게, 가재)를 거쳐 사람이 섭취함으로써 감염된다.	• 일종의 풍토병으로서 주로 폐에 기생하여 기침 및 혈담의 징후가 있다.	• 가재 등의 생식을 금지한다. • 물을 끓여서 마시고 환자의 객담을 위생적으로 처리한다.
흡충류	요꼬가와 흡충증	• 담수에서 충란은 제1 중간숙주(다슬기)에 침입하여 제2 중간숙주(은어)를 거쳐 사람이 섭취함으로써 감염된다. • 인체 내 소장에서 기생한다.	• 감염 시 내장 조직이 때때로 파괴되어 장염, 복부 불안 등과 함께 출혈성 설사, 복통 등이 있다.	• 다슬기, 민물고기(은어)를 생식하지 않는다.
조충류	무구조충	• 인체 소장 점막에 무구낭미충이 성충으로 발육한다.	• 소화기계 증상으로서 상복부 통증, 배꼽 부위의 선통 발작, 식욕부진, 구토, 소화불량 등을 야기한다.	• 쇠고기를 익혀서 먹는다. • 분변관리를 한다.
조충류	유구조충	• 인체 내 소장에서 기생한다. • 유구낭미충이 성충으로 발육한다.	• 소화기계 증상으로서 소화불량, 식욕부진, 두통, 변비, 설사 등을 야기한다.	• 돼지고기를 익혀서 먹는다.
조충류	광절열 두조충	• 충란의 수중에서 제1 중간숙주(물벼룩)을 거쳐 제2 중간숙주(연어, 송어, 농어)를 통해 사람이 섭취함으로써 감염된다. • 인체 소장 상부에서 기생한다.	• 인체 감염 시, 무증상 감염이다. • 식욕감퇴, 복통, 설사, 신경증세, 영양불량, 빈혈(악성 빈혈) 등을 야기한다.	• 민물고기(송어, 연어)를 생식하지 않는다.

3. 영양과 영양소

인체 전반의 생활현상을 유지하는 데 필요한 물질을 '영양소'라 하며, 이러한 물질을 섭취하여 생명을 유지함으로써 건강증진과 질병의 예방을 위하는 것을 '영양'이라 한다.

공중위생관리

PART 4

(1) 영양소의 작용

① 신체열량 공급작용.

　섭취된 영양소는 세포 내에서 에너지(kcal)를 발생시킨다.

② 신체의 조직구성 작용

　유기물로서 단백질, 탄수화물, 지방으로 구성된다.

> **TIP** 비타민은 체외로부터 섭취해야 하는 생물학적 활성이 있는 유기화합물이다.

③ 신체의 생리기능 조절작용

　무기질, 비타민 등으로서 신체기능을 원활화한다.

> **TIP** 무기질은 화학적 에너지는 없으나 신체의 기능조절에 중요 역할을 하며 생존상 필수 불가결의 영양소이다.

(2) 5대 영양소

3대 영양소	구성 및 특징	분류	작용	과잉 및 결핍
탄수화물	• C, H, O로 구성 • 활동 에너지원 • 과다 섭취 시 　– 글리코겐으로 간장이나 근육에 저장 　– 비만 • 소장에서 포도당 형태로 흡수	• 단당류 　– 포도당, 과당, 갈락토스 • 이당류 　– 말토스, 락토스 • 다당류 　– 글리코겐, 셀룰로스	• 1g당 4kcal 열량 • 혈당량 유지 • 당질 대사에 도움	〈과잉〉 • 혈액산도를 높임 • 피부저항력 감소 〈결핍〉 • 체중 감소 • 신진대사 기능저하
지방	• C, H, O, S, P로 구성 • 열량원 • 비타민 A, D 등의 지용성 비타민 함유 • 소장에서 글리세린 형태로 흡수	• 포화지방산 (불필수지방산) • 불포화지방산 (필수지방산)	• 1g당 9kcal 열량 • 인체의 체온 유지, 내부 장기와 기관 보호	〈과잉〉 • 비만, 당뇨, 고혈압 등 • 지방간 〈결핍〉 • 신진 대사의 기능, 세포의 활력 저하
단백질	• C, H, O, N로 구성 • 칼로리원, 효소와 호르몬의 성분 • 소장에서 아미노산 형태로 흡수	• 필수 아미노산	• 1g당 4kcal • 근육과 체단백질 구성	〈과잉〉 • 비만, 신경 예민, 혈압 상승, 불면증 등 〈결핍〉 • 빈혈, 발육 저하, 조기 노화, 피지 분비의 감소

(3) 무기질

무기질 종류	구성 및 특징	함유식품	역할	과잉 및 결핍
칼슘 (Ca)	• 칼슘은 뼈와 치아의 주성분 • 근육 수축과 정상적인 심박동 • 신경흥분에 필수적	• 우유 등의 유제품, 멸치, 정어리, 녹색 식품 등	• 체액, 뼈, 치아의 성분 　– 신체의 기능 조절에 중요한 역할	〈결핍〉 • 골격과 치아의 쇠퇴 • 발육 불량, 형태 이상 초래

무기질 종류	구성 및 특징	함유식품	역할	과잉 및 결핍
철분 (Fe)	• 혈액 성분의 구성 요소 • 체내 저장이 안됨	• 음식물을 통해 보충 　– 소의 간, 달걀노른자	• 간, 고기, 계란 노른자	〈결핍〉 • 빈혈증상, 임산부, 영·유아는 많은 양의 철분이 필요
요오드 (I)	• 갑상선 호르몬 구성요소	• 해조류 및 해산물에 많이 함유	• 체내의 에너지 대사와 단백질 생성	〈결핍〉 • 갑상선 기능장애
나트륨/칼륨 (Na/K)	• 산, 알칼리, 체액의 평형을 유지 • 체내의 노폐물 배설 촉진 • pH Balance 생성 (pH 조절)	• 육류, 우유, 채소, 과일	• 조혈소의 기능 • 신경의 자극, 전도, 체액의 수지균형	〈결핍〉 • 염증 발생
불소 (F)	• 골격, 치아 경화	• 골격과 치아 조직에 함유	• 충치 예방 • 골다공증 예방	〈과잉〉 • 반상치 〈결핍〉 • 우식치
인 (P)	• 뼈, 치아의 주성분 • 지방·탄수화물 및 에너지 대사에 관여	• 우유, 치즈, 노른자, 수육, 어육, 곡류, 콩	• 저항력의 약화를 초래	〈결핍〉 • 뼈 및 영양장애
구리 (Cu)	• 헤모글로빈 합성 시 촉매	• 동물의 내장, 어패류, 굴, 계란, 전곡, 두류, 밤, 송이버섯 및 당밀	• 항산화 작용으로 노화예방	〈결핍〉 • 장기간의 설사나 소화불량, 빈혈, 철 흡수능력의 부족, 백혈구 수의 감소 등
황 (S)	• 인슐린 구성성분	• 육류, 우유, 달걀, 두류, 양파, 마늘, 아스파라거스	• 해독 및 비타민 구성	〈결핍〉 • 해독작용 저하 • 면역성 감소
셀레늄 (Se)	• 강력한 항산화제	• 곡류, 해산물, 육류	• 수은이나 카드뮴의 중독 방어 역할	〈결핍〉 • 노화지연, 면역 기능 향상, 해독 작용 〈과잉〉 • 탈모, 피부발진, 위장장애, 부종
아연 (Zn)	• 인슐린 합성에 필요한 성분 • 염증 억제 작용	• 해산물, 붉은고기, 견과류, 콩	• 남성 호르몬 생성촉진	〈결핍〉 • 성장장애, 성 기능의 부전, 식욕부진, 정서적 불안정, 미각의 감퇴, 피부염, 탈모증, 철결핍 빈혈 〈과량〉 • 구리의 섭취를 막고 빈혈 유도

(4) 비타민

비타민 종류		구성 및 특징	함유식품	역할	과잉 및 결핍
지용성 비타민	A	• 상피보호 비타민 • 신진대사, 신체 성장, 신체저항	• 유제품, 난황, 간유, 녹황색 채소	• 시각세포 형성에 관여	〈결핍〉 • 야맹증, 안구건조증 • 피부 점막의 각질화

제 1 장　　76　이론

공중위생관리

지용성 비타민	D	• 수용성 칼슘과 인의 대사 조절	• 버섯, 달걀, 낙농제품에 함유	• 체내 피부에 자외선 조사를 받아 생성	〈결핍〉 • 구루병, 골연화증
	E	• 호르몬의 생성에 도움 • 토코페롤 (항불임성 비타민)	• 육류, 계란, 간, 생선, 식물성 기름	• 항산화 작용으로 노화방지 • 혈액순환 촉진	〈결핍〉 • 불임증, 생식불능
	F	• 피부와 모발의 기능 증진 • 필수지방산	• 호두, 땅콩, 치즈, 버터, 난황, 간	• 다른 영양소의 작용에 도움 • 인체의 생리기능 조절에 중요한 역할	〈결핍〉 • 손(발)톱이 약해지고 습진 등 피부 건조 • 지방대사 장애
	K	• 혈액 응고 (응혈성 비타민) • 프로트롬빈 생성에 기여	• 녹색 식물, 치즈, 버터, 난황, 간	• 기름이나 유기 용매에용해 • 과잉 섭취 시 체내에 저장	〈결핍〉 • 혈액응고 시간 연장 • 출혈성 질병, 외상
수용성 비타민	B군 B₁	• 성장발달에 관여 • 열에 약함 • 탄수화물의 연소에 도움	• 배아, 효소, 두부	• 신경, 근육, 소화기 조직의 건강을 유지	〈결핍〉 • 각기병, 식욕부진, 사지마비 등
	B₂	• 성장촉진 비타민 • 피로방지 효과	• 우유, 계란, 녹색 채소	• 피지분비를 조정	〈결핍〉 • 구각, 각막, 결막의 염증 • 성장지연
	B₆	• 신경조직의 에너지를 전달하는 역할	• 간, 효모, 곡류	• 항 피부병 인자 • 당질, 지질, 단백질 대사에 중요한 생리기능	〈결핍〉 • 습진, 피부염
	B₁₂	• 조혈작용	• 동물성 단백질 식품 -살코기, 간 (내장기관), 생선, 달걀, 조개류, 우유	• 적혈구의 생성 및 악성빈혈증 조절 • 신경조직의 유지 • 지방과 지질 대사 • 단백질 대사 • DNA 합성	〈결핍〉 • 악성빈혈
	C	• 열에 약함 • 콜라겐의 합성 촉진	• 채소, 과일	• 노화방지에 도움 • 멜라닌 형성 저지 • 미백 작용	〈결핍〉 • 괴혈병, 발육장애
	H (비오틴)	• 피부건강에 영향 • 조직의 산작용을 돕는 촉매작용	• 닭고기, 달걀, 간	• 뼈·치아발육의 불량원인	〈결핍〉 • 피부염, 얼굴 창백

Section 06 ● 보건행정

1. 보건행정

보건행정은 공중보건(Public Health)이라는 내용과 행정이라는 방법이 상호결합한 것으로 보건 분야에서의 행정일반 원리를 적용하고 있다.

(1) 보건행정의 목적
공중보건의 목적을 달성하기 위해 질병의 예방, 건강증진, 건강수명의 연장 등에 따른 공중보건의 원리 및 공적, 사적 조직을 포함한 일련의 과정이다.

(2) 보건행정의 정의
국가나 지방 자치 단체가 주도적으로 국민의 건강을 유지, 증진시키고자 하는 제반 활동이다.
① 보건학적 정의
   국민보건 향상을 위해 국가가 운영하는 보건의료 체계를 효과적이고 효율적으로 관리하고 집행하는 기능이다.
② 행정학적 정의
   국가나 지방자치단체가 보건 분야의 행정 일반원리 정책인 형성, 집행, 통제, 기능 등을 적용한다.

(3) 보건행정의 범위
① 세계보건기구(WHO)가 규정한 범위
   ㉠ 보건자료(보건 관련 제 기록의 보존)
   ㉡ 대중에 대한 보건교육   ㉢ 환경위생
   ㉣ 감염병 관리   ㉤ 모자보건
   ㉥ 의료   ㉦ 보건간호

2. 보건행정조직

(1) 보건사업은 중앙과 지방으로 나눌 수 있다.
지역사회가 보건사업의 기본단위나 중앙정부의 책임하 또는 중앙정부와 지방자치단체 간에 균형 있는 사업수행의 필요성과 내용에 따라 체제를 나누기도 한다.

[보건사업 진행과정]
지역보건의료 계획 수립(시장·군수·구청장) → 의회 의결 → 시·도지사에게 제출 → 보건복지부장관에게 제출

① 지방보건행정조직은 행정자치부 산하에 소속되어 있다. 보건에 관한 사항만 보건복지부가 지휘하고 있다.
② 지방조직은 지역 특성에 따른 설치 기준과 인구규모에 따라 보건소, 보건지소, 보건진료소 등으로 구분된다.

PART 4 공중위생관리

규정	구분	역할	비고(인력현황)
지역보건법	보건소	• 지역사회 주민들의 건강증진	• 시 · 군 · 구별 1개소
	보건지소	• 모자보건 및 가족계획사업 • 보건교육 · 예방접종 • 결핵, 나병, 성병, 감염병의 예방과 진료 · 보건통계자료 수집, 일반진료, 기타 보건행정에 필요한 사항	• 읍 · 면별 1개소
농어촌 등 보건 의료를 위한 특별조치법	보건 진료소	• 보건교육 및 예방접종 등 보건예방활동 • 가족계획 및 모자보건사업 • 경미한 질환에 대한 진료 및 응급처치	• 인구 500인 이상(도시 지역 300인 이상 ~ 500인 미만)의 리(理) 단위의 오 · 벽지

(2) 국제보건
① 전 인류가 건강한 생활을 할 수 있도록 질병관리의 협력, 보건진료의 지식 및 기술의 교환 등을 통하여 공중보건에 관한 정보수집, 감염병 발생 시 방역조치의 기록을 수집, 통보할 수 있는 공중보건사무국(1907)을 프랑스에 설치하였다.
② 1948년 4월 7일 국제보건조직인 세계보건기구(WHO : World Health Organization)가 전 인류의 건강 달성에 설립 목적을 두고 UN 산하에 보건전문기관으로 발족하였다.

3. 보건통계
(1) 보건통계의 개념
보건통계는 질병 및 사망과 같은 보건 관련 자료를 수집, 정리, 분석 및 추출하는 방법을 말한다. 지역주민은 국민의 건강수준을 설명해주는 보건지표(Health Index)로서 WHO에서는 종합건강지표와 특수건강지표를 분류하며 제시하였다.
① 종합건강지표
  비례사망지수, 평균연령, 조사망률로 나타낸다.
② 특수건강지표
  영아사망률, 감염병 사망률, 의료봉사자 수 및 병실 수 등을 지표로 하였다.
③ 모자보건지표
  영아사망률은 한 국가나 지역사회의 보건수준을 제시하는 대표적 지표로 사용되고 있다.

구분	세부 내용	사망통계
조사망률 (보통사망률)	인구 1,000명당 1년간 발생한 총 사망지수의 비율이다.	연간 총 사망자 수 / 연간 인구 x 1,000
영아사망률	영아란 생후 1년 미만의 아이로서 환경악화나 비위생적 생활환경에 가장 예민하게 영향받는 시기로서 영아사망률은 가장 많이 사용되는 지표이다.	연간 영아 사망자 수 / 연간 출생아 수 × 1,000
출생사망비 (Birth Death Ratio)	인구증가율이라고 하며, 보통출생률에서 보통사망률을 뺀 값이다.	조출생률 – 조사망률

(2) 질병통계
① 발생률(Incidence Rate)

질병에 걸릴 확률 또는 위험도로서 단위 인구당 일정 기간에 새로 발생한 환자 수를 표시한다.
② 유병률(Prevalence Rate)
  일정 시점 또는 일정 기간 인구 중에 존재하는 환자 수의 비율이다.
③ 치명률(Care Fatality Rate)
  어떤 질병에 걸린 환자 중에서 그 질병으로 인해 사망한 수를 나타낸다.

(3) 인구
① 성별 구성(Sex Composition)
  남녀의 비(Sex Ratio)라 한다.
② 연령별 구성(Age Composition)
  연령별 인구 구성은 수개의 집단으로 구성 분류할 수 있다.

연령	구분
1세 미만	영아
1~4세	유아
5~14세	소년 (학령기 전, 학령기)
15~64세	생산연령 (청소년, 중년, 장년)
65세 이후	노년

※ 법에서는 영유아를 6세 미만의 취학 전 아동으로 규정하고 있다.

③ 인구 모형
  인구 구성의 남녀별 및 연령별 구성을 결합한 모형은 다음과 같다.

명칭	종류	특징	구성
피라미드형	인구 증가형	출생률이 높고 사망률이 낮음	14세 이하 인구가 65세 이상 인구의 2배 초과
종형	인구 정지형	출생률, 사망률 다 낮음	14세 이하 인구가 65세 이상 인구의 2배 정도
항아리형 (방추형)	인구 감퇴형	출생률이 사망률보다 낮음	14세 이하 인구가 65세 이상 인구의 2배 이하
별형 (도시형)	인구 유입형	도시 지역의 인구 구성으로 생산층 인구 증가형	생산층 인구가 전체 인구의 1/2 이상
표주박형 (농촌형)	인구 감소형	농촌 지역의 인구 구성으로 생산층 인구가 유출되는 형	생산층 인구가 전체 인구의 1/2 미만

> **TIP** 인구의 구성형태에서 65세 이상 인구는 50세 이상 또는 60세 이상의 인구를 뜻하기도 한다.

PART 4 공중위생관리

Chapter 02
소독

Section 01 ● 소독의 정의 및 분류

1. 소독의 정의

종류	특징
소독	병원 또는 비병원성 미생물을 죽이거나 그의 감염력이나 증식력을 없애는 조작을 의미한다.
살균	생활력을 가지고 있는 미생물을 이학적, 화학적 소독법에 의해 급속하게 죽이는 것을 의미한다.
방부 (Antiseptic)	미생물의 발육과 생활작용을 억제 또는 정지시킴으로써 부패나 발효시키는 조작을 의미한다. ※ 방부는 소독제가 될 수 없다.
멸균 (Sterilization)	병원 또는 비병원성 미생물 모두를 사멸 또는 그 포자까지도 멸균시킨다. ※ 멸균은 소독을 내포하지만 소독은 멸균을 의미하지는 않는다.

(1) 소독의 원리
소독제를 이용하여 병원성 미생물을 사멸하거나 발육과 증식을 저지시킨다.

1) 미생물과 소독제
결핵균은 왁스성 세포벽을 구성하여 습기에 저항한다. 따라서 지질용매제(비누와 세제)에 쉽게 파괴된다.
① 인플루엔자와 헤르페스 바이러스
  ㉠ 지질을 포함한다.
  ㉡ 지질용매제에 쉽게 파괴된다.
② 폴리오 바이러스
  ㉠ 지질이 없다.
  ㉡ 포르말린과 알코올에 의해 파괴된다.
③ 인간 면역결핍 바이러스(HIV) : 0.05% 차아염소산 용액에 감수성이 있다.

2) 소독제의 효과에 영향을 미치는 요인
① 미생물 농도
② 소독제 농도
③ 소독제의 불활성화
  ㉠ 소금, 금속, 산 또는 알칼리 같은 무기 성분들은 소독제와 결합하면 소독활성을 방해할 수 있다.
  ㉡ 대부분의 살균제는 실온에서 효과가 있기 때문에 온도 자체만으로는 중요한 요소는 아니다.
④ 소독에 영향을 미치는 다른 요인들

3) 피부소독
① 병원에서 피부의 화학적 살균을 보통 '방부(Antisepsis)'라고 언급한다.
② 소독제들을 피부에 적용할 때 피부 표면의 미생물들의 수를 빠르게 감소시킨다.

2. 소독의 분류

(1) 할로겐 및 그 화합물

> **TIP** 염소, 브롬, 요오드, 불소 순으로 살균력이 강하다.

종류	소독력	단점
염소 (Cl)	• 상수 및 하수소독 - 액체염소 • 상수도에서는 염소주입 10분 후에 잔류염소농도가 0.2~1.0ppm이 되어야 한다.	• 취기가 있다.
표백제 (차아염소산 나트륨)	• 살균작용 - 0.5% 농도에서 세균, 진균, 아포균, B형 간염 바이러스, 원충 등에 효과가 있다. • 손·피부소독 - 0.2~0.5% 수용액 • 수술실, 병실, 가구, 도구, 오염물, 배설물 등의 소독에 이용된다.	• 자극성이 강하여 금속을 부식시킨다.
표백제 (염소산 칼슘)	• 물속에서 발생기 산소에 의해 살균작용을 한다. • 값이 싸다. - 우물물, 저장탱크, 수영장 등 소독에 사용된다. • 음료수 소독 - 0.2~0.4ppm 잔류염소농도	• 자극성이 강하여 의료용으로는 사용하지 않는다.

(2) 아세틸화제

종류	소독력	단점
포르말린	• 포르말린은 포름알데하이드를 함유하는 소독제이다. • 35~38% 포름알데하이드의 수용액 - 세균, 아포, 바이러스에 강한 살균력이 있다. • 병실들은 밀봉하여 증기소독한다. • 실내, 의류, 기구 소독 - 1~1.5% 포르말린 수	• 눈이나 코에 대한 자극이 강하다. • 냄새가 강하다. • 발암의 위험성이 있다.
글루타르 알데하이드	• 알칼리성(pH7.5~8.5)의 2% 수용액을 사용한다. - 일반 세균, 아포, 바이러스에 효과가 있다. • 에이즈 바이러스, B형 간염바이러스, 오염물의 소독에 사용된다.	

(3) 산화제
산화제는 세포 구성 성분을 산화시킴으로써 살균작용을 한다.

종류	소독력	단점
과산화수소 (H_2O_2)	• 2.5~3.5% 과산화수소를 사용한다. - 피부침상, 궤양부위, 구강, 이비인후의 살균소독에 사용되고 있다.	• 작용은 완만하나 지속성이 없다.
과망간산칼륨 ($KMnO_4$)	• 유기물과 접촉 시 살균작용을 한다. • 요도 및 질, 진균 등의 소독에 사용한다. - 0.1~0.5% 수용액 • 구내염에는 0.02~0.05% 과망간산칼륨 수용액으로 양치한다.	–

공중위생관리

PART 4

(4) 계면활성제

종류	소독력	단점
음성 비누	• 일반 세숫비누이다. 　- 세정에 의한 균 제거에 사용된다.	• 살균작용이 낮다.
양성 비누 (역성 비누)	• 저자극성, 저독성이며 강한 살균력이 있다. • 10% 원액으로서 100~150배로 희석하여 사용한다. 　- 식기, 금속기구, 손, 피부점막 등을 소독한다. • 일반 세균, 진균, 바이러스에 유효하다. • 0.01~0.1% 수용액으로 무독, 무취, 무해하고 물에 잘 용해되며 침투력과 살균력이 강하다.	• 아포, 결핵균에는 효과가 없다. • 무기물, 음성 비누와 함께 사용하면 작용이 감소된다.

Section 02 ● 미생물 총론

미생물학(Microbiology)은 너무 작아서 육안으로 관찰하기 어려운 생명체, 즉 미생물(Microorganism)을 연구하는 학문이다. 미생물학자는 대부분의 경우 먼저 생물집단에서 특정한 미생물을 분리하여 배양한다.

1. 미생물

(1) 미생물의 정의

> **TIP** 육안 관찰이 가능한 가장 작은 크기는 약 100㎛ 정도이다. 따라서 미생물이나 생물의 세포학적 특성은 현미경을 이용하여 관찰한다.

① 0.1mm 이하의 생명체로서 광학현미경, 전자현미경으로 확대함으로써 관찰되는 미세하고 단순한 생물군이다.
② 세균, 바이러스, 리케차, 진균, 조류, 원생동물 등이다.
③ 사람과 질병과 관련된 감염증의 진단, 예방, 치료를 다루는 병원미생물학은 의학 영역이다.

> **TIP** 네일리스트가 미생물을 알아야 하는 목적은 자기 자신을 보호하고, 고객을 보호하고, 지역사회의 병원감염을 예방하는 데에 있다.

(2) 미생물의 구조

미생물은 단 한 개의 세포로 구성되어 있다. 모든 생물의 세포 형태는 크게 원핵세포와 진핵세포로 구분된다. 이들은 근본적으로 생명현상의 차이를 가진다.

세포 형태	조 직
원핵세포	• 핵에는 핵막이 없다. • 세균, 남조류 및 고세균이 있다. • 단순한 구조를 하고 있다. 　- 막으로 둘러싸인 소기관이 없다. • 모든 세균은 원핵생물이다. • 유사분열이나 감수분열을 하지 않는다. • 세균염색체(DNA)가 1개인 세포군이다.
진핵세포	• 유사분열을 한다. • 유전적 정보를 가진 핵이 있으며 핵막이 둘러싸여 있다. 　- 복잡한 내막수송체계(핵, 엽록체, 미토콘드리아 등의 세포소기관)를 갖고 있다. • 원핵세포보다 크며, 세포 내에는 세포소기관이 존재한다. • 동물, 식물, 원생동물, 조류 및 진균류 등이 있다.

2. 미생물의 병원성

(1) 병원성의 정의

병원체가 질병원 유발 또는 감염증을 나타낼 수 있는 능력이다. 이는 독력(발병력), 감염성, 침습성, 증식성 및 독소 생산성 등을 나타낸다.

(2) 병원성의 결정인자

병원체가 감염증을 일으킬 수 있는 능력의 정도이다.

① **정착성**
병원체를 거부하는 생체에 부착하고 숙주에 정착하기 위한 인자는 섬모, 균체표층의 다당류와 단백질, 세포의 운동성 등이다.
② **침습성**
생체 내에 침입한 병원체가 숙주의 방어기능과 싸우고 증식하는 능력이다.
③ **증식성**
숙주의 저항력 또는 살균력에 대항하여 증식할 수 있는 병원체의 능력이다.
　㉠ 장티푸스균 : 비장, 간장, 담낭 등에서 증식한다.
　㉡ 결핵균 : 폐 조직에서 증식한다.
　㉢ 바이러스 : 세포 안에서 증식한다.
　㉣ 세균 : 세포 밖에서 증식한다.
④ **독소 생산성**
독성물질을 생산할 수 있는 능력으로, 독소는 병원체에 의하여 생산된다. 숙주 안에서 항체를 생산할 수 있는 능력으로서, 세균의 독소는 균체 외로 분비하는 외독소와 균체 내에 포함되어 세포 자체의 분해로 방출되는 내독소가 있다.
　㉠ 외독소를 생산하는 세균 : 디프테리아균, 파상풍균, 보툴리늄균, 콜레라, 대장균 등이 있다.
　㉡ 내독소는 그람음성 세균의 세포벽이 주요 성분이다.

Section 03 ● 병원성 미생물

1. 병원 미생물의 종류

① 세균의 직경은 약 1㎛로서 간균은 긴 것과 짧은 것이 있고, 크기와 형태에 따라 차이가 있다.
② 바이러스 : DNA바이러스와 RNA바이러스가 있다.
③ 진균과 원충은 진핵세포로서 핵막이 있다.

공중위생관리

구분		세부 내용
세균	형태	구균(구상 세균), 간균(간상 세균), 나선형(나선상 세균) 등이 있다.
	증상	콜레라, 장티푸스, 디프테리아, 결핵, 나병, 백일해, 탄저, 보툴리즘, 페스트 등을 야기한다.
바이러스	종류	헤르페스 단순 바이러스, 담배 모자이크병 바이러스, 박테리오파지 등이 있다
	증상	소아마비, 홍역, 유행성 이하선염, 광견병, AIDS, 간염, 천연두, 황열 등을 야기한다.
진균	형태	효모성과 균사형 진균으로 나눌 수 있다.
	증상	무좀, 피부질환을 야기한다.
원충	형태	근족충류, 편모충류, 섬모충류, 포자충류 등이 있다.
	증상	말라리아, 아메바성 이질, 아프리카 수면병 등을 일으킨다.
리케차		발진티푸스, 발진열 등의 증상을 일으킨다.

2. 세균

(1) 세균의 형태와 배열

① 외부 모양

세균 형태에 따라 구상, 간상, 콤마상(비브리오), 나선상의 형태로 구별된다.

② 외부 배열

세균은 2분열 방식으로 증식한다. 분열 양식에 따라 각기의 균종은 특징적인 배열을 지니고 있다.

> **TIP** 배열 : 세균의 분열 방향에 의해 결정된다.

구분		세부 내용
구균	단구균	직경 약 1.0㎛ 내외의 크기로서 1개씩 떨어져 있다.
	쌍구균	2개씩 짝을 이루고 있다.
	사련구균	4개씩 짝을 이루고 있다.
	팔련구균	4개가 상하로 겹쳐 정입방체로 8개씩 짝을 이루고 있다.
	포도상구균	포도송이 모양의 배열을 하고 있다.
	연쇄구균	염주알 모양으로 연쇄구조를 하고 있다.
간균		• 간균의 형태는 종에 따라 다양하다. - 대나무 마디 모양, 각이진 모양, 바늘같이 뾰족한 모양, 곤봉 모양, 콤마 모양 등이 있다. • 간균의 크기에 따라 차이가 있다. - 작은 간균(0.5㎛), 긴 간균(1.5 × 8㎛) 등으로 나뉜다.
나선균		• 나선의 크기와 나선 수에 따라 나누어진다. - 나선 모양 나선균이 있다.

③ 세포의 아포

㉠ 균은 외부환경 조건에 대해서 강한 저항성을 가지게 되어 균체 세포질에 아포를 형성한다.
- 발육 환경이 나쁠 때 아포를 만든다.
- 건조, 열, 소독제, 화학약품 등에 저항성을 나타낸다.
- 아포를 형성하면 모든 대사가 정지되며, 아포 형태로 수년간 생존하기도 한다.
- 아포에 적합한 영양, 습도, 온도 등이 유지되면 아포에서 영양형으로 되돌아가 균체를 형성하면서 증식을 한다.
- 아포는 100℃ 끓는 물에 10분 정도 가열해도 사멸되지 않는다.
- 아포는 간헐멸균, 고압증기멸균법으로 121℃에서 15분간 적용 시 대부분 사멸된다.

(2) 세균의 구조와 기능

세포의 구조	기 능
세포벽	• 세균의 표면을 덮고 있는 세포벽은 단단한 구조로서 구형, 간상형, 나선형 등의 고유형태를 유지시킨다.
세포질막	• 세포질막은 인지질과 단백질로 구성되어 있으며, 세포질을 감싸고 있다. - 균체 내외의 물질 투과를 조절하는 삼투압 장벽의 역할을 한다. - 물질의 투과는 삼투 외에 효소반응에 의해서도 이루어지고 있다.
세포질	• 여러 가지 효소, 조효소, 대사산물, 광물질 등이 포함되며 단백합성에 관여하는 리보솜이 있다.
핵	• 세포질 내에는 DNA 섬유의 집합으로서 핵막이 없는 핵이 존재한다.

(3) 세균의 영양

세균은 발육, 증식하기 위하여 외부로부터 영양소를 취하고 이를 분해하여 에너지를 취한다.

① 영양소

세균의 영양소는 무기염류, 탄소원, 질소원, 발육인자, 물 등이다.

② 증식환경

세균 증식에 관여하는 환경인자는 온도, pH, 산소, 이산화탄소, 삼투압 등 물리적 환경조건이다.

㉠ 발육지적 온도
- 발육 증식에 가장 적합한 온도는 다음과 같다.

세균류	생물온도
저온 세균	15~20℃
중온 세균	30~37℃
고온 세균	50~80℃

㉡ 수소이온농도(pH)

성질	pH	균류
중성	pH 7.0~7.6	병원성 세균
약알칼리성	pH 7.6~8.2	콜레라균, 장염 비브리오균
약산성	pH 5.0~6.0	유산간균, 진균, 결핵균

㉢ 산소
- 유리산소(Free Oxygen)의 유무에 따라 세균의 증식이 영향을 받는다.

균 종류	조건
편성 호기성균	• 산소를 좋아하는 호기성균으로서 호흡으로 에너지를 얻는다. • 바실루스균, 결핵균 등이 해당된다.
통성 혐기성균	• 산소와 관계없이 발육되는 균으로서 산소가 있는 경우 호흡 (호기성 산화)에 의해, 산소가 없는 경우 발효(혐기적 산화)에 의해 에너지를 얻는다.

공중위생관리

편성 혐기성균	• 산소가 있으면 발육이 안 되는 혐기성균이다.
미 호기성균	• 5% 전후 미량 산소가 있는 상태에서 발육하는 균군이다.

ⓔ 이산화탄소
- 5~10%의 이산화탄소 존재하에 발육된다.
- 임균, 수막염균, 디프테리아균, 인플루엔자균 등 혐기성 균의 대부분이 이에 해당된다.

ⓜ 습도
- 세균의 발육에는 적당한 습도가 필요하다.

ⓗ 삼투압
- 세균의 세포질은 일정한 삼투압을 갖고 있다.

Section 04 • 소독방법

소독은 물리적 소독방법과 화학적 소독방법으로 나눌 수 있다. 일반적으로 소독이란 화학적 소독을 말한다.

1. 소독방법

(1) 물리적 소독법

① 가열처리법

종류		소독 방법	사용되는 기구	소독 대상
건열 멸균법	화염 멸균법	• 화염불꽃 속에 20초 이상 접촉시켜 표면의 미생물을 멸균시키는 방법이다.	• 알코올 램프 또는 가스버너	• 금속류, 유리기구, 이·미용 도구, 도자기류, 바늘 등
	건열 멸균법	• 고온에 견딜 수 있는 물품을 160~170℃에서 1~2시간 처리한다.	• 건열멸균기 (Dry Oven)	• 유리기구, 주사침, 유지 등
	소각법	• 불에 태워 멸균시키는 가장 쉽고 안전한 방법이다.	• 소각도 화염 멸균의 범주내에 속함	• 오염된 가운, 수건, 휴지, 쓰레기 등
습열 멸균법	자비 소독법	• 100℃ 끓는 물에 15~20분간 처리한다. • 소독효과를 높이기 위하여 석탄산(5%) 또는 크레졸(3%)을 첨가한다. • 내열성이 강한 미생물은 완전 멸균할 수 없다.	–	• 식기류, 도자기류, 주사기, 의류 소독 등
	고압증기 멸균법	• 고온, 고압하의 포화 증기로 멸균하는 방법으로서 포자형성균의 멸균에 가장 효과가 있다.	• 고압증기 멸균기 (Autoclave) 사용 시 121℃, 15Lb, 20분간 실시	• 초자기구, 고무제품, 자기류, 거즈 및 약액 등 멸균에 이용

유통증기 멸균법 (간헐멸균법)	• 고압증기멸균법으로 처리할 수 없는 경우에 사용된다.	• 100℃ 증기로 30분간 3회 실시(1일 1회씩)한다.	• 포자 완전 멸균
습열 멸균법 / 저온 살균법	• 포자를 형성하지 않은 결핵균, 살모넬라균, 소유산균 등의 멸균에 효과가 있다. • 63℃에서 30분간 처리한다. • 75℃에서 15~30분간 가열 처리한다.	• 아이스크림 원료 −80℃에서 30분간 • 건조과실 −72℃에서 30분간 • 포도주 −55℃에서 10분간 소독함	• 우유, 아이스크림, 건조과실, 포도주 등의 저온 살균법
초고온 순간멸균법	• 135℃에서 2초간 접촉시킨다.	–	• 우유의 멸균처리에 이용

② 무가열 멸균법

종류		처리방법		소독류
무가열 멸균법	자외선 멸균법	• 파장을 이용하여 균을 사멸하거나 균의 활동을 억제시킨다. • 2,400~2,800Å에서 살균력이 가장 강하다.	• 자외선 살균기	• 공기, 물, 식품, 기구, 식기류 등의 소독
	일광소독	• 태양광선 내 자외선으로서 최단 파장인 2,600~2,800Å에서 약간의 살균작용이 있다.	• 한낮의 태양열에 건조시킴	• 의류, 침구류, 거실 등의 소독
	초음파	• 8,800c/s의 음파를 이용 – 교반작용으로 미생물을 파괴함으로써 살균력을 가진다. • 20,000c/s 이상의 초음파 – 강력한 살균력이 있다.	–	–
	세균 여과법	• 화학약품이나 열을 이용할 수 없을 때 미생물을 제거하는 방법이다. • 미생물을 통과시킬 수 없는 세공을 가진 필터를 이용하여 미생물을 제거하는 방법이다.	• Chamber land – 여과공 0.2~0.4u • Berkefeld – 여과공 2.8~4.1u 등이 사용됨	–

(2) 화학적 소독법

네일 관리 숍에서 사용되고 있는 기구 및 도구, 제품 등을 소독할 때 사용되는 화학적 소독제는 9가지로 구분하여 설명할 수 있다.

① 석탄산(페놀)
- ㉠ 농도 : 석탄산은 3% 수용액으로 사용한다. 석탄산 계수를 가진다.
  → 무아포균은 1분 이내 사멸된다.
- ㉡ 장점 : 살균력이 안정되며, 유기물 소독에도 양호하다.
- ㉢ 단점 : 취기와 독성이 강하고 피부점막에 자극성과 마비성이 있으며, 금속을 부식시킨다.
- ㉣ 석탄산의 살균작용기전
  - 세포 용해작용을 한다.
  - 균체 단백의 응고작용을 한다.

PART 4 공중위생관리

- 균체의 효소계 침투작용을 한다.

[석탄산 계수]

- 석탄산 계수 = $\dfrac{\text{소독약의 희석 배수}}{\text{석탄산의 희석 배수}}$
- 소독약의 살균력을 비교하기 위하여 사용

ⓜ 소독대상 : 손, 의류, 실험대, 용기, 오물, 토사물, 배설물 등에 사용된다.

② 크레졸
  ㉠ 농도
    - 크레졸은 3% 수용액으로 사용한다.
    - 석탄산에 비해 3배의 소독력을 지닌다.
      - 사용 시 잘 흔들어 사용한다.
      - 물에 잘 녹지 않으므로 같은 양의 비누와 혼합한 유제로 사용한다.
    - 크레졸 비누액을 만들어 사용한다.
  ㉡ 장점
    - 세균소독에 효과가 있다.
    - 피부 자극성이 없으며, 유기물에도 소독력이 있다.
  ㉢ 단점
    - 바이러스에 소독 효과가 없다.
    - 취기가 강하다.
  ㉣ 소독대상 : 손, 오물, 객담 등에 사용된다.
    ※ 단, 크레졸은 취기가 강하여 손 소독에 잘 사용하지 않는다. 오물 등의 다른 손 소독제로 소독이 불가능할 때 사용한다.

③ 승홍
  살균력이 강하며, 맹독성이다(특히 온도가 높을수록 살균 효과는 더욱 강해짐).
  ㉠ 농도 : 피부소독에는 0.1~0.5% 수용액을 사용한다.

[승홍의 조제방법]
- 승홍(0.1%) + 식염(0.1%) + 물(99.8%) = 혼합액
- 무색이므로 푸크신액으로 염색하여 사용한다.

  ㉡ 단점
    - 식기류, 장난감 등의 소독에 사용할 수 없다.
    - 금속을 부식시킨다.

④ 생석회
  생석회에 물을 섞었을 때(소석회) 발생기 산소에 의해 소독작용을 한다.
  ㉠ 농도 : 생석회 분말 (2) + 물(8) = 혼합액
  ㉡ 장점
    - 값이 싸고 탈취력이 있어 분변, 하수, 오수, 토사물 등의 소독에 좋다.
    - 무아포균에 효과가 있다.

  ㉢ 단점 : 공기 중에 장기간 방치 시, 공기 중의 CO_2와 결합하여 탄산칼슘이 되므로 살균력이 떨어진다.

⑤ 과산화수소
  ㉠ 농도 : 과산화수소 3% 수용액을 사용한다.
  ㉡ 장점
    - 무아포균을 살균할 수 있다.
    - 자극성이 적다.
  ㉢ 소독대상 : 구내염, 인두염, 상처, 입 안 소독 등에 이용된다.

⑥ 알코올
  ㉠ 농도 : 70% 수용액(에틸알코올이 사용됨)을 사용한다.
  ㉡ 장점
    - 피부 및 기구소독에 살균력이 강하다.
    - 무아포균의 소독에 효과 있다.
  ㉢ 단점
    - 아포균에는 소독효과가 없다.
    - 소독대상에 유기물이 있으면 소독효과가 떨어진다.
      → 눈, 비강, 구강, 음부 등의 점막에는 사용하면 안 된다.

⑦ 머큐로크롬
  ㉠ 농도 : 2% 수용액을 사용한다.
  ㉡ 장점 : 지속성이 있어 점막 및 피부 상처에 이용한다.

⑧ 역성 비누(양성 비누)
  ㉠ 농도 : 0.01~0.1% 수용액을 사용한다.
  ㉡ 장점
    - 독성 또는 사용 시 불쾌감이 없다.
    - 소화기계 감염병의 병원체에 효력이 크다.
  ㉢ 소독대상 : 조리기구, 식기류 등의 소독에 사용된다.

⑨ 약용 비누
  ㉠ 비누원료에 각종 살균제가 첨가되어 있어 세정작용과 살균작용이 동시에 이루어진다.
  ㉡ 손, 피부소독 등에 사용된다.

⑩ 포르말린
  ㉠ 농도 : 0.02~0.1 수용액을 사용한다.
  ㉡ 훈증 소독에 사용한다.

Section 05 ● 분야별 위생 소독

1. 소독 대상별 소독 방법

(1) 의류, 침구류 소독

일광소독, 증기 또는 자비소독, 석탄산수, 크레졸수, 포르말린수 등이 사용된다.

(2) 토사물, 배설물 소독

소각법, 자비소독, 석탄산수, 크레졸수, 생석회 등이 사용된다.

PART 4 공중위생관리

(3) 초자기구, 도자기, 목제품 소독
석탄산수, 크레졸수, 승홍수, 증기 또는 자비소독 등이 사용된다.

(4) 가죽, 고무, 종이류, 철기 소독
석탄산수, 크레졸수, 포르말린수 등이 사용된다.

(5) 손소독(네일리스트)
석탄산, 승홍수, 역성비누, 약용비누 등이 사용된다.

(6) 숍(실)내 소독
석탄산수, 크레졸수 등이 사용된다.

2. 소독제의 살균기전
소독제는 아래 두 가지 이상 살균기전의 복합작용에 의해 소독이 이루어진다.

(1) 산화작용
염소(Cl_2)와 그 유도체, 과산화수소(H_2O_2), 오존(O_3), 과망간산칼륨($KMnO_4$) 등이 있다.

(2) 균단백응고 작용
승홍, 석탄산, 크레졸, 알코올, 포르말린 등이 있다.

3. 소독제의 구비조건
(1) 살균력이 강해야 한다.
(2) 사용법이 간편해야 한다.
(3) 저렴하고, 구입이 용이해야 한다.
(4) 용해성이 높고 침투력이 좋아야 한다.
(5) 물품의 부식성과 표백성이 없어야 한다.
(6) 인체 무해, 무독하여 안전성이 있어야 한다.
(7) 소독 범위가 넓고, 냄새가 없고, 탈취력이 있어야 한다.

Chapter 03
공중위생관리법규

Section 01 ● 목적 및 정의

1. 공중위생관리법의 목적(제1조)
공중이 이용하는 영업의 위생관리 등에 관한 사항을 규정한다. 위생 수준을 향상시켜 국민의 건강증진에 기여함이 이 법의 목적이다.

2. 용어의 정의(제2조)
(1) 공중위생영업
① 다수인을 대상으로 위생관리 서비스를 제공하는 6가지 영업 가운데 이·미용업이 포함된다.
② 미용업, 이용업, 숙박업, 세탁업, 목욕장업, 건물위생관리업 등이 포함된다.

[별표1– 공중위생영업(미용업) 시설 및 설비기준]
1. 미용업(일반), 미용업(손톱·발톱) 및 미용업(화장·분장)
① 미용기구는 소독을 한 기구와 소독을 하지 아니한 기구를 구분하여 보관할 수 있는 용기를 비치하여야 한다.
② 소독기, 자외선 살균기 등 미용기구를 소독하는 장비를 갖추어야 한다.
③ 작업장소, 응접장소, 상담실 등을 분리하기 위해 칸막이를 설치할 수 있으나 설치된 칸막이에 출입문이 있는 경우 출입문의 3분의 1 이상을 투명하게 하여야 한다. 다만 탈의실의 경우에는 출입문을 투명하게 하여서는 아니 된다.

Section 02 ● 영업의 신고 및 폐업

1. 영업의 신고(제3조)
(1) 공중위생영업을 하기 위해 신고를 하려는 자(이하 영업자라 함)는 시설 및 설비(보건복지부령)를 갖춘 후 시장, 군수, 구청장에게 신고한다.
① 영업신고 시 첨부서류
  ㉠ 공중위생영업시설 및 설비개요소
  ㉡ 교육 필증(미리 교육을 받은 경우)

(2) 공중위생영업자는 보건복지부령이 정하는 중요사항을 변경하고자 하는 때에도 시장, 군수, 구청장에게 신고한다(제3조).
① 변경신고를 해야 할 경우(시행규칙 제3조의2)
  ㉠ 영업소의 명칭 또는 상호 변경
  ㉡ 영업소의 소재지 변경

ⓒ 신고한 영업장 면적의 3분의 1 이상 증감 시
ⓓ 대표자의 성명 또는 생년월일 변경 시
ⓔ 업종 간 변경
② 영업신고 사항 변경 신고 시 제출서류(시행규칙 제3조의2)
  ㉠ 영업신고증
  ㉡ 변경사항을 증명하는 서류

(3) 폐업신고
① 영업자는 영업을 폐업한 날로부터 20일 이내에 시장, 군수, 구청장에게 신고하여야 한다.
② 다만, 영업정지 등의 기간 중에는 폐업신고를 할 수 없다.
③ 시장, 군수, 구청장은 공중위생영업자가 관할 세무서장에게 폐업신고를 하거나 관할 세무서장이 사업자 등록을 말소한 경우에는 신고 사항을 직권으로 말소할 수 있다.
④ 시장, 군수, 구청장은 직권말소를 위하여 필요한 경우 관할 세무서장에게 공중위생영업자의 폐업여부에 대한 정보 제공을 요청할 수 있다. 이 경우 요청을 받은 관할 세무서장은 공중위생영업자의 폐업여부에 대한 정보를 제공하여야 한다.
⑤ 신고의 방법 및 절차 등에 관하여 필요한 사항은 보건복지부령으로 정한다.

2. 영업의 승계
(1) 영업을 양도하거나 사망한 때 또는 법인이 합병한 때에는 그 영업자의 지위를 승계한다(제3조의2).
① 양수인, 상속인 또는 합병 후 존속하는 법인이나 합병으로 설립되는 법인이 해당

(2) 민사집행법에 의한 경매, 「채무자 회생 및 파산에 관한 법률」에 의한 환가나 국세징수법, 관세법 또는 지방세징수법에 의한 압류재산의 매각 그 밖에 이에 준하는 절차에 따라 영업 관련 시설 및 설비 전부를 인수한 자는 이 법에 의한 그 영업자의 지위를 승계한다.

(3) 미용업의 경우에는 제6조의 규정에 의한 면허를 소지한 자에 한하여 영업자의 지위를 승계할 수 있다.

(4) 영업자의 지위를 승계하는 자는 1월 이내에 보건복지부령이 정하는 바에 따라 시장, 군수, 구청장에게 신고하여야 한다.

Section 03 ● 영업자 준수사항

1. 위생관리 의무 등(제4조)
영업자는 그 이용자(손님)에게 건강상 위해 요인이 발생되지 않도록 영업 관련 시설 및 설비를 위생적이고 안전하게 관리하여야 한다.

(1) 미용업을 하는 자는 다음 각 호의 사항을 지켜야 한다(제4조 제4항).
① 의료기구나 의약품을 사용하지 않는 순수한 화장 또는 피부미용을 할 것
② 미용기구는 소독을 한 기구와 소독을 하지 않는 기구로 분리하여 보관하고, 면도기는 1회용 면도날만을 손님 1인에 한하여 사용할 것
③ 미용사 면허증을 영업소 안에 게시할 것

[별표3] 시행규칙
① 미용기구의 소독기준 및 방법
  ㉠ 일반기준

구분		소독방법
물리적 소독	자외선 소독	1cm²당 85㎼ 이상의 자외선을 20분 이상 쬐어준다.
	열탕 소독	100℃ 이상의 물에 10분 이상 끓여준다.
물리적 소독	증기 소독	100℃ 이상의 습한 열에 20분 이상 쬐어준다.
	건열멸균 소독	100℃ 이상의 건조한 열에 20분 이상 쬐어준다.
화학적 소독	석탄산수 소독	3% 석탄산수 : 석탄산(3%), 물(97%)의 수용액에 10분 이상 담가둔다.
	크레졸 소독	3% 크레졸수 : 크레졸(3%), 물(97%)의 수용액에 10분 이상 담가둔다.
	에탄올 소독	70% 에탄올 수용액에 10분 이상 담가두거나 에탄올 수용액을 머금은 면 또는 거즈로 기구의 표면을 닦아준다.

  ㉡ 개별기준
  미용기구의 종류, 재질 및 용도에 따른 구체적인 소독기준 및 방법은 보건복지부장관이 정하여 고시한다.

보충설명

[보건복지부장관(고시권자)]
• 소독기준 및 방법

[별표4] 시행규칙
② 미용업자 위생관리 기준
  ㉠ 점 빼기, 귓볼 뚫기, 쌍꺼풀 수술, 문신, 박피술 그 밖에 이와 유사한 의료행위를 하여서는 안 된다.
  ㉡ 피부미용을 위하여 「약사법」에 따른 의약품 또는 「의료기기법」에 따른 의료기기를 사용하여서는 안 된다.

공중위생관리

ⓒ 미용기구 중 소독을 한 기구와 소독을 하지 아니한 기구는 각각 다른 용기에 넣어 보관하여야 한다.
ⓓ 1회용 면도날은 손님 1인에 한하여 사용하여야 한다.
ⓔ 영업장 안의 조명도는 75룩스 이상이 되도록 유지하여야 한다.
ⓕ 영업소 내에 미용업 신고증, 개설자의 면허증 원본을 게시하여야 한다.
ⓖ 영업소 내부에 최종지불요금표를 게시 또는 부착하여야 한다.
ⓗ 위의 내용에도 불구하고 신고한 영업장 면적이 66제곱미터 이상인 영업소의 경우 영업소 외부에도 손님이 보기 쉬운 곳에 「옥외광고물 등 관리법」에 적합하게 최종지불요금표를 게시 또는 부착하여야 한다. 이 경우 최종지불요금표에는 일부 항목(5개 이상)만을 표시할 수 있다.
ⓘ 3가지 이상의 미용서비스를 제공하는 경우에는 개별 미용서비스의 최종 지불가격 및 전체 미용서비스의 총액에 관한 내역서를 이용자에게 미리 제공하여야 한다. 이 경우 미용업자는 해당 내역서 사본을 1개월간 보관하여야 한다.

Section 04 ● 면허

1. 미용사의 면허(제6조 제1항)

미용사가 되고자 하는 자는 보건복지부령이 정하는 바에 의하여 시장, 군수, 구청장이 발부하는 면허를 받아야 한다.
① 전문대학 또는 이와 동등 이상의 학력이 있다고 교육부장관이 인정하는 학교에서 이용 또는 미용에 관한 학과를 졸업한 자
② 「학점 인정 등에 관한 법률」에 따라 대학 또는 전문대학을 졸업한 자와 동등 이상의 학력이 있는 것으로 인정되어 미용에 관한 학위를 취득한 자
③ 고등학교 또는 이와 동등의 학력이 있다고 교육부장관이 인정하는 학교에서 미용에 관한 학과를 졸업한 자
④ 교육부장관이 인정하는 고등기술학교에서 1년 이상 미용에 관한 소정의 과정을 이수한 자
⑤ 국가기술자격법에 의한 미용사 자격을 취득한 자

2. 면허 결격 사유(제6조 제2항)

① 미용사의 면허를 받을 수 없는 자
　㉠ 피성년후견인
　㉡ 「정신보건법(제3조 제1호)」에 따른 정신질환자
　　• 다만, 전문의가 미용사로서 적합하다고 인정하는 사람을 그러하지 아니하다.
　㉢ 공중의 위생에 영향을 미칠 수 있는 감염병 환자로서 보건복지부령이 정한 자(감염성 결핵 환자)
　㉣ 마약 기타 대통령령으로 정하는 약물 중독자(대마 또는 향정신성의약품의 중독자)

　㉤ 면허가 취소된 후 1년이 경과되지 아니한 자
② 면허수수료
　㉠ 미용사 면허를 받고자 하는 자는 대통령령이 정하는 바에 따라 수수료를 납부하여야 한다.
　㉡ 수수료는 지방자치단체의 수입증지로 또는 정보통신망을 이용한 전자화폐 전자결제 등의 방법으로 시장, 군수, 구청장에게 납부하여야 하며 그 금액은 다음과 같다.
　　• 미용사 면허를 신규로 신청하는 경우(5,500원)
　　• 미용사 면허증을 재교부 받고자 하는 경우(3,000원)

3. 면허의 취소(제7조 제1항)

(1) 미용사 면허를 취소하거나 6월 이내의 기간을 정하여 면허를 정지할 수 있다.

① 피성년후견인, 마약 기타 대통령령으로 정하는 약물 중독자에 해당할 때
② 면허증을 다른 사람에게 대여한 때
③ 「국가기술자격법」에 따라 자격이 취소된 때
④ 「국가기술자격법」에 따라 자격 정지 처분을 받은 때(「국가기술자격법」에 따른 자격 정지 처분 기간에 한정한다)
⑤ 이중으로 면허를 취득한 때(나중에 발급받은 면허를 말한다)
⑥ 면허 정지 처분을 받고도 그 정지 기간 중에 업무를 한 때
⑦ 「성매매 알선 등 행위의 처벌에 관한 법률」이나 「풍속영업의 규제에 관한 법률」을 위반하여 관계 행정기관의 장으로부터 그 사실을 통보받은 때
⑧ 규정에 의한 면허 취소·정지 처분의 세부적인 기준은 그 처분의 사유와 위반의 정도 등을 감안하여 보건복지부령으로 정한다.

(2) 면허의 반납

① 잃어버린 면허증을 찾은 때에는 재교부를 받은 시장, 군수, 구청장에게 반납한다.
② 면허를 취소 또는 정지 받은 자는 지체 없이 시장, 군수, 구청장에게 면허증을 반납한다.
③ 면허정지에 의해 반납된 면허증은 그 면허정지기간 동안 관할 시장, 군수, 구청장이 보관한다.

(3) 면허증의 재교부

① 면허증의 기재사항에 변경이 있을 때
② 면허증을 잃어버린 때
③ 면허증이 헐어 못쓰게 된 때

(4) 면허증 재교부에 따른 신청첨부 서류

① 면허증 원본(기재 사항이 변경되거나 헐어 못쓰게 된 때)
② 최근 6개월 이내에 찍은 탈모 정면 상반신 사진 1매(3.5×4.5cm)

PART 4 공중위생관리

Section 05 ● 업무

1. 미용사의 업무 범위 등(제8조 제1항)
미용사의 면허를 받은 자가 아니면 미용업을 개설하거나 그 업무에 종사할 수 없다. 다만, 미용사의 감독을 받아 미용 업무의 보조를 행하는 경우에는 종사할 수 있다.

(1) 미용업의 세분
① 미용업의 세분

미용업(일반)	파마, 머리카락 자르기, 머리카락 모양내기, 머리피부손질, 머리카락 염색, 머리감기, 의료기기나 의약품을 사용하지 아니하는 눈썹손질
미용업(피부)	의료기기나 의약품을 사용하지 아니하는 피부상태 분석, 피부관리, 제모, 눈썹손질을 하는 영업
미용업(네일)	손톱과 발톱의 손질 및 화장하는 영업
미용업(화장·분장)	얼굴 등 신체의 화장, 분장 및 의료기기나 의약품을 사용하지 아니하는 눈썹손질을 하는 영업
미용업(종합)	미용업(일반), 미용업(피부), 미용업(네일)까지의 업무를 모두 하는 영업

2. 미용의 업무는 영업소 외의 장소에서는 행할 수 없다(제8조 제2항 및 제3항)(다만, 보건복지부령이 정하는 특별한 사유가 있는 경우에는 행할 수 있다).
① 보건복지부령에 의한 특별한 사유
  ㉠ 질병, 기타의 사유로 인하여 영업소에 나올 수 없는 자에 대하여 이용 또는 미용을 하는 경우
  ㉡ 혼례, 기타 의식에 참여하는 자에 대하여 그 의식 직전에 이용 또는 미용을 하는 경우
  ㉢ 사회복지시설에서 봉사활동으로 이용 또는 미용을 하는 경우
  ㉣ 방송 등의 촬영 직전에 미용을 하는 경우
  ㉤ 위의 네 가지 사정 외에 특별한 사정이 있다고 시장, 군수, 구청장이 인정하는 경우

Section 06 ● 행정지도 감독

1. 보고 및 출입·검사(제9조 제1항)
(1) 특별시장, 광역시장, 도지사(이하 시·도지사라 함) 또는 시장, 군수, 구청장은 공중위생 관리상 필요하다고 인정하는 때에는 영업자 및 소유자(공중이용시설) 등에 대하여 다음과 같이 할 수 있다.
① 필요한 보고를 하게 한다.
② 소속 공무원으로 하여금 영업소, 사무소 등에 출입하여 영업자의 위생관리 의무 이행 등에 대하여 검사하게 한다. 또한 필요에 따라 공중위생영업장부나 서류를 열람하게 할 수 있다.
③ 제1항의 경우에 관계 공무원은 그 권한을 표시하는 증표를 지녀야 하며, 관계인에게 이를 내보여야 한다.

(2) 영업의 제한(제9조 제2항)
시·도지사는 공익상 또는 선량한 풍속을 유지하기 위하여 필요하다고 인정하는 때에는 영업자 및 종사원에 대하여 영업시간 및 영업행위에 관한 필요한 제한을 할 수 있다.

2. 위생지도 및 개선명령(제10조)
(1) 시·도지사 또는 시장, 군수, 구청장은 영업자 또는 소유자에게 즉시 또는 일정기간을 정하여 개선을 명할 수 있다.
① 공중위생영업의 종류별 시설 및 설비기준을 위반한 공중위생영업자
② 위생관리 의무 등을 위반한 공중위생영업자

3. 영업소의 폐쇄(제11조 제1항)
(1) 시장, 군수, 구청장은 공중위생영업자가 다음의 어느 하나에 해당하면 6월 이내의 기간을 정하여 영업의 정지 또는 일부 시설의 사용중지를 명하거나 영업소 폐쇄 등을 명할 수 있다.
① 영업신고를 하지 아니하거나 시설과 설비기준을 위반한 경우
② 변경신고를 하지 아니한 경우
③ 지위승계신고를 하지 아니한 경우
④ 공중위생영업자의 위생관리 의무 등을 지키지 아니한 경우
⑤ 영업소 외의 장소에서 이용 또는 미용 업무를 한 경우
⑥ 보고를 하지 아니하거나 거짓으로 보고한 경우 또는 관계 공무원의 출입, 검사 또는 공중위생영업 장부 또는 서류의 열람을 거부·방해하거나 기피한 경우
⑦ 개선명령을 이행하지 아니한 경우
⑧ 「성매매 알선 등 행위의 처벌에 관한 법률」, 「풍속영업의 규제에 관한 법률」, 「청소년 보호법」, 「아동·청소년의 성보호에 관한 법률」 또는 「의료법」을 위반하여 관계 행정기관의 장으로부터 그 사실을 통보받은 경우

(2) 시장, 군수, 구청장은 영업 정지 처분을 받고도 그 영업 정지 기간에 영업을 한 경우에는 영업소 폐쇄를 명할 수 있다.

(3) 시장, 군수, 구청장은 다음의 어느 하나에 해당하는 경우에는 영업소 폐쇄를 명할 수 있다.
① 공중위생영업자가 정당한 사유 없이 6개월 이상 계속 휴업하는 경우
② 공중위생영업자가 「부가가치세법」 제8조에 따라 관할 세무서장에게 폐업신고를 하거나 관할 세무서장이 사업자 등록을 말소한 경우

(4) 행정처분의 세부기준은 그 위반 행위의 유형과 위반 정도 등을 고려하여 보건복지부령으로 정한다.

공중위생관리

(5) 영업자가 영업소 폐쇄명령을 받고도 계속하여 영업을 할 때 관계 공무원이 영업소를 폐쇄하기 위하여 다음의 조치를 할 수 있다.
① 당해 영업소의 간판 기타 영업표지물의 제거
② 당해 영업소가 위법한 영업소임을 알리는 게시물 등의 부착
③ 영업을 위하여 필수 불가결한 기구 또는 시설물을 사용할 수 없게 하는 봉인

(6) 봉인을 해제할 수 있는 조건
① 봉인을 계속할 필요가 없다고 인정되는 때
② 영업자 또는 그 대리인이 당해 영업소를 폐쇄할 것을 약속한 때
③ 정당한 사유를 들어 봉인의 해제를 요청할 때
④ 당해 영업소가 위법한 영업소임을 알리는 게시물 등의 제거를 요청하는 경우

4. 과징금 처분(제11조 제2항)

(1) 공중위생 영업소의 폐쇄 등의 규정에 갈음하여 1억원 이하의 과징금을 부과할 수 있다.
① 영업정지가 이용자에게 심한 불편을 줄 때
② 그 밖에 공익을 해할 우려가 있는 경우
③ 다만, 「성매매 알선 등 행위의 처벌에 관한 법률」, 「풍속영업의 규제에 관한 법률」 또는 이에 상응하는 위반 행위로 인하여 처분을 받게 되는 경우는 제외한다.

(2) 과징금을 부과하는 위반행위의 종별, 정도 등에 따른 과징금의 금액 등에 관하여 필요한 사항은 대통령령으로 정한다.

(3) 시장, 군수, 구청장은 과징금을 납부하여야 할 자가 납부기한까지 이를 납부하지 아니한 경우에는 대통령령으로 정하는 바에 따라 과징금 부과 처분을 취소하고 영업 정지 처분을 하거나 「지방세 외 수입금의 징수 등에 관한 법률」에 따라 이를 징수한다.

(4) 규정에 의하여 시장, 군수, 구청장이 부과ㆍ징수한 과징금은 당해 시ㆍ군ㆍ구에 귀속된다.

(5) 시장, 군수, 구청장은 과징금의 징수를 위하여 필요한 경우에는 다음의 사항을 기재한 문서로 관할 세무관서의 장에게 과세정보의 제공을 요청할 수 있다.
① 납세자의 인적사항
② 사용 목적
③ 과징금 부과기준이 되는 매출금액

5. 행정제재처분 효과의 승계(제11조 제3항)

(1) 영업자가 그 영업을 양도하거나 사망한 때 또는 법인의 합병이 있는 때
① 종전의 영업자에 대하여 행정제재처분(제11조 제1항의 위반)의 효과

는 그 처분기간이 만료된 날부터 1년간 양수인, 상속인 또는 합병 후 존속하는 법인에 승계한다.
② 종전의 영업자에 대하여 진행 중인 행정제재처분(제11조 제1항의 위반) 절차를 양수인, 상속인 또는 합병 후 존속하는 법인에 대하여 속행할 수 있다.

6. 같은 종류의 영업금지(제11조의4)

(1) 「성매매 알선 등 행위의 처벌에 관한 법률」, 「아동ㆍ청소년의 성보호에 관한 법률」, 「풍속영업의 규제에 관한 법률」 또는 「청소년보호법」(이하 이 조에서 "성매매 알선 등 행위의 처벌에 관한 법률」 등"이라 한다)을 위반하여 제11조 제1항의 폐쇄명령을 받은 자(법인인 경우에는 그 대표자를 포함한다. 이하 제2항에서 같다)는 그 폐쇄명령을 받은 후 2년이 경과하지 아니한 때에는 같은 종류의 영업을 할 수 없다.
① 「성매매 알선 등 행위의 처벌에 관한 법률」 등 이외의 법률을 위반할 때
　㉠ 폐쇄명령을 받은 자(사람)
　　그 폐쇄명령을 받은 후 1년이 경과하지 아니한 때에는 같은 종류의 영업을 할 수 없다.
　㉡ 폐쇄명령이 있는 후(영업장소)
　　6개월이 경과하지 아니한 때에는 누구든지 그 폐쇄명령이 이루어진 영업장소에서 같은 종류의 영업을 할 수 없다.
② 「성매매 알선 등 행위의 처벌에 관한 법률」 등을 위반할 때
　㉠ 폐쇄명령이 있는 후(영업장소)
　　1년이 경과하지 아니한 때에는 누구든지 같은 종류의 영업을 할 수 없다.

7. 위반사실 공표(제11조 6항)

(1) 시장, 군수, 구청장은 행정 처분이 확정된 공중위생영업자에 대한 처분 내용, 해당 영업소의 명칭 등 처분과 관련한 영업 정보를 대통령령으로 정하는 바에 따라 공표하여야 한다.

8. 청문(제12조)

(1) 보건복지부장관 또는 시장, 군수, 구청장은 다음의 어느 하나에 해당하는 처분을 하려면 청문을 하여야 한다.
① 신고사항의 직권 말소
② 이용사와 미용사의 면허취소 또는 면허정지
③ 영업 정지 명령, 일부 시설의 사용 중지 명령 또는 영업소 폐쇄 명령

9. 위생서비스 수준의 평가(제13조)

(1) 영업소의 위생관리 수준을 향상시키기 위하여 위생서비스 평가계획(이하 평가계획이라 함)을 수립하여 시장, 군수, 구청장에게 통보한다.

(2) 평가계획에 따라 관할 지역별 세부평가계획을 수립한 후 영업소의 위생서비스 수준을 평가(이하 위생서비스평가라 함)하여

공중위생관리

야 하며, 평가는 2년마다 실시함을 원칙으로 한다.

(3) 위생서비스 평가의 전문성을 높이기 위하여 필요하다고 인정하는 경우에는 관련 전문기관 및 단체로 하여금 위생서비스 평가를 실시하게 할 수 있다.

(4) 위생서비스 평가의 주기, 방법, 위생관리 등급의 기준 기타 평가에 관하여 필요한 사항은 보건복지부령으로 정한다.

Section 07 ● 업소위생등급

1. 위생관리 등급 공표 등(제14조)

(1) 위생서비스 평가의 결과에 따른 위생관리 등급을 해당 영업자에게 통보하고 이를 공표하여야 한다.

① 영업자는 통보받은 위생관리 등급의 표지를 영업소의 명칭과 함께 영업소의 출입구에 부착할 수 있다.
② 위생서비스평가의 결과 위생서비스의 수준이 우수하다고 인정되는 영업소에 대하여 포상을 실시할 수 있다.
③ 위생서비스 평가는 2년마다 실시한다.
④ 위생서비스 평가의 결과에 따른 위생관리 등급별로 영업소에 대한 위생감시를 실시한다.
  ㉠ 영업소에 대한 출입, 검사와 위생감시의 실시 주기 및 횟수 등 위생관리 등급별 위생감시기준은 보건복지부령으로 정한다.
  ㉡ 위생관리 등급의 구분

업소	색 등급
최우수업소	녹색 등급
우수업소	황색 등급
일반관리대상업소	백색 등급

2. 공중위생감시원(제15조 제1항)

(1) 공중위생감시원

① 영업의 신고 및 폐업신고, 영업의 승계, 영업자의 위생관리의무, 이용사 및 미용사의 업무 범위, 영업소의 폐쇄 등 규정에 의한 관계공무원의 업무를 행하게 하기 위하여 특별시·광역시·도 및 시·군·구(자치구에 한한다)에 공중위생감시원을 둔다.
② 공중위생감시원의 자격, 임명, 업무 범위 기타 필요한 사항은 대통령령으로 정한다.
  ㉠ 공중위생감시원의 자격 및 임명
    특별시장, 광역시장, 도지사, 시장, 군수, 구청장은 다음에 해당하는 소속 공무원 중에서 공중위생감시원을 임명한다(공중위생감시원 규정에 의해).
    • 위생사 또는 환경기사 2급 이상의 자격증이 있는 사람
    • 「고등교육법」에 따른 대학에서 화학·화공학·환경공학 또는 위생학 분야를 전공하고 졸업한 사람 또는 법령에 따라 이와 같은 수준 이상의 학력이 있다고 인정되는 사람
    • 외국에서 위생사 또는 환경기사의 면허를 받은 사람
    • 1년 이상 공중위생행정에 종사한 경력이 있는 사람
    • 공중위생감시원의 인력확보가 곤란하다고 인정되는 때에는 공중위생행정에 종사하는 사람 중 공중위생감시에 관한 교육훈련을 2주 이상 받은 사람을 공중위생행정에 종사하는 기간 동안 공중위생감시원으로 임명할 수 있다.
  ㉡ 공중위생감시원의 업무 범위
    • 영업소 시설 및 설비의 확인
    • 영업 관련 시설 및 설비의 위생상태 확인 또는 검사
    • 영업소의 영업정지, 일부 시설의 사용 중지 또는 영업소 폐쇄명령 이행 여부의 확인, 영업자의 위생관리 의무 및 준수사항 이행 여부 확인
    • 위생지도 및 개선명령 이행 여부 확인
    • 위생교육 이행여부의 확인

(2) 명예 공중위생감시원(제15조 제2항)

① 시·도지사는 공중위생의 관리를 위한 지도, 계몽 등을 행하게 하기 위하여 명예 공중위생감시원(이하 명예감시원이라 함)을 둘 수 있다.
② 명예감시원의 자격은 공중위생에 대한 지식과 관심이 있는 자, 소비자 단체, 공중위생 관련 협회 또는 단체의 소속 직원 중에서 당해 단체 등의 장이 추천하는 자로 한다.
③ 명예감시원의 활동지원 및 운영에 관한 필요사항과 함께 예산의 범위 안에서 수당을 지급할 수 있다.
  ㉠ 명예감시원의 업무
    • 법령 위반 행위에 대한 신고 및 자료제공
    • 공중위생감시원이 행하는 검사 대상물의 수거지원
    • 그 밖에 공중위생에 관한 홍보계몽 등 공중위생관리 업무와 관련하여 시·도지사가 따로 정하여 부여하는 업무

3. 공중위생 영업자 단체의 설립(제16조)

영업자는 공중위생과 국민보건의 향상을 기하고 그 영업의 건전한 발전을 도모하기 위하여 영업의 종류별로 전국적인 조직을 가지는 영업자 단체를 설립할 수 있다.

Section 08 ● 위생교육

1. 영업자 위생교육(제17조)

(1) 매년 위생교육(3시간)을 받아야 한다.

(2) 영업하고자 시설 및 설비를 갖추고 신고하고자 하는 자는 미리 위생교육을 받아야 한다.

다만, 부득이한 사유로 미리 교육을 받을 수 없는 경우에는 영업개시 후

공중위생관리

6개월 이내에 위생교육을 받을 수 있다.

(3) 위생교육을 받아야 하는 자 중 영업에 직접 종사하지 아니하거나 2개 이상의 장소에서 영업을 하는 자

종업원 중 영업장별로 공중위생에 관한 책임자를 지정하고 그 책임자로 하여금 위생교육을 받게 하여야 한다.

(4) 위생교육은 보건복지부장관이 허가한 단체 또는 공중위생영업자 단체의 설립(제16조)에 따른 단체가 실시할 수 있다.

(5) 위생교육의 방법, 절차 등에 관한 필요사항은 보건복지부령으로 정한다.

① 위생교육 내용
　㉠ 「공중위생관리법」 및 관련 법규
　㉡ 소양교육(친절 및 청결에 관한 사항을 포함)
　㉢ 기술 교육
　㉣ 그 밖에 공중위생에 관하여 필요한 내용

(6) 위생교육 대상자 중 보건복지부장관이 고시하는 도서, 벽지에서 영업하고 있거나 하려는 자

교육교재를 배부하여 이를 익히고 활용하도록 함으로써 교육에 갈음할 수 있다.

(7) 영업신고 전에 위생교육을 받아야 하는 자 중 다음 각 호의 어느 하나에 해당하는 자는 영업신고를 한 후 6개월 이내에 위생교육을 받을 수 있다.

① 천재지변, 본인의 질병, 사고, 업무상 국외 출장 등의 사유로 교육을 받을 수 없는 경우
② 교육을 실시하는 단체의 사정 등으로 미리 교육을 받기 불가능한 경우

(8) 위생교육을 받은 자가 위생교육을 받은 날부터 2년 이내에 위생교육을 받은 업종과 같은 업종의 영업을 하려는 경우 해당 영업에 대한 위생교육을 받은 것으로 본다.

(9) 위생교육을 실시하는 단체는 보건복지부장관이 고시한다.

(10) 위생교육기관

① 위생교육 실시 단체는 교육교재를 편찬하여 교육대상자에게 제공하여야 한다.
② 위생교육 실시 단체의 장은 다음 사항을 실시하여야 한다.
　㉠ 위생교육을 수료한 자에게 수료증을 교부하여야 한다.
　㉡ 교육실시 결과를 교육 후 1개월 이내에 시장, 군수, 구청장에게 통보하여야 한다.
　㉢ 수료증 교부대장 등 교육에 관한 기록을 2년 이상 보관·관리하여야 한다.
③ 위생교육에 관하여 필요한 세부사항은 보건복지부장관이 정한다.

2. 위임 및 위탁(제18조)

(1) 보건복지부장관은 이 법에 의한 권한 일부를 대통령령이 정하는 바에 의하여 시·도지사(또는 시장, 군수, 구청장)에게 위임할 수 있다.

(2) 보건복지부장관은 대통령령이 정하는 바에 의하여 관계 전문기관 등에 그 업무의 일부를 위탁할 수 있다.

3. 국고보조(제19조)

국가 또는 지방자치단체는 위생서비스 평가의 전문성을 높이기 위하여 관련 전문기관 및 단체로 하여금 위생서비스 평가를 실시(제13조 제3항)하는 자에 대하여 예산의 범위 안에서 위생서비스 평가에 소요되는 경비의 전부 또는 일부를 보조할 수 있다.

4. 수수료(제19조 제2항)

미용사의 면허(제6조)를 받고자 하는 자는 대통령령이 정하는 바에 따라 수수료를 납부하여야 한다.

Section 09 ● 벌칙

영업자가 영업을 하는 데 있어서 적법하지 못하여 위반하였을 경우에 벌금 또는 과징금, 과태료 등이 부과된다. 이러할 때 양벌규정과 부과, 징수절차 등을 살펴본다.

1. 벌칙(제20조)

(1) 1년 이하의 징역 또는 1천만원 이하의 벌금

① 영업의 신고(제3조 제1항) 규정에 의한 신고를 하지 않는 자
② 영업정지 명령 또는 일부 시설 사용 중지 명령을 받고도 그 기간 중에 영업을 하거나 그 시설을 사용한 자 또는 영업소 폐쇄(제11조 제1항) 명령을 받고도 계속하여 영업을 한 자

(2) 6월 이하의 징역 또는 500만원 이하의 벌금

① 중요 사항 변경신고(제3조 제1항 후단)를 하지 않은 자
② 영업자의 지위를 승계한 자로서 1월 이내에 신고하지 않은 자
③ 건전한 영업질서를 위하여 영업자가 준수하여야 할 사항을 준수하지 아니한 자

(3) 300만원 이하의 벌금

① 면허가 취소된 후 계속하여 업무를 행한 자
② 면허 정지 기간 중에 업무를 행한 자
③ 면허를 받지 아니한 영업소를 개설하거나 업무에 종사한 자

(4) 과징금

① 과징금 처분
  ㉠ 영업정지가 이용자에게 심한 불편을 주거나 그 밖에 공익을 해할 우려가 있는 경우
   • 시장, 군수, 구청장은 영업정지 처분으로서 1억원 이하의 과징금을 부과할 수 있다.
  ㉡ 과징금은 부과하는 위반행위의 종별, 정도 등에 따른 과징금의 금액 등에 관하여 필요한 사항은 대통령령으로 정한다.
  ㉢ 과징금을 납부하여야 할 자가 납부기간까지 이를 납부하지 아니한 경우
   • 시장, 군수, 구청장은 「지방세 외 수입금의 징수 등에 관한 법률」에 의하여 이를 징수한다.
  ㉣ 시장, 군수, 구청장이 부과, 징수한 과징금은 당해 시·군·구에 귀속된다.

② 과징금 산정 기준
  ㉠ 영업정지 1월은 30일로 계산한다.
  ㉡ 과징금 부과 기준이 되는 매출금액은 당해 영업소에 대한 처분일에 속한 연도의 전년도로서 1년간 총 매출금액을 기준으로 한다.
   ※ 다만 신규사업, 휴업 등으로 인하여 1년간의 총 매출금액을 산출할 수 없거나 1년간의 총매출 금액을 기준으로 하는 것이 불합리하다고 인정되는 경우에는 분기별, 월별 또는 일별 매출금액을 기준으로 산출 또는 조정한다.
  ㉢ 시장, 군수, 구청장은 영업자의 사업규모, 위반행위의 정도 및 횟수의 정도 등을 참작하여 과징금 금액의 2분의 1 범위 안에서 이를 가중 또는 경감할 수 있다.
   ※ 이 경우 가중하는 때에도 과징금 총액이 1억원을 초과할 수 없다.

③ 과징금의 부과 및 납부
  ㉠ 과징금을 부과하고자 할 때
   • 그 위반 행위의 종별과 해당 과징금의 금액 등을 명시할 것을 시장, 군수, 구청장은 서면으로 통지하여야 한다.
  ㉡ 통지를 받은 날로부터 20일 이내에 시장, 군수, 구청장이 정하는 수납기관에 납부하여야 한다.
   • 다만, 천재지변 그 밖에 부득이한 사유로 그 기간에 납부할 수 없을 때에는 그 사유가 없어진 날부터 7일 이내에 납부하여야 한다.
  ㉢ 과징금의 납부를 받은 수납기관은 영수증을 납부자에게 교부하여야 한다.
  ㉣ 과징금의 수납기관은 규정에 따라 과징금을 수납한 때에는 지체 없이 그 사실을 시장, 군수, 구청장에게 통보하여야 한다.
  ㉤ 과징금은 분할 납부할 수 없다.
  ㉥ 과징금의 징수절차는 보건복지부령으로 한다.

2. 양벌규정(제21조)

(1) 법인의 대표자나 법인 또는 개인의 대리인, 사용인 그 밖의 종업원이 그 법인 또는 개인의 업무에 관하여 벌칙(제20조)에 위반행위를 하면 그 행위자를 벌하는 외에 그 법인 또는 개인에게도 해당 조문의 벌금형을 과한다.

① 다만, 법인 또는 개인이 그 위반 행위를 방지하기 위하여 해당 업무에 관하여 상당한 주의와 감독을 게을리하지 아니한 경우에는 그러하지 않다.

3. 과태료(제22조)

(1) 300만원 이하의 과태료
① 규정에 의한 보고를 하지 아니하거나 관계 공무원의 출입·검사 기타 조치를 거부·방해 또는 기피한 자
② 규정에 의한 개선명령에 위반한 자

(2) 200만원 이하의 과태료
① 영업소의 위생관리 의무를 지키지 아니한 자
② 영업소 이외의 장소에서 미용 업무를 행한 자
③ 위생교육을 받지 아니한 자

(3) 과태료는 대통령령으로 정하는 바에 따라 보건복지부장관 또는 시장, 군수, 구청장이 부과·징수한다.

Section 10 ● 시행령 및 시행규칙 관련사항

영업자 또는 영업소 관련 위반사항은 일반기준과 개별기준으로 한다. 이와 관련된 행정처분기준은 다음과 같다.

1. 일반 기준

(1) 위반행위가 2 이상인 경우로서 그에 해당하는 각각의 처분기준이 다른 경우에는 그 중 중한 처분기준에 의하되, 2 이상의 처분기준이 영업정지에 해당하는 경우에는 가장 중한 정지처분기간에 나머지 각각의 정지처분기간의 2분의 1을 더하여 처분한다.

(2) 행정처분을 하기 위한 절차가 진행되는 기간 중에 반복하여 같은 사항을 위반한 때에는 그 위반 횟수마다 행정처분 기준의 2분의 1씩 더하여 처분한다.

(3) 위반행위의 차수에 따른 행정처분기준은 최근 1년간 같은 위반행위로 행정처분을 받은 경우에 이를 적용한다. 이때 그 기준적용일은 동일 위반사항에 대한 행정처분일과 그 처분 후의 재적발일(수거검사에 의한 경우에는 검사결과를 처분청이 접수한 날)을 기준으로 한다.

(4) 행정처분권자는 위반사항의 내용으로 보아 그 위반 정도가 경미하거나 해당 위반사항에 관하여 검사로부터 기소유예의 처분을 받거나 법원으로부터 선고유예의 판결을 받은 때에는 개별기준에 불구하고 그 처분기준을 다음의 구분에 따라 경감할 수 있다.

① 영업정지의 경우에는 그 처분기준 일수의 2분의 1 안의 범위에서 경감할 수 있다.
② 영업장 폐쇄의 경우에는 3월 이상의 영업정지처분으로 경감할 수 있다.

PART 4 공중위생관리

(5) 영업정지 1월은 30일을 기준으로 하고, 행정처분기준을 가중하거나 경감하는 경우 1일 미만은 처분기준 산정에서 제외한다.

2. 개별기준

(1) 미용업

위반행위	행정처분기준				관련 법규
	1차 위반	2차 위반	3차 위반	4차 위반	
가. 영업신고를 하지 않거나 시설과 설비기준을 위반한 경우					
(1) 영업신고를 하지 않은 경우	영업장 폐쇄명령				법 제11조 제1항 제1호
(2) 시설 및 설비기준을 위반한 경우	개선명령	영업정지 15일	영업정지 1월	영업장 폐쇄명령	
나. 변경신고를 하지 않은 경우					
(1) 신고를 하지 않고 영업소의 명칭 및 상호 또는 영업장 면적의 3분의 1 이상을 변경한 경우	경고 또는 개선명령	영업정지 15일	영업정지 1월	영업장 폐쇄명령	법 제11조 제1항 제2호
(2) 신고를 하지 아니하고 영업소의 소재지를 변경한 경우	영업정지 1월	영업정지 2월	영업장 폐쇄명령		
다. 지위승계신고를 하지 않은 경우	경고	영업정지 10일	영업정지 1월	영업장 폐쇄명령	법 제11조 제1항 제3호
라. 공중위생영업자의 위생관리의무 등을 지키지 않은 경우					
(1) 소독을 한 기구와 소독을 하지 않은 기구를 각각 다른 용기에 넣어 보관하지 않거나 1회용 면도날을 2인 이상의 손님에게 사용한 경우	경고	영업정지 5일	영업정지 10일	영업장 폐쇄명령	
(2) 피부미용을 위하여 「약사법」에 따른 의약품 또는 「의료기기법」에 따른 의료기기를 사용한 경우	영업정지 2월	영업정지 3월	영업장 폐쇄명령		
(3) 점 빼기·귓볼 뚫기·쌍꺼풀 수술·문신·박피술 그 밖에 이와 유사한 의료행위를 한 경우	영업정지 2월	영업정지 3월	영업장 폐쇄명령		법 제11조 제1항 제4호
(4) 미용업 신고증 및 면허증 원본을 게시하지 않거나 업소 내 조명도를 준수하지 않은 경우	경고 또는 개선명령	영업정지 5일	영업정지 10일	영업장 폐쇄명령	
(5) 개별 미용서비스의 최종 지불가격 및 전체 미용서비스의 총액에 관한 내역서를 이용자에게 미리 제공하지 않은 경우	경고	영업정지 5일	영업정지 10일	영업정지 1월	
마. 카메라나 기계장치를 설치한 경우	영업정지 1월	영업정지 2월	영업장 폐쇄명령		법 제11조 제1항 제4호의 2
바. 면허 정지 및 면허 취소 사유에 해당하는 경우					
(1) 피성년후견인, 정신질환자, 감염병환자, 약물중독자	면허취소				
(2) 면허증을 다른 사람에게 대여한 경우	면허정지 3월	면허정지 6월	면허취소		법 제7조 제1항
(3) 「국가기술자격법」에 따라 자격이 취소된 경우	면허취소				

위반행위	행정처분기준				관련 법규
	1차 위반	2차 위반	3차 위반	4차 위반	
(4) 「국가기술자격법」에 따라 자격정지처분을 받은 경우(「국가기술자격법」에 따른 자격정지처분 기간에 한정한다)	면허정지				법 제7조 제1항
(5) 이중으로 면허를 취득한 경우(나중에 발급받은 면허를 말한다)	면허취소				
(6) 면허정지처분을 받고도 그 정지 기간 중 업무를 한 경우	면허취소				
사. 업소 외의 장소에서 미용 업무를 한 경우	영업정지 1월	영업정지 2월	영업장 폐쇄명령		법 제11조 제1항 제5호
아. 보고를 하지 않거나 거짓으로 보고한 경우 또는 관계 공무원의 출입, 검사 또는 공중위생영업 장부 또는 서류의 열람을 거부·방해하거나 기피한 경우	영업정지 10일	영업정지 20일	영업정지 1월	영업장 폐쇄명령	법 제11조 제1항 제6호
자. 개선명령을 이행하지 않은 경우	경고	영업정지 10일	영업정지 1월	영업장 폐쇄명령	법 제11조 제1항 제7호
차.「성매매 알선 등 행위의 처벌에 관한 법률」,「풍속영업의 규제에 관한 법률」,「청소년 보호법」,「아동·청소년의 성보호에 관한 법률」 또는 「의료법」을 위반하여 관계 행정기관의 장으로부터 그 사실을 통보받은 경우					
(1) 손님에게 성매매 알선 등 행위 또는 음란행위를 하게 하거나 이를 알선 또는 제공한 경우					
① 영업소	영업정지 3월	영업장 폐쇄명령			법 제11조 제1항 제8호
② 미용사	면허정지 3월	면허취소			
(2) 손님에게 도박 그 밖에 사행행위를 하게 한 경우	영업정지 1월	영업정지 2월	영업장 폐쇄명령		
(3) 음란한 물건을 관람·열람하게 하거나 진열 또는 보관한 경우	경고	영업정지 15일	영업정지 1월	영업장 폐쇄명령	
(4) 무자격 안마사로 하여금 안마사의 업무에 관한 행위를 하게 한 경우	영업정지 1월	영업정지 2월	영업장 폐쇄명령		
카. 영업정지처분을 받고도 그 영업정지 기간에 영업을 한 경우	영업장 폐쇄명령				법 제11조 제2항
타. 공중위생영업자가 정당한 사유 없이 6개월 이상 계속 휴업하는 경우	영업장 폐쇄명령				법 제11조 제3항 제1호
파. 공중위생영업자가 「부가가치세법」 제8조에 따라 관할 세무서장에게 폐업신고를 하거나 관할 세무서장이 사업자등록을 말소한 경우	영업장 폐쇄명령				법 제11조 제3항 제2호

제 1 장 92 이론

제 ② 장

미용사(네일)
필기시험문제

[출제예상문제]

Part 01 네일의 이해 상식 서비스 출제예상문제
Part 02 네일 화장품론
Part 03 네일 미용기술 출제예상문제
Part 04 공중위생관리 출제예상문제

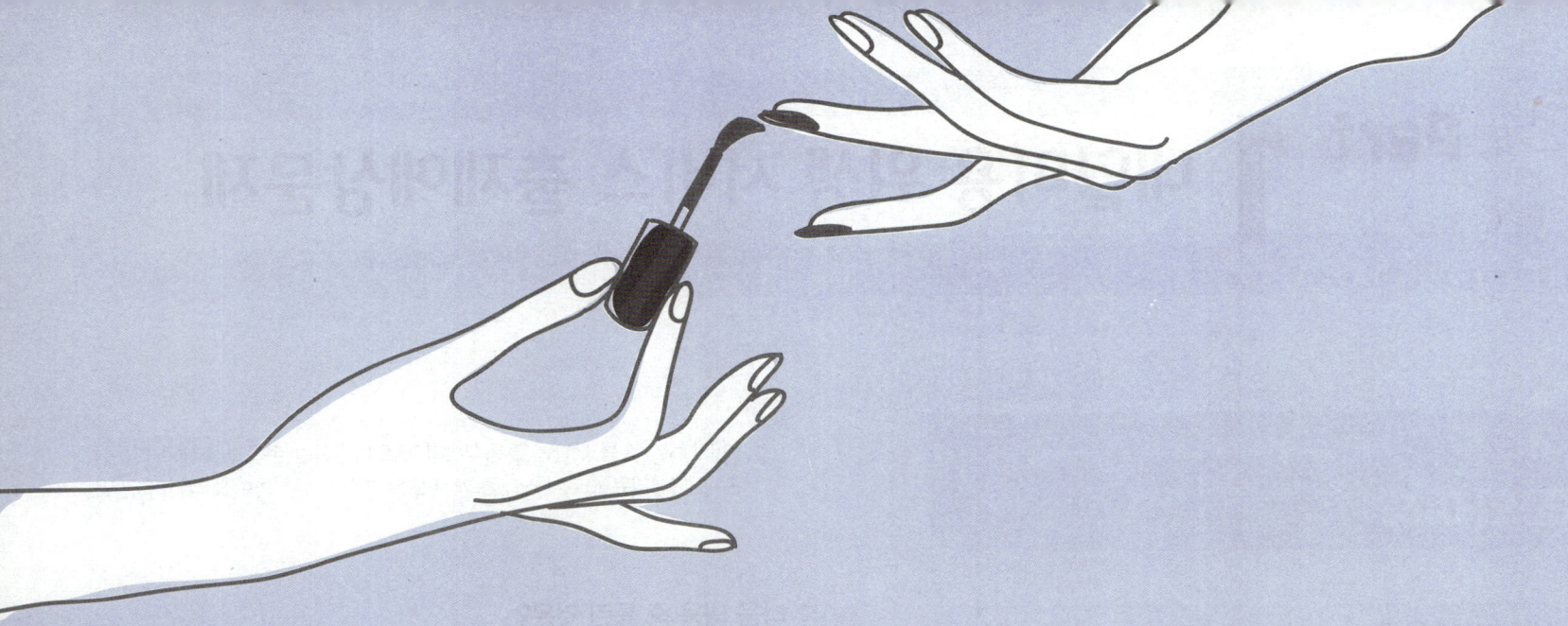

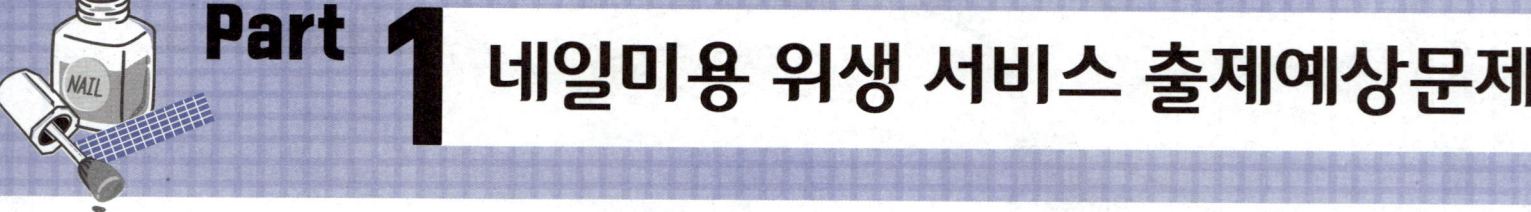

Part 1 네일미용 위생 서비스 출제예상문제

Chapter 01
네일미용의 이해

01 네일미용총론

001 매니큐어와 관련된 어원이다. 라틴어에서 유래한 손을 지칭하는 설명으로 **틀린** 것은?

① 관리를 의미하는 큐라(Cura)
② 관리를 의미하는 케어(Care)
③ 손을 의미하는 마누스(Manus)
④ 손의 관리를 의미하는 매니큐어(Manicure)

 ② 현대에 와서는 Care가 관리를 의미한다.

002 다음 매니큐어와 매니큐어 컬러링과의 연계에서 **틀린** 것은?

① 풀커버 컬러링 – 레드, 화이트
② 팁 위드 아크릴 – 팁 위드 젤
③ 그라데이션 컬러링 – 2가지 이상 색
④ 프리에지 컬러링 – 프리에지 프렌치, 딥 프렌치

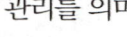 ② 인조네일 실제 중 네일 랩에 해당된다.
① 레귤러 매니큐어 컬러링이다.
③ ④ 스페셜 매니큐어 컬러링이다.

003 다음 중 네일미용 영역인 것은?

① 네일케어, 인조네일, 아트네일으로 대별된다.
② 화이트 팁, 클리어 팁, 컬러 팁으로 대별된다.
③ 팁 위드 젤과 3D아트, 라인 스톤, 롱 팁, 실크익스텐션으로 대별된다.
④ 습식 매니큐어, 건식 매니큐어, 습식 페디큐어, 건식 페디큐어로 대별된다.

네일미용의 영역 : 네일케어, 인조네일, 아트네일 등으로 3가지 영역이며, 이는 기본 기술(레귤러)과 응용 기술(스페셜)로 나뉜다.

004 다음 내용 중에서 네일미용의 정의로서 옳은 것은?

① 네일은 매니큐어를 총칭하는 명칭이다.
② 네일은 매니큐어와 페디큐어를 총칭하는 명칭이다.
③ 네일 업무는 매니큐어, 매니큐어 컬러링으로 구분된다.
④ 네일은 손님의 손톱과 발톱에 광택을 내는 '폴리시' 자체이다.

네일(Nail) : 손톱과 발톱을 총칭하며, 네일미용이란 손톱을 소재로 하는 손 관리(매니큐어)로서 상태를 개선 또는 미화시키는 과학적 작업이다.

005 다음 내용 중 **틀린** 것은?

① 네일업은 손님의 손톱과 발톱을 매니큐어하는 영업이다.
② 네일업은 손님의 손톱과 발톱을 손질하거나 화장하는 영업이다.
③ 매니큐어는 '손톱을 관리한다'라는 의미로서 페디큐어와 구별된다.
④ 네일 업무는 매니큐어, 페디큐어, 매니큐어 컬러링, 페디큐어 컬러링, 인조네일 등으로 구별된다.

① 발톱 손질은 페디큐어이다.

006 네일과 관련된 설명으로 거리가 가장 **먼** 것은?

① 네일은 헤어와 마찬가지로 피부의 변성물이다.
② 네일은 손톱과 발톱을 총칭하는 단어이다.
③ 네일미용술이란 손톱과 발톱의 형태에 따른 멋내기의 기술이며 예술이다.
④ 네일미용이란 손톱을 소재로 한 손 관리와 발톱을 소재로한 발 관리를 의미한다.

네일미용술 : 손과 발 또는 손톱과 발톱의 생리는 물론 형태에 따른 손질의 개념과 색을 칠하는 화장의 실제를 가진 기술이며 예술이다.

007 네일미용의 목적과 관련 **없는** 것은?

① 토탈 미용 패션의 일부로서 심리적 욕구를 충족시킨다.
② 돋보이게 하는 매력적인 호감은 물론 잉여생산성을 높여준다.
③ 개성을 나타내는 이미지관리는 물론 미적 수단의 도구가 된다.
④ '손을 치료한다'는 의미에서 '손을 아름답게 관리한다'라는 의미로 사용되고 있다.

④ 네일미용의 정의에 해당된다.

008 네일미용의 영역으로 가장 적합하게 설명된 것은?

① 네일케어는 매니큐어와 매니큐어 컬러링으로 구성된다.
② 네일케어는 페디큐어와 페디큐어 컬러링으로 구성된다.
③ 네일케어에는 인조네일과 아트네일을 통합하여 구성된다.
④ 네일기술은 기초 기술과 응용 기술로 나뉘며 3가지 영역으로 대별된다.

정답 001 ② 002 ② 003 ① 004 ② 005 ① 006 ③ 007 ④ 008 ④

네일미용 위생 서비스 출제예상문제

009 네일케어 영역이 아닌 것은?
① 핸드페인팅 ② 습식 매니큐어
③ 습식 페디큐어 ④ 풀커버 컬러링

> 해설
> ① 핸드페인팅은 아트네일 영역이다.

010 인조네일의 영역이 아닌 것은?
① 네일 팁 ② 네일 랩
③ 아트네일 ④ 아크릴 스컬프처

> 해설
> 인조네일의 영역 : 네일 팁, 네일 랩, 아크릴 스컬프처, 젤 스컬프처 등으로 분류된다.

011 인조네일 중 인조 팁의 기술이 아닌 것은?
① 내추럴 팁 ② 파우더 팁
③ 화이트 팁 ④ 클리어 팁

> 해설
> 네일 팁 기술 : 내추럴 팁, 화이트 팁, 클리어 팁, 컬러 팁, 풀 팁, 롱 팁, 하프웰 팁 등이 있다.

012 인조네일과 연계된 기술이 아닌 것은?
① 네일 랩 – 팁 위드 랩, 실크익스텐션, 찢어진 손톱 래핑
② 아크릴 네일 – 팁 위드 아크릴, 원톤 스컬프처, 화이트 프렌치 스컬프처
③ 네일 팁 – 내추럴 팁, 화이트 팁, 클리어 팁, 컬러 팁, 풀 팁, 롱 팁, 하프웰 팁
④ 젤 네일 – 팁 위드 젤, 원톤 젤 스컬프처, 프렌치 젤 스컬프처, 젤 디자인 스컬프처, 스트라이핑 테이프

> 해설
> ④ 스트라이핑 테이프는 아트네일에서 행하는 기술이다.

013 아트네일의 기술이 아닌 것은?
① 3D 아트, 실크익스텐션
② 에어브러시, 댕글, 스티커데칼
③ 핸드페인팅, 포크아트, 마블
④ 스트라이핑 테이프, 라인스톤

> 해설
> ① 실크익스텐션은 인조네일기술 중 네일 랩에 해당된다.

014 네일미용의 특수성에서 거리가 먼 것은?
① 손님의 의견을 우선시하는 의사표현의 자율성이 있다.
② 손님의 손톱과 발톱이 소재가 되므로 소재선정의 제한이 있다.
③ 개성과 이미지 변화를 고려하여 표현되는 미적 표현의 제한을 갖는다.
④ 제품의 지속성과 발림성이 네일기술 완성도에 제한을 준다.

> 해설
> ① 손님의 의견을 우선시하는 의사표현의 제한이 있다.

015 네일미용의 특수성과 관련된 내용으로서 적절치 않은 것은?
① 네일미용의 특수성에는 다양한 제한이 제시된다.
② 네일관리에 따른 기술적 문제를 이론화하는 제한이 있다.
③ 손톱과 발톱이 갖는 조건이 다양한 예술적 표현에 제한을 받는다.
④ 고객의 연령, 계절, 경우, 직업에 어울리는 네일의 기술을 연출해야 한다.

> 해설
> 네일미용의 특수성 : 의사표현의 제한, 소재선정의 제한, 시간의 제한, 미적 표현의 제한, 부용예술의 제한이 있다.

016 젤 네일과 관련 없는 것은?
① 인조네일의 영역에 속한다.
② 원톤 젤 스컬프처에 관한 기술을 포함한다.
③ 팁 위드 젤로서 화이트 팁과 내추럴 팁으로 나뉜다.
④ 파우더 팁, 팁 위드 랩, 찢어진 손톱 래핑에 관한 기술이다.

> 해설
> ④ 인조네일 영역 중 네일 랩 관련 기술이다.

02 용제의 종류와 특성

001 네일 제품 중 유·수분 보충 및 영양제인 것은?

| ㉠ 베이스 코트 | ㉡ 핸드 크림 |
| ㉢ 큐티클 오일 | ㉣ 큐티클 크림 |

① ㉠ ② ㉠, ㉡
③ ㉠, ㉡, ㉣ ④ ㉡, ㉢, ㉣

정답 009 ① 010 ③ 011 ② 012 ④ 013 ① 014 ① 015 ② 016 ④   001 ④

네일미용 위생 서비스 출제예상문제

PART 1

002 큐티클 오일의 주성분이 아닌 것은?

① 올리브 ② 아몬드 오일
③ 파라핀 오일 ④ 호호바 오일

> **해설**
> ③ 핸드크림의 주성분이다.

003 네일 보강제의 성분이 아닌 것은?

① 글리세롤 ② 비타민 F
③ 칼리명반 ④ 푸로틴하드너

> **해설**
> 비타민 F는 큐티클 오일의 주성분이다. 큐티클 오일의 주성분에는 올리브, 땅콩, 피마자, 비타민 F 등이 있다.

004 네일 연마제의 내용이 아닌 것은?

① 파우더 형태
② 크림 형태
③ 조체면에 문지르면 매끄러운 광택을 낸다.
④ 부러지고 약한 네일에 견고함을 부여 한다.

> **해설**
> ④ 네일 보강제의 역할이다.

005 다음 보기 중 제거제와 관련된 것은?

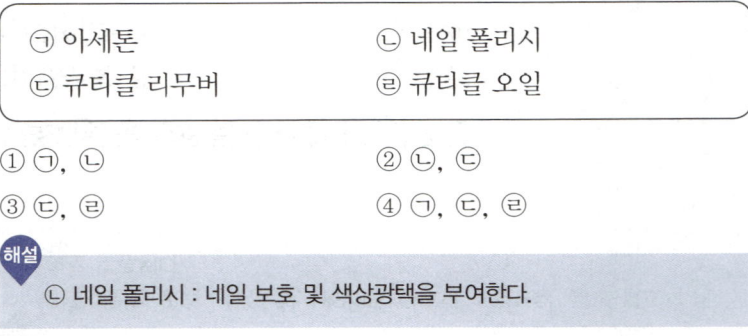

| ㉠ 아세톤 | ㉡ 네일 폴리시 |
| ㉢ 큐티클 리무버 | ㉣ 큐티클 오일 |

① ㉠, ㉡ ② ㉡, ㉢
③ ㉢, ㉣ ④ ㉠, ㉢, ㉣

> **해설**
> ㉡ 네일 폴리시 : 네일 보호 및 색상광택을 부여한다.

006 큐티클 리무버와 관련 없는 내용은?

① 2~5% 염화칼슘이다.
② 아세톤 원액이라고도 한다.
③ pH 11~12 강알칼리성이다.
④ 조표피에 리무버를 도포하여 연화시킨 후 니퍼로 자른다.

007 네일 건조와 관련 없는 것은?

① 글루 드라이어 ② 퀵 폴리시 드라이어
③ 액티베이터 ④ 네일 연마제

008 다음 내용에서 연결이 옳은 것은?

① 글루 드라이어 – 실크나 젤 글루 사용 시 건조시키는 스프레이 형이다.
② 퀵 폴리시 드라이어 – 글루 드라이어와 같은 기능이 있다.
③ 액티베이터 – 컬러링 후 빠른 건조를 유도하는 스프레이 형이다.
④ 액티베이터 – 글루 드라이어와 같은 기능이 있으나 응고가 빠르다.

> **해설**
> ② 컬러링 후 빠른 건조를 유도하는 스프레이 형이다.
> ③④ 글루 드라이어와 같은 기능이 있으나 건조가 느리다.

009 소독제로서 연결이 잘못된 것은?

① 에틸 알코올을 사용한다.
② 70% 농도 알코올을 손소독제로 사용한다.
③ 50~70% 에틸 알코올은 금속계열 도구 소독에도 사용된다.
④ 메틸 알코올을 사용한다.

010 네일 블리치의 성분이 아닌 것은?

① 20% H_2O_2 ② 구연산
③ 송진 ④ 글리세린

011 베이스 코트의 설명이 잘못된 것은?

① 조체 표면에 코팅막을 형성한다.
② 폴리시의 색소가 손톱에 착색되는 것을 방지한다.
③ 조체면을 교정시킨다.
④ 용해제 알코올, 폴리에스터, 레진 등의 성분으로 구성된다.

> **해설**
> ④ 베이스 코트 성분은 송진, 아이소프로필알코올, 부틸 아세테이트, 니트로셀룰로오스 등이 있다.

012 네일 폴리시의 성분으로 구성된 것은?

㉠ 니트로셀룰로오스	㉡ 천연송진+벤젠
㉢ 용해제 알코올	㉣ 셀락
㉤ 클로포늄	㉥ 레진
㉦ 포름알데하이드	㉧ 폴리에스터
㉨ 캄퍼	

① ㉠, ㉡, ㉢ ② ㉠, ㉣, ㉤, ㉥
③ ㉠, ㉣, ㉦, ㉧, ㉨ ④ ㉠, ㉡, ㉣, ㉤, ㉦, ㉨

정답 002 ③ 003 ② 004 ④ 005 ④ 006 ② 007 ④ 008 ① 009 ④ 010 ③ 011 ④ 012 ④

네일미용 위생 서비스 출제예상문제

013 자유연을 더욱 희게 하는 색상제는?
① 네일 화이트너 ② 네일 폴리시
③ 네일 블리치 ④ 네일 연마제

> 해설: 네일 화이트너 : 자유연을 희게 보이도록 한다.

014 아크릴의 접착제 역할을 하는 제품은?
① 프라이머 ② 촉매제
③ 산균형제 ④ 방부제

> 해설: 프라이머 : 아크릴이 자연네일에 잘 접착되도록 하는 촉매제이다.

015 지혈제의 성분이 아닌 것은?
① 비산 ② 칼슘
③ 젤라틴 ④ 아드레날린

> 해설: 지혈제의 주성분(또는 첨가제) : 아드레날린, 젤라틴, 칼슘, 식염수 등이다.

016 다음 중 지속제로 사용되는 제품은 무엇인가?
① 네일 폴리시 ② 네일 화이트너
③ 톱 코트 ④ 베이스 코트

017 착색 방지제로 사용되는 제품은?
① 베이스 코트 ② 리무버 원액
③ 큐티클 리무버 ④ 폴리시 리무버

018 매니큐어 제품에 포함된 화학물질에 의해 눈, 코, 목을 자극하는 성분과 관련 없는 것은?
① 아세톤 ② 포름알데하이드
③ 글리콜에스테르 ④ 톨루인

> 해설: ③ 생식기에 문제를 일으킨다.

019 화학물질의 인체유입과정이 아닌 것은?
① 용기를 열었을 때
② 화학제품을 용기에 덜거나 혼합할 때
③ 아크릴 볼을 이용 인조네일 시술 시
④ 인조네일 내에 곰팡이 생성 시

020 화학물질에 의한 건강 영향이 아닌 것은?
① 알레르기 ② 천식
③ 생식기의 이상 ④ 오한

021 인체유입을 보호하는 방법이 아닌 것은?
① 사용하지 않을 때는 용기를 꼭 닫아야 한다.
② 항상 통풍이 잘되는 장소에서 작업한다.
③ 작업장에서 먹거나 마시거나 흡연하는 것은 상관없다.
④ 연무질 스프레이보다는 펌프식 스프레이를 사용한다.

03 네일의 구조와 이해

[001~002] 다음은 손톱의 구조이다. 물음에 답하시오.

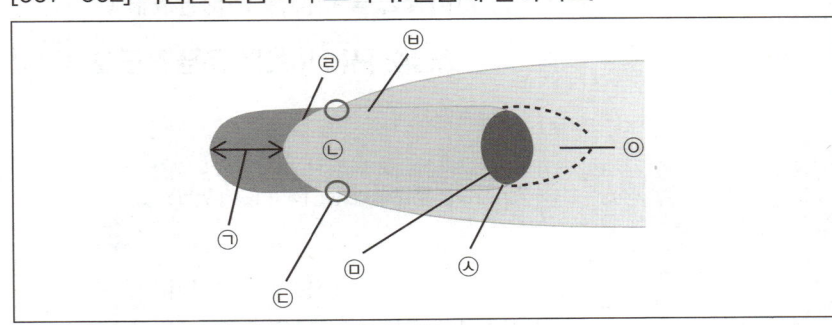

001 손톱 구조에 대한 명칭으로 잘못된 것은?
① ㉠ 자유연 ② ㉡ 조체
③ ㉢ 조갑 ④ ㉣ 옐로우 라인

> 해설: ③ 스트레스 포인트이다.

002 손톱 구조에 대한 명칭으로 잘못된 것은?
① ㉤ 조반월 ② ㉥ 조구
③ ㉦ 조상 ④ ㉧ 조모

> 해설: ③ 조상은 손톱판 밑 피부이며, ㉦은 조표피이다.

003 손톱구조의 외국어 명칭으로 잘못된 것은?
① 조근 – 네일 루트 ② 조체 – 네일 큐티클
③ 자유연 – 프리에지 ④ 조상 – 네일 베드

> 해설: ② 조체는 네일 바디 또는 네일 플레이트라 하며, 네일 큐티클을 조표피이다.

정답 013 ① 014 ① 015 ① 016 ③ 017 ① 018 ③ 019 ④ 020 ④ 021 ③   001 ③ 002 ③ 003 ②

네일미용 위생 서비스 출제예상문제

004 조체와 가장 거리가 먼 것은?

① 조판   ② 조갑
③ 손톱판   ④ 조상

해설
조체 : 조판, 조갑, 손톱판과 동의어이다.

005 손톱구조의 외국어 명칭으로 잘못된 것은?

① 조모 – 네일 매트릭스
② 조반월 – 스마일 라인
③ 조표피 – 네일 큐티클
④ 조구 – 네일 그루브

해설
② 조반월은 네일 루눌라라고 하며, 스마일 라인은 옐로우 라인이라 한다.

006 옐로우 라인에 대한 설명으로 맞는 것은?

① 조구가 끝나는 지점
② 자유연이 찢어지기 시작한 지점
③ 조체와 자유연의 경계선
④ 외부적인 충격을 가장 많이 받는 지점

해설
① ② ④ 스트레스 포인트이다.

007 프리에지에 대한 설명인 것은?

① 손톱 자체의 판이다.
② 손톱 총 길이이다.
③ 네일 플레이트라고도 한다.
④ 수분공급이 되지 않아 강도가 약하다.

해설
① ② ③ 조체에 대한 설명이다.

008 프리에지에 대한 설명이 아닌 것은?

① 옐로우 라인이 자유연의 출발선이다.
② 네일의 말단면이다.
③ 조체 외부로 잘려져 나가는 부분이다.
④ 손톱이 자라기 시작하는 곳이다.

해설
④ 조근에 대한 설명이다.

009 손톱 총 길이를 결정하는 조건이 아닌 것은?

① 조체   ② 조근
③ 옐로우 라인   ④ 자유연

해설
조체 + 옐로우 라인 + 자유연이 손톱의 총 길이를 나타내는 구조이다.

010 프리에지의 특징이 아닌 것은?

① 옐로우 라인의 가장 바깥 면이다.
② 영양부족 시 갈라지거나 찢어질 수 있다.
③ 중층상피세포로 구성된다.
④ 신경과 혈관이 있다.

해설
④ 신경과 혈관이 없다.

011 조근에 관한 설명인 것은?

① 조체의 근원으로 피부 밑에 묻혀있다.
② 미세한 자극에도 부서지는 손상을 초래한다.
③ 신경조직이 없는 각질화된 세포이다.
④ 프리에지라고 한다.

해설
② 자유연, ③ 조체, ④ 자유연을 의미한다.

012 조근에 관한 설명이 아닌 것은?

① 세포분열이 일어나는 부분이다.
② 조상 내에 분포하는 모세혈관으로부터 산소를 공급받는다.
③ 손(발)톱이 자라기 시작하는 곳이다.
④ 네일 바디라고 한다.

해설
④ 조체이다.

013 조모의 특징을 가장 잘 나타낸 것은?

① 밤낮으로 쉼없이 성장한다.
② 조체 밑의 민감한 피부이다.
③ 유백색의 반달 모양이다.
④ 충분히 각화되지 않아 부드럽다.

해설
② 조상, ③ ④ 조반월이다.

정답 004 ④ 005 ② 006 ③ 007 ④ 008 ④ 009 ② 010 ④ 011 ① 012 ④ 013 ①

네일미용 위생 서비스 출제예상문제

014 다음 내용 중 조모와 동일한 명칭은?
① 조근 ② 네일 루트
③ 네일 매트릭스 ④ 네일 루눌라

015 조근의 특징으로 잘못 설명된 것은?
① 손(발)톱의 근원으로서 피부 밑에 있다.
② 하부와의 접착 정도가 불충분하여 불완전하다.
③ 미량의 멜라닌 색소가 분비되어 네일의 색을 형성시킨다.
④ 림프관, 혈관, 신경이 많이 분포하고 있는 가장 예민한 부분이다.

> 해설
> ② 조반월에 대한 설명이다.

016 상조피에 대한 설명인 것을 고르면?
① 스트레스 포인트를 중심으로 조체를 따라 자란다.
② 조상의 양 측면에 만곡형의 패인 홈을 말한다.
③ 네일 큐티클이라 하며 조표피라고도 한다.
④ 조모 아래에 있는 조상과 접하고 있다.

> 해설
> ① ② 조구에 대한 설명이다.

[017~018] 다음 보기를 보고 질문에 답하시오.

㉠ 조체	㉡ 자유연
㉢ 조상	㉣ 조모
㉤ 옐로우 라인	㉥ 스트레스 포인트
㉦ 조구	

017 손톱판과 관련된 명칭만 연결된 것은?
① ㉠, ㉡, ㉢ ② ㉠, ㉢, ㉣, ㉤
③ ㉡, ㉤, ㉥, ㉦ ④ ㉠, ㉡, ㉤, ㉥

> 해설
> 손톱판 부분 : 조근, 조체, 자유연, 옐로우 라인, 스트레스 포인트

018 손톱판 밑 부분과 관련된 부분은?
① ㉠, ㉡ ② ㉢, ㉣
③ ㉤, ㉥ ④ ㉦, ㉤

> 해설
> 손톱판 밑 부분 : 조상, 조모, 조반월, 하조피

019 손톱 주위 피부와 관련된 내용이 아닌 것은?
① 조표피 – 네일 큐티클
② 조구 – 네일 그루브
③ 조상연 – 페리오니키움
④ 하조피 – 에포니키움

> 해설
> ④ 상조피(Eponychium)이다.

020 다음 중 내용과 연결이 잘못된 것은?
① 상조피 – 표피의 연장피부로서 조반월의 주변을 감싸고 있다.
② 하조피 – 자유연 아래에 있는 피부이다.
③ 조상연 – 손톱 전체를 에워싼 피부의 가장자리 부분이다.
④ 조벽 – 손톱고랑 아래에 있는 손톱 밑 피부이다.

> 해설
> ④ 조벽 : 손톱고랑(조구) 위에 있는 손톱의 양쪽 피부이다.

021 네일에 관한 역할로서 연관이 잘못된 것은?
① 조근 – 손(발)톱이 자라나기 시작하는 곳이다.
② 조체 – 조상을 보호한다.
③ 자유연 – 조상의 연장선인 하조피를 보호한다.
④ 조상 – 여러 개의 얇은 딱딱한 층이다.

> 해설
> ④ 조체에 대한 설명이다.

022 네일의 구조가 아닌 것은?
① 모표피 ② 조모
③ 조반월 ④ 상조피

> 해설
> ① 모표피 : 모발의 구조이다.

023 네일의 역할로서 설명된 것은?
① 조모 – 각질형성세포로서 네일을 성장시킨다.
② 조반월 – 세포분열에 의해 손톱을 성장시킨다.
③ 상조피 – 옐로우 라인의 시작점이다.
④ 거스러미 – 외부 미생물로부터 방어역할을 한다.

> 해설
> ② 반월의 크기에 따라 영양 상태를 추정할 수 있다.
> ③ 스트레스 포인트에 대한 설명이다. 상조피는 세균 및 진균의 감염으로 인하여 붉게 부어오르거나 염증 등의 외부 미생물로부터 방어 역할을 한다.
> ④ 상조피에 대한 설명이다.

정답 014 ③ 015 ② 016 ③ 017 ④ 018 ② 019 ④ 020 ④ 021 ④ 022 ① 023 ①

네일미용 위생 서비스 출제예상문제

024 거스러미에 대한 설명으로 맞는 것은?

① 네일 그루브라 한다.
② 조모와 조체의 경계선이다.
③ 피부가 조그맣게 들떠 있다.
④ 손톱 성장 시 조절에 관여한다.

> **해설**
> ① 조구, ② ④ 조표피에 관한 설명이다.

025 네일의 기능인 것은?

① 손(발)가락 끝의 피부를 보호한다.
② 신경세포를 지지하고 동반한다.
③ 스스로 수축과 이완이 가능하다.
④ 섬유질로 된 두꺼운 결합조직이다.

> **해설**
> ② 신경조직, ③ 근육조직, ④ 뼈 바깥막에 대한 설명이다.

026 네일의 기능으로서 잘못된 것은?

① 외부 자극으로부터 방어기능을 갖는다.
② 외부 자극에 대한 공격기능을 갖는다.
③ 장식적이고 미적인 기능이 있다.
④ 체온조절을 한다.

027 네일의 성장과 관련 없는 것은?

① 정상적인 네일의 성장은 조모에서 시작한다.
② 하루 평균 0.1~0.15mm 정도 밀려나옴으로써 성장한다.
③ 한 달에 약 3~5mm 정도 자란다.
④ 손톱길이의 1/5 정도가 한 달 평균 성장 길이이다.

> **해설**
> ④ 한 달 평균 성장 길이는 1/8 정도이다.

028 네일의 성장에 대한 설명으로 가장 적절한 것은?

① 성장은 건강과 질병, 영양 상태 등에 영향을 받는다.
② 여름보다 겨울에 더 잘 자란다.
③ 손가락 중 소지가 가장 빠르게 자란다.
④ 엄지손가락의 손톱이 가장 빠르게 자란다.

029 네일 모양의 바깥선을 결정하는 것은?

① 조근
② 조체
③ 스트레스 포인트
④ 조반월

> **해설**
> 네일 유형 만들기에서 네일 모양이 시작되는 근원은 스트레스 포인트에 있다.

030 하조피를 보호하는 네일 구조는?

① 상조피　　　　　② 자유연
③ 조상피　　　　　④ 조반월

> **해설**
> 자유연 : 조상의 연장선인 하조피를 보호하는 기능을 한다.

031 영양상태를 추정할 수 있는 네일구조는?

① 자유연　　　　　② 조근
③ 조체　　　　　　④ 조반월

> **해설**
> 반월의 크기에 따라 영양상태를 추정할 수 있다.

032 외부 미생물로부터 방어 역할을 하는 네일구조는?

① 상조피
② 하조피
③ 옐로우 라인
④ 스트레스 포인트

> **해설**
> 상조피(조표피) : 세균 및 진균의 감염으로 인하여 붉게 부어오르거나 염증 등의 외부 미생물로부터 방어 역할을 한다.

정답 024 ③　025 ①　026 ④　027 ④　028 ①　029 ③　030 ②　031 ④　032 ①

네일미용 위생 서비스 출제예상문제

04 네일의 특성과 형태

001 네일의 경도를 뜻하는 것은?
① 수분, 경케라틴의 단백질 조성에 의해 결정된다.
② 조상의 모세혈관으로부터 산소를 공급받는다.
③ 개인에 따라 다양한 형태로 성장할 수 있다.
④ 분홍빛을 띠며 광택이 양호하다.

> 해설
> ① 네일의 경도는 수분, 경케라틴의 조성에 따라 다르다. 비타민과 미네랄이 부족하면 이상 현상이 나타난다.
> ② ③ ④ 조체에 대한 설명이다.

002 조체에 관련된 설명으로 맞는 것은?
① 여러개의 얇은 층으로 이루어져 있다.
② 투명의 각질세포로서 조체에서 성장된다.
③ 손(발)가락 끝을 보호하나 신경, 혈관이 존재한다.
④ 50세 이상부터는 성장하지 않는다.

> 해설
> ② 네일은 반투명의 각질판이다.
> ③ 신경, 혈관이 존재하지 않는다.
> ④ 일생동안 끊임없이 성장한다.

003 다음 중 조체의 세포층에 해당하는 것은?
① 방추형   ② 다면체형
③ 원주형   ④ 편평형

> 해설
> ① 유극세포층, ② 과립세포층, ③ 기저세포층, ④ 각질세포층

004 네일의 특성으로 맞지 않은 설명은?
① 네일의 경도
② 네일의 수분
③ 네일의 지질 함유량
④ 손가락 굵기와 길이

> 해설
> ④ 손톱 유형을 나눌 수 있는 요소이다. 네일의 특성은 네일의 경도, 네일의 세포층, 건강한 네일, 네일의 수분·지질 함유량 등이다.

005 건강한 네일에 대한 설명으로 옳은 것은?
① 표면이 거칠다.   ② 광택이 없다.
③ 연한 핑크빛이다.   ④ 창백하며 하얗다.

> 해설
> ③ 건강한 네일 : 손(발)톱 표면이 매끄럽고 광택이 있으며 연한 핑크빛을 띠고 있다.

006 네일이 한달 평균 자라는 길이는 어느 정도인가?
① 0.1 ~ 1mm   ② 1 ~ 2mm
③ 3 ~ 5mm   ④ 5 ~ 6mm

007 네일의 지질 함유량은?
① 0.2 ~ 0.5%   ② 0.15 ~ 0.76%
③ 0.25 ~ 1%   ④ 2 ~ 3%

> 해설
> ② 네일의 수분 함유량은 7~12%이며, 지질 함유량은 0.15~0.76%이다.

008 네일의 두께는?
① 0.5 ~ 0.75mm   ② 1 ~ 2mm
③ 1.5 ~ 2.5mm   ④ 3 ~ 3.5mm

009 네일 형태의 결정 조건과 거리가 먼 것은?
① 조구의 모양   ② 조표피의 모양
③ 스트레스 포인트의 위치 ④ 손톱의 길이

[010~011] 다음은 네일의 구조에 대한 명칭이다.

> ㉠ 조모   ㉡ 조구
> ㉢ 상조피(조표피) ㉣ 스트레스 포인트
> ㉤ 옐로우 라인   ㉥ 조상
> ㉦ 하조피   ㉧ 조상연

010 손톱판 모양의 결정에 따른 손톱 크기를 나타내는 네일의 구조는?
① ㉠, ㉡   ② ㉢, ㉣
③ ㉡, ㉥   ④ ㉦, ㉧

> 해설
> ② 손톱의 크기는 조구 내의 조표피와 스트레스 포인트의 위치에 의해 결정된다.

011 손톱 길이를 결정하는 네일의 구조는?
① ㉠, ㉡   ② ㉢, ㉣
③ ㉢, ㉤   ④ ㉥, ㉦, ㉧

> 해설
> 상조피(조표피) 중앙에서 옐로우 라인까지의 길이에 의해 결정된다.

정답 001 ① 002 ① 003 ④ 004 ④ 005 ③ 006 ③ 007 ② 008 ① 009 ④ 010 ② 011 ③

네일미용 위생 서비스 출제예상문제

012 이상적 손톱 길이 결정에 관한 내용이 아닌 것은?

① 이상적 손톱의 크기 – 스트레스 포인트를 기준으로 결정한다.
② 스트레스 포인트 – 손톱 모양의 바깥선을 결정하는 기준이 된다.
③ 이상적 손톱의 길이 – 옐로우 라인을 기준으로 한다.
④ 자유연 성장 – 손톱 넓이를 조정 · 결정한다.

> **해설**
> ④ 자유연의 성장에 따라 손톱 길이는 조정 또는 결정된다.
> ① ② 이상적 손톱의 크기는 스트레스 포인트를 기준으로 손톱 모양의 바깥선을 결정한다.
> ③ 이상적 손톱의 길이는 옐로우 라인을 기준으로 한다.

013 프리에지의 6개월간 성장 길이는?

① 1.8 ~ 3cm   ② 2 ~ 3.5cm
③ 3 ~ 4.5cm   ④ 4 ~ 5.5cm

> **해설**
> ① 자유연은 6개월 동안 1.8~3cm 정도 자란다.

014 네일 디자인 모형이 아닌 것은?

① 스퀘어형   ② 사다리형
③ 라운드 스퀘어형   ④ 라운드형

015 스트레스 포인트를 기점으로 자유연과 만나는 모서리 부분에 각이 생기지 않도록 하는 디자인 모형과 그 방법은?

① 스퀘어형 – 모서리 부분에 각이 생기도록 한다.
② 아몬드형 – 모서리 부분을 둥근 느낌이 나도록 한다.
③ 라운드형 – 모서리 부분을 둥글게 만들어 준다.
④ 라운드 스퀘어형 – 모서리 부분만 살짝 둥글게 굴려준다.

016 오발형에 대한 설명으로 맞는 것은?

① 스트레스 포인트를 기점으로 스퀘어형보다 둥글게 프리에지와 만나도록 굴려주는 형태이다.
② 스트레스 포인트를 기점으로 조구를 둥글게 굴려준다.
③ 스트레스 포인트를 기점으로 상조피의 넓이가 자유연보다 조금 넓게 굴려져 있는 형태이다.
④ 스트레스 포인트를 기점으로 라운드형보다 더 둥글게 프리에지와 만나도록 굴려 형태를 만든다.

017 포인트형 네일을 가장 적절히 표현한 것은?

① 스트레스 포인트를 기점으로 조반월을 둥글게 굴려준다.
② 상조피보다 자유연의 넓이가 더 좁으며 자유연 끝이 뾰족한 형태이다.
③ 스트레스 포인트를 기점으로 라운드형보다 더 둥글게 프리에지와 연결하는 형태이다.
④ 스트레스 포인트를 기점으로 라운드 스퀘어형보다 더 둥글게 프리에지와 연결하는 형태이다.

[018~023] 다음은 5가지 네일 디자인 모형의 그림이다.

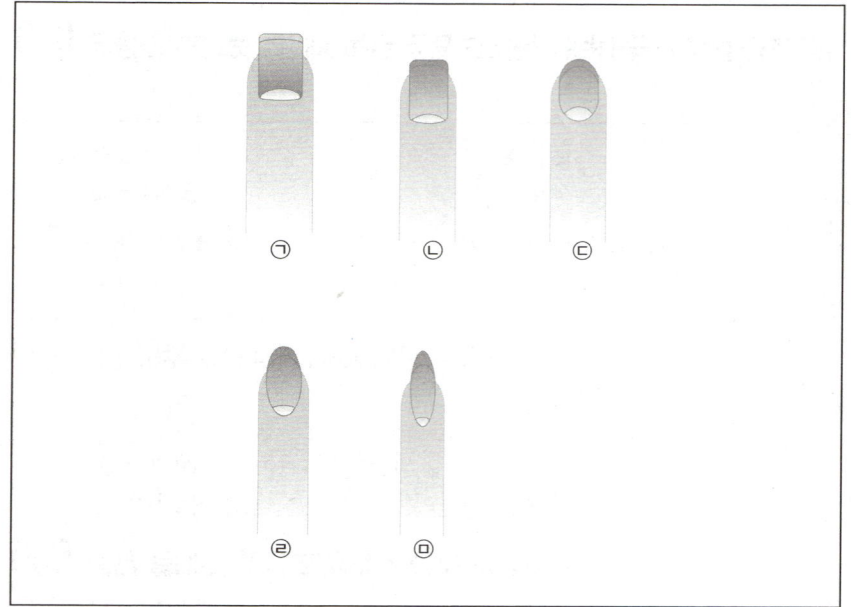

018 네일 디자인 모형 중 손톱판의 모양이 가장 큰 것은?

① ㉠   ② ㉡
③ ㉢   ④ ㉣

019 포인트형 네일은?

① ㉡   ② ㉢
③ ㉣   ④ ㉤

020 둥근 사각형 네일은?

① ㉡   ② ㉢
③ ㉣   ④ ㉤

021 오발형 네일은?

① ㉠   ② ㉡
③ ㉢   ④ ㉣

정답 012 ④   013 ①   014 ②   015 ④   016 ④   017 ②   018 ①   019 ④   020 ①   021 ④

네일미용 위생 서비스 출제예상문제

022 사각형 네일은?
① ㉠ ② ㉡
③ ㉢ ④ ㉣

023 둥근형 네일은?
① ㉠ ② ㉡
③ ㉢ ④ ㉣

024 다음 네일의 유형 만들기에서 관련되는 내용의 손톱인 것은?

- 파일 각도는 90°이다.
- 스트레스 포인트와 프리에지가 만나는 점이 직각이다.
- 강한 느낌을 갖는다.

① 스퀘어형 ② 스퀘어오프형
③ 라운드형 ④ 오발형

025 포인트형의 네일유형 만들기인 것은?
① 파일 각도는 10~45로 뉘어서 작업한다.
② 손 노출의 많은 직업여성에게 어울린다.
③ 파일 각도는 60°로 둥글게 작업한다.
④ 스트레스 포인트와 프리에지가 만나는 지점이 직각이다.

026 파일 각도를 90°로 사용하는 네일 유형은?

㉠ 스퀘어형	㉡ 라운드 스퀘어형
㉢ 라운드형	㉣ 오발형
㉤ 포인트형	

① ㉠, ㉡ ② ㉡, ㉢
③ ㉢, ㉣ ④ ㉣, ㉤

027 다음 보기 중 파일 각도를 45°로 사용하는 네일 유형으로만 묶은 것은?

㉠ 스퀘어형	㉡ 라운드 스퀘어형
㉢ 라운드형	㉣ 오발형
㉤ 포인트형	

① ㉠, ㉡, ㉢ ② ㉡, ㉢, ㉣
③ ㉢, ㉣, ㉤ ④ ㉡, ㉣, ㉤

028 손톱 가운데 가장 아름답고 우아하게 보이는 이상적인 길이를 의미하는 단어는?
① 이상적인 길이 ② 골든 프로포션
③ 한계의 길이 ④ 디자인 모형

029 네일 전체를 등분하였을 때 프리에지의 이상적인 길이 비율은?
① 전체 손톱의 1/4 길이
② 전체 손톱의 1/2 길이
③ 전체 손톱의 1/3 길이
④ 전체 손톱의 1/5 길이

[해설] ① 프리에지의 성장 네일은 1/4 길이 정도 더 길게 유지하는 것이 좋은 비율이다.

030 네일 총 길이 중 프리에지가 갖는 한계의 길이는?
① 전체 손톱의 1/5 이상
② 전체 손톱의 1/4 이상
③ 전체 손톱의 1/3 이상
④ 전체 손톱의 1/2 이상

[해설] ③ 성장 네일(자유연)이 전체의 1/3 이상 길어지면 스트레스 포인트 양 측면에 부담을 준다.

05 네일미용의 역사

001 다음 문항에서 근대 네일리스트와 관련된 내용과 거리가 먼 것은?
① 1998년 – 한국네일협회가 창립되었다.
② 1975년 – 네일리스트협회가 창립되었다.
③ 1994년 – 면허제도가 뉴욕 주에 도입되었다.
④ 1970년 – 여성 직업으로 네일리스트가 확립되기 시작하였다.

[해설] ① 1997년 한국네일협회가 발족되었다.

002 우리나라 전문 네일살롱 관련 내용과 거리가 먼 것은?
① 1988년 – 서울 이태원에 국내 최초 네일살롱 개원
② 1998년 – 전문 살롱 핑크네일 오브 뉴욕 오픈
③ 1996년 – 서울 압구정동 백화점 내 전문네일코너 입점
④ 1997년 – 미용실 또는 피부관리실 내(숍 인 숍) 네일코너 입점

[해설] ② 1997년 전문 살롱이 오픈되었다.

정답 022 ① 023 ③ 024 ① 025 ① 026 ② 027 ③ 028 ② 029 ① 030 ③ 001 ① 002 ②

PART 1

네일미용 위생 서비스 출제예상문제

003 다음 문항 중에서 시대가 다르게 서술된 것은?

① 고대에는 손톱 매니큐어를 남성 전유물로 여겼다.
② 네일 기술은 약 5,000년경에 걸쳐 변화하여 왔다.
③ 최초의 네일 케어는 B.C 3,000년경에 이집트와 중국에서 시작되었다.
④ B.C 3,000년경 중국에서는 벌꿀과 계란 흰자와 아라비아 고무나무를 사용하였다.

> **해설**
> ① 중세시대와 관련된 네일의 역사이다.

004 B.C 3,000년경 매니큐어가 행해졌던 나라는?

① 로마와 중국
② 이집트와 중국
③ 그리스와 로마
④ 미국과 프랑스

005 손톱화장에 홍화, 밀랍, 난백 등을 사용한 나라는?

① 로마
② 중국
③ 이집트
④ 그리스

> **해설**
> • 입술연지에 사용된 홍화를 손톱에 입혀 '조홍'이라 한다.
> • B.C 3,000년경 중국에서는 벌꿀과 계란 흰자, 아라비아산 고무나무 수액을 조제하여 손톱화장을 하였다.

006 고대 이집트 시대의 네일미용과 관련 없는 것은?

① 왕과 왕비의 손톱에 헤나를 칠하였다.
② 시녀의 미이라 손톱에 보라색 색조가 칠해져 있었다.
③ 출토된 고분에서 금속제로 된 오렌지 우드스틱이 발견되었다.
④ 손톱색조를 통해 계급을 알 수 있었으며 신분이 낮은 사람은 짙은 색을 칠하였다.

> **해설**
> ④ 신분이 낮을수록 옅은 색을 칠했다.

007 가짜 손톱을 사용하여 손톱을 길어보이게 한 최초의 시기는?

① 고대 네일미용
② 중세 네일미용
③ 15세기 네일미용
④ 17세기 네일미용

> **해설**
> ③ 15세기 중국 명나라에서는 흑색과 적색을 손톱에 발랐으며 가짜 손톱(인조 손톱)을 사용하였다.

008 네일이 변천된 총 역사는?

① 2000년
② 3000년
③ 4000년
④ 5000년

009 고대 이집트에서 손톱화장에 사용된 재료는?

① 홍화
② 헤나
③ 계란 흰자
④ 오일

010 중세시대 네일미용에 대한 설명으로 틀린 것은?

① 손톱 매니큐어를 남성 전유물로 여겼다.
② 군인들은 입술과 네일에 동일 계열의 색을 칠하였다.
③ 군인들은 금색과 은색을 이용하여 입술과 손톱에 칠하였다.
④ 전쟁 출전에 앞서 군인들은 염료를 사용하여 손톱에 색조를 칠하였다.

> **해설**
> ③ 고대의 네일미용으로서 B.C 600년경 중국에서는 금색, 은색을 손톱에 발랐다.

011 네일케어가 대중화된 시기는?

① 1800년
② 1830년
③ 1885년
④ 1892년

> **해설**
> 1800년대에는 네일케어가 대중화되고, 아몬드형의 손톱 모양이 유행하였으며, 붉은색 오일과 양가죽을 이용하여 손톱에 색깔과 광택을 냈다.

012 1900년대의 네일미용과 거리가 먼 것은?

① 크림이나 파우더로 손톱에 광을 내었다.
② 낙타털 브러시를 이용, 손톱에 폴리시를 칠하였다.
③ 네일 폴리시 피막 형성제인 니트로셀룰로오스가 개발되었다.
④ 네일케어에 금속가위와 금속파일 등의 네일도구가 이용되었다.

> **해설**
> ③ 1885년에 개발되었다.

013 1800년대의 네일미용이 아닌 것은?

① 네일케어가 대중화되었다.
② 아몬드 모양의 뾰족한 손톱 모양이 유행하였다.
③ 프리에지에 사용되는 화이트 폴리시가 출시되었다.
④ 붉은색 오일과 양가죽을 이용하여 손톱에 색깔과 광택을 내었다.

> **해설**
> ③ 1927년의 일이다.

정답 003 ① 004 ② 005 ② 006 ④ 007 ③ 008 ④ 009 ② 010 ③ 011 ① 012 ③ 013 ③ 014 ①

네일미용 위생 서비스 출제예상문제

014 네일리스트가 최초로 배출된 시기는?
① 1892년 ② 1900년
③ 1917년 ④ 1927년

① 1892년 미국에서 여성직업으로서 네일리스트가 생겼다.

015 오렌지 우드스틱을 네일관리 도구로 사용한 것과 관련 **없는** 것은?
① 1830년대에 개발되었다.
② 유럽 발 전문의사 시트에 의해 개발되었다.
③ 영화배우 리타 헤이워드가 최초로 사용하였다.
④ 네일 큐티클을 밀어주거나 네일 주변 피부에 묻은 폴리시 제거 시에 사용된다.

③ 1940년 풀커버 컬러링으로서 뾰족한 손톱 모양에 빨간색을 가득 메우는 손톱 화장을 유행시킨 사람이다.

016 현대 네일미용의 내용과 연도의 연계가 **잘못된** 것은?
① 1910년 - 네일 폴리시 제조회사가 설립되었다.
② 1948년 - 습식 매니큐어를 남성 이발소에서 최초로 시술하였다.
③ 1917년 - 보그 잡지의 닥터 코너에 홈케어용으로 네일 제품이 광고되었다.
④ 1935년 - 인조네일을 개발하였다.

② 1940년이다.

017 1925년도의 네일미용 시장의 특징인 것은?
① 전기기구를 이용하여 손톱에 광택을 내었다.
② 다양한 채도의 빨간색 폴리시가 출시되었다.
③ 네일 폴리시 시장의 대중화로 폴리시 구입이 용이해졌다.
④ 네일 폴리시 리무버, 워머 로션, 큐티클 오일이 출시되었다.

① ② ④ 1927년 제나연구팀에 의해 개발되거나 출시되었다.

018 립스틱과 어울리는 네일 폴리시 색상 출시와 관련된 것은?
① 프랑스 ② 레브론 사
③ 플라워리 ④ 제나연구팀

019 네일의 반월과 양 가장자리를 뺀 손톱 중앙에 컬러링을 시도한 연도는?
① 1917년 ② 1925년
③ 1927년 ④ 1932년

① 홈케어 네일 제품이 광고되었다.
③ 화이트 폴리시가 출시되었다.
④ 레브론 사에서 립스틱과 어울리는 네일 폴리시 색상을 출시하였다.

020 네일 손질에 금속파일과 사포파일을 도구로 사용한 년도는?
① 1885년 ② 1892년
③ 1900년 ④ 1910년

1910년에 뉴욕에서 네일 폴리시 제조회사가 설립되고 네일 손질에 금속파일과 사포파일이 도구로 사용되었다.

021 미용학교에서 네일케어가 채택된 내용과 관계있는 것은?
① 시트 ② 노린레호
③ 리타 헤이워드 ④ 헬렌 걸리 브라운

④ 1956년 미국 여성 잡지 편집장인 헬렌 걸리 브라운에 의해서 네일케어가 최초로 교과목으로 채택되었다.

022 1957년 네일미용 역사와 관계가 **먼** 것은?
① 네일 팁 사용이 확대 증가되었다.
② 페디큐어가 시술되기 시작하였다.
③ 호일을 이용한 아크릴 스컬프처가 시술되었다.
④ 실크와 린넨을 이용하여 네일 래핑이 시술되었다.

④ 1960년도의 네일미용 역사이다.

023 다음은 근대 네일미용의 역사이다. 연도와 내용이 **틀린** 것은?
① 1973년 - 네일 접착제와 접착식 인조네일이 개발되었다.
② 1994년 - 인조 팁, 아크릴 스컬프처, 섬유 랩 등이 처음 제조되었다.
③ 1960년 - 실크와 린넨을 이용하여 네일 래핑이 처음 시술되었다.
④ 1970년 - 긴 손톱을 위한 인조 팁과 아크릴 스컬프처가 본격화되었다.

② 1976년이다.

정답 015 ③ 016 ② 017 ③ 018 ② 019 ② 020 ④ 021 ④ 022 ④ 023 ②

네일미용 위생 서비스 출제예상문제

024 1981년 에씨, 스타 제조회사와 관련된 내용이 <u>아닌</u> 것은?

① 네일 액세서리가 출시되었다.
② 네일 및 핸드용 전문제품이 출시되었다.
③ 네일 폴리시, 리퀴드, 파이버 글래스, 릿지필러, 프라이머 등이 제조되었다.
④ 전문제품은 건성, 지성용, 베이스 코트, 톱 코트, 네일 팁, 아크릴 스컬프처가 출시되었다.

해설
③ 1974년 올리 인터내셔널 제조회사에서 제조되었다.

025 현대 네일미용의 대중화 및 유행과 관계 없는 내용은?

① 1967년 - 손과 발관리가 대중화되었다.
② 1992년 - 네일 대중화가 처음 시작되었다.
③ 1976년 - 스퀘어형의 손톱 모양이 유행하였다.
④ 1970년 - 네일케어와 네일아트가 유행되기 시작하였다.

해설
② 1992년에 인기 여배우들에 의해 네일 대중화가 최고조로 확대되었다.

Chapter 03
네일숍 안전 관리

001 화학물질의 정의와 거리가 <u>먼</u> 것은?

① 독성
② 농도
③ pH
④ 오염시간 정도

002 화학물질과 연계하였을 때 적절한 것은?

① 오염시간 정도 - 물질에 오염된 시간과 기간이 드러난다.
② 화학물질 반응도 - 물질에 오염된 정도와 물질의 농도를 갖고 있다.
③ 오염된 화학물질은 다른 물질과 상호작용이 없다.
④ 물질의 오염경로는 찾기 쉽다.

해설
② 물질에 따라 개인의 반응도가 다르다.
③ 물질에 따라 다른 물질과 상호작용이 있다.
④ 물질의 오염경로는 찾을 수는 있으나 어렵다.

003 네일 제품 시술 중에 바로 나타나는 눈의 증상이 <u>아닌</u> 것은?

① 열이 난다.
② 분비물의 나온다.
③ 화끈거림, 가려움, 충혈이 생긴다.
④ 염증이 생긴다.

004 네일 제품 시술 중에 바로 나타나는 코나 목의 증상이 <u>아닌</u> 것은?

① 열이 난다.
② 콧물이 난다.
③ 목이 따끔거린다.
④ 화끈함과 가려움 증상이 있다.

해설
콧물과 목이 따끔거림, 화끈거림과 가려움 같은 증상이 있다.

005 네일 제품 시술 중에 바로 나타나는 폐의 증상이 <u>아닌</u> 것은?

① 호흡이 곤란하다.
② 호흡이 짧아진다.
③ 기침을 동반한다.
④ 가슴이 답답하다.

해설
호흡곤란, 호흡이 짧아지고 기침을 동반한다.

정답 | 024 ③ 025 ② | 001 ③ 002 ① 003 ④ 004 ① 005 ④

네일미용 위생 서비스 출제예상문제

006 네일 제품 사용에 따른 만성적 증상인 것은?
① 증상이 나타나기까지 수년~수십년이 걸린다.
② 개인이 어떠한 화학물질에 대해 민감하게 반응한다.
③ 사용량에 관계없이 사용할 때마다 반응을 나타낸다.
④ 여러 번 또는 몇 년 사용한 후에라도 알레르기는 일어날 수 있다.

007 네일 제품 중 가장 심각한 알레르기를 일으키는 성분은?
① 암모니아   ② 포름알데하이드
③ 황화메틸렌   ④ 이황화메틸

008 알레르기 반응 증상이 <u>아닌</u> 것은?
① 코 막힘   ② 눈물나고 재채기
③ 수포   ④ 기침

알레르기 증상 : 코가 막히고 눈물, 재채기, 호흡곤란, 기침, 가벼운 피부 발진 증상이 나타난다.

009 피부 염증 상태를 나타내는 용어가 <u>아닌</u> 것은?
① 피부발진
② 호흡장애로 인한 호흡곤란
③ 접촉성 피부염
④ 알레르기성 피부염

② 알레르기 반응이다.

010 피부염의 증상이 <u>아닌</u> 것은?
① 수포나 구진(뾰루지) 같은 형태의 질환이 발현된다.
② 손이나 팔에 피부염의 증상이 가장 흔하게 나타난다.
③ 알레르기성 화학물질은 호흡에 의해서도 피부염이 유발된다.
④ 사용량에 관계없이 반응을 나타낸다.

④ 알레르기 반응이다.

011 손(팔)에 가장 흔하게 나타나는 피부염의 증상이 <u>아닌</u> 것은?
① 피부가 찢어지거나 벗겨짐
② 건조하거나 출혈이 생김
③ 가려움과 피부의 화끈거림
④ 기침 그리고 가벼운 피부발진

④ 알레르기 증상이다.

012 인조네일 시술에서 아크릴 제품을 <u>잘못</u> 사용하였을 때의 증상을 고르면?

> ㉠ 수포가 생긴다.
> ㉡ 구진(뾰루지)이 생긴다.
> ㉢ 피부가 짓물러져 진물이 흐를 수도 있다.
> ㉣ 붉게 발진할 수도 있다.

① ㉠, ㉡   ② ㉡, ㉢
③ ㉢, ㉣   ④ ㉠, ㉣

013 화학물질의 높은 오염도에 따른 증상을 <u>모두</u> 고른다면?

> ㉠ 자연유산   ㉡ 하혈수반
> ㉢ 생식기 이상   ㉣ 소화기 장애
> ㉤ 근 골격손상

① ㉠, ㉡, ㉤   ② ㉠, ㉡, ㉢
③ ㉢, ㉣, ㉤   ④ ㉠, ㉣, ㉤

높은 오염도에 따른 직업상 환기 부족 시 자연유산 또는 하혈을 수반하며 생식기의 이상을 야기한다.

014 네일 숍 내 화학물질이 인체에 침입하는 경로가 <u>아닌</u> 것은?
① 호흡 – 화학제품이 호흡을 통해 식도로 들어간다.
② 호흡 – 폐에 머물거나 혈관을 통하여 몸의 다른 여러 부분으로 운반된다.
③ 접촉 – 화학물질에 오염되거나 묻은 손을 눈에 대고 비빌 때 인체에 침입한다.
④ 접촉 – 화학물질 자체가 휘발하여 수증기가 되어 눈에 들어갈 수 있다.

① 화학물질이 호흡을 통해 폐로 들어간다.

015 작업 중에 화학제품의 간접적 섭취에 관한 내용과 거리가 먼 것은?
① 매니큐어 작업에 사용된 손을 이용하여 음식을 집어 먹을 때
② 매니큐어 작업에 사용된 손을 이용하여 음료를 마실 때
③ 매니큐어 작업에 사용된 손을 이용하여 담배를 피울 때
④ 매니큐어 작업에 사용된 손을 이용하여 머리를 긁적일 때

정답 006 ① 007 ② 008 ③ 009 ② 010 ④ 011 ④ 012 ③ 013 ② 014 ① 015 ④

네일미용 위생 서비스 출제예상문제

PART 1

016 물질안전기준표와 거리가 먼 것은?

① 화학제품에 대한 정보를 알려주는 기준표이다.
② 화학제품에 대하여 미국에서 법으로 규제해 놓았다.
③ 화학제품에 대한 위험성을 알려주는 기준표이다.
④ 숍에서 사용되는 제품에 대한 물질안전기준표는 비치하지 않아도 된다.

해설
④ 숍에서는 작업 시에 사용되는 제품에 대해 물질안전기준표를 내부 편리한 장소에 쉽게 접할 수 있도록 비치해야 한다.

017 물질안전기준표의 정의가 아닌 것은?

① 화학제품의 성분위험도를 나타낸다.
② 작업장에서의 건강상 위험도를 나타낸다.
③ 작업 시 사용되는 제품의 인체 유해 정도를 결정한다.
④ 작업장에서 사고 발생 순서를 나타낸다.

해설
④ 작업장에서 사고 발생 시 응급순서를 결정한다.

018 물질안전기준표의 법 규제가 아닌 것은?

① 영업자는 화학제품의 위험에 대해 스텝들에게 교육해야 한다.
② 제품의 용기에는 라벨이 부착되어 있어야 한다.
③ 화학제품의 연소성이 제시되어야 한다.
④ 영업장에는 물질안전기준표를 잘 보이는 곳에 비치해야 한다.

해설
③ 물질안전기준표의 정의이다.

Chapter 05
개인위생 관리

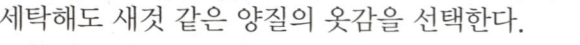

01 네일미용 작업자와 고객의 위생 관리

001 네일 미용사의 위생관리에 관한 내용이다 내용 중 틀린 것은?

① 청결 – 손은 고객마다 시술 전과 시술 후 손을 반드시 씻도록 하고 시술 전에는 상관없다.
② 청결 – 화장실 사용 후나 쓰레기통과 같은 물건을 만진 후에도 손을 반드시 씻도록 한다.
③ 복장 – 신발은 굽이 낮고 잘 맞는 것을 착용한다.
④ 복장 – 디자인은 단순하면서도 산뜻한 것을 선택하고 자주 세탁해도 새것 같은 양질의 옷감을 선택한다.

해설
손은 고객마다 시술 전과 시술 후, 화장실 사용 후나 쓰레기통과 같은 물건을 만진 후에도 손을 반드시 씻도록 한다.

002 네일 미용사의 위생관리에 관한 내용이다. 내용 중 틀린 것은?

① 내일 관리 시에는 고객에게 신뢰를 주기 위해 마스크를 착용하고 작업을 한다.
② 개인위생은 공중보건, 감염병소독학, 미생물학 등의 위생 지식을 습득하여 공중위생의 유지와 증진에 이바지한다..
③ 손 위생은 반드시 알코올 소독제를 이용하여 손 소독을 한다
④ 발톱을 깎을 때 프리에이지는 스퀘어셰입으로 자른다.

해설
손 위생은 알코올 소독제를 이용한 손 소독 방법과 물과 비누(세정제)를 이용하여 손을 씻는 손 씻기 방법으로 나눌 수 있다.

003 네일 미용사의 위생관리에 대한 내용이다. 내용 중 틀린 것은?

① 혀에 낀 음식물 찌꺼기와 설태가 입냄새의 90%를 유발하므로 혀를 깨끗이 닦는다.
② 구취 측정 검사를 할 때에는 할리미터, 체열진단기기, 팔강진단기기 등을 사용한다.
③ 양치 후 칫솔을 전자레인지에 3분 이상 돌리거나 식초 또는 베이킹소다에 담가두기도 한다.
④ 양치에 사용되는 칫솔은 평균 3개월마다 교체하는 것이 좋다.

해설
설태는 전체 입냄새의 60%를 차지할 정도로 입냄새를 유발한다.

정답 016 ④   017 ④   018 ③   001 ①   002 ③   003 ①

네일미용 위생 서비스 출제예상문제

004 다음 양치질의 효능이 아닌 것은?
① 혈당 조절
② 심장병 예방
③ 위암 예방
④ 폐암 예방

> **해설** 치매 예방 잇몸병이 알츠하이머성 치매에 영향을 준다. 즉 기억력과 관련된 각종 질병 발병 위험을 양치질로 예방하는 데 도움이 된다.

005 네일 미용업소 위생관리에 관한 내용으로 틀린 것은?
① 네일숍에서는 소독을 한 기구와 소독을 하지 않은 기구를 구분하여 보관하여야 한다.
② 니퍼는 이물질을 제거하고 자외선 소독기나 크레졸로 소독 후 보관한다.
③ 오렌지우드스틱은 1인 1기 사용 후 폐기한다.
④ 팁커터기, 실크가위, 푸셔는 자비 소독법으로 소독한다.

> **해설** 플라스틱 재질의 네일도구, 브러시, 니퍼, 푸셔등은 자외선 소독기에서 20분 이상 소독한다.

02 네일의 병변

001 네일리스트가 관리 가능한 손톱질환은?
① 고랑진 조체
② 조체 구만증
③ 조체 박렬증
④ 화농성 육아종

> **해설** ② ③ ④ 네일케어가 불가능한 질환의 손톱이다.

002 고랑진 조체에 대한 설명인 것은?
① 조체가 오므라들어 가듯이 보인다.
② 조체에 윤기가 없다.
③ 손톱이 축소되는 것처럼 떨어져 나간다.
④ 조체 겉에 세로 고랑과 가로 고랑이 나 있다.

> **해설** ① ② ③ 조체 위축증에 관한 설명이다.

[003~004] 다음은 고랑진 조체에 대한 증상이다.

> ㉠ 조체 자체의 유·수분 부족
> ㉡ 주로 내적 질환에 의한 증상
> ㉢ 과로, 고열, 아연 결핍 등의 증상
> ㉣ 만성 순환계의 이상
> ㉤ 영양실조와 정신적 질환
> ㉥ 염증이 있는 질병 또는 알코올 중독

003 위의 내용 중 가로 고랑 조체에 대한 내용은?
① ㉠, ㉡
② ㉢, ㉣
③ ㉡, ㉤
④ ㉠, ㉥

> **해설** ㉠ ㉣ ㉥ 세로 고랑 조체에 대한 증상이다.
> ㉡ ㉢ ㉤ 가로 고랑 조체에 대한 증상이다.

004 위의 내용 중 세로 고랑 조체에 대한 내용은?
① ㉠, ㉡
② ㉡, ㉢
③ ㉣, ㉤
④ ㉣, ㉥

005 혈종에 관한 내용이 아닌 것은?
① 외부 충격으로 조상이 손상되어 혈액이 응고된 상태이다.
② 멍든 손톱이다.
③ 조모가 손상되지 않았을 경우 약 1개월 후 손톱은 새로 자란다.
④ 조모 손상, 내과적 질환에 의해 나타난다.

> **해설** ④ 조체위축증이다.

006 조체증과 관련된 내용인 것은?
① 손톱을 씹거나 깨무는 버릇에 의해 나타난다.
② 내과적 질병, 신경계통 이상의 현상이다.
③ 피부가 건조하여 나타나는 증상이다.
④ 보습처리를 해야 한다.

> **해설** ② 조체연화증 증상. ③ ④ 손가락 거스러미의 증상이다.

007 조체연화증과 관련 없는 것은?
① 계란 껍질 손톱이라고도 한다.
② 손톱 표면이 흰색을 띤다.
③ 얇고 끝이 구부러져 있다.
④ 손톱이 축소되어 떨어져 나간다.

> **해설** ④ 조체위축증이다.

정답 004 ④ 005 ④ 001 ① 002 ④ 003 ③ 004 ④ 005 ④ 006 ① 007 ④

네일미용 위생 서비스 출제예상문제

008 다음 중 인조손톱으로 보강하거나 매니큐어 컬러링으로 지속 관리해야 하는 네일 질환은?

① 손가락 거스러미
② 조체연화증
③ 조체증
④ 조체위축증

> **해설**
> 조체증 : 손톱을 씹거나 깨무는 버릇에 의해 나타나는 심인적인 증상이다.

009 손톱에서 거스러미가 일어나는 곳이 <u>아닌</u> 것은?

① 상조피
② 자유연
③ 스트레스 포인트
④ 조구

010 조체종렬증의 특징으로 맞는 것은?

① 손톱판이 세로로 갈라지며 골이 파지는 현상
② 손톱이 조구로 파고 들어간 현상
③ 큐티클 과잉 성장으로서 손톱 표면을 덮는 현상
④ 과잉 발육으로서 거대한 손톱 현상

> **해설**
> ② 조내생, ③ 조체입상편, ④ 조체비대증이다.

011 심할 경우 조체를 제거해야 하는 네일 질환은?

① 조체입상편
② 조내생
③ 조체비대증
④ 조체백반증

> **해설**
> 조내생 질환 : 손(발)톱이 조구로 파고 들어가는 현상의 질환이다.

012 조상에 백색의 띠가 형성되는 네일 질환은?

① 조체백반증
② 무조증
③ 오염된 조체
④ 스푼형 조체

013 다음은 네일 관련 증상이다. 연계가 <u>잘못된</u> 것은?

① 조내생 – 꽉 끼는 신발을 상용으로 신을 경우이다.
② 조체입상편 – 상조피가 반월 쪽으로 치켜 들뜬 경우이다.
③ 조체비대증 – 유전이나 질병 등에 의해 나타난다.
④ 조체종렬증 – 선천성 발육부전증으로 나타난다.

> **해설**
> ④ 무조증이다. 무조증은 조체 결여증으로서 선천성 발육부전증이나 심한 감염 등에서 볼 수 있다.

014 변색 또는 오염된 조체에 관한 내용인 것은?

① 변색, 퇴색, 오염된 조체의 일종이다.
② 네일이 자라면 잘라내고 폴리시를 컬러링한다.
③ 갑상선 기능장애에 의해 나타난다.
④ 선천성 발육부전증에서 나타난다.

> **해설**
> ② 조체백반증에 대한 관리이다.
> ③ 스푼형 조체의 증상이다.
> ④ 무조증에 관한 증상이다.

015 스푼형 조체와 관련이 <u>먼</u> 것은?

① 스푼형 또는 숟가락형으로 손톱이 함몰된 상태이다.
② 조체는 얇고 패어 있다.
③ 가장자리인 조구는 부풀어져 있다.
④ 과산화수소를 이용하여 표백한다.

> **해설**
> ④ 변색 또는 오염된 조체의 관리방법이다.

016 다음은 네일질환으로서 연결이 <u>잘못된</u> 것은?

① 무조증 – 조체결여증
② 스푼형 조체 – 숟가락형 손톱
③ 조체비대증 – 계란 껍질 손톱
④ 혈종 – 멍든 손톱

> **해설**
> ③ 조체비대증은 거대 조체 증상이다.

017 네일케어가 불가능한 질환으로 연결된 것은?

㉠ 조체구만증	㉡ 조체비대증
㉢ 화농성 육아종	㉣ 조체박리증
㉤ 조체위축증	

① ㉠, ㉡
② ㉡, ㉢
③ ㉢, ㉣
④ ㉣, ㉤

> **해설**
> ㉠ ㉢ ㉤ 네일리스트가 관리할 수 없는 질환이다.

정답 008 ③ 009 ② 010 ① 011 ② 012 ① 013 ④ 014 ① 015 ④ 016 ③ 017 ③

네일미용 위생 서비스 출제예상문제

018 조체구만증에 관한 내용인 것은?
① 조체가 두껍게 만곡 상태로 변형된 현상
② 조체의 일부가 조상에서 분리된 현상
③ 조체의 주위가 붉게 부풀어 오르는 현상
④ 조체판이 들떠 일어나는 현상

해설
② 조체박리증, ③ 화농성 육아종, ④ 일어나는 네일이다.

019 조체진균증과 관련 없는 것은?
① 진균에 감염된 질환이다.
② 조체판이 두꺼워지고 울퉁불퉁하다.
③ 자유연을 통해 조근으로 감염이 퍼져간다.
④ 조체 주변 피부조직이 세균에 의해 감염된다.

해설
④ 조체주위염이다.

020 조체박렬증의 증상인 것은?
① 매독이나 당뇨병에 의해 유발되는 증상이다.
② 건선의 한 증상으로 나타난다.
③ 조체판을 신경증적으로 뽑아내는 현상이다.
④ 심한 가려움증을 동반한다.

해설
② 조체박리증, ③ 조체발인벽, ④ 족부백선에 대한 설명이다.

021 조체주위염의 증상인 것은?
① 세균에 감염되어 염증을 일으킨다.
② 발인벽, 농근벽 증상이다.
③ 네일 주변에 붉은 빛을 띤다.
④ 조체가 두껍다.

해설
② 조체발인벽, ③ 화농성 육아종, ④ 조체구만증이다.

Chapter 06
고객응대 서비스

001 다음 고객과의 대화 태도로 틀린 것은?
① 고객이 지루하지 않도록 미용사가 말을 많이 하며 대화를 이끌어 나간다.
② 정당한 이유를 나타내는 이성(logos) 요소와 정서적 호소를 맡는 감성(ethos) 요소와 설득하는 사람의 인격과 직결되는 정신(pathos) 요소로 구성된다.
③ 대화 시 적절한 제스처와 표정을 곁들여 대화에 집중하는 태도를 보인다.
④ 대화를 효과적으로 하기 위해서는 말하기, 듣기, 태도 등 3요소가 적절히 사용되어야 한다.

해설
상대의 대화를 가능한 한 많이 경청하는 태도로서 눈을 주시하면서 관심과 흥미에 초점을 맞춘다.

002 다음 내용 중 대화법의 종류에 포함되지 않는 것은?
① 부정화법 ② 쿠션화법
③ 권유화법 ④ 예스화법

해설
긍정화법이다.

003 다음 내용 중 연결이 잘못된 것은?
① yes화법 – 상대에게 yes라고 말하는 것으로 기분 좋게 만드는 심리 테크닉이다.
② 권유화법 – 상대방의 의견을 구하는 표현을 사용한다.
③ 쿠션화법 – 상대방으로 존중과 배려받고 있다고 느낌이 들게 한다.
④ 긍정화법 – 부정적인 상황을 설명하거나 불가능하다"라는 말로 상대방으로 신뢰를 느낄 수 있다.

해설
부정적인 상황을 설명하거나 안내 시 긍정적인 단어를 사용하는 대화기술로서 "불가능하다"라는 말보다 "가능하다"라는 말을 더 많이 사용하기 때문에 상대방이 업무처리에 신뢰를 느낄 수 있다. 좋아요, 고맙습니다. 감사합니다. 행복합니다 등이다.

네일미용 위생 서비스 출제예상문제

004 네일샵을 방문한 고객응대 방법으로 거리가 먼 것은?

① 고객이 방문하였을 때 바른 자세로 웃으며 반갑게 인사를 한다.
② 비예약 고객인 경우 대기시간을 알리고 음료 서비스 응대를 한다.
③ 회원카드는 재방문 고객과 신규고객 모두 작성하도록 안내한다.
④ 물품이 보관된 라커열쇠를 고객이 기억할 수 있도록 열쇠 번호를 알려드린다.

해설
회원카드는 신규고객만 작성하면 된다.

005 다음 중 고객응대에 대한 설명으로 틀린 것은?

① 전화응대의 경우 표정은 고객이 보지 않아 목소리에만 신경을 쓰면 된다.
② 전화기 주변에 간단한 메모장을 준비하고 매뉴얼에 따라 상황별 전화응대를 한다.
③ 목소리의 톤은 숨겨진 감정을 나타내주며, 알맞은 톤의 선택은 전달하고자 하는 메시지의 효과를 높여 줄 수 있다.
④ 언어적 요소에는 고객의 신분에 따라 언어를 달리 표현하는 방법으로 공손한 어휘를 선택한다.

해설
전화 응대의 기본 매너는 좋은 표정과 바른 자세, 예의 바른 말투와 밝은 목소리 등 고객 편의를 생각해서 고객의 전달 내용을 정확히 잘 듣고 명확하게 해야 한다.

006 전화응대의 3대 원칙이 아닌 것은?

① 친절성 ② 신속성
③ 정확성 ④ 안전성

해설
전화 응대의 3대 원칙은 친절성, 신속성, 정확성이다.

007 네일샵 고객응대 방법으로 옳지 않은 것은?

① 고객 응대 시 음료는 음료컵의 2/3 정도 채워 이동 시 넘치지 않도록 한다.
② 세 가지 이상 이·미용 서비스 이용자에게 최종 지불 가격과 전체 서비스 총액에 관한 명세서를 미리 제공하고 명세서 사본은 폐기 처리한다.
③ 할인이 가능한 제휴카드 및 포인트 적립 안내를 한 후 결제를 하도록 한다.
④ 회원권의 효과는 고정고객 확보와 예약제 시스템으로 시간 관리에 효과적이다.

해설
공중위생관리법 시행규칙(보건복지부령 제 517호, 2017.9.15. 일부개정)에 따라 세 가지 이상 이·미용서비스 제공 시 이용자에게 개별서비스와 최종 지불 가격 및 전체 서비스의 총액에 관한 내역서를 미리 제공하고 내역서 사본을 1개월간 보관해야 한다

정답 004 ③ 005 ② 006 ④ 007 ②

네일미용 위생 서비스 출제예상문제

Chapter 07
피부의 이해

01 피부와 피부 부속기관

001 다음 내용 중 피부의 정의로서 틀린 것은?
① 피부는 외부환경과 접촉되는 경계면이다.
② 피부 세포는 단층각질세포로 구성되어 있다.
③ 피부의 세포는 중층편평상피로 구성되어 있다.
④ 피부는 일생동안 끊임없이 세포분열과 분화를 한다.

해설 ② 피부 세포는 중층편평상피로 구성되어 있다.

002 피부 표피 세포의 형태로 틀린 것은?
① 유극세포 – 방추형
② 각질세포층 – 편평형
③ 기저세포층 – 원주형
④ 과립세포층 – 다면체(편평)형

해설 ④ 과립세포층 – 다면체(입방)형

003 피부의 구조와 관련된 내용이다. 틀린 것은?
① 손바닥과 발바닥은 두꺼운 피부이다.
② 손톱과 발톱의 주변을 구성하는 피부는 두꺼운 피부이다.
③ 피부는 3개의 층인 표피, 진피, 피하조직으로 구성되어 있다.
④ 피부 부속기관은 각질 부속기관과 분비 부속기관으로 대별된다.

해설 ② 손(발)톱 주변의 피부는 얇은 피부이다.

004 피부 관련 내용이다. 틀린 것은?
① 얇은 피부층은 4개의 세포층으로 구성된다.
② 두꺼운 피부층은 5개의 세포층으로 구성된다.
③ 얇은 피부층은 각질층, 과립층, 유두층, 기저층이다.
④ 인체의 피부는 얇은 피부와 두꺼운 피부로 구성된다.

해설 ③ 얇은 피부층은 각질층, 과립층, 유극층, 기저층이다.

005 표피의 특징이다. 틀린 것은?
① 얇은 피부는 0.1~0.2㎜ 두께이다.
② 두꺼운 피부는 0.8~1.4㎜ 두께이다.
③ 상피조직으로서 혈관, 신경이 분포한다.
④ 영양과 산소는 확산 과정을 통해 이루어진다.

해설 ③ 표피는 상피조직으로서 신경과 혈관이 분포하지 않는다.

006 표피와 관련된 내용이 아닌 것은?
① 표피층은 무핵층과 유핵층으로 구분된다.
② 표피세포층에서 기저층과 유극층은 무핵층이다.
③ 표피세포층에서 과립층과 각질층은 무핵층이다.
④ 표피세포층에서 기저층은 줄기세포로서 세포분열을 한다.

해설 ② 표피세포층에서 기저층과 유극층은 유핵층이다.

007 표피 탈락이 이루어지는 각화현상이 아닌 것은?
① 약 28일 주기로 새로운 상피세포가 생성된다.
② 기저층→유극층→과립층까지 거치는 동안 14일이 소모된다.
③ 각질층에서 각질세포로 탈락되는 데 14일이 소모된다.
④ 각각의 층을 거치는 동안 수분과 관계없이 세포 모양이 달라진다.

해설 ④ 각각의 층을 거치는 동안 수분 손실량에 의해 세포 모양이 달라진다.

008 표피 부속기관이 갖는 역할과 관련이 다른 것은?
① 각질형성세포 – 각질세포를 생성하는 세포이다.
② 색소형성세포 – 적외선으로부터 인체를 보호한다.
③ 랑게르한스세포 – 면역작용에 관여하는 세포이다.
④ 촉각세포 – 감각을 인지하는 세포이다.

해설 ② 색소형성세포 : 자외선으로부터 인체를 보호한다.

009 이상 각화증의 증상인 것은?
① 피부의 정상적인 각화 현상은 28일 주기로 한다.
② 기저세포의 비정상 분화 시 피부 병리의 원인이 된다.
③ 14~90일간의 각화주기를 갖는다.
④ 4~10일간의 빠른 각화주기를 갖는다.

해설 ① ② 표피의 각화현상 ③ 과각화증이다.

정답 001 ② 002 ④ 003 ② 004 ③ 005 ③ 006 ② 007 ④ 008 ② 009 ④

네일미용 위생 서비스 출제예상문제

PART 1

010 피부색을 결정하는 요인이 <u>아닌</u> 것은?

① 카로틴　　　　　② 헤모글로빈
③ 멜라닌　　　　　④ 비타민

해설
④ 신체기능과 관련된 요인이다.

011 진피조직의 특징이 <u>아닌</u> 것은?

① 표피보다 두꺼우며 치밀한 결합조직이다.
② 표피를 지지하는 역할을 한다.
③ 표피와 피하지방층 사이에 위치한다.
④ 표피를 생산하는 줄기세포이다.

해설
④ 표피조직의 기저층이다.

012 진피조직의 세포층에 포함되지 <u>않는</u> 것은?

① 상피층　　　　　② 유두층
③ 망상층　　　　　④ 세포간물질

013 진피조직의 유두층과 관련된 내용과 거리가 <u>먼</u> 것은?

① 혈관이 집중되어 있다.
② 상처를 회복시킨다.
③ 피부 결을 만드는 기능을 한다.
④ 랑거 당김선을 갖는다.

해설
④ 망상층이다.

014 진피조직의 망상층과 관련된 것은?

① 진피 내 세포와 섬유 사이에 존재한다.
② 표피 기저층과 인접하다.
③ 영양 공급 및 체온을 조절한다.
④ 랑거 당김선을 갖는다.

해설
① 세포간물질, ② ③ 유두층이다.

015 진피조직의 세포에 속하지 <u>않는</u> 것은?

① 섬유아세포　　　② 비만세포
③ 대식세포　　　　④ 중층상피세포

해설
④ 상피조직의 세포이다.

016 진피조직 내 섬유아세포에 대한 설명으로 맞는 것은?

① 교원섬유이다.
② 노폐물 제거를 위한 식세포이다.
③ 백혈구 내 단핵구인 대식세포이다.
④ 우리 몸의 청소세포이다.

해설
② ③ ④ 대식세포이다.

017 피하지방 조직의 역할이 <u>아닌</u> 것은?

① 모누두상부와 연결되어 피지를 체외로 분비한다.
② 영양분의 저장소이다.
③ 기계적, 물리적 충격을 방지한다.
④ 외부 온도 변화로부터 신체를 보호한다.

해설
① 피지선이다.

018 피하지방 조직의 특징이 <u>아닌</u> 것은?

① 피부 밑 지방층이다.
② 지방조직이다.
③ 성긴 지방세포이다.
④ 피부 부속기관이다.

해설
④ 피부조직이다.

019 다음 피부의 기능 중 가장 약한 기능은?

① 보호의 기능　　　② 호흡 기능
③ 분비의 기능　　　④ 체온조절 기능

해설
② 경피흡수로서 폐호흡이 99%, 피부호흡은 1% 정도이다.

020 피부 분비 또는 배설의 기능이 <u>아닌</u> 것은?

① 한선에서 땀을 분비한다.
② 피지선에서 피지를 분비한다.
③ 혈관을 통해서 호르몬을 분비한다.
④ 피부는 흡수보다 배설이 더 강하다.

정답 010 ④　011 ④　012 ①　013 ④　014 ④　015 ④　016 ①　017 ①　018 ④　019 ②　020 ③

제 2 장　**114**　출제예상문제

네일미용 위생 서비스 출제예상문제

021 피부 체온조절의 기능으로 옳은 것은?
① 우리몸은 36.5℃ 이하로 유지하려는 항상성이 있다.
② 한선, 혈관 등을 통해 조절된다.
③ 혈관을 수축시켜 피부를 통해 열을 발산한다.
④ 입모근을 수축시켜 체표면적을 넓힌다.

해설
① 우리몸은 36.5℃로 유지하려는 항상성이 있다.
③ 혈관 수축을 통해 열손실을 막는다.
④ 입모근을 수축시켜 체표면을 줄인다.

022 피부에서의 보호기능이 아닌 것은?
① 표피에서 흡수가 이루어진다.
② 광선차단 기능을 가진다.
③ 수분유지 기능을 가진다.
④ 미생물로부터 방어 기능을 가진다.

해설
① 흡수기능이다.

[참고] 피부의 보호기능 : 광선차단, 수분유지, 세균, 미생물로부터 방어, 마찰에서의 보호기능이 있다.

023 모발을 감싸고 있는 모낭에 대한 설명으로서 거리가 가장 먼 것은?
① 모낭은 모근에 존재한다.
② 모낭은 2개의 모낭집으로 구성된다.
③ 상피근초는 내모근초와 외모근초로 구성된다.
④ 모낭은 3개의 층으로 구성된다.

해설
④ 모발구조를 일컫는다.

024 각질 부속기관이 아닌 것은?
① 손톱　　　② 발톱
③ 모발　　　④ 피부

025 다음 중 분비 부속기관이 아닌 것은?
① 손톱　　　② 대한선
③ 소한선　　④ 피지선

026 모낭집인 내모근초와 연계 구조인 것은?
① 유리막　　② 내돌림층
③ 외세로층　④ 헉슬리층

해설
① ② ③ 진피근초의 구조이다.

027 모낭집인 상피근초와 연계 구조로서 거리가 가장 먼 것은?
① 모간　　　② 내모근초
③ 헨레층　　④ 외모근초

해설
상피근초는 내모근초(초표피, 헉슬리층, 헨레층)와 외모근초로 구성되어 있다.

028 모발의 3층 구조로서 옳은 것은?
① 모표피 – 주쇄결합　② 모피질 – 측쇄결합
③ 모수질 – 세포간물질　④ 모피질 – 상표피

해설
① 모표피 : 상표피, 세포간물질
② 모피질 : 주쇄결합, 측쇄결합
③ ④ 모수질 : 보이드

029 모표피에 대하여 설명된 것은?
① 에피, 엑소, 엔도 큐티클로 구성되어 있다.
② 결정영역인 폴리펩타이드 구조를 하고 있다.
③ 수소, 펩타이드, 시스틴, 염, 수소성 결합을 갖는다.
④ 공기를 함유하는 역할을 한다.

해설
② ③ 모피질, ④ 모수질의 특징이다.

030 조갑(조체)에 관련된 설명으로 맞는 것은?
① 피부의 부속물이다.
② 신경과 혈관이 있다.
③ 생장주기가 있어 생장에 영향을 받는다.
④ 조갑은 오닉스라는 질환을 나타낸다.

해설
조갑 : 손톱에 대한 전문적인 용어로서 신경이나 혈관이 없으며 생장주기가 없어 항상 생장하고 있다.

정답　021 ②　022 ①　023 ④　024 ④　025 ①　026 ④　027 ①　028 ②　029 ①　030 ①

네일미용 위생 서비스 출제예상문제

PART 1

[031~033] 다음 그림을 보고 물음에 답하시오.

031 다음 그림에서 대한선은?

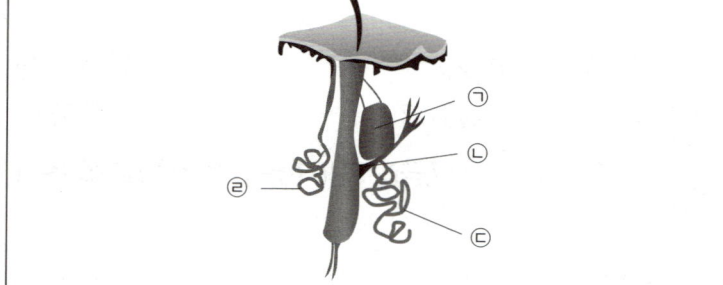

① ㉠

② ㉡

③ ㉢

④ ㉣

해설
① 피지선, ② 기모근, ③ 아포크린선(대한선), ④ 에크린선(소한선)

032 위의 그림에서 ㉢의 역할은?

① 피지를 분비한다.

② 불수의근이다.

③ 털에 독립된 땀샘이다.

④ 털에 부속된 땀샘이다.

해설
④ 대한선은 털에 부속된 땀샘이다.

033 위의 그림에서 ㉢의 특징인 것은?

① 표피 쪽으로 직접 열려있다.

② 손, 발바닥 부위에 많이 분포되어 있다.

③ 성호르몬의 영향을 받는다.

④ 매운 음식 섭취 또는 온도에 민감하다.

해설
① ② ④ 소한선의 특징이다.

034 다음 중 대한선에 대한 내용인 것은?

① 신체 전신에 분포되어 있다.

② 사춘기 이후에 분비선이 발달된다.

③ 99% 수분으로 구성되어 있다.

④ 체온 조절 작용을 한다.

해설
① ③ ④ 소한선의 특징이다.

035 소한선과 관련된 내용인 것은?

① 에크린선이라고도 한다.

② 체외로 분비되면 유색을 띠며 냄새를 낸다.

③ 감정의 변화 또는 스트레스에 작용된다.

④ 겨드랑이, 생식기 주위, 유두 주위 등에 분포한다.

해설
② ③ ④ 대한선의 내용이다.

036 피지선의 역할과 관련 없는 것은?

① 분비된 피지는 외부를 윤택하게 한다.

② 분비된 피지는 외부로부터 수분증발을 막는다.

③ 신경계통의 통제를 받으며 면역계의 영향을 받는다.

④ 세균성, 진균성, 바이러스성의 감염으로부터 피부를 보호한다.

해설
신경계통의 통제는 받지 않고 성호르몬의 영향을 받는다.

037 피지선의 분비량이 달라지는 요인이 아닌 것은?

① 계절, 연령

② 환경, 온도

③ 남성호르몬

④ 여성호르몬

해설
황체호르몬에 의해 분비량이 달라진다.

038 피지의 작용으로 맞지 않는 것은?

① 유화작용

② 체온조절작용

③ 보호작용

④ 살균작용

해설
한선에서 분비되는 땀의 작용에 관한 설명이다.

039 인체 내에서 피지 분비가 없는 것은?

① 가슴

② 이마

③ 코주위

④ 손(발)바닥

해설
④ 땀은 분비되어도 피지는 분비되지 않는다.

정답 031 ③ 032 ④ 033 ③ 034 ② 035 ① 036 ③ 037 ④ 038 ② 039 ④

네일미용 위생 서비스 출제예상문제

02 피부유형분석

001 피부를 유형별로 분석해야 할 이유로서 가장 적절한 내용은?
① 유·수분에 관련된 내용을 알기 위해서다.
② 정상·건성·지성·복합성 피부를 나누기 위해서이다.
③ 유형에 맞는 화장품 선택과 관리할 수 있는 방법 예측을 위해서이다.
④ 유·수분의 분비 기능이 저하되면 피부 당김과 윤기를 잃는 이유를 알기 위해서이다.

해설 피부를 유형별로 분석한다는 것은 그에 맞는 화장품과 관리할 수 있는 방법을 예측할 수 있기 때문이다.

002 피부유형에서 기본형이 아닌 것은?
① 정상피부   ② 노화피부
③ 건성피부   ④ 지성피부

해설 피부유형은 기본형으로서 정상·건성·지성·복합성 피부가 있으며, 문제형으로서 민감성·노화피부가 있다.

003 피부유형을 결정하는 요인과 거리가 먼 것은?
① 일광   ② 수분
③ 유분   ④ 각화정도

해설 피부유형은 피부에 분포하는 수분과 유분의 분비량과 표피의 각화정도 등에 의해 결정된다.

004 피부유형과 관련된 내용으로서 연결이 잘 된 것은?
① 경피수분손실 – 각질층의 보습 또는 수분 상태와 관련된다.
② 경피수분손실 – 각질층 내에 막을 형성함으로써 수분을 조절한다.
③ 천연보습인자 – 각질층에서 수분이 공기 중으로 증발하는 상태이다.
④ 천연보습인자 – 각질층 내 케라토하이알린의 감소에 영향을 받는다.

해설
② 지질(Lipids) – 피지선에서 분비되는 피지(sebum)는 천연보습인자(NMF)가 각질 세포 내에 막을 형성함으로써 수분을 조절한다.
③ ④ 천연보습인자(NMF) – 과립층 내 케라토하이알린이 감소하면 NMF의 생산이 저하되어 보습 능력이 낮아진다.

005 정상피부에 대한 설명이 아닌 것은?
① 보통(중성)피부라고도 한다.
② 전반적으로 주름이 없으며 탄력이 있다.
③ 피부결이 섬세하여 온도 등 외부 환경에 강하다.
④ 피부 조직 상태 또는 피부 생리 기능이 정상적이다.

해설 온도 등 외부 환경에 강한 피부는 지성 피부이다.

006 정상피부의 특징인 것은?
① 계절, 건강 상태, 생활환경 등에 의해 피부 상태가 변화될 수 있다.
② 기온 또는 일광, 자극성 화장품에 의해 피부가 얼룩져 붉게 보인다.
③ 피부가 민감하여 잘 달아오르고, 피지분비가 약해져 피부가 예민해진다.
④ 가벼운 자극이나 화장품에 의해서도 피부병변을 일으킨다.

해설 ② 건성피부. ③ ④ 민감성 피부의 특징이다.

007 지성피부의 특징이 아닌 것은?
① 모공이 크고, 피부가 쉽게 오염된다.
② 피부 혈액순환이 잘되지 않는다.
③ 색소 침착이 잘된다.
④ 작은 각질과 가려움을 동반한다.

해설 ④ 건성피부의 특징이다.

008 민감성 피부의 특징인 것은?
① 거의 모든 사람의 피부 유형이다.
② 외부 환경적 요인에 민감하다.
③ 기초 화장품 선택이 중요하다.
④ 색조 화장품이 잘 받지 않는다.

해설 ① ③ ④ 복합성 피부의 특징이다.

009 건성피부의 특징이 아닌 것은?
① 볼·이마 부위에 피부에 당김 현상이 있다.
② 피부 노화가 급속하게 진행될 수 있다.
③ 적절한 피지 분비가 되지 않는다.
④ 색소침착이 잘 된다.

해설 ④ 지성피부의 특징이다.

정답 001 ③ 002 ② 003 ① 004 ① 005 ③ 006 ① 007 ④ 008 ② 009 ④

네일미용 위생 서비스 출제예상문제

010 복합성 피부의 특징인 것은?

① 눈가에 잔주름이 많고 광대뼈 부위에 기미가 있다.
② 표정주름이 나타난다.
③ 피부조직이 섬세하고 얇다.
④ 모공이 작고 모세혈관이 피부 표면에 드러난다.

해설
② ③ ④ 민감성 피부의 특징이다.

011 노화피부의 설명이 아닌 것은?

① 피부의 수분 부족으로 탄력성이 저하된다.
② 피지선과 한선의 기능이 저하된다.
③ 색소침착과 함께 감각기능도 상실한다.
④ 피부 건조화에 의해 당김 현상이 일어난다.

해설
④ 민감성 피부의 특징에 관한 내용이다.

03 피부와 영양

001 영양소의 기능이 아닌 것은?

① 몸에 에너지를 공급한다.
② 몸의 생리적 기능을 조절한다.
③ 몸을 구성하는 물질을 공급한다.
④ 활동 에너지와 체온유지를 위한 유기물질이 사용된다.

해설
④ 활동 에너지와 체온유지를 이해 열에너지가 사용된다.

002 단백질 식품이 아닌 것은?

① 수조육류　　　　② 우유 및 유제품
③ 어패류　　　　　④ 알류 · 콩류

해설
② 칼슘 식품에 해당된다.

003 무기질과 비타민 식품에 해당되지 않는 것은?

① 버섯류　　　　　② 해조류
③ 곡류 · 감자류　　④ 채소류 · 과일류

해설
③ 탄수화물 식품에 해당된다.

004 바람직한 영양 섭취와 관련이 없는 것은?

① 자연식품을 섭취한다.
② 섬유소가 많은 식품을 선택한다.
③ 신선한 식품을 확인하여 섭취한다.
④ 식품을 다양하게 섭취하며 국물을 많이 섭취한다.

해설
④ 식량은 일정하게 하나 식품을 다양하게 섭취하며, 국물 종류를 많이 먹지 않아야 한다.

005 비만 체형에 관한 내용이 아닌 것은?

① 표준체중에 비해 20% 이상 초과된 체중이다.
② 사과형 비만인 상체비만형이 있다.
③ 허리둘레에 지방이 쌓여 있는 체형이다.
④ 날씬함에 대한 척도가 왜곡되어 보이는 체형이다.

해설
④ 마른 체형으로서 신경성 식욕부진에 의한 심리적 장애로 볼 수 있다.

04 피부장애와 질환

001 질환과 관련된 내용인 것은?

① 하나의 질환에도 징후와 증상을 다양하게 진단할 수 있어야 한다.
② 징후 – 주관적인 관심이 강하다.
③ 징후 – 측정하기가 확실하지 않다.
④ 징후 – 개인의 내성과 인지력에 따라달라진다.

해설
② ③ ④ 증상에 관한 내용이다.

002 증상과 관련된 내용으로 옳은 것은?

① 질환을 의심할 수 있다.
② 객관적인 지표를 갖는다.
③ 열, 점의 크기, 피부색깔의 변화 등으로 나타난다.
④ 질환을 측정할 수 있는 요소 중 하나가 된다.

해설
① ② ③ 징후(Sign)에 관한 내용이다.

정답　**010** ①　**011** ④　　　　**001** ④　**002** ②　**003** ③　**004** ④　**005** ④　　　**001** ①　**002** ④

네일미용 위생 서비스 출제예상문제

003 다음 질환의 징후와 증상 중에서 원발진인 것은?
① 비듬 ② 찰상
③ 반흔 ④ 포진

> 해설: ① ② ③ 속발진이다.

004 다음은 속발진에 대한 내용이다. 내용과 관련없는 것은?
① 비듬 - 생성 초기 심한 통증을 수반한다.
② 가피 - 혈청이나 농이 섞인 삼출액이 말라있는 상태이다.
③ 미란 - 표피 표면은 습윤한 선홍색을 띤다.
④ 반흔 - 진피의 손상으로 새로운 결체조직이 생긴 상태이다.

> 해설: ① 비듬은 피부 표피의 생리적 각화에 의해 형성된다.

005 다음 내용 중 원발진만으로 묶어진 것을 고르면?

㉠ 반점	㉡ 소수포
㉢ 대수포	㉣ 홍반
㉤ 구진	㉥ 결절
㉦ 낭종	

① ㉠, ㉡
② ㉠, ㉡, ㉢
③ ㉠, ㉡, ㉢, ㉣
④ 모두 다 포함된다.

006 속발진에 관련된 내용으로 맞는 것은?
① 1차적 피부장애이다.
② 직접적인 초기 증상이다.
③ 면포, 비립종, 헤르페스 등의 증상이 이에 속한다.
④ 부차적 손상으로서 피부장애를 갖는다.

> 해설: ① ② ③ 원발진이다.

007 다음 내용 중 속발진만으로 묶어진 것은?

㉠ 인설	㉡ 위축
㉢ 색소침착	㉣ 궤양
㉤ 태선화	㉥ 팽진
㉦ 종양	

① ㉠, ㉡
② ㉢, ㉣
③ ㉤, ㉥, ㉦
④ ㉠, ㉡, ㉢, ㉣, ㉤

> 해설: 팽진, 종양은 원발진이다.

008 다음 내용 중 연결이 잘못된 것은?
① 균열 - 수포가 터진 후 표피가 떨어져 나간 피부손실상태이다.
② 궤양 - 진피조직의 괴사로 치료 후 불규칙한 형태가 생긴 상태이다.
③ 태선화 - 피부가 가죽처럼 두꺼워지며 딱딱해지는 현상이다.
④ 찰상 - 표피결손으로서 긁거나 마찰에 의해 벗겨진 상태이다.

> 해설: ① 미란으로서 속발진이다.

009 다음 중 연결이 잘못된 것은?
① 낭종 - 생성 초기부터 심한 통증을 수반한다.
② 낭종 - 진피층으로부터 생성된 반고체성 종양이다.
③ 종양 - 모양과 색깔이 다양한 비정상적인 세포집단이다.
④ 종양 - 피부 외로 구멍 없이 좁쌀만한 흰 알갱이 형태이다.

> 해설: ④ 원발진의 비립종이다.

010 원발진의 증상이 아닌 것은?
① 피부 표피의 생리적 각화가 된다.
② 직경 1cm 미만의 피부융기물이다.
③ 만지면 통증이 느껴진다.
④ 경계가 뚜렷하다.

> 해설: ② ③ 구진 ④ 결절

05 피부와 광선

001 자외선이 피부에 미치는 영향에서 장점에 해당하는 것은?
① 살균작용을 한다.
② 피부노화를 촉진한다.
③ 멜라닌 색소를 증가시킨다.
④ 피부 탄력성을 저하시킨다.

> 해설: ② ③ ④ 자외선이 피부에 미치는 단점이다.

정답 003 ④ 004 ① 005 ④ 006 ④ 007 ④ 008 ① 009 ④ 010 ①   001 ①

네일미용 위생 서비스 출제예상문제

PART 1

002 자외선이 피부에 미치는 영향 중 단점인 것은?

① 비타민 D를 생성시킨다.
② 자율신경 활동에 영향을 준다.
③ 피부를 칙칙하고 까칠하게 한다.
④ 호르몬 생성을 증가시켜 피부를 건강하게 한다.

해설
① ② ④ 자외선이 피부에 미치는 용형 중 장점이다.

003 자외선에 대한 내용이 아닌 것은?

① 200~400nm   ② 화학선
③ 도르노선   ④ 살균력이 강하다.

해설
③ 적외선을 말한다.

004 자외선의 종류와 파장에서 연관이 잘못된 것은?

① UVA － 320 ~ 400nm
② UVB － 290 ~ 320nm
③ UVC － 200 ~ 290nm
④ UVD － 100 ~ 200nm

005 장파장(UVA)의 내용인 것은?

① 자외선 총량의 90% 이상을 차지한다.
② 비타민 D의 합성을 촉진한다.
③ 피부암의 원인이 된다.
④ 피부에 가장 유해한 광선이다.

해설
② ④ 중파장, ③ 단파장과 관련된 설명이다.

006 UVA 차단 지수의 정확한 단위는?

① SPF   ② PFA
③ PF   ④ FA

해설
② Potection Factor of UVA로서 이는 UVA를 조사했을 때 색소침착이 언제 나타나느냐로 구분된다.

007 다음 중 적외선과 거리가 먼 것은?

① 열선   ② 건강선
③ 화학선   ④ 도르노선

해설
③ 자외선과 관련된다.

008 적외선의 효과가 아닌 것은?

① 피부 내 영양 침투 및 흡수를 돕는다.
② 혈액순환 개선을 도와준다.
③ 근육이완 작용을 통해 피부 내 독소를 체외로 배출한다.
④ 호르몬 생성을 증가시켜 피부를 건강하게 한다.

해설
④ 자외선의 효과이다.

009 적외선 사용 시 주의점이 아닌 것은?

① 피부로부터 30cm 거리에서 조사한다.
② 조사시간은 10분을 넘기지 않는다.
③ 적외선 조사 시 물기를 제거한다.
④ 영양 제품을 도포해야 할 때에는 먼저 도포 후에 조사한다.

해설
④ 영양 제품을 도포해야 할 경우 도포 전에 조사한다.

06   피부면역

001 인체의 첫 번째 방어 장벽을 갖는 면역계는?

① 골수   ② 피부
③ 흉선   ④ 림프계

해설
① ③ ④는 면역계의 주요 구성 기관들이나 피부가 건강할 때에는 거의 모든 병원균의 침입이 차단한다.

002 인체의 첫 번째 방어 기관이 아닌 것은?

① 피부   ② 점막
③ 골수   ④ 미세한 털

해설
③ 두 번째 방어 기관으로서 골수는 인체 모든 혈구 세포를 생산하는 곳이다.

003 표피 내 세포로서 항원 특성을 인식하여 면역계에 전달하는 세포는?

① 랑게르한스세포   ② 머켈세포
③ 색소형성세포   ④ 각질형성세포

해설
① 낯선 침입자(항원)가 인체에 들어오면 표피 내 랑게르한스세포는 항원의 특성을 인식(항원 코드를 기록)하여 면역계에 중요한 정보를 전달한다.

정답 002 ③ 003 ③ 004 ④ 005 ① 006 ② 007 ③ 008 ④ 009 ④   001 ② 002 ③ 003 ①

제 2 장   **120**   출제예상문제

네일미용 위생 서비스 출제예상문제

004 랑게르한스세포와 관련 없는 내용은?
① 피부조직에 존재하는 탐식세포이다.
② 면역조절 물질을 분비하는 세포이다.
③ 항원에 대하여 면역세포에 전달하여 면역반응을 유발시킨다.
④ 항체를 만나면 표피 아래를 지나는 혈관으로 옮겨와 면역반응을 유도한다.

> 해설 ④ 항체가 아니라 '항원을 만나면'으로 설명되어야 한다.

005 탐식세포와 관련이 없는 설명인 것은?
① 대식세포 ② 과립세포
③ 단핵세포 ④ 골수세포

> 해설 ④ 대립·과립·단핵세포의 유형으로 분류되나 조직으로 나간 단핵세포를 대식세포라고 부른다.

006 탐식세포의 역할이 아닌 것은?
① 침입세포를 공격하여 파괴한다.
② 세포조직과 지방을 깨끗이 청소한다.
③ 새로운 세포조직을 생산하여 원기를 회복시킨다.
④ 인체가 정상적이고 건강한 상태를 유지할 수 있게 해준다.

> 해설 ② 세포조직과 피를 깨끗이 청소한다.

007 다음 중 대식세포의 기능에 관련된 내용인 것은?
① 인체로 침입한 병원균(항원)이 죽어있든 살아있든 간에 접근하여 먹고 소화 처리한다.
② 혈류에서 발견되며, 낯선 침입자를 감시하고 신분 조회를 하며, 먼저 공격하여 먹어치운다.
③ 세포질 내에 특수한 물질(염색되는 시약)을 포함하는 과립형 소기관을 다량 포함하고 있다.
④ 우리 몸에는 호중구, 호산구, 호염구 등으로 구분된다.

> 해설 ② ③ ④는 과립세포에 대한 기능을 설명한다.

008 단핵세포에 관련된 내용으로 옳은 것은?
① 삼킨 후 소화효소를 분비하여, 낯선 침입자를 흡수한다.
② 소화되지 않는 잔유물은 이동되어 인체 안의 다른 이물질과 함께 배출한다.
③ 혈류를 따라 돌면서 종종 혈관 벽을 뚫고 조직으로 나아가기도 한다.
④ 촉수와 같은 세포질로서 낯선 침입자를 잡아 세포 주름 안으로 끌어당겨 삼켜버린다.

> 해설 ① ② ④는 탐식작용에 대한 설명이다.

009 림프구에 대한 설명이 아닌 것은?
① 인체는 약 1조 개의 림프구를 유지하고 있다.
② 크기가 작은 림프구는 면역계의 중심축을 이룬다.
③ 림프구는 항원을 공격할 수 있도록 골수에서 훈련을 받는다.
④ 혈액을 순환하면서 외부 침입자를 색출하여 파괴한다.

> 해설 ③ 림프구는 가슴샘(흉선)과 림프조직에서 특별한 항원을 공격할 수 있도록 훈련을 받은 후 혈액을 순환하면서 외부 침입자를 색출하여 파괴한다.

010 골수에서 생산되는 백혈구가 아닌 것은?
① T - 세포 ② T 림프구
③ β - 세포 ④ r - 세포

> 해설 ④ T - 세포(T 림프구), β - 세포(β 림프구)가 골수에서 생산되는 백혈구이다.

011 β - 세포와 관련된 내용이 아닌 것은?
① 전체 림프구의 20 ~ 30%를 차지한다.
② 표면에 특정 항원 코드를 인식할 수 있는 수용체가 있다.
③ 특정 항원과 접촉할 때 탐색을 하면서 즉각적인 공격을 한다.
④ 탐색세포처럼 인체 세포면역의 일부를 담당한다.

> 해설 ④는 T - 세포(T 림프구)와 관련된 내용이다.

012 T - 세포(T 림프구)와 관련된 내용이 아닌 것은?
① 흉선(가슴샘)을 림프구의 70 ~ 80%를 훈련 시켜 T - 세포를 만든다.
② T - 세포골수에서 만들어지나 흉선으로 들어가 기능을 부여받는다.
③ 흉선에서 기능이 부여된 T - 세포는 혈류에서 나와 독특한 기능을 한다.
④ 림프구는 림프, 림프관으로 이루어져 있다.

> 해설 ④ 림프계는 림프, 림프절, 림프구, 림프관으로 이루어져 있다.

정답 004 ④ 005 ④ 006 ② 007 ① 008 ③ 009 ③ 010 ④ 011 ④ 012 ④

PART 1 — 네일미용 위생 서비스 출제예상문제

07 피부노화

001 표피에 수분 부족 시 노화피부의 임상적 특징은?

① 피부조직에 탄력이 없다.
② 주름살이 깊다.
③ 과각화 현상이 일어난다.
④ 피부색이 맑지 못하다.

> **해설**
> ① ② ④ 진피 내 수분 부족 시 나타나는 노화피부의 특징이다.

002 노화피부(표피 내)의 임상적 특징이 아닌 것은?

① 소양감이 있다.
② 유연성이 없다.
③ 잔주름이 많다.
④ 외관상 탄력이 없고 주름살이 깊다.

> **해설**
> ④ 외관상 탄력이 없고 건조하며, 주름살이 깊은 것은 진피 내 수분 부족 시 야기되는 노화피부의 특징이다.

003 노화피부의 조직학적 특징으로서 진피의 변화가 아닌 것은?

① 진피층 두께가 얇아진다.
② 세포 또는 혈관이 축소된다.
③ 랑게르한스세포의 수가 감소된다.
④ 기질 단백질의 활성이 활발하지 못하다.

> **해설**
> ③ 랑게르한스세포는 표피 내 기저층에서 유극층 사이에 존재하므로 표피의 조직학적 변화이다.

004 피부 표피의 생물학적 노화가 아닌 것은?

① 자외선에 노출되면 각질형성세포가 손상된다.
② 경미한 상처에도 쉽게 벗겨지거나 물집이 생긴다.
③ 색소침착이 활발해진다.
④ 피부면역 기능이 감소된다.

> **해설**
> ① 자외선에 노출되면 각질형성세포가 손상되어 각화현상이 비정상적으로 이루어진다. 광노화에 관련된 내용이다.

정답 001 ③ 002 ④ 003 ③ 004 ①

PART 1 네일미용 위생 서비스 출제예상문제

Chapter 08
화장품 분류

01 화장품 기초

001 화장품의 사용 목적이 아닌 것은?
① 인체를 청결하게 한다.
② 용모를 밝게 변화시킨다.
③ 인체를 미화시켜 성적인 아름다움을 갖게 한다.
④ 피부의 건강을 유지 또는 증진시킨다.

해설 ③ 인체를 미화시켜 매력적이게 한다.

002 화장품의 사용 방법이 아닌 것은?
① 인체에 도포한다.
② 인체에 산포한다.
③ 인체에 도찰한다.
④ 인체에 도포는 하지만 산포는 하지 않는다.

해설 ④ 인체에 도포(바르고), 산포(뿌리고), 도찰(문질러서) 등에 의해 사용된다.

003 화장품이 인체 내 사용 대상 부분이 아닌 것은?
① 피부   ② 모발
③ 치아   ④ 손(발)톱

해설 ③ 인체 내 외피인 피부와 모발, 손(발)톱을 대상으로 한다.

004 화장품의 사용 효과에 해당되는 것은?
① 인체에 대해 작용이 경미해야 한다.
② 질병을 치료하거나 예방하는 의약품이어야 한다.
③ 질병을 치료하거나 예방하는 의약외품이어야 한다.
④ 단기사용에 걸쳐 약리적인 효능·효과가 확실하게 나타나야 한다.

해설 ① 화장품을 사용하였을 때 질병을 치료하거나 예방하는 의약품이 아닌 물품이다. 이는 일상적으로 오랜 기간에 걸쳐 반복 사용하므로 약리적인 효능·효과에서는 인체에 대한 작용이 경미해야 한다.

005 화장품 분류(법적 정의)에 해당되지 않는 것은?
① 화장품   ② 의약품
③ 의약외품   ④ 의약내품

해설 ④ 화장품은 안정성과 유효성에 따라 화장품, 의약외품, 의약품 등으로 분류할 수 있다.

006 화장품과 동의어로 사용되는 단어는?
① 향장품   ② 기초 화장품
③ 색조 화장품   ④ 기능성 화장품

해설 ① 화장품은 향장품과 동의어이다. 화장품은 유효성에 따라 기초, 색조, 기능성, 유기농 화장품으로 분류된다.

007 기초 화장품의 제품 또는 기능이 아닌 것은?
① 피부를 보호하거나 정돈한다.
② 세안, 세정, 청결을 목적으로 한다.
③ 화장수, 크림, 에센스, 팩, 클렌징제 등이다.
④ 미백 개선, 주름 개선, 자외선 차단 등이다.

해설 ④ 기능성 화장품의 제품이다.

008 색조 화장품의 제품 종류가 아닌 것은?
① 아이섀도   ② 마스카라
③ 네일 리무버   ④ 자외선 차단제

해설 ④ 기능성 화장품이다.

009 의약외품에 관한 설명인 것은?
① 의사 처방이 요구되는 질병을 가진 환자에게 사용하는 물품이다.
② 식약처의 허가 및 인증에 의한 화장품이다.
③ 사람이나 동물의 질병을 진단·치료·경감 처치 또는 예방할 목적으로 사용하는 물품이다.
④ 사람이나 동물의 구조와 기능에 약리학적 영향을 줄 목적으로 사용하는 물품이다.

해설 ② 의약외품 ① ③ ④ 의약품의 법적 정의이다.

정답 001 ③ 002 ④ 003 ③ 004 ① 005 ④ 006 ① 007 ④ 008 ④ 009 ②

PART 1 · 네일미용 위생 서비스 출제예상문제

02 화장품 제조

001 화장품 원료 중 물에 관한 설명이 <u>아닌</u> 것은?

① 수용성 용매로 사용된다.
② 세균과 금속이온이 제거된 정제수이다.
③ 스킨, 로션, 크림 등 기초 화장품에 사용된다.
④ 유기용매로서 향료, 색소, 유기안료 등을 녹이는 용매로 사용된다.

> **해설**
> ④ 알코올류 가운데 에탄올에 관한 내용이다.

002 글리세린에 관련된 내용이 <u>아닌</u> 것은?

① 3가 알코올이다.
② 보습제로 사용된다.
③ 살균, 소독작용을 한다.
④ 용매, 유화제, 감미료 등에 사용된다.

> **해설**
> ③ 에탄올에 관련된 내용이다.

003 알코올류인 에탄올과 관련된 내용이 <u>아닌</u> 것은?

① 유기용매이다.
② 향료, 색소, 유기안료 등을 녹이는 용매이다.
③ 사용감이 산뜻하고 부드러우며 흡수력과 광택감이 있다.
④ 수렴화장수, 스킨로션, 향수 등에 사용된다.

> **해설**
> ③ 왁스류에 관한 설명이다.

004 왁스류 중에서 식물성 원료인 것은?

① 밀납 　　　　　 ② 경납
③ 라놀린 　　　　 ④ 호호바유

> **해설**
> ① ② ③ 동물성 왁스이다.

005 화장품 보습제의 종류가 <u>아닌</u> 것은?

① 유도체
② 천연보습인자
③ 광물성 고체 왁스
④ 수용성 다가 알코올

> **해설**
> ③ 왁스류이다.

006 화장품의 보습제 중 천연보습인자 성분인 것은?

① 요소
② 글리세린
③ 솔비톨
④ 프로필렌글리콜

> **해설**
> ② ③ ④ 화장품 보습제 중 수용성 다가 알코올의 성분이다.

007 원자단의 특성에 따른 계면활성제가 <u>아닌</u> 것은?

① 음이온계면활성계
② 양이온계면활성제
③ 양성계면활성제
④ 고급알코올계

> **해설**
> ④ 음이온계면활성제의 성분이다.

008 계면활성제의 작용이 <u>아닌</u> 것은?

① 유화 　　　　　 ② 분산
③ 가용화 　　　　 ④ 산화 · 환원

009 계면활성제의 작용에 관한 연결이 맞는 것은?

① 기포 – 물에 난용성인 유성물질을 미셀 내에 가두어 용해한 것처럼 만든다.
② 분산 – 오염입자에 흡착하여 큰 입자에서 미세 입자로 세분화한다.
③ 표면장력 – 모발 및 피부 표면을 적시어 오염물의 계면장력을 저하시킨다.
④ 재부착방지 – 가용화된 미셀끼리 접촉을 막아 마찰을 없애므로써 면적을 확대한다.

> **해설**
> ① 가용화 ③ 습윤 · 침투 ④ 기포와 관련된 작용이다.

010 계면활성제의 습윤 · 침투 작용이 <u>아닌</u> 것은?

① 모발과 피부에서의 오염과 세제를 제거하는 과정이다.
② 오염물의 부착력을 느슨하게 한다.
③ 오염물을 팽윤시켜 표면에서 떼어낸다.
④ 모발 및 피부 표면을 적시어 오염물의 계면장력을 저하시킨다.

> **해설**
> ① 계면활성제의 헹굼 작용이다.

정답 001 ④ 002 ③ 003 ③ 004 ④ 005 ③ 006 ① 007 ④ 008 ④ 009 ② 010 ①

네일미용 위생 서비스 출제예상문제

011 양성계면활성제의 성분인 것은?
① 아민염
② 이미다 졸린형
③ 4차 암모늄염
④ 지방산염(비누)

> ① ④ 양이온계면활성제 성분 ③ 음이온계면활성제 성분이다.

012 계면활성제의 종류와 연결이 <u>잘못된</u> 것은?
① 음이온 – 지방산계, 고급 알코올계
② 음이온 – 알칼리황산에스터염, 폴리옥시에틸렌알킬에테르
③ 양성 – 알킬 베타인형, 설포 베타인형
④ 양이온 – 스팬, 트윈, 폴리옥시에텔렌에테르

> ④ 양성계면활성제 중에서 비이온계이다.

013 방부제에 관련된 내용으로 연결된 것은?
① 산류 – 페놀, 레조신
② 페놀류 – 페놀, 파라클로로메타크레졸
③ 아마이드류 – 염화벤젠코움, 염화세틸피리디늄
④ 4급 암모늄 화합물 – 트라이클로르카비닐, 로로아세트아마이드

> ① 페놀류 ③ 4급 암모늄화합물 ④ 아마이드류이다.

014 금속봉쇄제와 관련된 설명인 것은?
① 물 또는 원료 중의 미량 금속이온을 봉쇄한다.
② 화장품의 미생물 오염을 방지한다.
③ 염료와 안료로 구분된다.
④ 빛, 산, 알칼리에 약하다.

> ② 방부제 ③ ④ 색제에 관련된 설명이다.

015 화장품의 제품 설계와 관련이 <u>없는</u> 것은?
① 연구, 제조, 판매 각 부분을 말한다.
② 색제, 향료, 첨가제 등의 원료 개발을 말한다.
③ 시장조사, 소비자 욕구와 관련된 상품 기획의 개발을 말한다.
④ 피부과학근원, 신원료, 신제제 등과 관련된 개발 연구를 말한다.

> ① 품질보증에 관련된 설명이다.

016 화장품 품질 기술 중 품질특성인 것은?
① 기호성
② 연구
③ 제조
④ 판매

> ② ③ ④ 품질보증에 관한 내용이다.

017 화장품 품질 기술에서 품질특성의 요인과 연계가 <u>잘못된</u> 것은?
① 안전성 – 디자인, 색, 향기 등의 감각성이 있어야 한다.
② 유용성 – 피부보습, 자외선 차단, 세정, 미백, 색상 등이 적절해야 한다.
③ 안정성 – 분리, 변질, 변색, 미생물 오염 등 화장품 보관에 지장이 없어야 한다.
④ 사용성 – 피부친화에 대한 사용감과 사용편리감 등이 좋아야 한다.

> ① 기호성에 관한 설명이다. 안전성은 피부자극 및 독성, 이물질 유입, 알레르기 등과 관련된다.

018 화장품 품질 기술에서 품질보증과 연계가 <u>잘못된</u> 것은?
① 안전성 – 첨포실험, 중금속 실험
② 유용성 – 제품별 시험
③ 사용성 – 심리학, 관능조사
④ 기호성 – 색조, 내광성

> ④ 안전성으로서 색조, 내광성, 향, 내온도, 내습도, 방부 등이 보증되어야 한다.

019 유화의 생성과 관련된 내용이 <u>아닌</u> 것은?
① 물과 기름이 각각 서로 섞이지 않은 상태이다.
② 물에 용해되지 않아 기름 가운데 분산되어 있는 상태이다.
③ 기름은 내부상, 물은 연속상 상태이다.
④ 기름은 분산상, 물은 내부상 상태이다.

> ④ 용해되지 않는 미세한 작은 입자(기름)를 내부상(분산상)이라 한다. 물은 연속상 상태이다.

정답 011 ② 012 ④ 013 ② 014 ① 015 ① 016 ① 017 ① 018 ④ 019 ④

네일미용 위생 서비스 출제예상문제

020 유화의 형태와 관련된 내용이 <u>아닌</u> 것은?

① O/W형 – 물에 잘 지워진다.
② W/O형 – 크림, 로션, 에센스 등이다.
③ W/O형 – 기름에 물이 분산된 상태에서는 친수기를 외측에, 친유기를 내측으로 배향한다.
④ O/W형 – 물에 기름이 분산된 상태에서는 친수기가 내측에 친유기가 외측으로 배향한다.

해설
　② W/O형은 선크림, 선로션이다.

03　화장품의 종류와 기능

001 기초 화장품의 사용목적이 <u>아닌</u> 것은?

① 피부를 청결하게 한다.
② 유·수분 균형을 통해 신진대사를 촉진시킨다.
③ 피부 항성성을 유지시킨다.
④ 피부의 입체감을 나타낸다.

해설
　④ 색조 화장품과 관련된 설명이다.

002 기초 화장품의 종류와 연관이 <u>없는</u> 것은?

① 세안제 – 세안비누, 클렌징 폼, 클렌징 로션
② 피부정돈제 – 수렴화장수, 유연화장수
③ 피부영양제 – 아스트리젠트, 토닝 로션, 토닝 스킨
④ 피부보호제 – 로션, 크림, 자외선 차단제

해설
　③ 피부정돈의 기능을 가진 제품들이다.

003 기초 화장품의 기능으로 관련된 것은?

① 세안제 – 각질층 내 수분을 공급한다.
② 세안제 – 생리적 노폐물과 환경의 오염물 또는 미생물들을 제거한다.
③ 피부보호제 – 세안 후에도 남아 있는 잔여물이나 피부의 pH 를 약산성으로 회복시킨다.
④ 피부보호제 – 땀과 피지, 각질, 먼지, 매연, 색조 화장품 등을 제거한다.

해설
　① ③ 피부정돈제 ④ 세안제와 관련된 설명이다.

004 기초 화장품의 기능 중 피부보호제의 내용과 관련이 <u>먼</u> 것은?

---

① 크림은 유·수분을 공급하여 피부를 매끄럽고 유연하게 한다.
② 팩은 보습과 노화각질의 제거, 모공·땀샘 등의 오염물질을 제거한다.
③ 화장수는 세안 후 잔여물이나 피부 pH를 회복시킨다.
④ 로션은 화장수와 크림의 중간적 성질로서 O/W형 에멀전으로 촉촉함과 퍼짐성이 좋다.

해설
　③ 피부정돈제의 설명이다.

005 기초 화장품의 성분 내용으로 거리가 <u>먼</u> 것은?

① 유성성분 – 유지, 왁스, 지방산, 탄화수소
② 수성성분 – 고급알코올, 합성 에스테르유
③ 보습제 – 글리세린, 프로필렌글리콜
④ 기타 – 알칼리제, 금속봉쇄제, 방부제

해설
　② 유성성분에 관련된다. 수성성분은 보습제, 점액질, 저급알코올, 정제수 등이다.

006 베이스 메이크업 종류가 <u>아닌</u> 것은?

① 블러셔
② 파우더
③ 파운데이션
④ 메이크업 베이스

해설
　① 포인트 메이크업 종류이다.

007 메이크업 화장품 중 베이스 메이크업의 기능인 것은?

① 메이크업 베이스 – 피부 톤을 조정한다.
② 파운데이션 – 색소가 피부에 침착되는 것을 방지한다.
③ 파우더 – 윤곽과 음영을 통해 입체적 표현을 한다.
④ 블러셔 – 혈색을 표현한다.

해설
　② 메이크업 베이스 ③ ④ 블러셔(볼연지)로서 포인트 메이크업과 관련된 기능이다.

008 모발 화장품 중 반응성 화장품인 것은?

① 샴푸제　　　　　　② 린스제
③ 컨디셔너제　　　　④ 웨이브 펌제

해설
　① ② ③ 모발 화장품 중 기초 화장품이다.

정답　020 ②　　　001 ④　002 ③　003 ②　004 ③　005 ②　006 ①　007 ①　008 ④

네일미용 위생 서비스 출제예상문제

009 반응성 화장품이 아닌 것은?
① 스트레이턴트 펌제 ② 식물성 염모제
③ 동물성 염모제 ④ 유기합성 염모제

010 바디 화장품의 종류와 관련하여 연결된 것은?
① 방충제 – 데오드란트
② 방취제 – 모기스크린
③ 방향제 – 파우더
④ 손(발)관리제 – 각질연화로션

① 방취제, ② 방충제, ③ 방취제

011 매니큐어 실제(손질과정)에 사용되는 제품이 아닌 것은?
① 큐티클 오일 ② 큐티클 리무버
③ 폴리시 리무버 ④ 아크릴 볼

④ 인조네일의 연장제로서 아크릴 리퀴드와 아크릴 파우더로 만든다.

012 매니큐어 컬러링 시 색조 화장제가 아닌 것은?
① 풀 커버 ② 톱 코트
③ 네일 폴리시 ④ 베이스 코트

① 손톱에 폴리시를 이용하여 '색조를 가득 채우다'라는 뜻으로 사용된다.

013 네일을 연장 또는 보강술에 사용되는 랩 재료가 아닌 것은?
① 팁 ② 실크
③ 네일 컬러 ④ 파이버 글래스

③ 네일 색조화장에 사용되는 재료이다.

014 동물성 천연 향료의 종류에 관한 설명으로 맞지 않은 것은?
① 사향 – 사향 노루
② 영묘향 – 사향 고양이
③ 해리향 – 수달피
④ 용연향 – 향유 고래

③ 해리향에 이용되는 동물은 비버이다.

015 아로마 오일의 종류와 관련된 내용과 거리가 먼 것은?
① 상향 – 감귤, 오렌지, 레몬, 페퍼민트 등
② 상향 – 타임, 로즈마리, 유카리, 바질 등
③ 중향 – 라벤더, 로즈, 마조람, 제라늄, 네롤리 등
④ 중향 – 샌달우드, 쟈스민, 벤조인, 프랑킨센스 등

④ 하향에 관련된 기능이다.

016 기능성 화장품의 영역이 아닌 것은?
① 미백 개선 ② 주름 개선
③ 청결제 ④ 자외선 차단

③ 의약외품의 영역이다.

017 기능성 화장품의 설명으로 적절하지 않은 것은?
① 피부미백에 도움을 주는 제품이다.
② 피부 주름 개선에 도움을 주는 제품이다.
③ 피부를 곱게 태우거나 자외선으로부터 피부를 보호하는 데 도움을 주는 제품이다.
④ 사람이나 동물의 구조와 기능에 약리학적 영향을 줄 목적으로 사용하는 물품이다.

④ 의약품에 관련된 내용이다.

정답 009 ③ 010 ④ 011 ④ 012 ① 013 ③ 014 ③ 015 ④ 016 ③ 017 ④

PART 1

네일미용 위생 서비스 출제예상문제

Chapter 09

손발의 구조와 기능

001 골격계에 대한 설명이 아닌 것은?

① 206개의 뼈로 구성되어 있다.
② 뼈, 연골, 인대, 관절로 이루어진다.
③ 신체에서 연약한 부위를 지지한다.
④ 피부, 털, 한선, 피지선을 구성한다.

해설 ④ 피부계에 대한 설명이다.

002 골격의 기능에 대한 설명으로 맞는 것만 고르면?

㉠ 신체를 지지한다.	㉡ 혈액세포를 생성한다.
㉢ 숨쉬기를 돕는다.	㉣ 단단히 결합된 얇은 판이다.
㉤ 뼈에 붙어 있어 수축력을 통해 움직임을 제공한다.	

① ㉠, ㉡
② ㉢, ㉣
③ ㉠, ㉡, ㉢
④ ㉠, ㉡, ㉣

해설 ㉣ 상피조직, ㉤ 근육조직의 뼈대근이다.

003 골격의 기능이 아닌 것은?

① 운동 시 지지대 역할을 한다.
② 장기를 보호한다.
③ 스스로 재구성이 안 된다.
④ 미네랄을 저장한다.

해설 ③ 활발하게 성장하며 스스로 재구성된다.

004 다음은 골격의 주요 구성요소이다. 연결이 바르게 된 것은?

① 긴 뼈 – 팔뼈, 다리뼈
② 짧은 뼈 – 손목뼈, 엉치뼈
③ 편평 뼈 – 척추뼈, 머리뼈
④ 불규칙 뼈 – 갈비뼈, 복장뼈

해설 ② 손목뼈, 발목뼈, ③ 머리뼈, 갈비뼈, 복장뼈, ④ 엉치뼈, 척추뼈이다.

005 뼈 해부학에서 뼈 종류와 관련이 가장 먼 것은?

① 뼈 바깥막
② 손목뼈
③ 뼈끝
④ 뼈 골수공간

해설 ② 손목뼈는 골격의 분류에서 짧은 뼈에 분류된다. 뼈의 전체적 구조는 뼈 바깥막, 뼈끝, 뼈 골수공간이다.

006 뼈 바깥막의 설명으로 맞는 것은?

① 인대와 건이 부착되어 있다.
② 각 뼈의 끝이다.
③ 뼈 몸통 끝으로 갈수록 굵고 둥글다.
④ 골수를 보관하는 역할을 수행한다.

해설 ② ③ 뼈끝, ④ 뼈 골수공간에 대한 설명이다.

007 뼈 종류와 뼈 구조의 연결이 옳은 것은?

① 뼈 바깥막 – 섬유질로 된 두꺼운 결합조직으로 덮여 있다.
② 뼈끝 – 황색과 적색의 2가지 골수가 있다.
③ 뼈 골수공간 – 다량의 혈액 손실 시 황색 골수로 변환된다.
④ 뼈 골수공간 – 혈관과 림프관, 신경이 분포해 있다.

해설 ② 뼈 골수공간 설명이며, ③ 적색 골수로 변환되며, ④ 뼈 바깥막에 대한 설명이다.

008 연골에 대한 설명으로 맞는 것은?

① 혈액과 영양분을 뼈세포에 공급해 준다.
② 다량의 지방을 갖고 있다.
③ 뼈와 뼈 사이에서 지지대 역할을 한다.
④ 손(발)과 같은 관절 연골은 뼈끝에 위치하여 움직임을 관장한다.

해설 ① 뼈 바깥막, ② 뼈 골수공간, ③ 뼈와 뼈 사이에 쿠션 역할을 한다.

009 연골에 대한 설명이 아닌 것은?

① 접힘, 장력, 압력을 위한 특수 형태를 가진다.
② 움직일 때 충격을 흡수하여 뼈끝이 부딪히는 것을 방지한다.
③ 조그만 윤활 주머니가 윤활액을 담고 있다.
④ 뼈와 뼈를 연결한다.

해설 ④ 인대에 관한 설명이다.

정답 001 ④ 002 ③ 003 ③ 004 ① 005 ② 006 ① 007 ① 008 ④ 009 ④

제 2 장 **128** 출제예상문제

네일미용 위생 서비스 출제예상문제

010 관절에 관련된 내용으로서 잘못 설명된 것은?
① 움직임을 관장한다.
② 2개 이상의 뼈가 합쳐져 형성된다.
③ 뼈를 연결하고 있는 결합조직에 의해 분류된다.
④ 근육과 뼈를 연결한다.

해설
④ 힘줄에 대한 설명이다.

011 다음 중 손가락뼈 사이 관절을 고르면?
① 거퇴관절　　② 족지절간관절
③ 중족지절관절　④ 지절간관절

해설
① 발목 관절, ② 발가락 뼈 사이 관절, ③ 발목, 허리, 발가락 뼈 관절이다.

012 손가락뼈는 총 몇 개인가?
① 14개　　② 15개
③ 17개　　④ 18개

해설
① 손가락뼈는 14개이다.

013 손가락 명칭이다. 연결이 잘못된 것은?
① 제1지 - 모지(엄지)
② 제2지 - 인지(검지)
③ 제3지 - 중지
④ 제4지 - 소지(약지)

해설
④ 제4지 - 약지(무명지), 제5지 - 소지이다.

014 근육계에 관한 설명인 것은?
① 신체를 지지한다.
② 섬유질 조직이다.
③ 300개의 형태와 크기의 근육이 있다.
④ 체중의 60~70% 차지한다.

해설
근육계는 약 650개로서 형태와 크기가 다양하며 체중의 40~50%를 차지한다. 신체를 지지하는 기능은 골격의 기능이다.

015 근육의 기능이 아닌 것은?
① 운동을 일으킨다.
② 열을 발생시킨다.
③ 운동 시 지지대의 역할을 한다.
④ 혈관의 확장과 수축을 관장한다.

해설
③ 골격의 기능이다.

016 근육의 종류가 아닌 것은?
① 뼈대근육　　② 민무늬근육
③ 연골근육　　④ 심장근육

017 신경조직의 가장 기본 단위는?
① 뉴런　　② 축삭돌기
③ 수지상돌기　④ 감각세포

해설
① 뉴런 또는 신경세포가 신경계의 기본형성체이다.

018 신경세포와 관련이 없는 것은?
① 핵과 세포막을 가지고 있다.
② 몸의 가장 분화된 세포이다.
③ 스스로 세포분열을 한다.
④ 적절한 자극에 대해 반응한다.

해설
③ 핵과 세포막을 갖고 있지만 스스로 세포분열을 하지 않는다.

019 신경계의 역할이 아닌 것은?
① 우리 몸의 주요한 조절과 조정작용을 통괄한다.
② 인지, 기억, 생각을 포함하는 정신적 활동의 중추기관이다.
③ 우리 몸 내·외부의 환경변화에 대한 간파, 통찰, 반응에 대한 능력이 있다.
④ 신체 향상성은 신경계통의 활동에 의해 조절될 수도 안 될 수도 있다.

해설
④ 우리 몸 내·외부의 환경변화에 대한 간파, 통찰, 반응에 대한 능력은 물론 향상성은 신경계통의 활동에 의해 대부분 조절한다.

020 다음 내용 중 신경의 기능으로서 거리가 가장 먼 것은?
① 감각신경　　② 자율신경
③ 운동신경　　④ 개재신경

정답　010 ④　011 ④　012 ①　013 ④　014 ②　015 ③　016 ③　017 ①　018 ③　019 ④　020 ②

네일미용 위생 서비스 출제예상문제

021 **구심성에 대한 설명으로 옳은 것은?**

① 중추의 자극을 말초로 전달하는 신경이다.
② 감각신경이라 하며 말초의 자극을 중추로 전달하는 신경이다.
③ 감각신경과 운동신경 간의 신호들을 왕복시킨다.
④ 중추신경계에 완전히 놓여 있다.

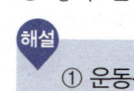
① 운동신경(원심성), ③ ④ 개재신경

022 **신경계와 관련된 내용과 거리가 먼 것은?**

① 우리 몸의 주요한 근조절과 조장작용을 통괄한다.
② 모든 정신적 활동의 중추기관이다.
③ 우리 몸 내·외부의 환경변화에 대한 반응을 근조절한다.
④ 비특이적 방어 장치로서 외부침입자와 맞서 싸우는 기관이다.

④ 피부면역계에 대한 설명이다.

023 **신경세포와 관련된 내용이 아닌 것은?**

① 뉴런이라고도 한다.
② 몸의 가장 분화된 세포이다.
③ 자극은 양 방향으로 전달된다.
④ 충격을 가져오고 내보내는 과정에 의해 차별화되는 특징이 있다.

③ 신경세포의 자극은 보통 한 방향으로만 전달된다.

024 **다음 중 감각신경과 거리가 먼 것은?**

① 말초의 자극을 중추 쪽으로 전달하는 신경이다.
② 정보들의 적절한 조치가 결정되는 뇌와 척수로 보내진다.
③ 수용체라는 장치를 통해 몸속과 외부로부터 정보들을 수집한다.
④ 중추의 자극을 말초로 전달하는 신경이다.

④ 운동신경과 관련된 설명이다.

정답 **021** ② **022** ④ **023** ③ **024** ④

제 2 장 **130** 출제예상문제

Part 2 네일 화장물

001 인조네일의 수명을 단축하는 외적 원인과 거리가 먼 것은?
① 들뜸　　② 샌딩
③ 깨짐　　④ 곰팡이균

해설) 인조네일 시술 후 시간이 지나면 자연 손톱의 성장은 물론 외적 자극에 의한 들뜸, 깨짐, 곰팡이에 의해 수명이 단축된다.

002 인조 네일 시술 과정의 절차에 영향을 주지 않는 것은?
① 네일 디자인
② 고객의 직업 특성
③ 시술된 인조 네일의 종류
④ 네일리스트의 상황

해설) 시술된 인조 네일의 종류와 네일 디자인 모형, 고객의 직업 특성에 따라 일정 시술 과정의 절차는 약간씩 차이가 있다.

003 팁 제거와 관련된 내용과 거리가 먼 것은?
① 100% 아세톤(전용 리무버) 사용
② 5~10분 정도 충분하게 손톱 담그기
③ 팁을 반월 쪽으로 밀어내기
④ 오렌지우드스틱이나 푸셔를 사용하여 제거하기

해설) 네일을 아세톤 원액에 5~10분 정도 담근 상태에서 오렌지우드스틱이나 푸셔를 이용하여 접착제가 녹아서 밀려나면 팁을 프리에지 부분으로 수시로 밀어낸다.

004 인조네일 제거 시 자연 손톱으로 회복을 위한 빠른 방법은?
① 오일 마사지 또는 팩을 실시한다.
② 파일로 제거한다.
③ 알루미늄 호일로 감싼다.
④ 버퍼로 부드럽게 샌딩한다.

해설) 오일 마사지(큐티클 오일과 로션 사용) 또는 팩을 실시할 경우 자연손톱으로 빠른 회복이 이루어진다.

005 큐티클 리무버와 관련 없는 내용은?
① 2~5% 염화칼슘이다.
② 아세톤 원액이라고도 한다.
③ pH 11~12 강알칼리성이다.
④ 조표피에 리무버를 도포하여 연화시킨 후 니퍼로 자른다.

006 다음 내용에서 연결이 옳은 것은?
① 글루 드라이어 - 글루나 젤 글루 사용 시 건조시키는 스프레이형이다.
② 퀵 폴리시 드라이어 - 글루 드라이어와 같은 기능이 있다.
③ 액티베이터 - 컬러링 후 빠른 건조를 유도하는 스프레이형이다.
④ 액티베이터 - 글루 드라이어와 같은 기능이 있으나 응고가 빠르다.

해설) 컬러링 후 빠른 건조를 유도하는 스프레이형이다. ③ ④ 글루 드라이어와 같은 기능이 있으나 응고가 느리다.

007 소독제로서 연결이 잘못된 것은?
① 에틸알코올을 사용한다.
② 70% 농도 알코올을 손 소독제로 사용한다.
③ 50~70% 에틸알코올은 금속계열 도구 소독에도 사용된다.
④ 메틸알코올을 사용한다.

008 베이스 코트의 설명이 잘못된 것은?
① 조체 표면에 코팅막을 형성한다.
② 폴리시의 색소가 손톱에 착색되는 것을 방지한다.
③ 조체면을 교정시킨다.
④ 용해제 알코올, 폴리에스터, 레진 등의 성분으로 구성된다.

해설) 베이스 코트의 성분에는 송진, 아이소프로필 알코올, 부틸아세테이트, 니트로셀룰로오스 등이 있다.

009 네일 폴리시의 성분으로 구성된 것은?

㉠ 니트로셀룰로오스　㉡ 천연송진+벤젠
㉢ 용해제 알코올　㉣ 셀락
㉤ 클로포늄　㉥ 레진
㉦ 포름알데하이드　㉧ 폴리에스터
㉨ 캄퍼

① ㉠, ㉡, ㉢
② ㉠, ㉣, ㉤, ㉥
③ ㉠, ㉡, ㉦, ㉧, ㉨
④ ㉠, ㉡, ㉣, ㉤, ㉦, ㉨

해설) 회원카드는 신규고객만 작성하면 된다.

정답　001 ②　002 ④　003 ③　004 ①　005 ②　006 ①　007 ④　008 ④　009 ④

네일 화장물

PART 2

---

010 아크릴의 접착제 역할을 하는 제품은?
① 프라이머 ② 촉매제
③ 산균형제 ④ 방부제

> **해설**
> 프라이머 : 아크릴이 자연네일에 잘 접착되도록 하는 촉매제이다.

011 지혈제의 성분이 아닌 것은?
① 비산 ② 칼슘
③ 젤라틴 ④ 아드레날린

> **해설**
> 지혈제의 주성분(또는 첨가제) : 아드레날린, 젤라틴, 칼슘, 식염수 등

012 다음 중 지속제로 사용되는 제품은 무엇인가?
① 네일 폴리시
② 네일 화이트너
③ 톱 코트
④ 베이스 코트

> **해설**
> 폴리시 색감과 광택 및 지속력을 유지한다.

013 착색 방지제로 사용되는 제품은?
① 베이스 코트
② 리무버 원액
③ 큐티클 리무버
④ 폴리시 리무버

014 매니큐어 제품에 포함된 화학물질에 의해 눈, 코, 목을 자극하는 성분과 관련 없는 것은?
① 아세톤
② 포름알데하이드
③ 글리콜에스테르
④ 톨루인

> **해설**
> 생식기에 문제를 일으킨다.

015 화학물질의 인체 유입과정이 아닌 것은?
① 용기를 열었을 때
② 화학제품을 용기에 덜거나 혼합할 때
③ 아크릴 볼을 이용해 인조네일 시술 시
④ 인조네일 내에 곰팡이 생성 시

016 화학물질이 건강에 끼치는 영향이 아닌 것은?
① 알레르기 ② 천식
③ 생식기의 이상 ④ 오한

017 UV 램프에 관련된 내용과 거리가 먼 것은?
① 젤 큐어링 라이트기라고도 한다.
② 젤을 굳힐 때 사용하는 전기기구이다.
③ 거칠게 연마작업을 할 경우 사용된다.
④ 자외선 또는 할로겐 전구가 들어있는기계이다.

> **해설**
> 카본덤 그린 포인트로서 비트 종류 중 하나이다.

018 비트 중에서 필링 또는 큐티클 주위를 정리할 때 사용되는 것은?
① 카본덤 그린 포인트
② 카바이드 콘
③ 티타늄 카바이드
④ 멘드릴

019 카본덤 화이트 포인트의 내용이다. 연결이 잘못된 것은?
① 얇은 네일에 사용한다.
② 불필요한 피부조직을 정리한다.
③ 각질화된 피부조직에 사용한다.
④ 루즈 스킨 제거 시 사용한다.

> **해설**
> 샌딩밴드의 역할이다.

020 다음 중 네일 도구만으로 이루어진 것은?
① 핑거 볼 – 디스크 패드
② 큐티클 니퍼 – 파라핀 워머
③ 네일 클리퍼 – 각탕기
④ 핑거 볼 – 소독기

021 아크릴릭 네일 재료인 프라이머에 대한 설명으로 틀린 것은?
① 손톱 표면의 유·수분을 제거하고 건조시켜 아크릴의 접착력을 강하게 한다.
② 산성 제품으로 피부에 화상을 입힐 수 있으므로 최소량만 사용한다.
③ 인조네일 전체에 사용하며 방부제 역할을 한다.
④ 손톱 표면의 pH 밸런스를 맞춘다.

> **해설**
> 프라이머는 자연손톱에만 사용한다.

정답 010 ① 011 ① 012 ③ 013 ① 014 ③ 015 ④ 016 ④ 017 ③ 018 ② 019 ② 020 ① 021 ③

제 2 장 출제예상문제

네일 화장물

022 샌딩블럭에 관련된 내용이 아닌 것은?
① 조체 표면의 거칠음을 정리하기 위해 사용된다.
② 고랑진 손톱을 매끄럽게 정리하기 위해 사용된다.
③ 인조네일 시술 시 글루나 젤을 바른 후 부드럽게 마무리할 때 사용된다.
④ 네일의 모양이나 길이를 변경할 때 사용된다.

해설 ④는 파일의 역할이다.

023 파일과 그릿(Grit)에 대한 설명으로 맞는 것은?
① 인조네일의 모양이나 길이를 변경할 때 사용한다.
② 철제 파일은 소독 후 재사용이 불가능하다.
③ 비철제 파일은 소독 후 재사용이 가능하다.
④ 그릿은 파일의 거칠기 정도로서 번호가 높을수록 거친 파일이다.

해설
② 철제 파일 : 소독 후 재사용할 수 있다.
③ 비철제 파일 : 소독 후 재사용이 불가능하다.
④ 그릿의 번호가 높을수록 부드러운 파일이다.

024 에머리 보드(우드 파일)의 특징인 것은?
① 인조네일의 모양이나 길이를 변경할 때 사용한다.
② 자연네일의 모양이나 길이를 변경할 때 사용한다.
③ 인조네일 시술 시 부드럽게 마무리할 때 사용한다.
④ 조체 표면에 젤을 얹을 때 사용한다.

025 아크릴 브러시에 대한 내용인 것은?
① 아크릴 볼을 조체 위에 얹어 인조네일을 만든다.
② 붓의 모양, 길이, 크기는 다양하지 않다.
③ 일회용과 재사용할 수 있는 것으로 분류된다.
④ 네일 폴리시, 유분정리 소독 시에 사용한다.

026 라운드 패드에 대한 설명으로 맞는 것은?
① 필링 시 큐티클 주위를 정리할 때 사용된다.
② 조체 표면의 거칠음을 정리할 때 사용된다.
③ 파일링 후 먼지나 조구의 거스러미 제거에 사용된다.
④ 페디 주변의 피부를 정리할 때 사용한다.

해설 ① 카바이드 콘(비트 종류), ② 샌딩블럭, ④ 페디파일에 대한 설명이다.

027 팁 관련 내용에서 맞는 것을 모두 고른 것은?

㉠ 플라스틱, 아세테이트, 나일론 등을 소재로한다.
㉡ 짧은 손톱의 자유연에 부착해서 연장술에사용된다.
㉢ 팁 윗부분(움푹 들어가 있는)을 웰이라 한다.
㉣ 풀웰과 하프웰이 있다.
㉤ 풀웰은 스퀘어 팁, 하프웰은 레귤러 팁 또는 스마일 팁으로 분류된다.
㉥ 하프웰에는 색상이 든 프렌치 팁과 컬러 팁이 있다.
㉦ 자연손톱에 부착되는 팁 부분을 반월과 상조피 사이에 1mm 정도 띄우고 붙이는 부분을 '정지선'이라 한다.

① ㉠, ㉡
② ㉠, ㉡, ㉢
③ ㉠, ㉡, ㉢, ㉣, ㉤
④ ㉠, ㉡, ㉢, ㉣, ㉤, ㉥, ㉦

028 폴리시 리무버의 특징이 아닌 것은?
① 컬러된 폴리시를 제거할 때 사용한다.
② 폴리시 리무버는 아세톤과 논 아세톤 타입으로 나뉜다.
③ 아세톤 타입은 인조손톱인 팁을 녹일 때 사용된다.
④ 논 아세톤 타입은 폴리시 컬러링 전에 도포한다.

해설 인조네일 컬러된 폴리시 제거 시 논 아세톤을 사용한다.

029 네일 블리치제에 대한 설명으로 옳은 것은?
① 20% H_2O_2를 사용한다.
② 자연 손톱을 변색시키고자 할 때 사용한다.
③ 구연산을 함유한 오일로서 조체면에 바른다.
④ 면봉이나 오렌지우드스틱에 묻혀 피부면에 바른다.

해설
• 변색된 자연네일을 20% H_2O_2, 구연산을 함유한 블리치액을 솜으로 감싼 면봉이나 오렌지우드스틱에 묻혀 피부에 닿지 않게 조체면에만 발라 탈색시킨다.
• 네일 블리치제는 자연네일과 네일 주변에 착색된 얼룩 제거 시 사용된다.

030 폴리시 퀵 드라이어 스프레이의 역할은?
① 폴리시 컬러링 후 건조시키는 스프레이이다.
② 손을 보습하기 위해 사용한다.
③ 컬러링된 손톱에 광택을 준다.
④ 폴리시가 쉽게 벗겨지지 않도록 한다.

해설 ② 핸드로션, ③ ④ 톱 코트에 대한 설명이다.

정답 022 ④ 023 ① 024 ② 025 ① 026 ③ 027 ④ 028 ④ 029 ① 030 ①

네일 화장물

031 톱 코트에 대한 설명이 아닌 것은?

① 실러(Sealer)라고 한다.
② 유색 폴리시 컬러링 후 광택을 준다.
③ 송진, 아세톤 등이 주성분이다.
④ 컬러된 폴리시가 쉽게 벗겨지지 않도록 보호한다.

해설
톱 코트 : 실러라고도 하며 유색 폴리시를 칠한 후 컬러에 광택을 준다.
송진 성분에 의해 폴리시가 쉽게 벗겨지지 않도록 보호한다.

032 약한 자연손톱에 네일 보강제를 도포하고자 한다. 도포 방법으로 맞는 것은?

① 베이스 코트를 바르기 전에 도포한다.
② 유색 폴리시를 바른 후에 도포한다.
③ 톱 코트를 바른 후에 도포한다.
④ 폴리시 컬러링 후에 도포한다.

해설
네일 보강제는 약한 자연손(발)톱에 베이스 코트를 바르기 전에 도포한다.

033 폴리시가 굳었을 때 묽어지게 하는 제품은?

① 네일 폴리시 띠너
② 네일 폴리시
③ 베이스 코트
④ 네일 보강제

해설
네일 폴리시 띠너 : 폴리시가 굳었을 때 한 두 방울 떨어뜨리면 묽어지게 하는 역할을 한다.

034 인조네일을 조체에 접착할 때 사용되는 제품은?

① 젤 글루
② 필러 파우더
③ 글루 드라이어
④ 인조팁

해설
젤 글루 : 인조네일을 조체에 접착하거나 인조 팁(인조손톱)의 투명도나 두께를 조절할 때 사용한다.

035 인조 팁의 투명도나 두께를 조절할 때 사용되는 제품은?

① 톱 코트　　　　② 베이스 코트
③ 네일보강제　　　④ 젤 글루

036 글루와 관련된 내용은?

① 인조네일을 붙이는 접착제이다.
② 부러진 손톱의 보수에도 사용된다.
③ 튜브 타입과 브러시언 글루 두 종류가 있다.
④ 스컬프처 네일을 만들 때 사용되는 아크릴 수지의 액체이다.

해설
글루 : 인조네일을 조체에 접착하거나 샌딩블럭을 사용하기 전에 전체 조체면에 도포할 때 사용된다.

037 베이스 코트의 내용이 아닌 것은?

① 손톱 보호제이다.
② 폴리시 컬러링 전에 도포한다.
③ 부러진 손톱을 보수할 때 쓰는 재료이다.
④ 폴리시에 의해 손톱이 누렇게 색조가 착색되는 것을 방지한다.

038 유색 폴리시로 컬러링된 손톱의 색조를 오래 유지시키기 위해 사용되는 것은?

① 베이스 코트를 도포한다.
② 톱 코트를 바른다.
③ 손톱 보강제를 바른다.
④ 글루를 바른다.

해설
톱코트 : 유색 폴리시로 컬러된 손톱에 광택과 컬러가 쉽게 벗겨지지 않도록 보호한다.

039 글루 드라이어의 내용이 아닌 것은?

① 글루나 젤 글루를 빠르게 건조시킨다.
② 10~15cm 거리에서 분무한다.
③ 강한 스프레이로서 손톱 가까이에 분무해야 한다.
④ 손톱 가까이에서 분사하면 뜨거워진다.

해설
글루 드라이어 : 글루나 젤을 빠르게 건조시키고 강하게 해주는 스프레이다. 10~15cm 거리에서 분사한다. 너무 가까이에서 분사하면 뜨겁다.

040 프라이머에 관련된 내용이 아닌 것은?

① 아크릴이 손톱에 접착이 잘 되도록 발라주는 촉매제이다.
② 발냄새를 제거하고 습기없는 뽀송한 발을 유지시킨다.
③ 손톱의 pH 균형제이다.
④ 메타크릴산을 주성분으로 방부제의 역할을 한다.

해설
② 파우더에 대한 설명이다.

정답　**031** ③　**032** ①　**033** ①　**034** ①　**035** ④　**036** ①　**037** ③　**038** ②　**039** ③　**040** ②

PART 2 네일 화장물

041 네일 강화제(또는 보강제)에 대한 설명으로 옳은 것은?
① 부러지고 약한 네일에 견고함을 부여한다.
② 네일 시술 시 상처가 생겼을 때 출혈을 멈추게 한다.
③ 네일 판에 매끄러운 광택을 부여한다.
④ 네일과 주변 피부에 영양을 보충하고 성장을 촉진한다.

> 해설
> ② 지혈제, ③ 네일 연마제, ④ 핸드크림, 큐티클 오일, 큐티클 크림 등의 제품에 대한 설명이다.

042 큐티클 오일의 성분과 특성에 대한 설명으로 거리가 먼 것은?
① 제거제(용해제)의 일종이다.
② 주성분은 아몬드 오일, 아보카도, 호호바 오일, 비타민 F 등이다.
③ 자연손톱에 시술된 인조네일을 제거할 때 사용한다.
④ 조체와 큐티클에 유·수분을 공급하고 큐티클을 유연하게 한다.

> 해설
> ③ 아세톤(리무버) 원액에 대한 설명이다.

043 네일 폴리시(또는 에나멜)의 특성으로 옳지 않은 것은?
① 네일을 보호한다.
② 네일에 색상과 광택을 부여한다.
③ 네일 모양을 시각적으로 변화시킨다.
④ 네일에 유·수분을 공급한다.

> 해설
> 네일에 유·수분을 공급하는 것은 큐티클 오일의 특성이며, 광택을 부여하는 것은 톱 코트, 네일 폴리시 등이다.

044 투명 네일 폴리시와 관련된 설명으로 옳지 않은 것은?
① 폴리시의 종류는 투명과 불투명으로 나눌 수 있다.
② 색소가 첨가되지 않아 극히 옅으며 투명하다.
③ 도포할 때(2번 정도) 얼룩이 지며 바르기가 어렵다.
④ 겹쳐 바르면 클래식한 느낌과 함께 섬세하고 부드러운 이미지를 연출한다.

> 해설
> ③ 불투명(유색) 폴리시에 대한 설명으로, 비용해성 색소(염료)가 첨가된 크림 또는 펄 네일 폴리시를 말한다. 불투명한 유색의 막을 형성하므로 도포할 때(2번 정도) 얼룩이 지며 바르기가 어렵다.

045 네일 폴리시와 관련된 내용이 바르게 짝지어진 것은?
① 유효기간(개봉 전) – 대략 1~2년
② 선택 – 색상과 용제의 질, 네일 브러시
③ 도포 – 유색 폴리시는 3번 정도
④ 보관 – 공기와의 접촉을 최대한 차단하고 냉암소에 보관

> 해설
> ② 색상과 용제의 질을 보고 선택하며, 네일 브러시 또한 도포 작업의 질을 좌우한다.
> ③ 유색 네일 폴리시는 2회 정도 도포하며, 작업 시간은 5~10분 이내로 한다.
> ④ 냉암소에 보관하며 사용 후에는 뚜껑을 잘 닫는다.

046 좋은 네일 폴리시의 요건이 아닌 것은?
① 인체에 무해하며 향이 좋아야 한다.
② 착색을 방지하고 네일 면을 교정해야 한다.
③ 최소 1주일 정도 발림(착색)이 유지되어야 한다.
④ 도포 시 발림성이 부드럽고 3분 이내에 건조되어야 한다.

> 해설
> ② 베이스 코트에 대한 설명이다.

047 팁 위드 랩과 실크 익스텐션에 공통으로 사용되는 재료가 아닌 것은?
① 글루
② 젤 글루
③ 아크릴 파우더
④ 글루 드라이어

> 해설
> ③ 아크릴 스컬프처의 재료이다.

048 젤 스컬프처 작업에 사용하는 재료가 아닌 것은?
① 네일 폼 ② 베이스 젤
③ 프라이머 ④ 젤 클리너

> 해설
> ③ 아크릴이 자연손톱에 잘 접착되도록 하는 촉매제이다.

049 네일 폼에 관한 설명으로 옳지 않은 것은?
① 아크릴 네일 시술 시 아크릴 파우더를 얹는 데 사용한다.
② 젤 네일 시술 시 젤을 얹는 데 사용한다.
③ 일회용과 재사용(알루미늄 플라스틱 재질)이 가능한 것이 있다.
④ 손톱 길이를 연장하거나 자연손톱을 보호·유지하기 위해 자연손톱 위에 붙인다.

> 해설
> ④ 실크 익스텐션에 관한 설명이다.

정답 041 ① 042 ③ 043 ④ 044 ③ 045 ① 046 ② 047 ③ 048 ③ 049 ④

네일 화장물

050 네일 제품 중 유·수분 보충 및 영양제인 것은?

> ㉠ 베이스 코트 ㉡ 핸드 크림
> ㉢ 큐티클 오일 ㉣ 큐티클 크림

① ㉠
② ㉠, ㉡
③ ㉠, ㉡, ㉣
④ ㉡, ㉢, ㉣

051 네일 보강제의 성분이 아닌 것은?

① 글리세롤
② 비타민 F
③ 칼리명반
④ 푸로틴하드너

해설
비타민 F는 큐티클 오일의 주성분이다. 큐티클 오일의 주성분에는 올리브, 땅콩, 피마자, 비타민 F 등이 있다.

052 네일 연마제의 내용이 아닌 것은?

① 파우더 형태이다.
② 크림 형태이다.
③ 조체면에 문지르면 매끄러운 광택을 낸다.
④ 부러지고 약한 네일에 견고함을 부여한다.

해설
네일 보강제의 역할이다.

053 팁 제거와 관련된 내용과 거리가 <u>먼</u> 것은?

① 100% 아세톤(전용 리무버) 사용
② 10~15분 정도 충분하게 손톱 담그기
③ 팁은 반월쪽으로 밀어내기
④ 오렌지 우드스틱이나 푸셔를 사용하여 제거하기

해설
③ 네일을 아세톤 원액에 10~15분 정도 담근 상태에서 오렌지 우드스틱이나 푸셔를 이용하여 접착제가 녹아서 밀려나면 팁을 프리에지 부분으로 수시로 밀어낸다.

054 인조네일 제거 시 자연손톱으로 회복을 위한 빠른 방법은?

① 오일 마사지 또는 팩을 실시한다.
② 파일로 제거한다.
③ 알루미늄 호일로 감싼다.
④ 버퍼로 부드럽게 샌딩한다.

해설
① 오일 마사지(큐티클 오일과 로션 사용) 또는 팩을 실시할 경우 자연손톱으로의 빠른 회복이 이루어진다.

정답 050 ④ 051 ② 052 ④ 053 ③ 054 ①

Part 3 네일 미용기술 출제예상문제

Chapter 01
네일 기본관리

001 폴리시 컬러링 시 뭉쳐서 줄이 생기는 경우가 <u>아닌</u> 것은?
① 브러시를 45° 이상으로 세워서 컬러링하였다.
② 브러시를 45° 이하로 눕혀서 컬러링하였다.
③ 제품 케이스(병 입구)에서 브러시 한쪽 면의 컬러링제를 조절하였다.
④ 브러시 양쪽 면에 컬러링제를 듬뿍 묻혀 사용하였다.

002 모든 네일의 시술 절차 중 가장 먼저 해야 하는 것은?
① 손 소독 ② 파일링
③ 에나멜 제거 ④ 손톱 모양 만들기

해설
① 시술자의 손 소독을 먼저 하여 세균 등의 감염을 막아야 한다.

003 베이스 코트의 역할로 잘못된 것은?
① 손톱의 변색을 방지해 준다.
② 손톱의 착색을 방지해 준다.
③ 에나멜의 밀착력을 높여 준다.
④ 에나멜의 광택을 높여준다.

해설
④ 에나멜의 광택을 높여 주는 것은 톱 코트이다.

004 푸셔를 이용, 45° 이상 또는 이하로 작업 시 나타나는 현상은?
① 손톱판을 긁어 손톱을 손상시킨다.
② 큐티클이 잘 밀리지 않는다.
③ 조체 표면을 가볍게 다듬을 수 있다.
④ 손톱 모양이 뾰족해진다.

005 매니큐어의 정의로서 <u>틀린</u> 것은?
① 네일케어 과정이다.
② 손톱을 건강하고 아름답게 유지시킨다.
③ 손질 단계와 색조화장 단계의 절차로 대별된다.
④ 네일케어, 인조네일, 아트네일을 수행한다.

해설
④ 네일미용의 영역이다.

006 네일기술 중 가장 기본이 되는 것은 무엇인가?
① 매니큐어 ② 인조네일
③ 아트네일 ④ 스컬프처 네일

해설
네일기술은 기초기술과 응용기술로 나뉜다. 기초기술은 네일케어로서 매니큐어와 페디큐어를 말한다.

007 매니큐어의 손질 과정인 것은?
① 베이스 코트
② 손톱 모양 다듬기
③ 폴리시 컬러링
④ 톱 코트

해설
① ③ ④ 색조화장 단계이다.

008 매니큐어 시술 과정을 설명한 것이다. 맞는 것은?
① 니퍼와 푸셔는 아세톤에 1시간 정도 담근 뒤 사용하도록 한다.
② 손톱의 결을 손상시키지 않도록 양옆에서 중앙으로 파일링한다.
③ 100그릿 파일로 파일링한다.
④ 큐티클 오일을 담근 후 큐티클 정리를 하지 않는다.

009 손톱면이 고르지 않을 경우 다듬어 주는 방법은?
① 샌딩하기
② 거스러미 제거하기
③ 큐티클 밀어올리기
④ 큐티클 잘라내기

해설
손톱면이 고르지 않을 경우 샌딩 블록을 사용하여 조체 표면을 가볍게 다듬어 준다. 240Grit으로 손톱의 측면과 정면을 버핑해 준다.

010 브러시나 디스크 패드로 정리하는 과정은?
① 샌딩하기
② 거스러미 제거하기
③ 손톱 모양 다듬기
④ 유분기 제거하기

해설
① 샌딩 블록 사용
③ 파일 사용
④ 면봉처리 된 오렌지 우드스틱을 사용

정답 001 ③ 002 ① 003 ④ 004 ① 005 ④ 006 ① 007 ② 008 ② 009 ① 010 ②

네일 미용기술 출제예상문제

PART 3

011 미온수에 역성 비누를 첨가하는 이유는?

① 손톱 밑에 있는 세균들을 살균하기 위함이다.
② 큐티클을 연화시킬 때 미끄럽게하기 위해서이다.
③ 손가락이 미끄러지지 않게 하기 위해서이다.
④ 시술자가 손 소독을 하기 위해서이다.

012 큐티클 리무버 바르기와 관련 내용으로 적당하지 <u>않은</u> 것은?

① 큐티클을 연화시키기 위한 방법이다.
② 큐티클 리무버 또는 큐티클 오일을 바른다.
③ 바르기 전용은 브러시보다 스포이드형이 위생적이다.
④ 바르기 전용은 스포이드형보다 브러시형이 위생적이다.

 **해설**
여러 사람을 대상으로 사용하기 때문에 스포이드형이 감염예방에 바람직하다.

013 큐티클을 밀어 올리는 각도로 맞는 것은?

① 자연손톱에 대하여 15°
② 자연손톱에 대하여 30°
③ 자연손톱에 대하여 45°
④ 자연손톱에 대하여 90°

 해설
푸셔를 45°로 연필처럼 잡고 자연손톱판이 최대한 긁히지 않도록 큐티클을 가볍게 밀어준다.

014 큐티클 잘라내기와 관련 <u>없는</u> 것은?

① 니퍼를 사용하여 큐티클을 제거한다.
② 니퍼 날의 1/3만 큐티클에 닿도록 하여 잘라낸다.
③ 큐티클에 닿는 니퍼는 45°를 들어준 상태로 제거한다.
④ 네일리스트는 1개의 니퍼로 계속 사용한다.

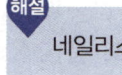 **해설**
네일리스트는 최소 2개 이상의 소독된 니퍼를 예비하고 있어야 한다.

015 유분기 제거와 관련된 내용은?

① 큐티클 제거가 끝난 조상연 주위에 소독제를 뿌려준다.
② 키친 타월로 고객의 손가락 사이의 물기를 제거한다.
③ 솜에 안티셉틱을 뿌려 소독해 준다.
④ 폴리시 리무버를 적셔 손톱판과 하조피를 닦아준다.

 해설
① 손 소독하기(고객)
② 손가락 물기 말리기
③ 손 소독하기

016 손톱판을 기준으로 45°를 요하는 시술이 <u>아닌</u> 것은?

① 니퍼를 이용한 큐티클 잘라내기
② 푸셔를 이용한 큐티클 밀어 올리기
③ 오렌지 우드스틱을 이용한 유분기 제거
④ 브러시를 이용한 네일 폴리시 컬러링

정답 011 ① 012 ④ 013 ③ 014 ④ 015 ④ 016 ③ 017 ①

PART 3 네일 미용기술 출제예상문제

Chapter 03
네일 컬러링

001 파라핀 매니큐어 절차 순서인 것은?

㉠ 손에 비닐 팩 씌우기
㉡ 파라핀에 손 담그기
㉢ 전기 장갑 씌우기
㉣ 파라핀 제거 및 마사지하기

① ㉠ - ㉡ - ㉢ - ㉣
② ㉡ - ㉠ - ㉢ - ㉣
③ ㉢ - ㉣ - ㉠ - ㉡
④ ㉣ - ㉢ - ㉡ - ㉠

002 파라핀 열이 외부로 나가는 것을 방지하는 과정은?

① 파라핀에 손 담그기
② 비닐 팩 씌우기
③ 전기 장갑 씌우기(파라핀용)
④ 파리핀 제거 및 마사지하기

손에 비닐 팩을 씌우면 손에 전이된 파라핀의 열이 외부로 빠져나가는 것을 방지함으로써 신진대사를 높인다.

003 파라핀 제거 방법으로 옳은 것은?

① 손끝에서 손목 방향으로 파라핀 왁스를 제거한다.
② 손목에서 손끝 방향으로 파라핀 왁스를 제거한다.
③ 순서없이 손에 묻은 파라핀 왁스를 제거한다.
④ 손에 묻은 파라핀 왁스를 물로 씻어 제거한다.

손목에서 손끝 방향으로 파라핀 왁스를 조심스럽게 벗겨낸다.

004 파라핀 역할에 대한 설명이 아닌 것은?

① 혈액순환 및 림프순환을 촉진시킨다.
② 거스러미 손톱 또는 조상연의 각질 형성을 예방한다.
③ 피로회복에 도움을 준다.
④ 손 피부의 신진대사에 따른 세포 재생을 둔화시킨다.

④ 손 피부의 세포 재생 능력과 피로회복에 도움을 준다.

005 손톱 색조화장을 강조하기 위한 스페셜 매니큐어는?

① 프렌치 컬러
② 습식 매니큐어
③ 건식 매니큐어
④ 베이직 매니큐어

006 고객 손톱을 중심으로 하는 프리에지 컬러링으로 적절하지 않은 내용은?

① 손톱의 오른쪽에서 프리에지 중앙 쪽으로 바른다.
② 옐로우 라인의 흐름에 따라 오른편에서 가운데로 둥글게 컬러링한다.
③ ②작업이 끝나면 왼편에서 프리에지 중앙을 향하여 스마일 라인을 유지하면서 컬러링한다.
④ 옐로우 라인을 따라 왼쪽→중앙→오른쪽으로 컬러링한다.

프리에지 컬러링은 옐로우(스마일) 라인을 따라 오른쪽→중앙→왼쪽→중앙으로 둥글게 컬러링한다.

007 딥 프렌치 컬러링 방법이 아닌 것은?

① 반월을 제외한 풀커버 컬러링한다.
② 반월을 제외한 조체 전체에 컬러링한다.
③ 반월을 제외한 반월의 선을 따라 조체 전체에 컬러링한다.
④ 국가시험 과정에서는 폴리시의 모든 색을 사용하여 컬러링한다.

국가시험 과정에서는 화이트 폴리시를 사용하여 컬러링한다.

008 손톱 색조화장 시 마무리 기술에서 가장 마지막 단계에 대한 설명은?

① 손질된 조체에 베이스 코트를 바른다.
② 폴리시가 완전히 마른 후 프리에지까지 톱 코트를 발라준다.
③ 오렌지 우드스틱에 솜을 말아 폴리시 리무버를 적셔 손톱 주변에 묻은 폴리시를 닦아낸다.
④ 네일 폴리시를 조체에 2~3회 반복하여 얇게 펴 바른다.

손톱 색조화장은 베이스 코트→폴리시 컬러링→톱 코트→마무리 기술 순의 절차를 갖는다.

정답 001 ② 002 ② 003 ② 004 ④ 005 ① 006 ④ 007 ④ 008 ③

네일 미용기술 출제예상문제

PART 3

009 그라데이션(단색) 기법의 내용이 아닌 것은?

① 스펀지를 이용하여 유색 폴리시를 적신다.
② 반월부터 프리에지를 향하여 그라데이션 기법으로 풀커버 컬러링한다.
③ 시술을 위해 스펀지에 1/3은 짙은 폴리시, 2/3는 아주 옅은 폴리시를 적셔 놓는다.
④ 적셔놓은 스펀지를 손톱판에 45°로 가볍게 두드린다.

해설
④ 손톱판에 대하여 90°를 유지하면서 스펀지를 가볍게 두드리는 기법이다.

010 그라데이션(2가지 이상 색을 이용) 기법의 내용인 것은?

① 스펀지의 가장 윗부분부터 옅은 색에서 진한 색 순서로 3등분으로 폴리시를 적신다.
② 스펀지에 적시는 유색 폴리시의 도포 순서는 절대 바뀌어서는 안된다.
③ 손톱판에 도포 시에는 각도 없이 그라데이션 기법으로 도포한다.
④ 프리에지에서 반월을 향하여 그라데이션 기법으로 하프 코트 컬러링한다.

해설
스펀지에 적시는 유색 폴리시 도포 순서는 '옅은 색 → 짙은 색 또는 짙은 색 → 옅은 색'으로 점차 그라데이션이 되도록하며 손톱판에 적용된다.

Chapter 05
팁 위드 파우더

001 다음 중 팁에 대한 설명으로 옳은 것은?

① 인조손톱이다.
② '감싸다'라는 의미를 갖는다.
③ 손톱이 찢어졌을 때 사용되는 기술이다.
④ 손톱이 갈라졌을 때 사용되는 기술이다.

해설
팁 : 인조손톱을 이용하여 짧은 손톱길이를 길어 보이게 하는 연장 기술에 사용되는 도구이다.

002 네일 팁(인조손톱)의 재료가 아닌 것은?

① 나일론   ② 콜라겐
③ 플라스틱   ④ 아세테이트

003 하프 웰의 설명이 아닌 것은?

① 스퀘어 팁이 있다.
② 유색 팁으로 프렌치 팁, 컬러 팁이 있다.
③ 무색 팁으로 레귤러 팁 또는 스마일 팁이 있다.
④ 웰은 자연손톱판의 정지선이다.

해설
① 풀 웰이다.

004 네일 팁의 보강제품이 아닌 것은?

① 필러 파우더
② 리퀴드 아크릴
③ 파우더 아크릴
④ 프라이머

정답 | **009** ④ **010** ① | **001** ① **002** ② **003** ① **004** ④

네일 미용기술 출제예상문제

Chapter 06
팁 위드 랩

001 다음 중 랩의 재료가 아닌 것은?
① 실크 ② 맨딩 리퀴드
③ 린넨 ④ 파이버 글래스

해설
② 종이 랩(맨딩 티슈)에 글루(맨딩 리퀴드)를 사용하여 접착시키는 데 사용하는 글루이다.

참고 랩 : '감싸다'라는 의미로서 손톱이 찢어지거나 갈라졌을 때 인조손톱(팁)을 접착시킬 때 실크, 린넨, 파이버 글래스를 이용하여 감싸는 기술이다.

002 랩의 종류가 아닌 것은?
① 섬유 랩 ② 종이 랩
③ 리퀴드 랩 ④ 아크릴 랩

해설
자연손톱을 길어보이게 하기 위해 인조 팁을 붙인 후 이를 보강하기 위해 랩으로 감싸는 기술이다.

003 다음 중 리퀴드 랩에 속하는 것은?
① 랩 플러스 ② 맨딩 티슈
③ 인근유리 섬유 ④ 광 섬유

해설
① 액체 타입의 랩이다.

004 액체 타입의 손톱 보강제인 것은?
① 맨딩 티슈 ② 파우더 아크릴
③ 리퀴드 랩 ④ 아크릴 볼

해설
리퀴드 랩 : 액체 타입으로서 일종의 손톱 보강제이다. 종류에는 랩 플러스가 있다.

005 종이 랩의 구조로서 가장 적절한 것은?
① 천 또는 종이로서 적절히 오려쓰거나 바른다.
② 올이 굵고 단단하여 시술 후 반드시 유색 폴리시로 컬러링한다.
③ 실크, 린넨, 파이버 글래스 등이 있다.
④ 가장 얇고 부드러워 다소 시술이 어려우나 보편적으로 많이 사용된다.

해설
② 랩 중 섬유 랩으로서 파이버 글래스이다.
③ 섬유 랩의 종류이다.
④ 섬유 랩 중에서 실크이다.

Chapter 07
랩 네일

001 자연 네일의 형태 및 특성에 따른 네일 팁 적용 방법으로 옳은 것은?
① 넓적한 손톱에는 끝이 좁아지는 내로우 팁을 적용한다.
② 아래로 향한 손톱(Claw Nail)에는 커브 팁을 적용한다.
③ 위로 솟아 오른 손톱(Spoon Nail)에는 옆선에 커브가 없는 팁을 적용한다.
④ 물어 뜯는 손톱에는 팁을 적용할 수 없다.

해설
② 커브 팁을 사용하지 않는다.
③ 커브가 있는 팁을 적용한다.
④ 물어 뜯는 손톱에도 손톱 교정을 위해 팁을 적용한다.

002 팁 선택에 관한 내용 중 틀린 것은?
① 팁은 자연손톱의 크기와 모양이 같은 것을 선정한다.
② 자연손톱에 비해 팁이 크면 팁의 양쪽 면을 파일링해야 한다.
③ 네일 팁은 인조 팁 또는 인조손톱이라고 한다.
④ 자연손톱에 비해 팁이 작으면 접착을 단단하게 하면 된다.

해설
④ 자연손톱의 양 측면이 변형되거나 잘 부러지고 접착이 불안정하여 분리되기가 쉽다.

003 오버레이와 유사한 기술을 무엇이라 하는가?
① 연장 ② 래핑
③ 인조손톱 ④ 인조네일

해설
오버레이(래핑) : 자연손톱을 보강하기 위해 손톱판 전체에 덮어 씌우는 작업과정을 일컫는다. 즉, 인조 팁을 자연손톱에 접착시킨 후에 그 위를 인조네일(팁, 아크릴, 젤 등)로 덧대어 보강하는 작업과정이다.

004 연장(Extension)에 관한 내용이 아닌 것은?
① 인조손톱의 연장 - 자연손톱이 길어보이도록 팁을 붙여서 손톱길이를 늘인다.
② 인조네일의 연장 - 아크릴이나 젤 등의 제품을 사용하여 자연손톱의 길이를 늘려준다.
③ 인조손톱의 연장 - 아크릴 스컬프처, 젤 스컬프처 등이 있다.
④ 인조손톱의 연장 - 팁 위드 랩, 팁 위드 아크릴, 팁 위드 젤 등이 있다.

해설
③ 제품사용에 의한 연장방법이다. 즉 아크릴 스컬프처, 젤 스컬프처가 있다.

정답 001 ② 002 ④ 003 ① 004 ③ 005 ①   001 ① 002 ④ 003 ② 004 ③

네일 미용기술 출제예상문제

005 네일 팁의 종류인 것은?

① 내추럴 팁   ② 하프 팁
③ 풀 팁   ④ 롱 팁

해설
② ③ ④ 팁의 모양이다.

006 네일 팁의 모양인 것은?

① 화이트 팁   ② 유색 팁
③ 투명 팁   ④ 하프 팁

해설
① ② ③ 네일 팁의 종류이다.

007 네일 랩에 대한 설명이 아닌 것은?

① 손톱을 '포장' 또는 '감싼다'라는 의미를 갖는다.
② 손톱을 '덮어씌운다'는 뜻으로 오버레이의 의미를 갖는다.
③ 팁을 손톱 크기만큼 잘라 글루를 사용하여 자연손톱에 붙이는 방법이다.
④ 약한 손톱에 팁을 붙이고 팁 위에 실크나 종이, 파이버 글래스 등을 덧대어 감싼다.

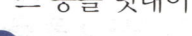
해설
③ 천이나 종이를 손톱 크기만큼 잘라 글루를 사용하여 손톱에 붙이는 방법이다.

008 자연 손톱판의 광택 제거의 내용이 아닌 것은?

① 손톱 표면에 광택을 제거해 준다.
② 광택 제거 시 인조 팁이 광택을 주기 때문이다.
③ 손톱판의 유 · 수분기를 제거해 준다.
④ 들뜸 현상은 손톱판의 유 · 수분기에 의해 나타난다.

해설
② 손톱 표면에 유 · 수분기가 있을 경우 들뜸 현상의 원인이 될 수 있다.

009 인조 팁 선택하기에서 가장 적절한 내용은?

① 자연손톱의 스트레스 포인트와 팁이 동일한 사이즈인 것을 선택한다.
② 브러시나 디스크 패드를 사용하여 길이를 조절한다.
③ 팁이 자연손톱보다 크면 파일링하여 사용한다.
④ 팁이 자연손톱보다 크면 팁 커터기를 이용하여 잘라 사용한다.

010 인조 팁 부착하기의 내용과 거리가 먼 것은?

① 팁과 자연손톱의 접착 시 45° 각도에서 시술된다.
② 웰 부분에 젤 또는 글루를 접착제로 사용한다.
③ 젤 또는 글루의 적당량 사용은 접착 시 공기가 들어가지 않게 한다.
④ 팁의 양 측면이 자연손톱에 들뜨지 않도록 손톱판을 눌러준다.

해설
④ 시술자의 모지와 인지를 이용하여 팁의 양 측면을 살짝 눌러준다.

011 인조 팁과 자연손톱 사이에 기포가 생길 때 가장 적절한 방법은?

① 프리에지에는 글루를 소량 도포한다.
② 팁의 웰에는 젤을 소량 도포한다.
③ 프리에지에는 젤을, 팁의 웰에는 글루를 소량 바른다.
④ 프리에지에는 글루를, 팁의 웰에는 젤을 소량 바른다.

해설
• 기포가 생기지 않도록 한번의 시도에서 접착되어야 한다.
• 프리에지에는 젤을 소량 도포하고, 팁의 웰에는 글루를 바른다.

012 팁 길이 자르기로서 잘못된 것은?

① 블랙 파일을 사용하여 턱을 대각선으로 제거한다.
② 팁의 길이는 고객이 원하는 길이만큼 팁 커터기로 자른다.
③ 클리퍼를 사용할 경우에는 2~3회 직선으로 맞추어 자른다.
④ 팁 커터기와 팁의 각도는 90°(직각)로 잘라주어야 한다.

해설
① 인조 팁 턱 제거에 대한 설명이다.

013 팁 위드 랩에서 글루 바르는 과정으로 잘못된 것은?

① 손톱 전체에 글루를 바른 후 필러 파우더를 뿌린다.
② 필러 파우더를 이용하여 하이포인트를 만들어준다.
③ 필러 파우더와 글루를 1~2회 반복하여 사용한다.
④ 필러 파우더와 프라이머를 1~2회 반복하여 사용한다.

014 랩 재단 후 부착하기의 내용이 아닌 것은?

① 큐티클 라인에 붙여질 실크의 모서리는 사다리꼴 모양으로 자른다.
② 큐티클 라인 아래 1.5~2mm 남기고 접착시킨다.
③ 자른 실크는 손톱의 모서리 부분(조구)에 맞추어서 들뜨지 않게 부착한다.
④ 큐티클 라인에 붙여질 실크의 모서리는 약간 둥글게 자른다.

정답 **005** ① **006** ④ **007** ③ **008** ② **009** ① **010** ④ **011** ③ **012** ① **013** ④ **014** ①

네일 미용기술 출제예상문제

015 팁 위드 랩에서 모양 다듬기의 내용이 아닌 것은?
① 파일을 이용하여 랩 턱을 갈아준다.
② 파일을 이용하여 손톱 모양을 다듬어준다.
③ 180그릿 파일로 랩 턱을 갈아준다.
④ 100그릿 파일로 랩 턱을 갈아준다.

해설
- 파일을 이용하여 손톱 모양을 다듬어 준다.
- 180그릿 파일로 랩 턱 부분을 매끄럽게 갈아준다.

016 다음 중 랩핑 시 글루의 견고성을 좋게 하기 위한 방법은?
① 글루 2~3회
② 글루 1회 + 젤 글루 1회를 교대로 사용
③ 글루 2회 + 젤 글루 2회를 교대로 사용
④ 글루 5~6회 반복 사용

해설
글루 1~2회 또는 글루 1회 + 젤 글루 1회를 교대로 사용하면 견고성이 좋다.

Chapter 08
젤 네일

001 젤과 관련된 내용이 아닌 것은?
① 글루와 같이 강한 접착제이다.
② 농도에 따라 묽기가 다르다.
③ 자연손톱판 모양으로 오려서 글루를 접착제로 사용하는 기술이다.
④ 손톱의 상태와 길이에 따라 두께를 조절할 수 있다.

해설
③ 랩에 대한 설명이다.

002 젤 스컬프처의 활용법이 아닌 것은?
① 젤 용기 뚜껑에 부착된 브러시를 이용하여 도포한다.
② 젤은 아크릴 소재와 같이 화학적 농도를 갖지 않는다.
③ 시술과정에 별도의 응고제가 필요없다.
④ 도포를 잘하였을 때에는 파일링이 필요없다.

해설
③ 시술 과정에서 별도의 응고제가 요구된다.

003 젤 스컬프처의 제품 특성이 아닌 것은?
① 투명감에 의해 광택이 오랫동안 유지된다.
② 다양한 색상에 의해 네일 폴리시를 사용하지 않아도 된다.
③ 아크릴 스컬프처가 있다.
④ 들뜸이 없으며 자연손톱에서 야기되는 손상이 적다.

해설
③ 아크릴 스컬프처의 종류이다.

004 젤의 정의로 옳은 것은?
① 젤은 글루와 같은 성분으로서 글루보다는 강도가 약하다.
② 젤은 폴리시를 컬러링하는 것처럼 펴서 바른다.
③ 젤은 아크릴보다 두께가 두껍다.
④ 아크릴 볼로 완성시킨다.

해설
① 글루보다 강한 접착제이다.
③ ④ 아크릴 볼 대신 젤을 사용하여 인조네일을 만든다.

정답 015 ④ 016 ②   001 ③ 002 ③ 003 ③ 004 ②

네일 미용기술 출제예상문제

PART 3

005 내추럴 팁 위드 젤의 설명이 <u>아닌</u> 것은?

① 내추럴 팁을 자연손톱에 접착시킨다.
② 접착된 팁 위에 UV 젤로 오버레이한다.
③ 자연손톱과 팁을 보강하여 인조네일을 만든다.
④ 인조 팁의 길이는 팁 커터기로 45°로 잘라서 사용한다.

해설
④ 인조 팁의 길이는 팁 커터기로 90°로 인조 팁을 잘라주어야 한다.

006 큐어링(Curing)에 대한 정의로 옳은 것은?

① '건조시키다'라는 의미이다.
② 제조회사마다 건조 과정이 동일하다.
③ 눈에 자극이 가지 않는다.
④ 고객의 손톱에는 뜨거움을 주지 않는다.

해설
② 제조회사에서 제시한 시간만큼 건조 과정이 요구된다.
③ 큐어링 기계는 자외선(UV)이므로 눈에 자극을 준다.
④ 클리어 젤을 두껍게 올리고 건조시킬 경우 손톱이 뜨거움을 느낄 수 있다.

Chapter 09
아크릴 네일

001 아크릴 스컬프처와 관련 <u>없는</u> 것은?

① 폼   ② 스컬프처 네일
③ 실크익스텐션   ④ 받침대

 해설
③ 랩에 관련된 설명이다.

002 아크릴 볼과 거리가 <u>먼</u> 것은?

① 리퀴드 아크릴과 파우더 아크릴을 혼합하여 만든 볼이다.
② 인조네일을 만들기 위해 사용된다.
③ 혼합량에 따라 네일 두께는 달라진다.
④ 부드러워 유연성이 있는 인조네일이다.

해설
아크릴 볼 : 액체와 분말 아크릴을 혼합하여 만든 강하고 단단하게 제품화된 인조네일이다. 혼합량에 따라 네일 두께는 달라진다.

003 아크릴 스컬프처의 활용법이 <u>아닌</u> 것은?

① 자연손톱에 덧씌워 손톱을 보강 또는 연장시킨다.
② 자연손톱에 덧씌워 두꺼운 질감을 나타내게 한다.
③ 인조네일 시술 시 보강 또는 보수에 사용된다.
④ 기형적인 손톱의 교정을 위해 시술한다.

 해설
② 섬유 랩 중에 파이버 글래스의 질감이다.

004 인조네일의 재료가 <u>아닌</u> 것은?

① 큐티클 용해제   ② 리퀴드 아크릴
③ 파우더 아크릴   ④ 카탈리스트

해설
① 큐티클 용해제 : 큐티클을 부드럽고 느슨하게 만들 때 사용한다. 숍에서 건식 매니큐어 시 큐티클 오일과 함께 사용하는 제품이다.

005 촉매물질인 카탈리스트와 관련 <u>없는</u> 것은?

① 글루   ② 젤 드라이어
③ UV 젤   ④ 큐티클 리무버

 해설
④ 큐티클 오일과 같이 쓸 수 있도록 큐티클을 유연하게 해준다.

참고 카탈리스트 : 촉매물질로서 글루, 젤 드라이어, UV 젤 등의 양 조절을 통해 자체 건조 상태를 늦추거나 빠르게 할 수 있다.

정답 005 ④ 006 ①   001 ③ 002 ④ 003 ② 004 ① 005 ④

제 2 장 **144** 출제예상문제

네일 미용기술 출제예상문제

006 아크릴 리퀴드의 설명으로 옳은 것은?
① 모노머는 액체 타입으로서 구형이다.
② 분말상은 폴리머이다.
③ 폴리에틸 메타크릴레이트를 주성분으로 한다.
④ 색상에 따라 핑크, 내추럴, 클리어, 화이트와 같이 아크릴로 분류된다.

해설
② ③ ④ 아크릴 파우더에 대한 설명이다.

007 아크릴 파우더의 설명으로 옳은 것은?
① 에틸렌 글리콜을 주성분으로 한다.
② 모노머가 다량 연결된 모양으로 분말상의 폴리머이다.
③ 불투명한 두꺼운 플라스틱 또는 유리병에 보관해야 한다.
④ 모노머는 다양한 색상을 가지고 있다.

해설
① 아크릴 리퀴드의 주성분이다.
③ 모노머 보관법이다.
④ 폴리머(파우더) 색상은 다양하게 분류된다.

008 다음 중 프라이머에 대한 설명이 아닌 것은?
① 인조네일 시술 시 반드시 사용된다.
② 메타크릴산이 주성분이다.
③ 접착제 역할로서 손톱판의 pH 조절제로 사용된다.
④ 아이소프로필을 주성분으로 한다.

해설
④ 프리프라이머의 주성분이다.

009 첫 번째 프라이머 도포 시 손톱의 현상은?
① 방부제의 역할을 한다.
② 손톱을 하얗게 할 수 있다.
③ 재차 도포하는 것이 효과적이다.
④ 손톱판 표면의 pH 균형을 조절하는 역할을 한다.

해설
프라이머의 주성분인 메타크릴산은 강산성으로서 손톱을 하얗게 할 수도 있다.

010 프리프라이머와 관련 없는 내용은?
① 손톱판의 유·수분을 제거한다.
② 프리프라이머를 사용한 후에 프라이머를 사용한다.
③ 아이소프로필을 주성분으로 한다.
④ 메타크릴산을 주성분으로 한다.

해설
④ 메타크릴산은 프라이머의 주성분으로서 피부발진은 물론 눈에 접촉 시 실명이 될 수 있어 사용 시 주의를 요한다. 프리프라이머의 주성분은 아이소프로필이다.

011 네일 폼의 내용으로 맞는 것은?
① 받침대로서 스컬프처라고도 한다.
② 크기와 모양이 다양하며 흡수력과 탄력성이 좋다.
③ 파우더의 찌꺼기 등을 녹이는 역할을 한다.
④ 네일 랩으로서 아크릴 오버레이가 된다.

해설
② 아크릴 브러시, ③ 브러시 클리너, ④ 네일 랩을 설명한다.

012 네일 폼의 종류로 올바른 연결이 아닌 것은?
① 1회용 폼 – 종이 폼
② 1회용 폼 – 플라스틱 폼
③ 반영구적 폼 – 알루미늄 폼
④ 반영구적 폼 – 플라스틱 폼

해설
② 플라스틱 폼은 반영구적 폼이다.

013 시술되는 작업에 따라 브러시의 등이나 붓 끝이 이용되는 도구는?
① 아크릴 브러시
② 브러시 클리너
③ 디펜디시
④ 리퀴드 볼

해설
② 브러시 클리너 : 브러시를 세척시키며, 브러시 자체의 털이 그대로 유지된다.
③ 디펜디시 : 아크릴 리퀴드를 사용하기 위해 덜어내는 작은 용기이다.
④ 리퀴드 볼 : 디펜디시로서 액체 아크릴을 사용하기 위해 덜어내는 작은 용기이다.

014 종이 폼의 특징이 아닌 것은?
① 손톱판의 크기에 맞추어 잘라서 사용한다.
② 콘테스트 시 2장의 폼을 접착시켜 사용한다.
③ 폼 뒷면에 글루를 발라서 사용한다.
④ 작업이 용이하여 가장 많이 사용된다.

해설
③ 폼 뒷면에 접착기능이 있다.

정답 006 ① 007 ② 008 ④ 009 ② 010 ④ 011 ① 012 ② 013 ① 014 ③

네일 미용기술 출제예상문제

015 아크릴 스컬프처 도구가 <u>아닌</u> 것은?

① 네일 폼
② 아크릴 브러시
③ 브러시 클리너
④ 아크릴 오버레이

해설
④ 아크릴 스컬프처의 종류이다.

016 아크릴 오버레이에 대한 설명으로 맞는 것은?

① 팁 위에 올려져 시술되는 래핑 재료로서 아크릴이 사용된다.
② 네일 폼을 지지대로 사용하여 손톱을 연장시킨다.
③ 아크릴 오버레이는 스컬프처 네일이라고 한다.
④ 아크릴 스컬프처를 네일 랩이라고도 한다.

해설
②④ '아크릴 스컬프처' 또는 '스컬프처 네일'이라고 한다.
③ 아크릴 오버레이는 '네일 랩'이라고 한다.

017 아크릴 볼을 위한 혼합 용량에서 아크릴 리퀴드 양이 많을 때의 현상은?

① 손톱판에 올렸을 때 기포로서 흰점이 생긴다.
② 손톱판에 올렸을 때 건조가 빠르다.
③ 아크릴 볼의 농도는 묽고, 건조시간이 길다.
④ 들뜸 현상이 나타난다.

해설
①② 아크릴 리퀴드 양이 적을 때 일어나는 현상이다.
④ 아크릴 작업 과정에서 나타나는 현상이다.

018 아크릴 작업과정에서 들뜸 현상이란?

① 아크릴이 자연손톱으로부터 따로 분리될 때 나타난다.
② 아크릴 볼 도포 시 프리에지로 길게 연장될 때 나타난다.
③ 하이포인트에 아크릴 볼이 두껍게 올려질 때 나타난다.
④ 자연손톱과의 턱이 자연스럽게 처리되었을 때 나타난다.

해설
②③ 상조피나 반월 부분에 넘쳐나거나 두껍게 올려질 때 그 틈 사이로 습기가 스며든다.
④ 자연손톱과의 턱을 자연스럽게 처리하지 못하였을 때 그 틈 사이로 습기가 스며든다.

019 들뜸 현상의 조건이 <u>아닌</u> 것은?

① 손톱판의 유·수분 제거가 충분하지 않았다.
② 프라이머가 오염 또는 변질된 것을 사용하였다.
③ 짧은 손톱에 팁을 길고 두껍게 붙였을 때 나타난다.
④ 아크릴 리퀴드와 아크릴 파우더 혼합 용량이 적당하였다.

020 다음 중 곰팡이 생성 현상으로 맞는 것은?

① 들뜸을 방치하였을 때 나타난다.
② 손톱에 가해진 부주의한 충격에 의해 금을 형성시킨다.
③ 여름보다 겨울에 금이 잘 나간다.
④ 아크릴 볼 처리 시 너무 얇게 펴 발랐을 경우에 금이 잘 생긴다.

해설
②③④ 아크릴 스컬프처의 깨짐 현상이다.

021 아크릴 스컬프처 시술 시 깨짐 현상이 발생하는 것은?

① 적절한 온도 이하에서 아크릴 스컬프처를 시술하였다.
② 자연손톱과 인조손톱 사이에 습기가 스며들었다.
③ 아크릴 스컬프처의 제거가 요구됨에도 계속 보수 작업을 유지한다.
④ 손톱 자체에서 형성된 수분에 의해 들뜸이 생긴다.

해설
②, ③, ④ 곰팡이가 서식하게 되는 현상이다.

022 아크릴 볼에 대한 설명이 <u>다른</u> 것은?

① 아크릴 볼은 온도에 민감하다.
② 온도가 높을수록 빨리 굳는다.
③ 리퀴드 아크릴은 산화되기 쉬워 적당량을 덜어 사용한다.
④ 아크릴 작업은 환기와 관련없다.

해설
④ 아크릴 작업은 환기가 잘 되는 곳에서 시술 작업을 해야 한다.

023 아크릴의 종류가 <u>아닌</u> 것은?

① 팁 위드 랩
② 내추럴 네일 오버레이
③ 팁 위드 아크릴 오버레이
④ 아크릴 스컬프처

024 내추럴 네일 오버레이란?

① 팁을 프리에지에 부착한 후 그 위에 아크릴 볼을 오버레이한다.
② 자연손톱의 보수, 보강을 위해 오버레이를 해준다.
③ 일회용 종이 폼을 하조피에 받쳐놓고 팁을 손톱판에 얹어 인조손톱을 만든다.
④ 스컬프처를 하조피에 끼우고 아크릴 볼을 사용하여 인조네일을 만든다.

해설
① 팁 위드 아크릴 오버레이다.
③ 설명 자체가 잘못되었다.
④ 아크릴 스컬프처이다.

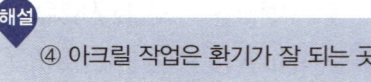

정답 015 ④ 016 ① 017 ③ 018 ① 019 ④ 020 ① 021 ① 022 ④ 023 ① 024 ②

네일 미용기술 출제예상문제

025 아크릴 방법에서 원톤이란?
① 화이트 아크릴 볼을 사용하여 프리에지 부분을 연장시킨다.
② 조체는 핑크 아크릴 볼을 사용하여 인조네일을 만든다.
③ 화이트 아크릴 볼은 프리에지 부분을 연장시키고 조체는 핑크 아크릴 볼을 사용한다.
④ 투명 또는 반투명의 단일 색상 파우더와 리퀴드를 혼합하여 사용한다.

> 해설
> ① ② ③ 투톤인 화이트 프렌치 아크릴 스컬프처이다.

026 원톤 스컬프처에서 프라이머 바르기로서 적절치 않은 것은?
① 프라이머는 손톱의 유분기를 없애준다.
② 아크릴 볼 사용 시 손톱에 접착이 잘 되도록한다.
③ 프라이머 도포 시 피부에 듬뿍 발라준다.
④ 프라이머 도포 시 보호안경과 마스크, 플라스틱 장갑을 착용한다.

> 해설
> ③ 프라이머는 강산으로서 피부에 닿지 않도록 한다.

027 아크릴 볼 만들기의 내용이 아닌 것은?
① 아크릴 브러시를 아크릴 리퀴드에 넣는다.
② 붓 끝을 적신 브러시를 아크릴 파우더에 넣는다.
③ 브러시 끝에서 리퀴드와 파우더가 혼합되어 볼이 생긴다.
④ 브러시 전체를 리퀴드에 담근 후 파우더에 붓을 충분히 담근다.

> 해설
> ④ 붓 끝만 담근다.

028 아크릴 볼 올리기의 내용이 아닌 것은?
① 붓 끝에 적당한 크기의 아크릴 볼이 만들어진다.
② 프리에지 부분에 아크릴 볼을 올려서 방사선 형태로 펴준다.
③ 아크릴 볼을 하이포인트에 올려서 방사선 형태로 펴준다.
④ 큐티클 라인을 1mm 남기고 아크릴 볼을 올려준 후 브러시로 쓸어내려 준다.

> 해설
> ④ 세번째 볼은 큐티클 라인을 1.5~2mm 남기고 아크릴 볼을 올려 쓸어내려 준다. 큐티클 라인과 손톱의 가장자리는 얇게 펴준 후 쓸어내려 준다.

029 핀칭주기에 대한 설명으로 맞는 것은?
① 아크릴 볼이 완전히 마르기 전에 C 커브를 만들어준다.
② 아크릴 볼이 완전히 마르기 전에 받침대를 빼준다.
③ 아크릴 볼이 완전히 마르기 전에 붓 등으로 하이포인트를 만든다.
④ 아크릴 볼을 만들어 자연손톱의 프리에지 끝에 올린다.

> 해설
> 핀칭주기(C 커브)는 아크릴 볼이 완전히 마르기 전에 스트레스 포인트를 양 엄지로 지그시 눌러 만든다.

030 인조네일을 일정 두께로 만들기 위한 파일링은?
① 아래 → 위로 파일링한다.
② 위 → 아래로 파일링한다.
③ 위 → 아래로 한 다음 가로로 파일링한다.
④ 위 → 아래로 한 다음 세로로 파일링한다.

> 해설
> 인조네일의 일정한 두께를 만들기 위한 파일링 시 위 → 아래로 한 다음 가로로 파일링을 한다.

정답 025 ④ 026 ③ 027 ④ 028 ④ 029 ① 030 ③

네일 미용기술 출제예상문제

PART 3

Chapter 10
인조 네일 보수

001 인조네일 시술과정의 절차에 영향을 주지 <u>않는</u> 것은?

① 네일 디자인
② 고객의 직업 특성
③ 시술된 인조네일의 종류
④ 네일리스트의 상황

> **해설**
> 시술된 인조네일의 종류와 네일디자인 모형, 고객의 직업 특성에 따라 일정 시술과정의 절차는 약간씩 차이가 있다.

002 인조네일의 보수와 관련된 내용과 거리가 <u>먼</u> 것은?

① 네일케어보다 오래 유지된다.
② 보통 2~3주에 한 번씩은 보수해야 한다.
③ 수명은 3개월~6개월간 지속력을 유지한다.
④ 아크릴 보수, 젤 보수, 매니큐어 컬러링 보수 등이 있다.

> **해설**
> ④ 실크(랩)보수, 아크릴 보수, 젤 보수 등이 있다.

003 실크(랩) 보수에 관한 내용이다. 연결이 잘 된 것은?

① 실크의 손상정도를 확인한다. - 인조네일 체크하기
② 자연손톱 표면의 불순물과 유분기를 제거한다. - 1차 프라이머 바르기
③ 적당량이 아크릴 볼을 올린다. - 아크릴 볼 올리기
④ 아크릴이 완전히 건조되었을 때 파일링한다. - 파일하기

> **해설**
> ② ③ ④는 아크릴 보수이다.

004 인조네일의 수명을 단축시키는 외적 원인과 거리가 <u>먼</u> 것은?

① 들뜸   ② 샌딩
③ 깨짐   ④ 곰팡이균

> **해설**
> 인조네일 시술 후 시간이 지나면 자연손톱의 성장은 물론 외적 자극에 의한 들뜸, 깨짐, 곰팡이균에 의해 수명이 단축된다.

005 팁 제거와 관련된 내용과 거리가 <u>먼</u> 것은?

① 100% 아세톤(전용 리무버) 사용
② 5~10분 정도 충분하게 손톱 담그기
③ 팁을 반월쪽으로 밀어내기
④ 오렌지우드스틱이나 푸셔를 사용하여 제거하기

> **해설**
> 네일을 아세톤 원액에 5~10분 정도 담근 상태에서 오렌지우드스틱이나 푸셔를 이용하여 접착제가녹아서 밀려나면 팁을 프리에지 부분으로 수시로 밀어낸다.

006 인조네일 제거 시 자연손톱으로 회복을 위한 빠른 방법은?

① 오일 마사지 또는 팩을 실시한다.
② 파일로 제거한다.
③ 알루미늄 호일로 감싼다.
④ 버퍼로 부드럽게 샌딩한다.

> **해설**
> 오일 마사지(큐티클 오일과 로션 사용) 또는 팩을 실시할 경우 자연손톱으로 빠른 회복이 이루어진다.

정답 001 ④   002 ④   003 ①   004 ②   005 ③   006 ①

Part 4 공중위생관리 출제예상문제

01 공중보건

1. 공중보건 기초

001 공중보건의 개념과 거리가 먼 것은?
① 집단적 활동을 실천위주로 연구한다.
② 질병예방과 건강증진을 위한 학문이다.
③ 건강과 관련된 사회적 요인을 규명한다.
④ 공중보건의 영역은 국가마다 똑같이 표현한다.

 ④ 국가마다 달리 표현된다.

002 윈슬로우가 정의한 공중보건의 정의로 틀린 것은?
① 질병치료 ② 질병예방
③ 수명연장 ④ 신체적 정신력 증진

003 공중보건에 대한 설명으로 옳지 않은 것은?
① 지역사회의 노력을 통해서 질병을 예방한다.
② 개인이 아닌 지역사회의 주민을 대상으로 한다.
③ 지역사회의 노력을 통해서 수명을 연장시킨다.
④ 공중보건학의 정의는 시대와 학자에 따라 일정하다.

 ④ 시대와 학자에 따라 매우 다양하다.

004 지역사회의 보건관리에 속하지 않는 것은?
① 환경 위생사업 ② 산업보건
③ 보건의료 보장제도 ④ 개인 보건교육

 ② 환경보건 분야이다.

005 공중보건의 목적을 가장 올바르게 설명한 것은?
① 질병이 없는 상태로 시대와 학자에 따라 다양하게 정의된다.
② 건강이란 단순히 질병이 없는 상태를 말한다.
③ 인간은 누구나 태어나면서부터 건강과 장수의 권리를 실현할 수 있다.
④ 건강이란 신체적, 정신적, 사회적으로 완전히 안녕한 상태라고 정의하였다.

 ① ② ④ 건강의 정의이다.

006 공중보건의 3대 사업에 속하지 않는 것은?
① 보건영양 ② 보건교육
③ 보건행정 ④ 보건관계법

 ① 보건관리 분야이다.

007 공중보건의 3대 사업 중 가장 중요한 사업은?
① 보건행정 ② 보건교육
③ 보건의료법규 ④ 보건의료 서비스

008 공중보건의 평가 지표에 속하지 않는 것은?
① 영아 사망률 ② 평균수명
③ 비례사망지수 ④ 모자보건

 ④ 공중보건학의 범위 중 보건관리 분야다.

009 공중보건의 대표적 수준 평가지표는?
① 평균수명 ② 비례사망지수
③ 영아사망률 ④ 질병이환율

010 건강의 정의를 설명한 것이다. 올바르지 않은 것은?
① 신체적, 정신적, 사회적으로 안녕한 상태
② 신체의 구조적, 기능적 장애로 항상성이 파괴된 상태
③ 삶의 질이 갖는 건강한 상태
④ 사회생활적응 능력의 건강

 ② 질병의 정의이다.

011 질병의 정의를 가장 적합하게 설명한 것은?
① 신체의 구조적, 기능적 장애로 질병발생의 삼원론에 의해 항상성이 파괴된 상태
② 질병이 없거나 허약하지 않은 상태로 신체적, 정신적, 사회적으로 안녕한 상태
③ 개인의 건강이 내적, 외적 요인에 의한 영향
④ 질병 관리, 질병예방 보건의료 등이 이에 속함

 ② ③ 건강의 정의이다.
④ 지역사회의 보건관리에 속한다.

정답 001 ④ 002 ① 003 ④ 004 ② 005 ③ 006 ① 007 ② 008 ④ 009 ③ 010 ② 011 ①

공중위생관리 출제예상문제

012 질병을 발생시키는 요인으로 속하지 않는 것은?

① 병인(Agent)
② 숙주(Host)
③ 환경(Environment)
④ 예방(Prevention)

013 질병을 발생시키는 요인에 대한 설명이 틀린 것은?

① 병인 - 질병을 일으키는 직접적인 원인이 되는 인자이다.
② 예방 - 질병을 조기에 발견하여 즉각적으로 치료한다.
③ 숙주 - 병인과 환경이 같더라도 숙주 상태에 따라 다르게 발생한다.
④ 환경 - 질병발생에 간접적으로 영향을 미치는 숙주 주위의 환경을 말한다.

> **해설**
> ② 질병의 예방에 대한 설명이다.

014 질병발생의 결정요인 중 숙주에 대한 설명으로 틀린 것은?

① 정신적 특성은 숙주가 가지고 있는 스트레스에 의해 질병이 발생한다.
② 신체적 특성은 숙주의 생리적 변화와 영양상태에 있다.
③ 질병에 대한 감수성은 개인차가 크다.
④ 질병의 전파와 발생은 동물이 인간에게 영향을 준다.

> **해설**
> ④ 환경에 대한 설명이다.

2. 질병관리

015 역학에 관한 설명이 아닌 것은?

① 집단 현상으로 발생하는 질병이다.
② 질병인 감염병이 미치는 영향을 연구하는 학문이다.
③ 예방 관련 차원에서 기여한다.
④ 건강과 질병에 많은 영향을 준다.

> **해설**
> ④ 감염경로(환경)에 대한 설명이다.

016 역학의 목적으로 적합하지 않은 것은?

① 인구 집단의 건강상태를 기술한다.
② 건강 문제 원인을 규명한다.
③ 질병 문제가 발생하지 않도록 통제한다.
④ 질병치료에 중점을 둔다.

017 역학의 목적이 아닌 것은?

① 인구 집단에서의 질병문제 발생을 예견한다.
② 병원체의 전파조건이 되는 환경요인을 찾아낸다.
③ 계절에 따른 감염병 발생 시 환경 위생을 통제한다.
④ 계절에 따른 감염병 발생 시 예방 접종 등을 실시한다.

> **해설**
> ② 감염병 관리에서 감염경로(환경)에 관한 설명이다.

018 질병 관리의 내용이 아닌 것은?

① 예방보다 질병 치료에 중점을 두고 있다.
② 현재의 건강상태를 보다 더 건강하게 하는 데에 있다.
③ 심신(몸과 마음)의 육성에 기반한다.
④ 최고 수준의 건강을 목표로 한다.

> **해설**
> ① 질병의 치료보다 예방에 중점을 두고 있다.

019 질병 발생요인이 아닌 것은?

① 병인 - 감염원
② 직접감염 - 피부 경로
③ 환경 - 감염 경로
④ 숙주 - 감수성

> **해설**
> ② 감염 경로의 내용이다.

020 질병을 일으키는 데 직접적인 원인이 되는 것은?

① 병원체(병원소)
② 감염 경로(환경요인)
③ 사람(면역성)
④ 사람(감수성)

> **해설**
> ② 환경, ③ ④ 숙주에 관한 설명이다.

> 참고 병인 : 병원체 · 병원소를 포함하는 모든 감염원으로서 질병을 일으키는 데 직접적인 원인이 된다.

021 병원체가 인간에게 직접 옮겨 가는 것을 무엇이라 하는가?

① 감염원(병인)
② 감염 경로(환경)
③ 숙주
④ 감수성

022 병원체에 대한 저항력이 아닌 것은?

① 숙주
② 면역성
③ 감수성
④ 전파

> **해설**
> ④ 전파 : 병원체가 탈출하여 새로운 숙주에 침입하는 것을 말한다.

정답 012 ④ 013 ② 014 ④ 015 ④ 016 ④ 017 ② 018 ① 019 ② 020 ① 021 ① 022 ④

공중위생관리 출제예상문제

023 직접감염 경로에 해당되는 것은?
① 피부접촉 ② 개달물
③ 매개물 ④ 토양

해설 ② ③ ④ 간접감염 경로이다.

024 수인성 감염병의 경로에 해당하는 것은?
① 벼룩 ② 이질
③ 이 ④ 진드기

해설 ① ③ ④ 절족동물로서 매개감염을 한다.

025 다음 중 간접감염 경로에 해당되는 것은?
① 성병 ② 공수병
③ 이질 ④ 서교증

해설 ① ② ④ 피부접촉을 통한 직접감염이 된다.

026 토양을 통한 간접감염의 경로가 아닌 것은?
① 파상풍 ② 보툴리누스
③ 결핵 ④ 구충

027 비활성 전파 매개체(개달물)의 경로가 아닌 것은?
① 물 ② 우유
③ 의복 ④ 호흡기

해설 ④ 공기를 통한 직접감염이 된다.

028 숙주에 대한 설명으로 적절하지 않은 것은?
① 감염병을 받아들이는 인간을 말한다.
② 감수성은 사람에 따라 다르다.
③ 병원체의 전파조건을 말한다.
④ 병원체에 대한 저항력을 말한다.

해설 ③ 감염 경로(환경)에 대한 설명이다.

029 감염 경로(환경)에 대한 내용인 것은?
① 병원소로부터 병원체의 이탈이다.
② 환자, 감염자를 통해 전달된다.
③ 보균자(건강·병후)를 통해 전달된다.
④ 토양, 가축을 통해 전달된다.

해설 ② ③ ④ 감염원(병인)에서의 병원소에 의한 경로이다.

030 감염원(병인)에서 병원체의 경로가 아닌 것은?
① 세균 ② 바이러스
③ 리케차 ④ 감염자

해설 ④ 감염원(병인)에서 병원소의 경로이다.

031 환경(감염경로)에서 전파·숙주 잠입에 관련된 경로가 아닌 것은?
① 전파·숙주 잠입 ② 직·간접 전파
③ 비뇨기계 이탈 ④ 절지동물에 의한 전파

해설 ③ 환경(감염경로)에서 병원소로부터 병원체 이탈과 관련된 경로이다.
① ② ④ 환경(감염경로)에서 전파·숙주 잠입에 관련된 경로이다.

032 감염병의 신고규정에 따라 '즉시' 신고해야 하는 감염병은?
① 제1급 감염병 ② 제2급 감염병
③ 제3급 감염병 ④ 제4급 감염병

해설 감염병 예방법상 제1급 감염병은 발생 즉시 신고한다.

033 감염병 예방법상 제3급 감염병은 언제 신고해야 하는가?
① 즉시 ② 12시간 이내
③ 24시간 이내 ④ 7일 이내

034 다음 중 세균과 거리가 먼 것은?
① 결핵 ② 콜레라
③ 폴리오 ④ 파상풍

해설 ③ 폴리오 : 소아마비로서 바이러스에 의해 감염된다.

035 발생 감염병 환자는 어디에 신고해야 하나?
① 소재지 관할 보건소장
② 소재지 관할 동사무소
③ 소재지 관할 보건소
④ 소재지 관할 경찰서

정답 023 ① 024 ② 025 ③ 026 ③ 027 ④ 028 ③ 029 ① 030 ④ 031 ③ 032 ① 033 ③ 034 ③ 035 ①

공중위생관리 출제예상문제

PART 4

---

036 감염병 예방법상 발생 24시 이내 신고 대상은?

① 제1급 감염병
② 제2급 감염병
③ 제4급 감염병
④ 기생충 감염병

---

037 후생동물의 병원체가 <u>아닌</u> 것은?

① 일본뇌염
② 회충
③ 요충
④ 십이지장충

> **해설**
> ① 바이러스가 병원체이다.

---

038 병원체가 원충인 것은?

① 곰팡이
② 무좀
③ 칸디다진균증
④ 아메바성 이질

> **해설**
> ① ② ③ 진균(사상균)을 병원체로 한다.

---

039 리케차가 병원체인 것은?

① 매독
② 발진열
③ 재귀열
④ 와일씨병

> **해설**
> ① ③ ④ 스피로헤타가 병원체이다.

---

040 스피로헤타가 병원체인 것은?

① 서교증
② 발진티푸스
③ 양충병
④ 쯔쯔가무시병

> **해설**
> ② ③ ④ 리케차를 병원체로 한다.

---

041 바이러스를 병원체로 한 것은?

① 매독균
② 렙토스피라증
③ 트라코마
④ 희귀열

> **해설**
> ① ② ④ 세균 중에서 나선균 형태를 가진 병원체이다.

---

042 병원소가 사람인 것은?

① 광견병
② 홍역
③ 탄저병
④ 페스트

> **해설**
> ① 개, ③ 말, 돼지, 소, ④ 쥐로부터 질병이 야기된다.

---

043 건강 병원소(불현성 보균자)와 관련된 병원소는?

① 디프테리아
② 폴리오
③ 홍역
④ 장티푸스

> **해설**
> ① ③ 잠복기(발병 전 보균자), ④ 병후(만성회복기 보균자) 병원소이다.

---

044 고양이가 병원소인 질병이 <u>아닌</u> 것은?

① 살모넬라증
② 야토병
③ 서교증
④ 톡소플라스마증

> **해설**
> ② 토끼가 병원소인 질병이다.

---

045 탄저병을 야기하는 병원소가 <u>아닌</u> 것은?

① 소
② 개
③ 돼지
④ 말

> **해설**
> ② 개는 탄저병의 병원소가 아니다.

---

046 다음 중 건강보균자에 대한 설명인 것은?

① 균을 지속적으로 보유하고 있는 자
② 증상이 나타나기 전에 균을 보유하고 있는 자
③ 증상이 없으면서 균을 보유하고 있는 자
④ 은닉환자, 간과환자

> **해설**
> ① 병후 보균자, ② 잠복기 보균자, ④ 환자병원소에 대한 설명이다.

---

047 보건관리가 가장 <u>어려운</u> 보균자는?

① 병후 보균자
② 잠복기 보균자
③ 건강보균자
④ 발병 전 보균자

---

048 파리가 병원소인 것은?

① 콜레라
② 일본뇌염
③ 말라리아
④ 황열

> **해설**
> ② ③ ④ 모기를 병원소로 한다.

정답 036 ② 037 ① 038 ④ 039 ② 040 ① 041 ③ 042 ② 043 ② 044 ② 045 ② 046 ③ 047 ③ 048 ①

공중위생관리 출제예상문제

049 모기가 병원소인 것은?
① 이질　　② 장티푸스
③ 결핵　　④ 뎅기열

> 해설: ① ② ③ 파리를 병원소로 한다.

050 벼룩이 병원소인 것은?
① 콜레라　　② 페스트
③ 파라티푸스　　④ 트라코마

> 해설: ② 페스트, 발진열은 벼룩에 의해 전파된다.
> ① ③ ④ 파리를 병원소로 한다.

051 이가 병원소인 것은?
① 발진열　　② 발진티푸스
③ 일본뇌염　　④ 뎅기열

> 해설: ① 벼룩, ③ ④ 모기를 병원소로 한다.

052 재귀열을 야기하는 병원소는?
① 고양이　　② 벼룩
③ 모기　　④ 이

> 해설: 재귀열의 병원소는 이이다.

053 병원소가 토양인 것은?
① 파상풍　　② 콜레라
③ 이질　　④ 장티푸스

> 해설: ② ③ ④ 파리, 바퀴벌레가 병원소이다.

054 침입 경로가 호흡기계인 것은?
① 콜레라
② 세균성 이질
③ 장티푸스
④ 유행성 이하선염

> 해설: ① ② ③ 침입경로가 소화기계이다.

055 기침, 재채기, 담화(비말)를 통해 탈출하는 경로는?
① 소화기계　　② 피부기계
③ 호흡기계　　④ 개방병소

056 피부기계(점막피부)의 설명인 것은?
① 흡혈 시 탈출
② 흡혈성 곤충에서 탈출
③ 농양 등 병변 부위에서 탈출
④ 성 전파 분비물을 통해 탈출

> 해설: ② 기계적 탈출, ③ 개방병소 경로, ④ 피부 직접접촉(성기점막피부)에 대한 설명이다.

057 개방병소와 관련된 질병은?
① 말라리아　　② 나병
③ 매독　　④ 임질

> 해설: ① 기계적 탈출, ③ ④ 피부 직접 접촉(성기점막피부)을 침입경로로 한다.

058 발열, 발진, 근통을 일으키는 질병이 아닌 것은?
① 트라코마　　② 파상풍
③ 발진티푸스　　④ 연성하감

> 해설: ④ 피부 직접 접촉(성기점막피부)을 침입경로로 하는 질병이다.

059 주로 분변을 통해 탈출하는 질병인 것은?
① 디프테리아
② 수막구균성 수막염
③ 폐렴
④ 세균성 이질

> 해설: ① ② ③ 기침, 재채기, 담화 등을 통해 탈출한다.

060 주로 분변을 통해 탈출하는 감염병 경로는?
① 호흡기계
② 소화기계
③ 피부기계
④ 피부 직접 접촉

> 해설: ② 경구침입, 소화기계 감염병으로 주로 분변을 통해 탈출한다.

정답　049 ④　050 ②　051 ②　052 ④　053 ①　054 ④　055 ③　056 ①　057 ②　058 ④　059 ④　060 ②

PART 4

공중위생관리 출제예상문제

061 말라리아의 침입 경로는?

① 기계적 탈출　　　② 호흡기계
③ 피부기계　　　　④ 피부 직접 접촉

> **해설**
> ① 기계적 탈출은 이, 벼룩, 모기 등 흡혈성 곤충의 침입 경로이다.

062 물, 식품을 통해 전파되는 감염은?

① 진애감염　　　　② 수질감염
③ 토양감염　　　　④ 경구감염

> **해설**
> ① 공기를 통해 전파, ③ 토양을 통해 전파, ④ 환자(보균자)의 분뇨를 통해 배출된 병원체가 식품에 오염, 경구적으로 침입하여 전파된다.

063 토양이나 퇴비 접촉과 교상에서 전파되는 감염은?

① 경피감염　　　　② 경구감염
③ 토양감염　　　　④ 진애감염

064 수건, 의류, 서적과 같은 개달물에 의한 감염은?

① 경피감염　　　　② 개달감염
③ 경구감염　　　　④ 토양감염

065 경피감염에 의한 질환인 것은?

① 결핵　　　　　　② 파상풍
③ 세균성 이질　　　④ 두창

066 개달감염에 의한 질환인 것은?

① 두창　　　　　　② 파상풍
③ 양충병　　　　　④ 광견병

> **해설**
> ② ③ ④ 경피감염에 의한 질병이다.

067 경구감염에 의한 질환인 것은?

① 세균성 이질　　　② 결핵
③ 두창　　　　　　④ 디프테리아

> **해설**
> ② ③ ④ 진애감염으로서 공기를 통해 전파된다.

068 감염병 관리 방법에 대한 내용이 <u>아닌</u> 것은?

① 전파예방　　　　② 감염력 감소
③ 병원소의 격리　　④ 숙주 잠입

> **해설**
> ④ 감염병 발생요인 중에서 감염 경로인 환경에 대한 내용이다.

069 사람과 동물이 병원소가 되는 것은?

① 인수 공통 감염병　② 환자 병원소
③ 병인 병원소　　　④ 병원소

070 병원소의 격리에 대한 내용이 <u>잘못</u>된 것은?

① 병원체를 운반하는 환자를 격리한다.
② 병원체를 운반하는 환자와 동물(환축)을 격리한다.
③ 감염병 유행지역의 감염의심 환축을 강제 격리한다.
④ 병원소를 제거함으로써 감염병의 전파를 예방한다.

> **해설**
> ④ 감염병 관리 방법 중에 전파예방에 관한 설명이다.

071 법정 · 지정 감염병을 누가 지정하는가?

① 시 · 도지사
② 시장, 군수, 구청장
③ 보건복지부장관
④ 대통령

072 제2급 감염병에 대한 설명으로 옳은 것은?

① 전파가능성을 고려하여 격리가 필요한 감염병
② 음압격리와 같은 높은 수준의 격리가 필요한 감염병
③ 생물테러 감염병 또는 치명률이 높은 감염병
④ 발생 시 7일 이내에 신고해야 하는 감염병

> **해설**
> • ②, ③은 제1급 감염병에 대한 설명이다.
> • ④는 제4급 감염병에 대한 설명이다.

073 다음 중 제1급 법정 감염병인 것은?

① 결핵　　　　　　② 디프테리아
③ 공수병　　　　　④ 폴리오

> **해설**
> • 결핵, 폴리오는 제2급 감염병이다.
> • 공수병은 제3급 감염병이다.

정답　061 ①　062 ②　063 ①　064 ②　065 ②　066 ①　067 ①　068 ④　069 ①　070 ④　071 ③　072 ①　073 ②

공중위생관리 출제예상문제

074 법정 감염병의 급과 종류가 바르게 연결된 것은?
① 제1급 – 디프테리아   ② 제2급 – B형간염
③ 제3급 – A형간염   ④ 제4급 – 뎅기열

해설 A형간염은 제2급, B형간염과 뎅기열은 제3급 감염병이다.

075 제2급 법정감염병인 것은?
① 파상풍   ② 말라리아
③ 유행성 이하선염   ④ 쯔쯔가무시증

해설 파상풍, 말라리아, 쯔쯔가무시증은 제3급 감염병이다.

076 제3급 법정 감염병인 것은?
① 레지오넬라증   ② 페스트
③ 탄저   ④ 신종인플루엔자

해설 페스트, 탄저, 신종인플루엔자는 제1급 감염병이다.

077 제4급 법정 감염병이 아닌 것은?
① 인플루엔자   ② 매독
③ 임질   ④ 후천성 면역결핍증(AIDS)

해설 후천성 면역결핍증(AIDS)은 제3급 감염병이다.

078 제3급 법정 감염병이 아닌 것은?
① 비브리오패혈증   ② 발진티푸스
③ 한센병   ④ 황열

해설 한센병은 제2급 감염병이다.

079 발견 시 7일 이내 신고해야 하는 감염병은?
① 제1급 감염병   ② 제2급 감염병
③ 제3급 감염병   ④ 제4급 감염병

080 제1급 감염병의 특징과 거리가 먼 것은?
① 발생 또는 유행 시 12시간 이내에 신고한다.
② 생물테러 감염병이다.
③ 치명률이 높거나 집단 발생의 우려가 크다.
④ 음압격리와 같은 높은 수준의 격리가 필요하다.

해설 제1급 감염병은 발생 즉시 신고해야 한다.

081 제3급 감염병의 특징이 아닌 것은?
① 발생을 계속 감시할 필요가 있다.
② 발생 또는 유행 시 24시간 이내에 신고한다.
③ 말라리아, 발진열, 유비저 등이 이에 속한다.
④ 매우 높은 수준의 격리가 필요하다.

해설 매우 높은 수준의 격리(예 – 음압격리)가 필요한 감염병은 제1급 감염병이다.

082 다음 중 제2급 감염병에 해당되는 것끼리 묶인 것은?

㉠ 두창	㉡ 페스트
㉢ 인플루엔자	㉣ 백일해
㉤ 풍진	㉥ 신종인플루엔자
㉦ 수족구병	㉧ b형헤모필루스인플루엔자
㉨ 라임병	㉩ 발진열
㉪ 렙토스피라증	㉫ 유비저

① ㉠, ㉣, ㉨   ② ㉣, ㉤, ㉧
③ ㉡, ㉧, ㉫   ④ ㉢, ㉦, ㉫

해설 백일해, 풍진, b형헤모필루스인플루엔자는 제2급 감염병이다.

083 제1급 감염병은 몇 종인가?
① 17종   ② 20종
③ 21종   ④ 26종

084 제1~3급 감염병이 아닌 것은?
① 수막구균 감염증   ② 성홍열
③ 보툴리눔독소증   ④ 연성하감

해설 연성하감은 제4급 감염병이다.

085 결핵은 어디에 속하는가?
① 제1급 감염병
② 제2급 감염병
③ 제3급 감염병
④ 제4급 감염병

정답 074 ① 075 ③ 076 ① 077 ④ 078 ③ 079 ④ 080 ① 081 ④ 082 ② 083 ① 084 ④ 085 ②

공중위생관리 출제예상문제

PART 4

---

086 뇌에 염증을 일으키는 감염병은?

① 유행성 일본뇌염　　② 발진열
③ 말라리아　　　　　④ 발진티푸스

> **해설**
> ② 발열, 발진, ③ 발열, 오한, ④ 발열, 발진, 근통, 정신 신경 증상을 일으킨다.

087 고 출혈성 질환을 일으키는 감염병은?

① 브루셀라　　　　　② 성병
③ 렙토스피라증　　　④ 쯔쯔가무시병

> **해설**
> ① 급성 발열성 증상, ② 요도염, 요도에서 고름생성, 배뇨 곤란, ③ 급성발열성 증상을 일으킨다.

088 중추신경계 손상을 일으키는 감염병은?

① 세균성 이질　　　　② 폴리오
③ 파라티푸스　　　　④ 장 출혈성 대장균 감염증

> **해설**
> ① 발열, 구토, 경련, ③ 고열, 위장염, 식중독과 혼동, ④ 오심, 구토, 복통, 미열 등을 일으킨다.

089 급성 호흡기 감염병으로 발열, 오한, 근육통, 사지통을 일으키는 것은?

① 홍역　　　　　　　② 백일해
③ 인플루엔자(감기)　④ 성홍열

> **해설**
> ① 열, 전신 발진, ② 환자접촉, 비말, 환자배설물, 오염물 접촉, ④ 발열, 인후염, 편도선염, 경부임파선 등을 일으킨다.

090 식욕 부진, 체중 감량, 발열, 만성 설사 등을 일으키는 감염병은?

① 후천성 면역결핍증　② B형 간염
③ 렙토스피라증　　　④ 탄저병

> **해설**
> ② 오심, 구토, 피곤감, 황달, ③ 급성 발열성 증상, ④ 급성 패열증 등을 일으킨다.

091 소아 감염병 중 가장 사망률이 높은 질병은?

① 디프테리아　　　　② 백일해
③ 파상풍　　　　　　④ 홍역

---

3. 가족 및 노인보건

092 가족보건에 대한 설명으로 잘못된 것은?

① 가족보건은 모자보건과 성인보건으로 구성된다.
② 모자보건은 모성보건과 영·유아보건으로 분류된다.
③ 성인보건은 성인병과 여러 질환에 대해 다룬다.
④ 성인보건은 고령화 사회에서 예측되는 변화를 모색한다.

> **해설**
> 노인보건에서는 고령화 사회에서 예측되는 노인질병 구조단계인 생리적, 신체적, 기질적 변화에 대해 모색한다.

093 모자보건의 지표가 아닌 것은?

① 모성사망률　　　　② 노인사망률
③ 영아사망률　　　　④ 시설분만율

> **해설**
> 모자보건의 지표 : 모성사망률, 영아사망률, 성비, 시설분만율 등이 있다.

094 모자보건에 대한 설명과 거리가 먼 것은?

① 한 국가나 지역사회의 보건수준을 제시하는 지표로 사용되고 있다.
② 모체와 영·유아에게 대한 보건의료서비스 제공에 기여한다.
③ 모자보건 사업체를 발전시키는 데 기여한다.
④ 모성 및 영·유아의 사망률을 저하시키는 데 기여한다.

095 지역사회의 보건수준을 대표하는 지표는?

① 모성사망률　　　　② 영아사망률
③ 성비　　　　　　　④ 시설분만율

> **해설**
> 영아사망률 : 지역사회의 보건수준을 나타내는 대표적 지표이다.

096 모성사망률에 대한 설명으로 맞는 것은?

① 남녀 간의 비율을 뜻한다.
② 보건의료기관 등의 시설에서 분만하는 비율을 뜻한다.
③ 임산부의 산전, 산후관리 수준을 반영한다.
④ 지역사회의 보건수준을 표시한다.

> **해설**
> ① 성비, ② 시설분만율, ④ 영아사망률이다.

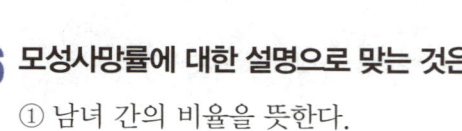

정답　086 ①　087 ④　088 ②　089 ③　090 ①　091 ②　092 ④　093 ②　094 ①　095 ②　096 ③

공중위생관리 출제예상문제

097 영·유아에 대한 설명이 잘못된 것은?
① 초생아 – 출생 1주 이내
② 신생아 – 출생 4주 이내
③ 영아 – 출생 1년 이내
④ 유아 – 만 5세 이하

해설
④ 유아 : 만 4세 이하이다.

098 태아 및 신생아, 영·유아기의 보건관리를 무엇이라 하는가?
① 영·유아보건관리   ② 미숙아보건관리
③ 신생아보건관리   ④ 영아보건관리

099 성인병의 개념이 아닌 것은?
① 질병 자체가 영구적인 기간을 가진다.
② 단기간에 걸쳐 지도 및 관찰이 요구되는 질환이다.
③ 재활을 위한 훈련이 특수하게 요구된다.
④ 기능장애에 따른 전문적인 관리가 요구되는 질환이다.

해설
② 장기간에 걸쳐 지도 및 관찰이 요구되는 질환이다.

100 다음 증상 중 노화현상에서 일어나는 증상이 아닌 것은?
① 전신위축   ② 색소침착
③ 당뇨병   ④ 혈관의 탄력성 감퇴

해설
③ 성인병이다.

4. 환경보건

101 환경위생에 대한 설명으로 올바르지 않은 것은?
① 재산의 보호 및 동·식물의 생육에 필요한 생활환경을 말한다.
② 인간의 발육과 생존에 유해한 영향을 미칠 가능성이 있는 모든 환경요소를 말한다.
③ 환경위생에는 공기(기온, 습기), 물(지표수, 지하수), 토지 등이다.
④ 신체의 구조적, 기능적 장애로 항상성이 파괴된 상태라고 하였다.

해설
④ 질병의 정의이다.

102 환경위생의 범위를 설명한 것으로 틀린 것은?
① 자연적 환경 – 대기, 수질, 소음, 진동, 악취 등이 속한다.
② 사회적 환경 – 정치, 경제, 종교, 인구 등이 주는 환경이다.
③ 인위적 환경 – 우리 생활에 간접적으로 영향을 주는 환경이다.
④ 생물학적 환경 – 동·식물, 미생물, 파리, 모기 등이 속한다.

해설
③ 사회적 환경에 대한 설명이다.

103 공기의 성분 중 가장 많이 차지하는 성분은?
① 질소   ② 산소
③ 아르곤   ④ 이산화탄소

해설
① 질소 78%, 산소 21%, 아르곤 0.93%, 이산화탄소 0.03%이다.

104 다음은 질소에 대한 설명이다. 틀린 것은?
① 공기의 약 78%를 차지한다.
② 고기압 환경 또는 감압 시에 잠함병이 나타난다.
③ 불완전 연소 시 많이 발생한다.
④ 질소 부족 시 전신의 동통과 신경마비, 보행 곤란 등이 있다.

해설
③ 일산화탄소에 대한 설명이다.

105 실내 공기 오염의 지표로 삼는 것은?
① 질소   ② 일산화탄소
③ 이산화탄소   ④ 산소

해설
③ CO_2는 실내공기의 오염이나 환기 유무를 결정하는 척도이다.

106 일산화탄소에 대한 설명으로 틀린 것은?
① 혈액 내 헤모글로빈과 결합한다.
② 헤모글로빈과의 친화성이 산소에 비해 250~300배 강하다.
③ 최대 서한량은 8시간 기준 100ppm이다.
④ 무색으로서 공기보다 무거우며 자극성이 강하다.

해설
CO는 무색, 무취, 무자극성 기체이며 특성이 크고, 비중이 0.976으로 공기보다 가볍다.

정답 097 ④ 098 ① 099 ② 100 ③ 101 ④ 102 ③ 103 ① 104 ③ 105 ③ 106 ④

공중위생관리 출제예상문제

PART 4

107 대기오염의 지표로 삼는 것은?

① SO_2
② O_3
③ CO
④ CO_2

해설
① 아황산가스(SO_2)는 대기오염의 지표가 되며 산성비의 원인이 된다.

108 오존에 대한 설명으로 틀린 것은?

① 냉장고, 에어컨, 스프레이 등의 사용은 오존층을 파괴시킨다.
② 지상 25~30km에 있는 오존층은 자외선을 흡수한다.
③ 최대 서한량은 연간 0.05ppm이다.
④ 살균작용을 한다.

해설
③ 아황산가스에 대한 설명이다.

109 다음 공기에 대한 설명으로 올바르지 않은 것은?

① 쾌적한 온도는 18±2℃로 지상 1.5m 높이에서 측정한다.
② 쾌적한 습도는 40~70%이다.
③ 쾌적한 기류는 실내가 0.2~0.3m/sec이며 실외는 2m/sec이다.
④ 실내의 기류는 0.5m/sec일 때 항상 존재하나 느끼지 못한다.

해설
③ 실내 0.2~0.3m/sec, 실외 1m/sec이다.

110 다음 오염에 대한 설명으로 틀린 것은?

① 기온역전 - 하부 기온이 상부 기온보다 높아지면서 대기가 안정화된다.
② 온난화 현상 - 지구 전체의 온도가 과도하게 상승하는 현상
③ 오존층 파괴 - 지상에서의 자외선 증가는 오존량을 증가시켜 스모그를 발생한다.
④ 산업폐기물을 배출하는 매연, 분진 등 황산화물 또는 질소산화물의 배출량을 줄여야 한다.

해설
① 기온역전 : 상부 기온이 하부 기온보다 높아지면서 공기의 수직 확산이 일어나지 않아 대기가 안정화된다.

111 대기오염이 증가하는 원인으로 틀린 것은?

① 연료 소모가 적고 인구의 증가가 크다.
② 기온이 낮고 연료 소모가 많다.
③ 주민의 관심이 낮고 풍력이 낮다.
④ 시설 확충과 인구의 증가가 크다.

해설
① 연료 소모가 많고 인구의 증가가 클수록 대기오염이 증가한다.

112 다음 설명으로 옳지 않은 것은?

① 색도는 5도, 탁도는 2도 이하이어야 한다.
② 대장균은 물 100㎖ 중 미검출되어야 한다.
③ 일반 세균은 1㏄ 중 100CFU 이하로 검출되어야 한다.
④ 불소는 다량이어야 한다.

해설
④ 불소는 미량이어야 한다.

113 물을 소독하는 방법 중 옳지 않은 것은?

① 자외선 소독
② 오존 소독
③ 염소 소독
④ 건조법

해설
④ 식품의 보존법이다.

114 염소 소독의 단점으로 틀린 것은?

① 강한 취기가 있다.
② 독성이 있다.
③ 바이러스는 사멸시키지 못한다.
④ 살균 효과가 우수하다.

해설
④ 염소 소독의 장점이다.

115 다음 설명으로 옳지 않은 것은?

① 염소 소독 - 살균 효과가 우수하며 가장 많이 이용된다.
② 오존 소독 - 강한 표백작용을 하며 비용이 많이 든다.
③ 자비 소독 - 100℃ 끓는 물에서 10~30분 이상 가열한다.
④ 자외선 소독 - 살균력이 약하다.

해설
④ 매우 강한 살균 효과가 있다.

116 다음은 자비 소독에 대한 설명이다. 틀린 것은?

① 100℃ 끓는 물에서 10~30분 이상 가열한다.
② 잔류 효과가 크고 조작이 간편하다.
③ 가정에서 소독할 때 많이 사용한다.
④ 아포 및 바이러스 등은 사멸시키지 못한다.

해설
② 염소 소독의 장점이다.

정답 107 ① 108 ③ 109 ③ 110 ① 111 ① 112 ④ 113 ④ 114 ④ 115 ④ 116 ②

제 2 장 **158** 출제예상문제

공중위생관리 출제예상문제

117 오존 소독의 장점을 설명한 것이다. 틀린 것은?
① 비용이 많이 든다.
② 세균, 바이러스를 사멸시킨다.
③ 유해 잔류물을 남기지 않는다.
④ 강한 표백작용을 한다.

> 해설
> ① 오존 소독의 단점이다.

118 물의 인공정수 방법의 순서로 가장 적합한 것은?
① 여과 → 침전 → 소독
② 침전 → 여과 → 소독
③ 소독 → 여과 → 침전
④ 소독 → 침전 → 여과

119 질병발생의 증상을 나타낸 것이다. 옳지 않은 것은?
① 수은 - 미나마타병
② 카드뮴 - 신경장애
③ 납 - 빈혈, 구토증상
④ 비소 - 경련, 마비증상

> 해설
> ② 카드뮴 중독 : 이타이이타이병을 발생시킨다.

120 다음 설명으로 옳지 않은 것은?
① 간디스토마 회충, 구충, 광두열두조충은 수인성 질병의 감염원이다.
② 반상치는 불소 첨가물을 장기 복용했을 때 발생된다.
③ 우식치는 불소량이 적은 물을 장기 복용했을 때 발생된다.
④ 불소와 우식치는 8~9세의 어린이에게 주로 발생된다.

> 해설
> ① 기생충 질환의 감염원이다.

121 주택의 조건이다. 틀린 것은?
① 쾌적성 - 지하수위는 1.5m 이상, 3m 정도로 배수가 잘되는 곳이어야 한다.
② 건강성 - 교통의 편리성을 위해 공장이 있어도 괜찮다.
③ 안전성 - 남향 또는 동남향, 서남향의 채광에 적절하다.
④ 기능성 - 지질이 건조하며 오물의 매립지가 아니어야 한다.

> 해설
> ② 건강성 : 한적하고 교통이 편리하며 공해를 발생시키는 공장이 없는 환경이어야 한다.

122 주택에서 채광의 조건이다. 올바르지 못한 것은?
① 창의 면적은 벽 높이의 1/3이 되어야 한다.
② 창의 면적은 방바닥 면적의 1/20 이상 되어야 한다.
③ 거실 안쪽의 길이는 실내 천장이나 벽색을 고려하지 않아도 된다.
④ 입사각은 28° 이상이어야 하며, 개각은 4~5°가 되어야 한다.

> 해설
> ③ 거실 안쪽의 길이는 실내 천장이나 벽색을 고려해야 한다.

123 조도를 나타내는 측정 단위는?
① 럭스　　② 룩스
③ 록스　　④ 릭스

> 해설
> ② 룩스(Lux) : 조도를 나타내는 단위이다.

124 조명의 조건으로 속하지 않는 것은?
① 조도는 균일해야 한다.
② 광원은 주광색에 가까운 조명이 좋다.
③ 그림자가 약간 생겨도 괜찮다.
④ 수명이 길고 효율이 높아야 한다.

> 해설
> ③ 그림자가 생기지 않아야 한다.

125 인공조명의 조건으로 부적절한 것은?
① 비싸지 않아야 한다.
② 왼쪽 머리 위에서 조명이 비치는 것이 좋다.
③ 취급이 간편해야 한다.
④ 사용되는 조도는 균일하지 않아도 된다.

> 해설
> ④ 조도는 균일해야 한다.

126 다음은 수원의 종류이다. 연결이 바르지 않은 것은?
① 지하수 - 깊은 물일수록 탁도가 높고 경도가 낮다.
② 해수 - 음용수로 사용 시 화학처리를 하여 정화시킨 후 사용한다.
③ 복류수 - 하천 아래 주변에서 얻는 방법으로 소도시의 수원으로 이용한다.
④ 천수 - 가장 순수한 물로서 대기가 오염된 지역에서는 세균량이 많다.

> 해설
> ① 지하수 : 깊은 물일수록 탁도가 낮고 경도가 높다.

정답 117 ①　118 ②　119 ②　120 ①　121 ②　122 ③　123 ②　124 ③　125 ④　126 ①

공중위생관리 출제예상문제

127 다음은 하수처리의 과정이다. 순서가 올바른 것은?
① 예비처리 → 오니처리 → 본처리
② 예비처리 → 본처리 → 오니처리
③ 오니처리 → 예비처리 → 본처리
④ 오니처리 → 본처리 → 예비처리

128 하수처리 중 호기성 처리 방법에 속하지 <u>않는</u> 것은?
① 활성오니법   ② 살수여상법
③ 접촉여상법   ④ 사상건조법

해설
④ 오니처리에 대한 방법이다.

129 하수처리 중 오니처리 방법에 속하지 <u>않는</u> 것은?
① 소각법   ② 살수여상법
③ 소화법   ④ 사상건조법

해설
② 호기성 처리에 대한 설명이다.

130 다음은 하수 오염도를 측정하는 방법에 대한 설명이다. <u>틀린</u> 것은?
① BOD가 높으면 오염도가 높다.
② COD는 유기물을 무기물로 산화시킬 때 필요로 하는 산소요구량이다.
③ 용존산소의 부족은 오염도가 낮다.
④ BOD는 유기물질을 산화시키는 데 소비되는 산소량이다.

해설
③ 용존산소의 부족은 오염도가 높다.

5 식품위생과 영양

131 식품의 보존법 중 물리적 보존법에 속하지 <u>않는</u> 것은?
① 건조법   ② 냉동·냉장법
③ 가열법   ④ 훈증법

해설
④ 화학적 보존법이다.

132 식품의 보존법 중 물리적 보존법에 대한 설명이다. 올바르지 <u>않</u>은 것은?
① 건조법 – 세균 억제를 위해 15%의 수분을 남긴다.
② 냉동법 – 냉동은 -50℃에서 급속 냉동시켜 -20℃에서 보관한다.

③ 가열법 – 초고온 살균법은 135℃에서 1~2초간 멸균 후 냉각시킨다.
④ 통조림법·저장법, 염장법, 당장법이 속한다.

해설
② 냉동법 : 냉동은 -40℃에서 급속 냉동시켜 -20℃에서 보관한다.

133 화학적 식품 보존법에 속하지 <u>않는</u> 것은?
① 훈증법   ② 훈연법
③ 가스 저장법   ④ 가열법

해설
④ 물리적 보존법이다.

134 식품의 변질에 대한 개념으로 연결이 올바르지 <u>않은</u> 것은?
① 산패 – 금속 물질들이 분해되어 냄새나 색이 변질된 상태이다.
② 변패 – 단백질의 성분이 변질된 상태이다.
③ 부패 – 단백질 분해로 유해물질이 발생하여 냄새를 일으킨다.
④ 발효 – 좋은 미생물에 의해 더 좋은 상태로 발현된다.

해설
② 변패 : 탄수화물과 지질의 성분이 변질된 상태이다.

135 세균성 식중독에 대한 설명이다. 연결이 올바른 것은?
① 독소형 식중독 – 포도상구균, 병원성 대장균
② 감염형 식중독 – 살모넬라, 장염비브리오균
③ 생체 독소형 – 웰치균, 보툴리누스균
④ 독소형 식중독 – 보툴리누스균, 장염비브리오균

해설
① ④ 독소형 식중독 : 포도상구균, 보툴리누스균, 부패산물형
② 감염형 식중독 : 살모넬라, 장염비브리오균
③ 생체독소형 : 웰치균

136 식중독에 대한 설명으로 연결이 올바르지 <u>않은</u> 것은?
① 살모넬라 – 통조림, 고등어
② 보툴리누스균 – 통조림, 소시지
③ 포도상구균 – 우유 및 유제품
④ 장염비브리오 – 어패류, 생선류

해설
① 살모넬라증 : 두부, 유제품, 어패류, 어육제품이 원인이다.

정답   127 ②   128 ④   129 ②   130 ③   131 ④   132 ②   133 ④   134 ②   135 ②   136 ①

공중위생관리 출제예상문제

137 다음 식물성 자연독에 대한 설명으로 연결이 틀린 것은?
① 감자 - 솔라닌
② 독버섯 - 무스카린
③ 독미나리 - 시큐톡신
④ 청매 - 태물린

해설
④ 청매 - 아미그달린, 독매 - 태물린이다.

138 3대 영양소에 속하지 않는 것은?
① 비타민
② 단백질
③ 지방
④ 탄수화물

139 지용성 비타민으로 옳은 것은?

㉠ 비타민A	㉡ 비타민B
㉢ 비타민C	㉣ 비타민D
㉤ 비타민E	㉥ 비타민K

① ㉠, ㉣, ㉤, ㉥
② ㉠, ㉡, ㉢
③ ㉣, ㉤, ㉥
④ ㉠, ㉡, ㉢, ㉣, ㉤, ㉥

140 기생충에 대한 내용과 거리가 먼 것은?
① 다른 생물체에 의존하여 생명을 유지 한다.
② 기생충학은 기생충과 숙주와의 관계이다.
③ 기생충은 원생동물과 후생동물, 곤충류 등으로 분류된다.
④ 자기방어 능력과 저지할 수 있는 환경에 의해 다르게 나타난다.

141 원생동물에 속하는 것은?
① 원충류
② 선충류
③ 흡충류
④ 조충류

해설
② ③ ④ 후생동물에 속한다.

142 영양형과 포낭형으로 구분되는 원충류는?
① 동양 모양 선충증
② 간흡충증
③ 이질 아메바
④ 말라리아 원충

해설
① ② 후생동물이다.
④ 학질이라고 하며 모기에 의해 발생된다.

143 점혈변을 배설하는 질환은?
① 풍진
② 아메바성 이질
③ 학질
④ 말라리아 원충

144 다음 중 선충류인 것은?
① 무구조충
② 유구조충
③ 광절열두조충
④ 회충증

해설
① ② ③ 후생동물 가운데 조충류에 속한다.

145 회충증에 관한 내용인 것은?
① 항문소양증이 있다.
② 감염 후 권태, 복통, 빈혈이 있다.
③ 침구, 침실 등의 충란으로 오염된다.
④ 집단감염과 자가감염(수지)을 일으킨다.

해설
① ③ ④ 요충증에 관한 내용이다.

146 집단적으로 구충제를 복용해야 하는 감염증은?
① 회충증
② 요충증
③ 편충증
④ 구충증

해설
② 도시 소아의 항문 주위에 산란됨으로써 침구, 침실 등에 충란으로 오염되며, 집단 감염과 자가 감염(수지)을 일으킨다.

147 경피감염 시 채독으로서 피부염증과 소양감을 갖는 충류는?
① 구충증
② 회충증
③ 동양 모양 선충증
④ 선모충증

해설
① 구충증 : 인체의 경구와 경피를 통해 감염된다. 감염 시 채독으로서 피부염증과 소양감을 나타낸다.

148 경피와 경구를 통해 감염되는 충류는?
① 회충증
② 구충증
③ 편충증
④ 편절충

149 흡충류인 것은?
① 구충증
② 편충증
③ 간흡충증
④ 요충증

해설
① ② ④ 선충류이다.

정답 137 ④ 138 ① 139 ① 140 ④ 141 ① 142 ③ 143 ② 144 ④ 145 ② 146 ② 147 ① 148 ② 149 ③

공중위생관리 출제예상문제

150 간흡충증에 관한 내용이 <u>아닌</u> 것은?
① 경구감염에 의해 인체에 침입하면 소장에 기생한다.
② 제1중간숙주(왜우렁이)에 기생한다.
③ 제2중간숙주(참붕어, 잉어)에 기생한다.
④ 인체의 간의 담관에 기생한다.

> **해설**
> ① 동양 모양 선충증의 감염경로이다.

151 민물고기, 왜우렁이 생식을 금지하는 충류는?
① 폐흡충증　　　　② 요꼬가와흡충증
③ 간흡충증　　　　④ 선모충증

> **해설**
> ① 가재, 게 생식 금지, ② 다슬기, 은어 생식 금지,
> ④ 선충류로서 세계적으로 분포하나 우리나라에는 보고된 바 없다.

152 일종의 풍토병으로 주로 폐에 기생하는 충류는?
① 요꼬가와흡충증　② 폐흡충증
③ 간흡충증　　　　④ 요충증

> **해설**
> ② 폐흡충류 : 인체 폐에서 기생하며 산란된 충란은 객담과 함께 기관지
> 와 기도를 통해 외부로 배출된다.

153 환자의 객담을 위생적으로 처리해야 하는 충류는?
① 폐흡충증　　　　② 구충증
③ 간흡충증　　　　④ 요충증

154 장염, 출혈성 설사, 복통 등의 증상이 있는 충류는?
① 요꼬가와흡충증　② 폐흡충증
③ 간흡충증　　　　④ 광절열두조충

> **해설**
> ① 요꼬가와흡충증 : 감염 시 내장 조직이 때때로 파괴되어 장염, 복부
> 불안 등과 함께 출혈성 설사, 복통 등의 증상이 나타난다.

155 조충류인 것은?
① 동양모양선충증　② 선모충증
③ 광절열두조충　　④ 요꼬가와흡충증

> **해설**
> ① ② 선충류, ④ 흡충류이다.

156 황달, 빈혈, 간 및 비장 비대 증상을 일으키는 기생충은?
① 구충증　　　　　② 편충증
③ 간흡충증　　　　④ 유구조충

157 무구조충에 대한 관리방법은?
① 쇠고기를 익혀서 먹는다.
② 돼지고기를 익혀서 먹는다.
③ 송어를 생식하지 않는다.
④ 민물고기를 생식하지 않는다.

> **해설**
> ② 유구조충, ③ ④ 광절열두조충에 대한 설명이다.

158 유구조충에 대한 설명인 것은?
① 돼지고기를 익혀서 먹는다.
② 제1중간숙주(물벼룩)를 가진다.
③ 제2중간숙주(연어, 송어, 농어)를 가진다.
④ 무구낭미충이 성충으로 발육한다.

> **해설**
> ② ③ 광절열두조충, ④ 무구조충에 대한 설명이다.

6. 보건행정

159 다음 중 보건행정의 목적이 <u>아닌</u> 것은?
① 공중보건의 목적을 달성하기 위한 일련의 과정이다.
② 질병의 예방, 건강증진, 건강수명의 연장 등에 따른 일련의 과정이다.
③ 공중보건의 원리 및 공적, 사적 조직을 포함한 일련의 과정이다.
④ 보건 분야의 행정일반원리 정착을 적용한다.

> **해설**
> ④ 보건행정의 행정학적 정의이다.

160 보건사업의 기본 단위는?
① 지역사회　　　　② 중앙정부
③ 안전행정부　　　④ 보건복지부

> **해설**
> 보건산업은 중앙과 지방으로 나눌 수 있다. 보건산업의 기본단위는 지역사회이다.

| 정답 | 150 ① | 151 ③ | 152 ② | 153 ① | 154 ① | 155 ③ | 156 ③ | 157 ① | 158 ① | 159 ④ | 160 ① |

공중위생관리 출제예상문제

161 지역보건법에 의한 보건지소에 관한 내용은?
① 보건예방활동
② 경미한 질환에 대한 진료
③ 결핵, 나병, 성병, 감염병의 예방과 진료
④ 경미한 질환에 대한 응급처치

해설 ①②④ 보건진료소의 역할이다.

162 보건진료소에 관한 내용인 것은?
① 농어촌 등 보건의료를 위한 특별조치법으로 규정된다.
② 읍, 면별 1개소가 개설되어 있다.
③ 지역보건법으로 규정된다.
④ 보건통계자료수집, 일반진료, 기타 보건행정에 필요한 사항이 있다.

해설 ②③④ 보건지소의 역할이다.

163 보건진료소가 개설된 리(理) 단위의 오·벽지 인구규모는?
① 인구 50인 이상
② 인구 100인 이상
③ 인구 200인 이상
④ 인구 500인 이상

164 WHO(보건전문기관)의 지역사무소 연결이 잘못된 것은?
① 서태평양 – 필리핀 마닐라
② 동남아시아 – 인도 뉴델리
③ 유럽 – 이집트 알렉산드리아
④ 아프리카 – 콩고 브라자빌

해설 ③ 유럽 : 덴마크 코펜하겐

165 UN 산하 보건전문기관의 주요 기능으로 거리가 먼 것은?
① 국제적 보건 사업의 지휘 및 조정
② 회원국에 대한 기술자원 및 자료공급
③ 보건교육 및 예방접종
④ 전문가 파견에 의한 기술자문 활동

해설 ③ 농어촌 등 보건의료를 위한 특별조치법에 관한 보건진료소의 역할이다.

166 우리나라는 WHO에 언제 회원으로 가입했는가?
① 1945년 65번째
② 1949년 65번째
③ 1951년 65번째
④ 1955년 65번째

167 보건지표(WHO)에서의 종합건강지표는?
① 비례사망지수
② 영아사망률
③ 감염병 사망률
④ 의료봉사자 수 및 병실 수

해설 ②③④ 특수건강지표이다.

168 한 국가나 지역사회의 보건수준을 제시하는 대표적 지표는?
① 영아사망률
② 평균연령
③ 조사망률
④ 감염병사망률

해설 ① 영아사망률은 모자보건지표이면서 국가 또는 지역사회의 보건수준의 지표이다.

169 인구 1,000명당 1년간 발생한 총 사망자 수의 비율은?
① 영아사망률
② 유아사망률
③ 조사망률(보통사망률)
④ 출생사망비

170 출생사망비와 관련 없는 것은?
① 인구 증가율이라고도 한다.
② 조출생률 – 조사망률
③ 보통출생률에서 보통사망률을 뺀 값이다.
④ 가장 많이 사용되는 지표이다.

해설 ④ 가장 많이 사용되는 지표는 영아사망률이다.

171 영아사망률과 관련 없는 것은?
① 생후 1년 미만 아이의 사망률을 나타낸다.
② 환경악화나 비위생적 생활환경에 가장 예민하게 영향받는 시기이다.
③ 연간 1~4세 아동 사망 수 / 24세 인구수
④ 연간 영아 사망 수 / 연간 출생자 수 × 1,000

해설 ③ 유아사망률의 사망통계이다.

172 질병통계에 사용되는 통계가 아닌 것은?
① 발생률
② 감염률
③ 유병률
④ 치명률

해설 질병통계 : 발생률, 유병률, 치명률 등을 사용한다.

정답 161 ③ 162 ① 163 ④ 164 ③ 165 ③ 166 ② 167 ① 168 ① 169 ③ 170 ④ 171 ③ 172 ②

공중위생관리 출제예상문제

PART 4

173 연령별 구성의 내용이 틀린 것은?

① 1세 미만 – 유아
② 5~14세 – 소년(학령기전, 학령기)
③ 15~64세 – 생산연령(청소년기, 중년, 장년)
④ 65세 이후 – 노년

> **해설**
> 1세 미만 – 영아, 1~4세 – 유아, 5~14세 – 소년(학령기전, 학령기), 15~64세 – 생산연령(청소년, 중년, 장년), 65세 – 노년

174 인구증가형으로 출생률이 높고 사망률이 낮은 것은?

① 종형
② 피라미드형
③ 별형
④ 항아리형

> **해설**
> ① 인구정지형, ③ 인구유입형, ④ 인구감퇴형이다.

175 생산층 인구가 전체 인구의 1/2 이상인 인구모형은?

① 별형
② 종형
③ 피라미드형
④ 항아리형

176 인구유입형인 인구모형은?

① 생산층 인구가 전체 인구의 1/2 미만
② 생산층 인구가 전체 인구의 1/2 이상
③ 14세 이하 인구가 65세 이상 인구의 2배 이하
④ 14세 이하 인구가 65세 이상 인구의 2배 초과

> **해설**
> ① 인구감소형, ③ 인구감퇴형, ④ 인구증가형이다.

177 인구모형 중에서 연결이 잘못된 것은?

① 항아리형 – 방추형 – 인구감퇴형
② 별형 – 도시형 – 인구유입형
③ 표주박형 – 농촌형 – 인구감소형
④ 피라미드형 – 선진국형 – 인구증가형

> **해설**
> ④ 피라미드형 – 후진국형 – 인구증가형

178 출생률, 사망률이 모두 낮은 인구모형은?

① 종형
② 항아리형
③ 별형
④ 피라미드형

> **해설**
> ① 종형은 인구정지형으로 출생률, 사망률이 모두 낮다. 이는 14세 이하 인구가 65세 이상 인구의 2배 정도인 인구모형이다.

---

02 소독

1. 소독의 정의 및 분류

001 소독의 정의인 것은?

① 병원 또는 비병원성 미생물을 죽이거나 그의 감염력이나 증식력을 없애는 조작을 의미한다.
② 생활력을 가지고 있는 미생물을 이·화학적 소독법에 의해 급속하게 죽이는 것을 의미한다.
③ 미생물의 발육과 생활작용을 억제 또는 정지시킴으로써 부패나 발효시키는 조작을 의미한다.
④ 병원 또는 비병원성 미생물 모두를 사멸 또는 그 포자까지도 멸균시킴을 의미한다.

> **해설**
> ② 살균, ③ 방부, ④ 멸균의 정의이다.

002 소독제와 병원성 세포 구성물 사이의 상호작용과 관련되는 것은?

㉠ 반응물의 성질	㉡ 반응물과의 시간
㉢ 감염력	㉣ 증식력

① ㉠, ㉡
② ㉡, ㉢
③ ㉢, ㉣
④ ㉠, ㉣

> **해설**
> 소독제와 병원성 미생물 간의 세포 구성물들 사이에서는 반응물의 성질과 농도, 시간 등이 상호작용과 관련된다.

003 결핵균과 관련된 내용과 거리가 먼 것은?

① 왁스성 세포벽
② 습기에 저항
③ 지질 용매제에 쉽게 파괴
④ 포자 형성

> **해설**
> 결핵균은 왁스성 세포벽을 구성함으로써 습기에 저항한다. 따라서 지질 용매제(비누와 세제)에 쉽게 파괴된다.

004 소독제의 효과에 영향을 미치는 요인이 아닌 것은?

① 미생물 농도
② 비누와 세제
③ 소독제 농도
④ 소독제의 불활성화

> **해설**
> 소독제의 효과에 영향을 미치는 요인 : 미생물 농도, 소독제 농도, 소독제의 불활성화 등이 있다.

정답 173 ① 174 ② 175 ① 176 ② 177 ④ 178 ①   001 ① 002 ① 003 ④ 004 ②

공중위생관리 출제예상문제

005 무기성분(소금, 금속, 산 또는 알칼리)들은 소독제와 결합하면 어떠한 효능이 되는가?

① 미생물 농도
② 소독제 농도
③ 소독 활성 방해
④ 소독제의 화학적 성질

006 미생물의 농도가 낮으면?

① 짧은 시간 내에 효과적으로 소독할 수 있다.
② 다른 종류의 미생물에 대항하는 효능을 결정한다.
③ 소독제 농도가 증가할수록 짧아진다.
④ 물의 양에 따라 다르다.

해설 ② 소독제의 화학적 성질, ③ 소독제 농도, ④ 소독제 농도에서 수용액에 대한 설명이다.

007 소독제의 불활성화의 내용이 아닌 것은?

① 무기성분들은 소독제와 결합하면 소독 활성을 방해할 수 있다.
② 살균제들은 실온에서 효과가 있다.
③ 온도 자체는 살균제에서 중요한 요소는 아니다.
④ 소독제의 활성은 물의 양에 따라 다르다.

해설 ④ 소독제의 수용액은 물의 양에 따라 %가 달라진다.

008 소독하려는 물체를 깨끗하게 세척하는 중요 이유가 아닌 것은?

① 단백질 오염 물질들은 소독제를 불활성화시킨다.
② 단백질 오염 물질들은 미생물을 보호하기도 한다.
③ 병원 미생물을 사멸하거나 발육과 증식을 저지시킨다.
④ 감염된 외과도구들은 세제성 살균제로 끓이거나 세척한 후 멸균한다.

해설 ③ 화학적 소독의 원리이다.

009 소독제들을 피부에 적용시키면?

① 피부의 화학적 살균을 보통 방부라고 한다.
② 피부 표면의 미생물들의 수를 빠르게 감소시킨다.
③ 미생물의 발육과 생활작용을 억제시킨다.
④ 미생물의 발육과 생활작용을 정지시킨다.

해설 ① ③ ④ 방부의 역할이다. 방부는 소독이 아니다.

010 구내염, 인두염, 상처 등에 사용되는 소독제는?

① 과산화수소
② 알코올
③ 머큐로크롬
④ 생석회

해설 ① 3% 과산화수소 수용액을 사용하고, 무아포균을 살균하며, 자극성이 적다.

011 2% 수용액을 사용하며 지속성이 있어 점막 및 피부 상처에 이용되는 소독제는?

① 알코올
② 크레졸
③ 석탄산
④ 머큐로크롬

해설 ④ 머큐로크롬 : 2% 수용액을 사용한다.

012 0.01~0.1% 수용액인 소독제는?

① 음성 비누
② 역성 비누
③ 과산화수소
④ 머큐로크롬

해설 ② 독성 또는 사용 시 불쾌감이 없다. 조리기구, 식기류 등의 소독에 사용된다.

013 비누원료에 살균제가 첨가된 소독제는?

① 역성 비누
② 음성 비누
③ 약용 비누
④ 양성 비누

해설 ③ 비누원료에 각종 살균제가 첨가되어 있어 세정작용과 살균작용이 동시에 이루어진다.

014 손 소독에 사용되는 소독제가 아닌 것은?

① 석탄산
② 승홍수
③ 역성 비누
④ 포르말린

2. 미생물총론

015 미생물의 정의와 관계가 먼 것은?

① 육안 관찰이 가능한 크기는 약 100㎛이다.
② 0.1mm 이하의 생명체로서 미세하고 단순한 생물군이다.
③ 세균, 바이러스, 리케차, 진균, 조류, 원생동물 등이다.
④ 광학현미경, 전자현미경으로 확대 관찰이 안 된다.

해설 ④ 미생물이나 생물의 세포학적 특성은 현미경을 이용하여 관찰한다.

정답 005 ③ 006 ① 007 ④ 008 ③ 009 ② 010 ① 011 ④ 012 ② 013 ③ 014 ④ 015 ④

공중위생관리 출제예상문제

PART 4

016 네일리스트가 미생물을 알아야 할 이유가 <u>아닌</u> 것은?
① 자기 자신을 보호하기 위해서
② 고객을 보호하기 위해서
③ 지역사회의 병원감염을 예방하기 위해서
④ 의학 영역으로 치료하기 위해서

017 단 한 개의 세포로 구성된 것을 무엇이라 하는가?
① 미생물　　　　　② 병원체
③ 세균　　　　　　④ 진균

> **해설**
> ① 미생물은 단 한 개의 세포로 구성되어 있다. 또한 병원체와 비병원체를 포함한다.

018 원핵세포의 설명이 <u>아닌</u> 것은?
① 핵에는 핵막이 없다.
② 세균염색체가 1개이다.
③ 유전정보를 갖는 핵이 있다.
④ 단순한 구조를 하고 있다.

> **해설**
> ③ 진핵세포에 대한 설명이다.

019 유사분열이나 감수분열을 하지 <u>않는</u> 세포는?
① 진핵세포　　　　② 원핵세포
③ 엽록체　　　　　④ 미토콘드리아

020 진핵세포의 설명이 <u>아닌</u> 것은?
① 핵이 핵막으로 둘러싸여 있다.
② 세포 내에 세포 소기관이 존재한다.
③ 유사분열을 한다.
④ 세균, 남조류 및 고세균이 있다.

> **해설**
> ④ 원핵세포에 대한 설명이다.

3. 병원성 미생물

021 세균의 형태가 <u>아닌</u> 것은?
① 구상　　　　　　② 간상
③ 나선상　　　　　④ 편구상

> **해설**
> ④ 세균의 형태 : 구상, 간상, 나선상, 콤마상으로 구분된다.

022 구균이 <u>아닌</u> 것은?
① 단구균 - 쌍구균
② 사련구균 - 팔련구균
③ 포도구균 - 연쇄구균
④ 간균 - 나선균

023 직경 약 $1.0\mu m$ 크기로 1개씩 있는 균은?
① 단구균　　　　　② 사련구균
③ 포도구균　　　　④ 연쇄구균

024 포도송이 모양의 배열을 하고 있는 균은?
① 쌍구균　　　　　② 사련구균
③ 포도상구균　　　④ 단구균

025 염주알 모양으로 연쇄구조를 하고 있는 균은?
① 쌍구균　　　　　② 사련구균
③ 포도구균　　　　④ 연쇄구균

026 간균의 형태가 <u>아닌</u> 것은?
① 대나무 마디 모양
② 곤봉 모양
③ 콤마 모양
④ 나선 모양

> **해설**
> ④ 나선 모양은 나선균이다.

027 세균의 편모에 대한 설명으로 옳은 것은?
① 세균의 균체 표면에서 운동성을 가진다.
② 편모의 길이는 $1.5 \sim 8\mu m$로서 항원성을 갖고 있다.
③ 섬모보다 작은 미세한 털이다.
④ 편모는 단백질로 구성되어 있어 항원성을 갖고 있다.

> **해설**
> ② 편모의 길이는 $2 \sim 3\mu m$로서 항원성을 갖고 있다.
> ③ 섬모보다는 크다.
> ④ 섬모는 단백질로 구성되어 있어 항원성을 갖고 있다.

028 나선균은 축사에 의해 운동한다. 이를 무엇이라 하는가?
① 세균의 편모　　　② 세균의 섬모
③ 세균의 축사　　　④ 세포의 아포

정답　016 ④　017 ①　018 ③　019 ②　020 ④　021 ④　022 ④　023 ①　024 ③　025 ④　026 ④　027 ①　028 ③

공중위생관리 출제예상문제

029 외부 환경 조건에 대해서 강한 저항성을 갖는 균을 무엇이라 하는가?
① 아포균 ② 섬모균
③ 편모균 ④ 축사균

> 해설: 아포균 : 외부환경 조건에 대하여 강한 저항성을 가지게 되어 균체세포질에 아포를 형성한다.

030 아포균의 특성이 아닌 것은?
① 발육환경이 나쁠 때 아포를 만든다.
② 건조, 열, 소독제, 화학약품 등에 저항성을 나타낸다.
③ 아포가 형성되어도 대사는 여전히 형성된다.
④ 아포 형태로 수년간 생존하기도 한다.

> 해설: ③ 아포가 형성되면 모든 대사가 정지되며, 아포 형태로 수년간 생존하기도 한다.

031 아포가 영양형으로 돌아갈 수 있는 조건이 아닌 것은?
① 영양 ② 습도
③ 온도 ④ pH

> 해설: 아포에 적합한 영양, 습도, 온도 등이 유지되면 아포에서 영양형으로 되돌아가 균체를 형성하면서 증식을 한다.

032 아포를 사멸할 수 있는 소독법이 아닌 것은?
① 간헐멸균 ② 고압증기멸균법
③ 건열멸균법 ④ 자비소독

> 해설: 간헐멸균, 고압증기멸균법으로 121℃, 15분간의 고압멸균 시 대부분 아포는 사멸된다. 건열멸균법도 아포가 사멸된다.

033 세포의 고유 형태를 유지시키는 세포의 구조는?
① 핵 ② 세포벽
③ 세포질막 ④ 세포질

> 해설: 세포벽 : 단단한 구조로서 구형, 간상형, 나선형 등의 고유형태를 유지시킨다.

034 여러 가지 효소 및 단백합성에 관여하는 세포의 구조는?
① 핵 ② 세포벽
③ 세포질막 ④ 세포질

> 해설: 세포질 : 여러 가지 효소, 조효소, 대사산물, 광물질 등이 포함되며 단백합성에 관여하는 리보좀이 있다.

035 DNA 섬유의 집합이 존재하는 세포의 구조는?
① 핵 ② 세포벽
③ 세포질막 ④ 세포질

> 해설: 세포질 내에는 DNA 섬유의 집합으로서 핵막이 없는 핵이 존재한다.

036 세포질막의 기능에 관한 설명이 아닌 것은?
① 인지질과 단백질로 구성되어 있다.
② 세포질을 감싸고 있다.
③ 삼투압 장벽의 역할을 한다.
④ 단백합성에 관여한다.

> 해설: ④ 세포질의 기능이다.

037 세균의 영양소가 되기 위해 필요한 것은?

㉠ 무기염류	㉡ 탄소원
㉢ 질소원	㉣ 발육인자
㉤ 물	

① ㉠, ㉡
② ㉠, ㉡, ㉢
③ ㉠, ㉡, ㉢, ㉣
④ ㉠, ㉡, ㉢, ㉣, ㉤

> 해설: 세균의 영양소는 무기염류, 탄소원, 질소원, 발육인자, 물 등을 필요로 한다.

038 세균 증식에 관여하는 물리적 환경 조건은?

㉠ 온도	㉡ pH
㉢ 산소	㉣ 이산화탄소
㉤ 삼투압	

① ㉠, ㉡
② ㉠, ㉡, ㉢
③ ㉠, ㉡, ㉢, ㉣
④ ㉠, ㉡, ㉢, ㉣, ㉤

> 해설: 세균증식에 관여하는 환경인자는 온도, pH, 산소, 이산화탄소, 삼투압 등이다.

정답 029 ① 030 ③ 031 ④ 032 ④ 033 ② 034 ④ 035 ① 036 ④ 037 ④ 038 ④

공중위생관리 출제예상문제

039 세균 발육 증식을 위한 온도로서 적합하지 <u>않은</u> 것은?

① 저온 세균 − 15~20℃
② 중온 세균 − 30~37℃
③ 고온 세균 − 50~80℃
④ 초고온 세균 − 85~90℃

040 균류가 적응할 수 있는 pH가 <u>아닌</u> 것은?

① 산성(pH 2~3) − 결핵균
② 약산성(pH 5~6) − 유산간균
③ 중성(pH 7~7.6) − 병원성 세균
④ 약알칼리성(pH 7.6~8.2) − 장염비브리오균

> **해설**
> • 약산성(pH 5~6) : 유산간균, 진균, 결핵균
> • 중성(pH 7.0~7.6) : 병원성 세균
> • 약알칼리성(pH 7.6~8.2) : 콜레라균, 장염비브리오균

041 호흡에 의해 에너지를 얻는 균은?

① 통성 혐기성균
② 편성 호기성균
③ 편성 혐기성균
④ 미호기성균

042 편성 호기성균의 설명인 것은?

① 산소가 관계없이 발육되는 균이다.
② 산소가 있는 경우 호흡에 의해 에너지를 얻는다.
③ 산소가 없는 경우 발효에 의해 에너지를 얻는다.
④ 산소를 좋아하는 호기성균이다.

> **해설**
> ① ② ③ 통성 혐기성균에 관한 설명이다. 편성 호기성균은 산소를 좋아하는 호기성균으로서 호흡에너지를 얻는다. 이는 바실루스균, 결핵균 등이 해당된다.

043 산소가 있으면 발육이 안 되는 균은?

① 미호기성균
② 편성 혐기성균
③ 통성 혐기성균
④ 편성 호기성균

> **해설**
> 편성 혐기성균 : 산소가 있으면 발육이 안 되는 혐기성균이다.

044 5% 전후 미량 산소에서 발육하는 균은?

① 미호기성균
② 편성 혐기성균
③ 통성 혐기성균
④ 편성 호기성균

> **해설**
> 미호기성 균 : 5% 전후 미량 산소가 있는 상태에서 발육하는 균군이다.

045 편성 호기성균인 것은?

㉠ 장내 세균	㉡ 병원성 세균
㉢ 바실루스 균	㉣ 결핵균

① ㉠, ㉡
② ㉡, ㉢
③ ㉢, ㉣
④ ㉠, ㉣

046 5~10%의 이산화탄소 존재하에 발육되는 균은?

㉠ 임균	㉡ 수막염균
㉢ 디프테리아균	㉣ 인플루엔자균

① ㉠
② ㉠, ㉡
③ ㉡, ㉢, ㉣
④ ㉠, ㉡, ㉢, ㉣

> **해설**
> 임균, 수막염균, 디프테리아균, 인플루엔자균 등 혐기성균의 대부분은 5~10%의 이산화탄소 존재하에 발육된다.

047 증식환경의 설명으로 틀린 것은?

① 산소 − 유리 산소의 유무에 따라 세균의 증식은 영향을 받는다.
② 이산화탄소 − 대부분 혐기성균이 해당된다.
③ 습도 − 세균의 발육에는 습도가 필요하지 않다.
④ 삼투압 − 세균의 세포질은 일정한 삼투압을 갖고 있다.

> **해설**
> ③ 습도 : 세균의 발육에는 적당한 습도가 필요하다.

048 세균이 <u>아닌</u> 것은?

① 콜레라
② 장티푸스
③ 디프테리아
④ 소아마비

> **해설**
> ④ 바이러스균에 대한 설명이다.

049 세균인 것은?

① 결핵
② 홍역
③ 유행성 이하선염
④ 광견병

> **해설**
> ② ③ ④ 바이러스균이다.

정답 039 ④ 040 ① 041 ② 042 ④ 043 ② 044 ① 045 ③ 046 ④ 047 ③ 048 ④ 049 ①

공중위생관리 출제예상문제

4. 소독방법

050 알코올의 살균작용 내용이 <u>아닌</u> 것은?
① 에틸 알코올과 아이소프로필 알코올이 사용된다.
② 균체의 단백변성, 지질용해, 효소 활성을 저해한다.
③ 사용이 간편하고 독성이 없다.
④ 요도 및 질, 질균 등의 소독에 사용한다.

> 해설
> ④ 과망간산칼륨의 살균작용이다.

051 순액 100% 알코올 용액에 관한 내용이 <u>아닌</u> 것은?
① 가장 안전하다.
② 효과적인 피부소독제이다.
③ 탈수작용이 강하다.
④ 탈수작용에 의해 소독 효과가 높다.

> 해설
> ④ 탈수작용이 강하여 소독 효과가 저하된다.

052 70~80% 알코올 용액의 특성과 관계가 <u>먼</u> 것은?
① 광범위한 활성을 나타낸다.
② 값이 저렴하고 작용시간이 빨라 효과가 강하다.
③ 세균, 결핵균, 바이러스를 불활성화시킨다.
④ 아포에 효과가 있다.

> 해설
> ④ 아포에 효과가 없다.

053 아이소프로필 알코올의 특성과 <u>관계없는</u> 것은?
① 세균, 결핵균, 바이러스에 작용된다.
② 30~70% 용액이 사용된다.
③ 에탄올보다 살균력이 강하며, 피부자극이 있다.
④ 지질외피를 갖는 바이러스에만 작용한다.

> 해설
> 세균, 바이러스, 결핵균은 에탄올 70~80% 용액에 의해 살균된다.

054 석탄산의 소독력에 대한 내용으로 올바른 것은?
① 탄산비누를 50% 비율로 첨가하여 사용한다.
② 세균, 바이러스 등에 효력이 있다.
③ 냄새가 있으며, 피부 자극성이 강하다.
④ 물에 난용성이다.

> 해설
> 세균에는 효력이 있으나 바이러스에는 효력이 없다.

055 1~5% 페놀은 소독제의 효력 기준으로 사용된다. 이를 무엇이라 하는가?
① 표준소독력 ② 살균기전
③ 석탄산계수 ④ 희석계수

056 석탄산의 살균작용의 장점이 <u>아닌</u> 것은?
① 균체 단백변성을 통해 살균효력을 가진다.
② 값이 저렴하다.
③ 장기간 두어도 화학적 변화가 적다.
④ 아포균에 효과가 강하다.

> 해설
> ④ 아포균에 작용이 약하다.

057 크레졸의 내용인 것은?
① 석탄산의 3배 정도 효과가 있다.
② 이온 상태에서 강한 살균작용을 한다.
③ 0.1% 수용액으로 무색, 무취 또는 백색의 결정성 분말이다.
④ 점막, 피부 외상 소독에 효과가 있다.

> 해설
> ② 수은, 은, 동의 중금속 화합물, ③ 승홍, ④ 머큐로크롬의 소독력이다.

058 승홍(염화 제2수은)이 갖는 소독의 단점이 <u>아닌</u> 것은?
① 금속을 부식시킨다.
② 공기 중에 노출되면 살균력이 높아진다.
③ 무색으로 독성이 강하다.
④ 적색 또는 청색 색소를 넣어 사용한다.

> 해설
> ② 공기 중에 노출되면 살균력이 저하된다.

059 승홍에 관련된 내용인 것은?
① 0.1% 수용액을 사용한다.
② 0.5% 수용액은 살균작용을 한다.
③ 세균, 진균, 아포균, B형 간염 바이러스, 원충에 효과가 있다.
④ 0.2~0.5% 수용액은 손, 피부를 소독한다.

> 해설
> ② ③ ④ 표백제의 소독 효과이다.

정답 050 ④ 051 ④ 052 ④ 053 ① 054 ③ 055 ③ 056 ④ 057 ① 058 ② 059 ①

PART 4

공중위생관리 출제예상문제

060 머큐로크롬의 소독력에 대한 내용으로 맞는 것은?

① 눈의 결막 및 요로 점막 소독에 사용된다.
② 1% 질산은은 임균에 의한 신생아 안염예방에 사용된다.
③ 물속에서 발생기 산소에 의해 살균작용을 한다.
④ 1~2% 수용액은 점막, 피부 외상 소독에 사용된다.

> **해설**
> ① ② 질산은의 소독력이다.
> ③ 표백제(염소산 칼슘)의 소독력이다.

061 질산은이 갖는 소독력으로서 단점인 것은?

① 유기 수은제로서 공해를 준다.
② 취기가 있다.
③ 자극성이 강하여 금속을 부식시킨다.
④ 자극성이 강하여 의료용으로 사용하지 않는다.

> **해설**
> ② 염소, ③ 표백제(차아염소산 나트륨), ④ 표백제(염소산 칼슘)에 대한
> 소독력으로서 단점을 설명한다.

062 피부 소독에 사용하는 승홍수는?

① 1~2%   ② 0.2~0.5%
③ 0.1~0.5%   ④ 1~15%

> **해설**
> ① 머큐로크롬의 점막, 피부 외상 소독, ② 표백제(차아염소산 나트륨)
> 의 손, 피부 소독, ④ 포르말린수로서 실내, 의류, 기구 소독에 사용된다.

063 석탄산 유도체로 구성된 소독제는?

① 석탄산, 크레졸
② 승홍, 머큐로크롬
③ 염소, 표백제
④ 포르말린. 글루타르알데하이드

> **해설**
> ② 중금속 화합물, ③ 할로겐 화합물, ④ 아세틸화제이다.

064 염소의 소독력과 관련이 먼 것은?

① 상수도 소독 – 액체 염소
② 상수도에 염소 주입 10분 후에 잔류
③ 잔류염소농도 0.2~0.4ppm이 되어야 함
④ 취기가 없다.

> **해설**
> ④ 취기가 있다.

065 포르말린에 대한 설명과 거리가 먼 것은?

① 포르말린은 포름알데하이드를 함유하는 소독제이다.
② 35~38% 포름알데하이드의 수용액을 사용한다.
③ 세균, 아포, 바이러스에 살균력이 없다.
④ 실내, 의류, 기구소독에 1~1.5% 포르말린수를 사용한다.

> **해설**
> ③ 세균, 아포, 바이러스에 살균력이 있다.

066 포르말린 소독제의 단점이 아닌 것은?

① 작용은 완만하나 지속성이 없다.
② 눈, 코에 대한 자극이 강하다.
③ 냄새가 강하다.
④ 발암의 위험성이 있다.

> **해설**
> ① 과산화수소 소독제의 단점이다.

067 과산화수소의 소독력은?

① 세포 구성 성분을 산화시킴으로써 살균작용을 한다.
② 유기물과 접촉 시 살균작용을 한다.
③ 요도 및 질, 질균 등의 소독에 사용한다.
④ 0.1~0.5% 수용액을 사용한다.

> **해설**
> ② ③ ④ 과망간산칼륨의 소독력이다.

068 2.5~3.5% 수용액을 사용하는 소독제는?

① 포르말린
② 옥도정기
③ 과산화수소
④ 과망간산칼륨

069 산화제로 구성된 소독제가 아닌 것은?

① 과산화수소
② 과망간산칼륨
③ 붕산
④ 염소

> **해설**
> ④ 할로겐 화합물이다.

정답 060 ④ 061 ① 062 ③ 063 ① 064 ④ 065 ③ 066 ① 067 ① 068 ③ 069 ④

제 2 장 **170** 출제예상문제

공중위생관리 출제예상문제

070 양성 비누의 소독력과 관련 없는 것은?
① 살균작용이 높다.
② 아포, 결핵균에는 효과가 없다.
③ 무기물, 음성 비누와 함께 사용하면 작용이 감소된다.
④ 일반 세균, 진균, 바이러스와는 무관하다.

해설
① 음성 비누가 살균작용이 낮다.
② ③ 양성 비누의 단점이다.
④ 양성 비누의 소독력으로서 일반 세균, 진균, 바이러스에 유효하다.

071 0.01~0.1% 수용액을 소독에 사용하는 소독제는?
① 음성 비누　② 양성 비누
③ 붕산　④ 아크리놀

072 수술 후 염증 발생률을 줄여줌을 발견한 소독법의 내용이 아닌 것은?
① 1865년 무균적 수술
② 석탄산 용액 소독에 사용
③ 가열에 의해 사멸
④ 수술기구 소독, 손의 세정

해설
③ 19세기 중반에 고안된 소독과 방부이다.

073 170℃에서 60분간 건열을 이용한 멸균법은?
① 건열멸균법　② 무균적 수술
③ 저온살균법　④ 간헐멸균법

074 건열멸균법을 개발한 학자는?
① 존 틴달　② 조셉 리스터
③ 루이스 파스퇴르　④ 찰스 캄베르랜드

해설
① 간헐멸균법, ② 방부법, ④ 고압증기멸균법을 고안한 학자이다.

075 아포생성균을 121℃에서 15~20분간 적용시키는 멸균법?
① 고압증기멸균법　② 증기(유통증기)
③ 자비소독　④ 건열멸균소독법

076 좋은 소독제의 조건이 아닌 것은?
① 짧은 시간 내에 강한 소독력 및 살균력
② 독성이 강한 소독력 및 살균력
③ 경제적이며 인체 무해해야 함
④ 사용법과 취급방법이 간단해야 함

해설
② 사용이 간편하고 독성이 없어야 한다.

077 가열처리법 중 건열멸균법이 아닌 것은?
① 화염멸균법　② 건열멸균법
③ 소각법　④ 자비소독법

해설
④ 습열멸균법이다.

078 화염멸균은 화염 불꽃 속에 몇 초 이상 접촉 시키는가?
① 15초　② 20초
③ 25초　④ 30초

해설
② 화염불꽃 속에 20초 이상 접촉시켜 표면의 미생물을 멸균시키는 방법이다.

079 화염멸균법에 사용되는 기구는?
① 건열멸균법　② 고압증기멸균기
③ 알코올 램프　④ 유통증기

080 화염멸균에 사용되는 소독대상은?

| ㉠ 금속류 | ㉡ 유리기구 |
| ㉢ 식기류 | ㉣ 의류 |

① ㉠, ㉡　② ㉡, ㉢
③ ㉢, ㉣　④ ㉠, ㉣

해설
㉠ ㉡ 화염멸균법, ㉢ ㉣ 자비소독법으로 처리한다.

081 건열멸균법에 관련된 내용이 아닌 것은?
① 160~170℃에서 1~2시간 처리한다.
② 건열멸균기(Dry Oven)를 사용한다.
③ 유리기구, 주사침, 유지 등이 소독대상이다.
④ 100℃ 끓는 물에 15~20분간 처리한다.

해설
④ 자비소독법이다.

정답 070 ④ 071 ② 072 ③ 073 ① 074 ③ 075 ① 076 ② 077 ④ 078 ② 079 ③ 080 ① 081 ④

PART 4 — 공중위생관리 출제예상문제

082 습열멸균법의 종류가 <u>아닌</u> 것은?

① 자비소독법 　　　② 건열멸균법
③ 저온살균법 　　　④ 고압증기멸균법

083 자비소독의 효과를 높이기 위해 사용되는 화학제는?

① 5% 석탄산 　　　② 0.1% 승홍
③ 1% 머큐로크롬 　④ 1% 포르말린 수

084 3% 크레졸을 첨가하면 소독 효과가 높은 소독법은?

① 고압증기멸균법 　② 간헐멸균법
③ 자비소독법 　　　④ 저온살균법

085 끓는 물에 15~20분간 처리되는 소독법은?

① 고압증기멸균법 　② 간헐멸균법
③ 자비소독법 　　　④ 저온살균법

086 고온, 고압의 포화증기로 멸균하는 소독법은?

① 고압증기멸균법 　② 유통증기멸균법
③ 자비소독법 　　　④ 저온살균법

087 고압증기멸균기를 이용한 멸균처리가 <u>잘못</u>된 것은?

① 10lbs(115.5℃) − 30분간
② 15lbs(121.5℃) − 20분간
③ 20lbs(126.5℃) − 15분간
④ 25lbs(130℃) − 10분간

088 고압증기멸균기를 이용하는 소독대상물이 <u>아닌</u> 것은?

① 초자기구 　　　　② 거즈 및 약액
③ 포도주 　　　　　④ 고무제품

> **해설**
> ③ 저온살균법이다.

089 100℃ 증기로 30분씩 3회 실시하는 소독법은?

① 유통증기멸균법
② 자비소독법
③ 초고온순간멸균법
④ 고압증기멸균법

090 포자형성균의 멸균에 가장 효과적인 소독법은?

① 유통증기멸균법 　② 자비소독법
③ 고압증기멸균법 　④ 저온살균법법

091 고압증기멸균법으로 처리할 수 없는 경우 사용되는 소독법은?

① 유통증기멸균법 　② 자비소독법
③ 초고온순간멸균법 ④ 저온살균법

092 저온살균법에 관한 내용과 거리가 <u>먼</u> 것은?

① 포자가 형성되지 않은 균에 효과가 있다.
② 결핵균, 살모넬라균, 소유산균 등의 멸균에 효과가 있다.
③ 63℃에서 30분간 처리한다.
④ 100℃에서 15분간 처리한다.

> **해설**
> ④ 자비소독법에 해당된다.

093 75℃에서 15~30분간 가열처리되는 소독법은?

① 초고온순간멸균법 ② 저온살균법
③ 자비소독법 　　　④ 간헐멸균법

094 저온살균처리 과정이 <u>아닌</u> 것은?

① 아이스크림 원료 − 80℃에서 30분간
② 건조과실 − 72℃에서 30분간
③ 포도주 − 55℃에서 10분간
④ 우유 − 85℃에서 30분간

> **해설**
> ④ 우유 : 63℃에서 30분간

095 135℃에서 2초간 접촉시키는 멸균법은?

① 초고온순간멸균법
② 유통증기멸균법
③ 고압증기멸균법
④ 저온멸균법

> **해설**
> 초고온순간멸균법은 135℃에서 2초간 멸균하는 방법이다.

096 초고온순간멸균법에서의 소독 대상은?

① 우유 　　　　　　② 아이스크림
③ 건조과실 　　　　④ 포도주

정답 082 ② 　083 ① 　084 ③ 　085 ③ 　086 ① 　087 ④ 　088 ③ 　089 ① 　090 ③ 　091 ① 　092 ④ 　093 ② 　094 ④ 　095 ① 　096 ①

PART 4 공중위생관리 출제예상문제

097 무가열멸균법이 <u>아닌</u> 것은?
① 자외선멸균법   ② 화염멸균법
③ 세균여과법   ④ 일광소독

098 초음파멸균법의 특징이 <u>아닌</u> 것은?
① 8,800c/s의 음파를 이용한다.
② 교반작용으로 미생물을 파괴함으로써 살균력을 가진다.
③ 20,000c/s 이상의 초음파를 이용한다.
④ 약간의 살균작용이 있다.

> 해설
> ④ 강력한 살균력이 있다.

099 최단파장(2,600~2,800Å)을 이용하는 소독법은?
① 일광소독   ② 자외선멸균법
③ 초음파   ④ 세균여과법

> 해설
> 일광소독 : 태양광선 내 자외선으로서 최단파장인 2,600~2,800Å에서 약간의 살균작용이 있다.

100 세균여과법의 내용이 <u>아닌</u> 것은?
① 화학약품이나 열을 이용할 수 없을 때 사용된다.
② 미생물을 제거하는 방법이다.
③ 미생물을 통과시킬 수 없는 세공을 갖고 있는 필터를 이용한다.
④ Chamberland - 여과공 2.8~4.1㎛ 등이 사용된다.

> 해설
> • Chamberland - 여과공 0.2~0.4㎛ 등이 사용된다.
> • erkefeld - 여과공 2.8~4.1㎛ 등이 사용된다.

101 무아포균을 1분 이내 사멸하는 소독제는?
① 석탄산(3%)   ② 크레졸(3%)
③ 승홍(0.1%)   ④ 과산화수소(3%)

102 석탄산에 관련된 내용이 <u>아닌</u> 것은?
① 석탄산 계수를 가진다.
② 살균력이 안정되며 유기물 소독에도 양호하다.
③ 자극성과 독성이 강하다.
④ 금속 소독에 적당하다.

> 해설
> ④ 석탄산은 금속을 부식시킨다.

103 석탄산을 이용하여 소독 시 단점이 <u>아닌</u> 것은?
① 취기와 독성이 강하다.
② 세균에 소독 효과가 없다.
③ 피부 점막에 자극성과 마비성이 있다.
④ 금속을 부식시킨다.

> 해설
> ② 세균에 소독 효과가 있으며 바이러스에는 효과가 없다.

104 석탄산의 살균작용 기전이 <u>아닌</u> 것은?
① 균체 단백의 응고 작용을 한다.
② 세포용해 작용을 한다.
③ 균체의 효소계 침투작용을 한다.
④ 석탄산 비누액을 만들어 사용한다.

105 소독약의 살균력을 비교하기 위해 사용되는 것은?
① 석탄산 계수
② 석탄산의 희석배수
③ 소독제 불활성화
④ 소독약의 희석배수

106 크레졸 소독제의 내용이 <u>아닌</u> 것은?
① 3% 크레졸을 사용한다.
② 석탄산에 비해 3배의 소독력을 지닌다.
③ 크레졸 비누액을 만들어 사용한다.
④ 살균계수를 가진다.

> 해설
> ④ 석탄산의 살균작용 기전이다. 크레졸은 손, 오물, 객담 등에 사용된다.

107 물에 잘 녹지 않아 유제로 사용되는 소독제는?
① 석탄산   ② 크레졸
③ 승홍   ④ 염소

> 해설
> ② 물에 잘 녹지 않아 같은 양의 비누와 혼합한 유제로 사용한다.

108 크레졸 소독의 대상이 <u>아닌</u> 것은?
① 손   ② 오물
③ 객담   ④ 생석회

> 해설
> ④ 크레졸 소독의 대상 : 손, 오물, 객담, 분뇨, 의류, 브러시, 가죽 등이 있다.

정답 097 ② 098 ④ 099 ① 100 ④ 101 ① 102 ④ 103 ② 104 ④ 105 ① 106 ④ 107 ② 108 ④

공중위생관리 출제예상문제

109 피부소독에 0.1~0.5% 수용액의 사용하는 소독제는?

① 염소 ② 승홍
③ 과산화수소 ④ 머큐로크롬

110 승홍의 조제 방법은?

① 승홍(0.1%) + 식염(0.1%) + 물(99.8%) = 혼합액
② 승홍(1%) + 식염(1%) + 물(98%) = 혼합액
③ 승홍(10%) + 식염(10%) + 물(80%) = 혼합액
④ 승홍(20%) + 식염(20%) + 물(60%) = 혼합액

111 푸크신액으로 염색하여 사용되는 소독제는?

① 석탄산 ② 크레졸
③ 승홍 ④ 염소

> **해설**
> ③ 승홍 : 무색이므로 푸크신액으로 염색하여 사용한다.

112 승홍의 소독과 관련 <u>없는</u> 것은?

① 온도가 높을수록 살균효과가 좋다.
② 금속을 부식시킨다.
③ 푸크신액으로 염색하여 사용한다.
④ 1~5% 수용액을 사용한다.

> **해설**
> ④ 0.1~0.5% 수용액이 피부 소독에 사용된다.

113 물을 가할 때 발생기 산소에 의해 소독작용이 이루어지는 소독제는?

① 승홍 ② 생석회
③ 염소 ④ 크레졸

> **해설**
> ② 생석회에 물을 가하면 소석회가 된다.

114 생석회를 이용한 소독작용이 <u>아닌</u> 것은?

① 값이 싸다.
② 탈취력이 있다.
③ 분변, 하수, 오수, 토사물 소독에 좋다.
④ 아포균에 효과가 있다.

> **해설**
> ④ 무아포균에 효과가 있다.

115 공기 중 CO_2와 결합하면 살균력이 떨어지는 소독제는?

① 승홍 ② 생석회
③ 염소 ④ 크레졸

> **해설**
> ② 공기 중에 장기간 방치 시 공기 중의 CO_2와 결합. 탄산칼슘이 되어 살균력이 떨어진다.

116 소화기계 감염병의 병원체에 효력이 큰 소독제는?

① 음성 비누 ② 역성 비누
③ 과산화수소 ④ 머큐로크롬

117 2% 수용액인 소독제에 해당하는 것은?

① 음성 비누 ② 역성비누
③ 과산화수소 ④ 머큐로크롬

5. 분야별 위생 · 소독

118 소독약의 살균기전이 <u>아닌</u> 것은?

① 산화작용 ② 균체의 단백응고작용
③ 균체의 효소 불활성화작용 ④ 표백작용

119 소독약의 살균기전과 거리가 <u>먼</u> 것은?

① 가수분해작용 ② 탈수작용
③ 침투작용 ④ 중금속염의 형성작용

120 소독약의 구비조건이 <u>아닌</u> 것은?

① 살균력이 강해야 한다.
② 사용법이 간편해야 한다.
③ 용해성은 낮고 침투력은 관련되지 않는다.
④ 저렴하고 구입이 용이해야 한다.

> **해설**
> ③ 용해성이 높고, 침투력이 좋아야 한다.

121 소독약의 구비조건으로 <u>틀린</u> 것은?

① 물품의 부식성과 표백성이 없어야 한다.
② 고가로서 살균력이 온화한 것이 좋다.
③ 인체에 무해, 무독하여 안전성이 있어야 한다.
④ 소독 범위가 넓고, 냄새가 없고, 탈취력이 있어야 한다.

> **해설**
> ② 저렴하고, 구입이 용이해야 한다.

정답 | 109 ② | 110 ① | 111 ③ | 112 ④ | 113 ② | 114 ④ | 115 ② | 116 ② | 117 ④ | 118 ④ | 119 ③ | 120 ③ | 121 ②

공중위생관리 출제예상문제

122 의류, 침구류 소독에 사용되는 소독제는?

- ㉠ 일광소독
- ㉡ 증기(자비)소독
- ㉢ 승홍수
- ㉣ 석탄산수
- ㉤ 생석회
- ㉥ 크레졸
- ㉦ 포르말린수

① ㉠, ㉡
② ㉣, ㉤, ㉥
③ ㉢, ㉤, ㉥, ㉦
④ ㉠, ㉡, ㉣, ㉥, ㉦

03 공중위생관리법규

1. 목적 및 정의

001 공중위생관리법의 목적은?

① 다수인을 대상으로 위생관리 서비스를 제공한다.
② 손님의 얼굴, 머리, 피부 등을 손질하는 영업이다.
③ 손님의 외모를 아름답게 꾸미는 영업이다.
④ 공중이 이용하는 영업과 시설의 위생관리 등에 관한 사항을 규정한다.

 ① ② ③ 공중위생영업에 관한 정의이다.

002 공중위생관리법의 목적이 주는 의미는?

① 위생수준을 향상시켜 국민의 건강증진에 기여한다.
② 6가지 영업 가운데 이·미용업이 포함된다.
③ 머리카락 또는 수염을 다듬는 영업이다.
④ 손님의 용모를 단정하게 하는 영업이다.

 ② ③ ④ 공중위생영업 중 이용업에 대한 용어 정의이다.

003 미용업에 관한 시설 및 설비 기준에 관한 내용인 것은?

① 미용기구는 소독을 한 기구를 따로 구분할 필요가 없다.
② 미용기구는 소독을 하지 않은 기구를 따로 구분할 필요가 없다.
③ 소독한 기구와 하지 아니한 기구를 구분·보관할 수 있는 용기가 비치되어야 한다.
④ 공중이용시설은 대통령령이 정한 것이다.

 ① ② 미용기구는 소독을 한 기구와 소독을 하지 아니한 기구를 구분하여 보관할 수 있는 용기를 비치하여야 한다.
④ 미용업에 관한 시설 및 설비 기준은 보건복지부령이 정한 것이다.

004 미용업 시설 및 설비기준으로 잘못된 것은?

① 소독기, 자외선 살균기 등 미용기구를 소독하는 장비를 갖추어야 한다.
② 작업장소 내 베드와 베드 사이에 칸막이를 설치할 수 있다.
③ 설치된 칸막이에 출입문이 있는 경우 그 출입문의 1/2 이상은 투명하게 한다.
④ 작업장소, 응접장소, 상담실 등을 분리하기 위해 칸막이를 설치할 수 있다.

 ③ 작업장소, 응접장소, 상담실 등으로 분리하기 위해 칸막이를 설치할 수 있으나 설치된 칸막이에 출입문이 있는 경우 출입문의 3분의 1 이상을 투명하게 하여야 한다.

005 작업장소 내 베드와 베드 사이에 칸막이를 설치할 수 있으나 설치된 칸막이에 출입문의 경우 그 출입문의 몇 분의 몇 이상을 투명하게 해야 하나?

① 1/2
② 1/3
③ 1/4
④ 1/5

2. 영업의 신고 및 폐업

006 영업자는 시설 및 설비를 갖춘 후 누구에게 신고해야 하나?

① 시·도지사
② 특별시장, 광역시장, 도지사
③ 시장, 군수, 구청장
④ 보건복지부장관

 시장, 군수, 구청장에게 신고해야 한다.

007 보건복지부령의 내용이 아닌 것은?

① 공중위생영업 관련 시설 및 설비
② 공중위생영업 관련 중요 사항의 변경
③ 신고방법 및 절차 등에 관한 필요한 사항
④ 신고관청 및 신고내용에 관한 사항

008 시장, 군수, 구청장에게 신고해야 할 내용이 아닌 것은?

① 신고방법 및 절차
② 공중위생영업의 신고
③ 공중위생영업장의 폐쇄
④ 공중위생영업 관련 중요 사항 변경

 ① 보건복지부령의 내용이다.

정답 122 ④   001 ④ 002 ① 003 ③ 004 ③ 005 ② 006 ③ 007 ④ 008 ①

공중위생관리 출제예상문제

PART 4

009 영업신고 시 첨부서류가 아닌 것은?
① 공중위생영업 시설개요서
② 교육 필증
③ 공중위생영업 설비개요서
④ 건강진단증

> **해설**
> 공중위생관리법 시행 규칙 제3조 영업신고 시 다음과 같은 서류를 첨부한다.
> ① 영업시설 및 설비개요서
> ② 교육 필증(미리 교육을 받은 경우에 한함)

010 영업신고사항 변경 시 제출서류인 것은?
① 영업신고증
② 계약서
③ 미리 교육을 받은 교육 필증
④ 공중위생 관련 시설 및 설비

> **해설**
> ③ 영업신고 시 첨부서류이다.
> ④ 보건복지부령에 의한 영업의 신고이다.

011 변경사항을 증빙하는 서류를 제출해야 하는 때는?
① 영업신고 사항 변경신고 시
② 공중위생영업의 신고 시
③ 공중위생영업장 폐쇄 시
④ 공중위생영업 관련 시설 및 설비 신고 시

012 영업자의 중요 사항 변경 시 누구에게 신고해야 하나?
① 시·도지사
② 대통령
③ 보건복지부장관
④ 시장, 군수, 구청장

013 변경신고를 해야 할 경우가 아닌 것은?
① 영업소의 명칭 변경
② 영업소의 상호 변경
③ 영업자의 지위 승계
④ 영업소의 소재지 변경

> **해설**
> 변경신고를 해야 할 경우에는 영업소의 명칭 또는 상호변경, 영업소의 소재지 변경, 신고한 영업장 면적의 1/3 이상의 증감 시, 대표자의 성명 또는 생년월일 변경 시 등이다.

014 변경신고에 해당하는 내용이 아닌 것은?
① 영업장의 면적의 3분의 1 이상의 증감
② 대표자의 성명 변경
③ 영업신고증, 변경사항을 증명하는 서류

④ 교육 필증

> **해설**
> ④ 영업신고 시 첨부서류이다.

015 폐업신고에 관련된 내용이 아닌 것은?
① 영업자는 영업을 폐업한 날로부터 30일 이내에 신고한다.
② 시장, 군수, 구청장에게 신고하여야 한다.
③ 폐업신고 시 영업신고증을 첨부한다.
④ 보건복지부령에 의한다.

> **해설**
> ① 20일 이내에 신고한다.

016 영업자의 지위를 승계할 수 있는 것은?
① 대표자의 성명 변경
② 영업을 양도할 때
③ 영업소의 명칭 또는 상호 변경
④ 영업소의 소재지 변경

> **해설**
> ① ③ ④ 변경신고를 해야 할 경우이다(시행규칙 제2조의 2).

017 영업자의 지위를 승계할 수 없는 것은?
① 영업을 양도하고자 할 때
② 법인이 합병한 때
③ 영업하다가 사망한 때
④ 폐업할 때

> **해설**
> 영업을 양도하거나 사망한 때 또는 법인이 합병한 때에는 그 영업자의 지위를 승계한다.

018 영업자의 지위승계 신고로서 상속의 경우가 있다. 옳지 않은 내용은?
① 「가족관계의 등록 등에 관한 법률」에 따른다.
② 「공중위생관리법」 제16조 제2항에 따른 서류 제출에 의한 지위승계의 경우에 따른다.
③ 가족관계증명서 및 상속인임을 증명할 수 있는 서류를 제출해야 한다.
④ 영업자의 지위를 승계하였음을 증명할 수 있는 서류를 제출해야 한다.

> **해설**
> ② 가족관계의 등록 등에 관한 법률 제15조 제1항에 따른 증명서류이다 (2014년 7월 기준).

정답 009 ④ 010 ① 011 ① 012 ④ 013 ③ 014 ④ 015 ① 016 ② 017 ④ 018 ②

공중위생관리 출제예상문제

019 미용사 면허 규정에 의한 설명으로 옳은 것은?
① 면허를 소지한 자에 한하여 영업자의 지위를 승계할 수 있다.
② 「가족관계의 등록 등에 관한 법률」에 의해 승계할 수 있다.
③ 「채무자 회생 및 파산에 관한 법률」에 의해 승계할 수 있다.
④ 영업 관련 시설 및 설비 전부를 인수한 자는 승계할 수 있다.

해설
현재(2014년) 미용사 규정은 제6조에서 규정하고 있다.

020 영업자의 지위 승계와 관련된 내용으로 관련성이 없는 것은?
① 보건복지부령이 정하는 바에 따른다.
② 지위 승계는 시장, 군수, 구청장에게 신고한다.
③ 면허를 소지한 자에 한하여 영업자의 지위를 승계할 수 있다.
④ 영업자의 지위 승계는 10일 이내에 신고해야 한다.

해설
④ 1개월 이내에 신고해야 한다.

3. 영업자 준수사항

021 위생관리 의무사항을 모두 고른 것은?

㉠ 영업자는 손님에게 건강상 위해가 발생되지 않도록 한다.
㉡ 영업 관련 시설 및 설비를 위생적으로 관리해야 한다.
㉢ 영업 관련 시설 및 설비를 안전하게 관리해야 한다.
㉣ 의료기구나 의약품을 사용하여 네일미용을 해야 한다.

① ㉠, ㉡
② ㉠, ㉡, ㉢
③ ㉡, ㉢, ㉣
④ ㉠, ㉢, ㉣

해설
의료기구나 의약품을 사용하지 않는 순수한 네일미용을 해야 한다.

022 미용업자가 지켜야 할 사항이 아닌 것은?
① 미용기구는 소독을 한 기구와 소독을 하지 않은 기구로 분리하여 보관한다.
② 면도기는 1회용 면도날만을 손님 1인에 한하여 사용한다.
③ 미용사 면허증은 영업소 안에 게시해야 한다.
④ 시장, 군수, 구청장령에 의한다.

해설
④ 보건복지부령으로서 미용기구의 소독기준 및 방법, 영업자가 준수해야 할 사항을 다루고 있다.

023 공중이용시설에 관련된 사람이 아닌 것은?
① 소유자
② 점유자
③ 관리자
④ 대표자

024 미용기구의 소독기준 및 방법이 다른 것은?
① 자외선
② 열탕(자비)
③ 에탄올
④ 건열멸균

해설
③ 에탄올은 화학적 소독법이다.
①②④ 물리적 소독법이다.

025 물리적 소독에서 소독 방법의 연결로 올바른 것은?
① 자외선 - 100℃ 이상의 건조한 열에 20분 이상 쐬어준다.
② 열탕 - 자비소독으로서 100℃ 이상의 물속에 20분 이상 쐬어준다.
③ 건열멸균 - 1cm²당 85㎼ 이상의 화학선을 20분 이상 쐬어준다.
④ 증기소독 - 100℃ 이상의 습한 열에 20분 이상 쐬어준다.

해설
① 건열멸균, ② 10분 이상, ③ 자외선 소독에 관한 내용이다.

026 화학적 소독에서 올바른 소독방법은?
① 3% 석탄산수에 10분 이상 담가둔다.
② 5% 석탄산수에 20분 이상 담가둔다.
③ 3% 석탄산수에 20분 이상 담가둔다.
④ 70% 석탄산수에 20분 이상 담가둔다.

027 구체적인 소독 기준 및 방법을 나타내는 개별기준의 고시권자는?
① 시·도지사
② 특별시장, 광역시장, 도지사
③ 보건복지부장관
④ 시장, 군수, 구청장

028 미용업자의 위생관리 기준이 아닌 것은?
① 점 빼기, 귓불 뚫기, 쌍꺼풀 수술, 문신, 박피술을 해서는 안된다.
② ① 외에 유사한 의료행위를 하여서는 안 된다.
③ 영업장 안의 조명도는 75룩스 이상이 되도록 유지하여야 한다.
④ 화장실용, 조리실용 배기관을 청소하여야 한다.

해설
④ 공중이용시설 중 실내공기 정화시설 및 설비에 대한 위생관리 기준이다.

정답 019 ① 020 ④ 021 ② 022 ④ 023 ④ 024 ③ 025 ④ 026 ① 027 ③ 028 ④

공중위생관리 출제예상문제

029 다음 중 미용업자의 위생관리 기준에 해당하는 것은?

① 영업소 내에 미용업 신고증, 개설자의 면허증 원본을 게시하여야 한다.
② 공기정화기와 이에 연결된 급·배기관을 청소해야 한다.
③ 중앙 집중식 냉·난방 시설의 급·배기구를 청소해야 한다.
④ 실내 공기의 단순 배기관을 청소해야 한다.

> **해설**
> ② ③ ④ 청소하여야 하는 실내 공기 정화시설 및 설비에 관한 내용이다.

030 24시간 평균 실내 미세먼지양 또는 설비와 관련 없는 내용인 것은?

① $150\mu g/m^3$를 초과하는 경우 청소를 하여야 한다.
② $150\mu g/m^3$를 초과하는 경우 실내 공기 정화시설(덕트)을 청소를 하여야 한다.
③ $150\mu g/m^3$를 초과하는 경우 실내 공기 정화시설 설비를 교체 또는 청소하여야 한다.
④ 「옥외광고물 등 관리법」에 의해 규정된다.

> **해설**
> ① ② ③ 공중이용시설의 실내 공기 위생관리 기준이다.

031 영업소 내에 게시 또는 부착해야 하는 것과 관계 없는 것은?

① 미용업 신고증
② 개설자의 면허증 원본
③ 건강진단증
④ 최종지불요금표

032 오염물질의 종류와 허용되는 기준의 연결이 올바른 것은?

① 미세먼지 – 24시간 평균치 $150\mu g/m^3$ 이하
② 일산화탄소 – 1시간 평균치 1,000ppm 이하
③ 이산화탄소 – 1시간 평균치 25ppm 이하
④ 포름알데하이드 1시간 평균치 $150\mu g/m^3$ 이하

> **해설**
> ② 이산화탄소의 내용이다.
> ③ 일산화탄소의 내용이다.
> ④ $120\mu g/m^3$ 이하이다.

4. 면허

033 미용사의 면허는 누구의 령인가?

① 시·도지사
② 보건복지부령
③ 보건복지부장관
④ 시장, 군수, 구청장

034 미용사의 면허 발부권자는?

① 시·도지사
② 보건복지부령
③ 보건복지부장관
④ 시장, 군수, 구청장

035 미용사의 면허와 관련하여 잘못된 것은?

① 전문대학 또는 이와 동등한 학력 – 교육부장관이 인정하는 미용학교를 졸업한 자
② 대학 또는 전문대학을 졸업한 자와 동등 이상의 학력 – 학점 인정 등에 관한 법률
③ 고등학교 또는 이와 동등한 학력
④ 고등기술학교에서 3년 이상 미용에 관한 과정을 이수한 자

> **해설**
> ④ 1년 이상이다.

036 미용사의 면허와 관련된 인정과 관련 없는 것은?

① 교육부장관이 인정하는 학교에서 이용 또는 미용에 관한 학과를 졸업한 자
② 학점 인정 등에 관한 법률에 따라 미용에 관한 학위를 취득한 자
③ 보건복지부장관이 인정하는 학교에서 미용에 관한 학과를 졸업한 자
④ 국가기술자격법에 의한 미용사 자격을 취득한 자

037 건강진단서에 제시된 증명으로 볼 수 없는 것은?

① 정신질환자가 아님
② 간질병자가 아님
③ 마약, 대마, 향정신성의약품중독자가 아님
④ 결핵환자가 아님

038 미용사의 면허를 받을 수 없는 자가 아닌 것은?

① 신용불량자
② 피성년후견인
③ 정신질환자
④ 면허가 취소된 후 1년 미만인 자

039 미용사의 면허를 받을 수 있는 자는?

① 마약, 기타 대통령령으로 정하는 약물 중독자
② 전문의가 미용사로서 적합하다고 인정한 사람
③ 공중의 위생에 영향을 미칠 수 있는 감염병 환자로서 보건복지령에서 정한 사람
④ 대마 또는 향정신성의 약물중독자라고 보건복지부령이 정한 자

정답 029 ① 030 ④ 031 ③ 032 ① 033 ② 034 ④ 035 ④ 036 ③ 037 ② 038 ① 039 ②

공중위생관리 출제예상문제

040 미용사의 면허를 받을 수 없는 면허 취소의 사유가 <u>아닌</u> 것은?
① 면허취소 후 1년 미 경과
② 이 법의 규정에 의한 명령에 위반한 때
③ 면허증을 다른 사람에게 대여한 때
④ 면허 취소에 영향을 주는 감염병

041 면허 수수료와 관련된 내용이 <u>아닌</u> 것은?
① 수수료는 지방자치단체의 수입증지로 납부하여야 한다.
② 미용사 면허를 신규로 신청 시 5,500원을 지불한다.
③ 미용사 면허증을 재교부 받고자 하는 경우 3,000원을 지불한다.
④ 미용사 면허 수수료는 보건복지부령으로 한다.

해설 ④ 대통령령으로 한다.

042 면허 취소에 관한 내용인 것은?
① 6개월 이내의 기간을 정하여 면허를 정지할 수 있다.
② 면허 취소 및 면허정지권자는 시 · 도지사이다.
③ 면허 취소 및 면허정지처분의 세부적인 처분은 시장, 군수, 구청장령에 한한다.
④ 시장, 군수, 구청장은 그 처분의 사유와 위반의 정도 등을 감안하여 정한다.

해설 ② 시장, 군수, 구청장, ③ ④ 보건복지부령이다.

043 면허 취소 또는 정지 둘 다 할 수 있는 것으로 거리가 가장 <u>먼</u> 것은?
① 이 · 미용사의 면허취소 등의 법률을 위반한 때
② 이 · 미용사의 면허취소 등의 법률의 규정에 의한 명령을 위반한 때
③ 면허증을 다른 사람에게 대여한 때
④ 면허 결격 사유에 해당될 때

해설 ④ 면허 취소에 해당한다.

044 면허 반납에 관한 내용인 것은?
① 면허가 취소 또는 정지 받은 자는 기간을 정하여 반납한다.
② 면허정지 기간 관할 시 · 도지사가 보관한다.
③ 면허 교부권자는 시장, 군수, 구청장이다.
④ 면허정지 시 면허증은 시 · 도지사에게 반납해야 한다.

해설
① 지체 없이 반납한다.
② 시장, 군수, 구청장이 보관한다.
④ 시장, 군수, 구청장에게 반납해야 한다.

045 면허교부권자와 관련된 내용으로 <u>잘못된</u> 것은?
① 시장, 군수, 구청장
② 시 · 도지사
③ 면허증 반납 및 보관
④ 면허 재교부 신청

해설 면허증 반납 시 시장, 군수, 구청장이 보관하며, 분실 시 재교부 신청을 할 수 있다.

046 면허증의 재교부와 관련된 내용이 <u>아닌</u> 것은?
① 면허증의 기재사항 변경
② 면허증을 분실하였을 때
③ 면허증이 헐어 못쓰게 된 때
④ 면허증을 새것으로 바꾸고 싶을 때

047 면허증 재교부에 따라 제출할 신청서류가 <u>아닌</u> 것은?
① 면허증 원본 – 기재 사항 변경 시
② 면허증 원본 – 헐어 못쓰게 된 때
③ 최근 6개월 이내 찍은 탈모 정면 상반신 사진 1매
④ 사유서

5. 업무

048 미용사의 업무 범위에서 미용업 개설자의 조건은?
① 미용사 면허를 받은 자
② 미용사 자격을 받은 자
③ 미용업무 보조자
④ 미용실을 영업하고 싶어 하는 자

049 다음 중 미용업무에 종사할 수 있는 사람의 조건으로 가장 적절한 것은?
① 미용사 면허를 취득하지 못한 자
② 미용사의 감독을 받아 미용업무 보조를 행하는 자
③ 시 · 도지사가 무조건 인정하는 자
④ 대통령이 무조건 인정하는 자

정답 040 ④ 041 ④ 042 ① 043 ④ 044 ③ 045 ② 046 ④ 047 ④ 048 ① 049 ②

공중위생관리 출제예상문제

PART 4

---

050 2014년 7월 1일부터 시행되는 미용면허자의 업무 범위가 <u>아닌</u> 것은?

① 미용사(일반)   ② 미용사(피부)
③ 미용사(네일)   ④ 미용사(미용)

---

051 미용사(종합)이란?

① 미용사(일반, 피부, 네일) 업무를 모두 하는 영업이다.
② 미용사(네일) 업무이며, 손톱과 발톱의 손질 및 화장하는 영업이다.
③ 미용사(피부) 업무이며, 의료기기나 의약품을 사용하지 아니하는 피부 상태 분석, 피부관리, 제모, 눈썹 손질을 하는 영역이다.
④ 미용사(일반) 업무이며, 파마, 머리카락 자르기, 머리카락 모양내기, 머리피부 손질, 머리카락 염색, 머리감기, 의료기기나 의약품을 사용하지 아니하는 눈썹 손질, 얼굴의 손질 및 화장을 하는 영업이다.

---

052 미용의 업무장소에 대한 올바른 설명이 <u>아닌</u> 것은?

① 영업소 외의 장소에서는 행할 수 없다.
② 보건복지부령이 정하는 특별한 사유가 있는 경우에는 행할 수 있다.
③ 특별한 사유는 질병과 혼례에 관한 경우이다.
④ 특별한 사정 외에 시·도지사가 인정하는 경우이다.

> **해설**
> ④ 시장, 군수. 구청장이 인정하는 경우이다.

---

053 영업소 외의 장소에서의 미용을 하는 경우가 <u>아닌</u> 것은?

① 질병, 기타의 사유로 인하여 영업소에 나올 수 없는 자
② 대통령령에 의한 특별한 사유에 의한 자
③ 혼례, 기타 의식 직전에 참여하는 자
④ 특별한 사정이 있다고 시장, 군수, 구청장이 인정하는 자

> **해설**
> ② 보건복지부령이다.

---

6. 행정지도 감독

054 영업장의 보고 및 출입, 검사를 인정하는 관청은?

| ㉠ 시·도지사 | ㉡ 시장, 군수, 구청장 |
| ㉢ 보건복지부장관 | ㉣ 교육부장관 |

① ㉠, ㉡   ② ㉡, ㉢
③ ㉢, ㉣   ④ ㉠, ㉣

---

055 공중위생관리상 필요할 때 취할 수 있는 것은?

① 영업자만 대상으로 한다.
② 보고 및 출입 또는 검사할 수 있다.
③ 공중이용시설(소유자)만을 대상으로 한다.
④ 권한이 있는 자는 시·도지사뿐이다.

> **해설**
> ② 영업자 및 소유자에게 보고 및 출입·검사를 하게 할 수 있다.

---

056 보고 및 출입·검사에 대한 내용이 <u>아닌</u> 것은?

① 시장·도지사(또는 시장, 군수, 구청장)에게 필요한 보고를 한다.
② 소속 공무원으로 하여금 영업장에 출입시킨다.
③ 영업장 출입 시 관계 공무원은 그 권한의 증표를 보여야 한다.
④ 공중위생관리상 필요와 관련없이 수시로 출입시킨다.

> **해설**
> ④ 공중위생관리상 필요하다고 인정하는 때에는 영업자 및 소유자(공중이용 시설) 등에 대하여 보고 및 출입·검사를 할 수 있다.

---

057 소속 공무원의 영업장 출입 업무가 <u>아닌</u> 것은?

① 위생관리 의무 이행에 대하여 검사
② 공중이용시설의 위생관리 실태 등에 대하여 검사
③ 영업장 운영관리에 대하여 검사
④ 필요에 따라 공중위생영업장부나 서류를 열람

---

058 영업의 제한에 관련된 내용인 것은?

| ㉠ 시·도지사가 인정한 때 |
| ㉡ 공익상 또는 선량한 풍속을 유지하기 위해 |
| ㉢ 영업자 및 종사원에 대하여 |
| ㉣ 영업시간 및 영업행위에 필요한 제한을 할 수 있다. |

① ㉠, ㉡   ② ㉠, ㉡, ㉢
③ ㉠, ㉢, ㉣   ④ ㉠, ㉡, ㉢, ㉣

---

059 행정제재 처분에서 영업자의 승계가 <u>아닌</u> 것은?

① 영업의 양도
② 사망에 의해 영업의 양도
③ 법인의 합병
④ 풍속에 관한 법률

정답 050 ④ 051 ① 052 ④ 053 ② 054 ① 055 ② 056 ④ 057 ③ 058 ④ 059 ④

공중위생관리 출제예상문제

060 종전의 영업자에 대하여 영업소 폐쇄 위반을 사유로 행한 행정제재 처분의 효과는?

① 그 처분기간이 만료된 날부터 6개월간이다.
② 6개월간 양수인, 상속인에게 승계된다.
③ 합병 후 존속하는 법인에도 6개월간 승계된다.
④ 그 처분기간이 만료된 날부터 1년간 승계된다.

종전의 영업자에 대하여 영업소 폐쇄 위반을 사유로 행한 행정제재 처분의 효과는 그 처분 기간이 만료된 날부터 1년간 양수인, 상속인 또는 합병 후 존속하는 법인에 승계된다.

061 영업소 폐쇄 위반을 사유로 하여 종전의 영업자에 대하여 진행 중인 행정제재 처분이 아닌 것은?

① 양수인에 대해서 속행할 수 있다.
② 상속인에 대해서 속행할 수 있다.
③ 합병 후 존속하는 법인에 대하여 속행할 수 있다.
④ 영업장 시설에 대하여 속행할 수 있다.

062 시·도지사가 위생지도의 개선을 명할 수 있는 내용이 아닌 것은?

① 즉시 또는 일정 기간을 정하여 개선을 명할 수 있다.
② 영업자가 신설 및 설비를 갖추어 신고해야 하나 이를 위반했을 때
③ 중요 사항 변경 시 신고과정을 위반했을 때
④ 위생관리 의무를 위반한 법인

④ 위생관리 의무 등을 위반한 영업자 또는 위생시설의 소유자 등에 개선을 명할 수 있다. 즉, 법인이 아니라 개인이다.

063 영업소의 폐쇄에 관련된 내용이 아닌 것은?

① 「풍속영업의 규제」에 관한 법률
② 시·도지사의 령을 영업자가 위반할 때
③ 「성매매 알선」 등 행위의 처벌에 관한 법률
④ 「청소년보호법」, 「의료법」 등을 위반할 때

064 관계 행정기관장의 요청이 필요한 법률인 것은?

┌─────────────────────────────┐
│ ㉠ 풍속영업의 규제   ㉡ 성매매 알선 │
│ ㉢ 청소년보호법   ㉣ 의료법   │
└─────────────────────────────┘

① ㉠
② ㉡, ㉢
③ ㉡, ㉢, ㉣
④ ㉠, ㉡, ㉢, ㉣

065 6개월 이내의 기간을 정하여 명할 수 없는 것은?

① 행정제재처분 효과의 승계
② 영업의 정지
③ 일부 시설의 사용
④ 영업소의 폐쇄

① 1년간 승계된다.

066 영업소의 폐쇄명령 등의 세부적 기준은 누구의 령인가?

① 시·도지사
② 보건복지부령
③ 특별시장, 광역시장, 도지사
④ 시장, 군수, 구청장

067 다음 보기에서 영업소 폐쇄의 세부기준과 거리가 먼 것은?

① 영업의 정지
② 일부 시설의 사용금지
③ 영업소 폐쇄 명령
④ 위생관리 의무 위반

④ 위생지도 및 개선명령이다.

068 관계 공무원이 영업소를 폐쇄하기 위한 조치가 아닌 것은?

① 영업소 출입구 봉쇄
② 당해 영업소의 간판, 기타 영업 표지물의 제거
③ 당해 영업소가 위법함을 알리는 게시물 등의 부착
④ 영업에 필수 불가결한 기구 또는 시설물을 사용할 수 없게 봉인

069 봉인 해제를 요구할 수 있는 관청은?

① 시·도지사
② 시장, 군수, 구청장
③ 특별시장, 광역시장, 도지사
④ 보건복지부장관

공중위생관리 출제예상문제

PART 4

---

070 봉인을 해제할 수 있는 조건이 <u>아닌</u> 것은?

> ㉠ 시·도지사가 봉인을 계속할 필요가 없다고 인정할 때
> ㉡ 영업자 또는 그 대리인이 당해 영업소를 폐쇄할 것을 약속한 때
> ㉢ 정당한 사유를 들어 봉인의 해제를 요청할 때
> ㉣ 당해 영업소가 위법한 영업소임을 알리는 게시물 등의 제거를 요청하는 경우

① ㉠   ② ㉡, ㉢
③ ㉡, ㉢, ㉣   ④ ㉠, ㉡, ㉢, ㉣

---

071 1억원 이하의 과징금 부과와 관련 <u>없는</u> 것은?

① 공중위생영업소의 폐쇄 등의 규정에 갈음함
② 관계 공무원의 영업소 출입을 방해했을 때
③ 영업정지가 이용자에게 심한 불편을 줄 때
④ 공익을 해할 우려가 있는 경우

---

072 과징금의 금액 등에 관하여 필요한 사항은 누구의 령인가?

① 대통령령   ② 보건복지부령
③ 시·도지사   ④ 시장, 군수, 구청장

---

073 「지방세 외 수입금의 징수 등에 관한 법률」의 예에 의하여 징수되는 것은?

① 과징금 납부 기한에 납부하지 아니한 경우
② 성매매 알선 등 행위의 처벌일 경우
③ 풍속영업의 규제에 대한 처벌일 경우
④ 청소년보호법에 대한 처벌일 경우

---

074 과징금의 귀속 관청은?

① 시장, 군수, 구청장   ② 시, 군, 구
③ 시·도지사   ④ 국가

> **해설**
> ② 부과징수를 요구한 관청은 과징금을 당해 시·군·구에 귀속시킨다.

---

075 과징금 부과 징수를 요구할 수 있는 관청은?

① 시장, 군수, 구청장   ② 시·도지사
③ 보건복지부장관   ④ 특별시장, 광역시장, 도지사

---

076 제11조 제4항을 위반하여 제11조 제1항의 폐쇄명령을 받은 자이다. 이의 내용과 관련이 <u>없는</u> 것은?

① 「성매매 알선 등 행위의 처벌에 관한 법률」을 위반하여 폐쇄명령을 받은 자
② 「풍속영업의 규제에 관한 법률」 또는 청소년보호법을 위반하여 폐쇄명령을 받은 자
③ 그 폐쇄명령을 받은 후 2년이 경과하지 아니한 때
④ 그 폐쇄명령을 받은 후 1년이 경과하지 아니한 때

---

077 「성매매 알선 등 행위의 처벌에 관한 법률」이 외의 법률을 위반하여 폐쇄명령을 받은 자의 조치는?

① 1년이 경과하지 아니한 때 같은 종류의 영업을 할 수 없다.
② 행정제재처분에 의해 승계하지 않는다.
③ 양수인, 상속인 또는 합병 후 존속하는 법인과는 상관없다.
④ 폐쇄명령을 받은 후 6개월이 경과하지 아니한 때 영업을 할 수 없다.

> **해설**
> ④ 폐쇄명령을 받은 사람은 그 폐쇄명령을 받은 후 1년이 경과하지 아니한 때에는 같은 종류의 영업을 할 수 없다.

---

078 폐쇄명령을 받은 영업장소에서 누구든지 같은 종류의 영업을 할 수 있는 기간은?

① 1년 이후   ② 2년 이후
③ 6개월 이후   ④ 3개월 이후

---

079 「성매매 알선 등 행위의 처벌에 관한 법률」을 위반할 때 누구든지 같은 종류의 영업을 할 수 있는 기간은?

① 1년 경과   ② 2년 경과
③ 6개월 이후   ④ 3개월 이후

---

080 청문을 해야 할 경우가 <u>아닌</u> 처분은?

① 미용사 면허 취소 및 정지
② 영업의 정지
③ 모든 시설의 사용 중지
④ 영업소 폐쇄 명령

> **해설**
> ③ 일부 시설의 사용 중지이다.

정답   070 ①   071 ②   072 ①   073 ①   074 ②   075 ①   076 ④   077 ①   078 ③   079 ①   080 ③

공중위생관리 출제예상문제

081 위생서비스 수준의 평가와 관련된 내용 중 적절하지 않은 것은?
① 영업소의 위생관리 수준을 향상시키기 위하여 시행한다.
② 위생서비스평가 계획을 수립한다.
③ ②의 내용을 시장, 군수, 구청장에게 통보한다.
④ 위생서비스 평가 계획권자는 시장, 군수, 구청장이다.

해설 위생서비스 평가 계획권자는 시·도지사이다.

082 위생서비스 평가는 몇 년마다 실시함이 원칙인가?
① 1년   ② 2년
③ 3년   ④ 4년

083 평가계획에 따른 세부평가계획을 하는 관청은?
① 시·도지사
② 시장, 군수, 구청장
③ 보건복지부장관
④ 특별시장, 광역시장, 도지사

084 위생서비스 평가의 전문성을 높이기 위한 내용이 아닌 것은?
① 필요하다고 인정하는 경우 위임할 수 있다.
② 관련 전문기관 및 단체에 위임할 수 있다.
③ 위임을 담당할 수 있는 관청은 시장, 군수, 구청장이다.
④ 위생서비스 평가와 관련하여 전문기관 및 단체에 위임할 수 없다.

085 공중위생영업소의 위생서비스 평가 계획을 수립하는 자는?
① 대통령   ② 행정자치부장관
③ 시·도지사   ④ 시장, 군수, 구청장

해설
① 과징금의 금액 등에 관하여 필요한 사항은 대통령령으로 정한다.
④ 위생 서비스 평가 계획 통보를 받는 관청이다.

086 위생서비스 평가에 필요 사항인 것은?
㉠ 위생서비스 평가의 주기
㉡ 위생서비스 평가의 방법
㉢ 위생관리 등급의 기준
㉣ 기타 평가에 관하여 필요한 사항

① ㉠   ② ㉡, ㉢
③ ㉡, ㉢, ㉣   ④ ㉠, ㉡, ㉢, ㉣

7. 업소위생등급

087 위생관리 등급 통보 및 공표를 할 수 있는 관청은?
① 시장, 군수, 구청장
② 시·도지사
③ 특별시장, 광역시장, 도지사
④ 보건복지부장관

088 위생서비스 평가 결과의 내용이 아닌 것은?
① 위생관리 등급
② 해당 영업자에게 통보
③ 4개의 등급으로 업소 구분
④ 해당 영업자에게 공표

해설 위생관리 등급은 3가지 색으로 등급화했다.

089 위생서비스 평가의 결과를 통보받은 영업소가 해야 할 일로 맞는 것은?
① 영업소 내에 잘 부착한다.
② 영업소의 명칭과 함께 영업소의 출입구에 부착한다.
③ 영업소 간판에 부착한다.
④ 영업소 내에 잘 보이는 곳에 부착한다.

090 위생서비스 수준이 우수한 영업소에 대하여 하는 조치는?
① 상금을 준다.
② 포상을 실시할 수 있다.
③ 포상과 표창장을 준다.
④ 표창장을 준다.

091 위생서비스 평가 결과 우수 영업소 포상 관청은?
① 행정자치부
② 보건소
③ 보건복지부장관
④ 시·도지사 또는 시장, 군수, 구청장

092 위생서비스 등급별 영업소의 위생감시 관청은?
① 시·도지사 또는 시장, 군수, 구청장
② 특별시장, 광역시장, 도지사
③ 보건복지부장관
④ 시장, 군수, 구청장

정답 081 ④ 082 ② 083 ② 084 ④ 085 ③ 086 ④ 087 ① 088 ③ 089 ② 090 ② 091 ③ 092 ①

공중위생관리 출제예상문제

PART 4

---

093 보건복지부령이 아닌 것은?

① 영업소 출입 및 검사
② 위생 감시 실시 주기 및 횟수
③ 위생서비스 평가
④ 위생관리 등급별 위생감시 기준

094 위생관리 등급의 구분이 잘못 연결된 내용은?

① 최우수업소 – 녹색등급
② 우수업소 – 황색등급
③ 보통업소 – 청록등급
④ 일반관리대상업소 – 백색등급

095 공중위생감시원과 관련된 규정이 아닌 것은?

① 영업의 신고 및 폐업신고
② 공중이용시설의 위생관리
③ 미용사 업무 범위
④ 영업소의 변경 및 폐쇄 등

> **해설**
> ④ 영업소의 폐쇄 등이 올바른 규정이다.

096 공중위생감시원을 임명하는 기관은?

① 특별시, 광역시, 도 및 시 · 군 · 구(자치구)
② 대통령
③ 행정자치부
④ 보건복지부장관

097 대통령령이 아닌 것은?

① 공중위생감시원의 자격
② 공중위생감시원의 소속 관청
③ 공중위생감시원의 임명
④ 공중위생감시원의 업무 범위

> **해설**
> 공중위생감시원의 자격, 임명, 업무 범위, 기타 필요한 사항은 대통령령으로 정한다.

098 공중위생감시원의 임명에 관한 내용이 아닌 것은?

① 위생사 또는 환경산업기사 2급 이상의 자격이 있는 자
② 외국에서 위생사 또는 환경기사의 면허를 받은 자
③ 1년 이상 공중위생 행정에 종사한 경력이 있는 자
④ 고등교육법에 의한 위생학 분야 또는 생물학을 전공한 자

> **해설**
> 고등교육법에 의한 대학에서 화학, 화공학, 환경공학 또는 위생학 분야를 전공하고 졸업한 사람 또는 이와 동등 이상의 학력이 있다고 인정되는 사람을 임명할 수 있다.

099 다음 중 공중위생감시원의 인력확보가 곤란하다고 인정되는 때 임명할 수 있는 조건에 부합하는 것은?

① 공중위생행정에 종사하는 자 중에서 임명할 수 있다.
② 공중위생행정에 종사하는 자 중에서 공중위생감시에 관한 교육훈련을 30일 이상 받은 자를 임명할 수 있다.
③ 공중위생행정에 종사하는 자 중에서 공중위생감시에 관한 교육훈련을 30일 이상 받은 자일지라도 공중위생행사에 종사하는 기간에는 임명할 수 없다.
④ 공중위생감시에 관한 교육훈련을 30일 이상 받은 자를 임명할 수 있다.

> **해설**
> ① 공중위행행정에 종사하는 자 중에서 공중위생감시에 관한 교육훈련을 2주 이상 받은 자를 임명할 수 있다.

100 공중위생감시원의 업무 범위가 아닌 것은?

① 영업소 시설 및 설비의 확인
② 공중이용시설의 위생상태 확인
③ 공중이용시설의 위생상태 검사
④ 공중이용시설의 위생지도 이행 결과 평가

> **해설**
> ④ 공중이용시설의 위생지도 이행 여부 확인이 업무 범위이다.

101 명예감시원의 관리 관청은?

① 시 · 도지사　　② 시장, 군수, 구청장
③ 보건복지부장관　　④ 행정자치부

102 공중위생감시원의 업무 범위가 아닌 것은?

① 영업소 시설 및 설비의 확인
② 영업 관련 시설 및 설비의 위생 상태 확인
③ 영업 관련 시설 및 설비의 위생 상태 검사
④ 영업 관련 위생서비스 등급별 위생 감시

103 공중위생감시원의 업무 범위가 아닌 것은?

① 영업소의 영업정지 확인
② 일부 시설의 사용 중지 확인
③ 영업소 폐쇄명령 이행 여부의 확인
④ 영업자의 위생관리 등급 지정

정답	093 ③	094 ③	095 ④	096 ①	097 ②	098 ④	099 ②	100 ④	101 ①	102 ④	103 ④

공중위생관리 출제예상문제

104 영업자의 위생관리 의무 및 준수사항 이행 여부 확인을 하는 자는?
① 공중위생감시원 ② 명예감시원
③ 대통령 ④ 시·도지사

105 명예공중위생감시원의 관리 관청은?
① 시장, 군수, 구청장 ② 시·도지사
③ 보건복지부장관 ④ 공중위생감시원

106 명예공중위생감시원의 역할은?
① 공중위생의 관리를 위한 지도 및 계몽
② 영업소 폐쇄명령 이행 여부의 확인
③ 영업자의 위생 관리 의무
④ 영업자의 준수사항 이행 여부 확인

107 명예감시원의 자격 관련 내용이 아닌 것은?
① 공중위생에 대한 지식과 관심이 있는 자
② 소비자 단체의 소속 직원
③ 미용사중앙회 강사
④ 공중위생 관련 협회의 소속 직원

108 공중위생 관련 협회 또는 단체의 소속 직원 중에서 명예감시원을 고르는 방법으로 맞는 것은?
① 당해 단체장이 추천하는 자로 한다.
② 위생관리 등급 통보 보조자로 한다.
③ 위생서비스 평가 보조자로 한다.
④ 위생서비스 평가 결과 포상자로 한다.

109 명예감시원의 활동지원 및 수당, 운영관리 관청은?
① 시·도지사 ② 시장, 군수, 구청장
③ 보건복지부장관 ④ 보건복지부령

110 명예감시원의 업무가 아닌 것은?
① 공중위생감시원이 행하는 검사 대상물의 수거 지원
② 법령 위반 행위에 대한 신고 및 자료 제공
③ 공중위생에 관한 홍보계몽
④ 공중위생관리 업무와 관련하여 시장, 군수, 구청장이 따로 정하여 부여하는 업무

 해설
④ 공중위생에 관한 홍보계몽 등 공중위생관리 업무와 관련하여 시·도지사가 따로 정하여 부여하는 업무이다.

111 영업자 단체를 설립의 목적이 아닌 것은?
① 공중위생과 국민보건의 향상
② 영업의 건전한 발전을 도모
③ 영업의 종류별로 전국적인 조직
④ 영업자 교육 필증 확인

112 명예감시원의 수당 관련 내용이 아닌 것은?
① 명예감시원의 활동 지원
② 명예감시원의 운영
③ 국회 예산의 범위 안에서 수당 지급
④ 명예감시원의 운영에 관한 필요사항

 해설
③ 시·도의 예산 범위 안에서 수당을 지급할 수 있다.

8. 위생교육

113 매년 위생교육은 몇 시간을 받아야 하는가?
① 3시간 ② 5시간
③ 7시간 ④ 9시간

114 부득이한 사유로 미리 위생교육을 받을 수 없는 경우이다. 어떻게 해야 하는가?
① 영업 개시 후 곧바로 교육을 받아야 한다.
② 영업 개시 후 보건복지부령이 정하는 기간 안에 교육을 받을 수 있다.
③ 영업 개시 후 미용사중앙회에서 위임 교육을 한다.
④ 영업 개시 후 시·도지사가 정하는 기간 안에 교육을 받을 수 있다.

115 영업 개시 후 위생교육 기간 결정권자는?
① 시·도지사 ② 시장, 군수, 구청장
③ 보건복지부령 ④ 대통령령

116 위생교육을 받아야 하는 자 중 영업에 직접 종사하지 아니하거나 2개 이상의 장소에서 영업을 하는 자가 받는 교육으로 맞는 것은?
① 실제 영업소 소유자만 교육을 받는다.
② 영업에 종사하는 자라도 직접 영업에 종사하는 자를 대동하여 교육을 받아야 한다.
③ 영업소를 대표하여 1명의 책임자를 지정하고 그 책임자로 하여금 위생교육을 받게 하여야 한다.
④ 종업원 중 영업장별로 공중위생에 관한 책임자를 지정하고 그 책임자로 하여금 위생교육을 받게 하여야 한다.

정답 104 ① 105 ② 106 ① 107 ③ 108 ① 109 ① 110 ④ 111 ④ 112 ③ 113 ① 114 ② 115 ③ 116 ④

공중위생관리 출제예상문제

PART 4

---

117 위생교육 관련 공중위생 영업자 단체의 설립 및 고시 허가권자는?

① 보건복지부장관
② 보건복지부령
③ 시·도지사
④ 시장, 군수, 구청장

118 위생교육을 실시하는 단체는?

① 보건복지부령에 의해 허가된 단체
② 보건복지부장관에 의해 허가된 단체
③ 시·도지사에 의해 허가된 단체
④ 시장, 군수, 구청장에 의해 허가된 단체

> **해설**
> 위생교육은 보건복지부장관이 허가한 단체에서 실시할 수 있다.

119 공중위생영업자 단체 설립(제16조)에 따른 단체가 실시할 수 있는 것은?

① 영업장 폐쇄
② 영업소 시설 및 설비의 확인
③ 위생교육
④ 공중위생시설 감독

120 위생교육의 방법 및 절차는 누구의 명인가?

① 보건복지부령
② 보건복지부장관
③ 시·도지사
④ 시장, 군수, 구청장

121 위생교육 내용이 **아닌** 것은?

① 「공중위생관리법」 및 관련 법규
② 소양교육 – 친절 및 청결 교육
③ 기술 교육
④ 영업장 관리에 관한 내용

> **해설**
> ④ 그 밖에 공중위생에 관하여 필요한 내용으로 한다.

122 교육교재를 통한 위생교육으로 갈음할 수 있는 경우는?

① 도서, 벽지 지역에서 영업하고 있거나 하려는 자
② 복지시설에서 영업을 하고 있는 자
③ 공중위생 영업단체에서 인정하는 영업소
④ 위생서비스 평가에서 우수등급을 받은 영업소

> **해설**
> 위생교육 대상자 중 보건복지부장관이 고시하는 도서, 벽지에서 영업하고 있거나 하려는 자는 교육교재를 배부하여 이를 익히고 활용하도록 함으로써 교육에 갈음할 수 있다.

---

123 영업신고를 한 후 위생교육을 받을 수 있는 기간은?

① 2개월
② 3개월
③ 6개월
④ 9개월

> **해설**
> 영업신고 전에 위생교육을 받아야 하는 자 중 영업신고를 한 후 6개월 이내에 위생교육을 받을 수 있다.

124 영업의 신고 전에 미리 위생교육을 받기 불가능한 경우가 **아닌** 것은?

① 천재지변
② 부모의 질병, 사고
③ 업무상 국외 출장 등의 사유
④ 교육을 실시하는 단체의 사정

> **해설**
> ② 본인의 질병, 사고에 의해 미리 위생교육을 받기 불가능한 경우이다.

125 2년 이내 위생교육을 받은 업종과 같은 업종의 영업을 하려는 경우 위생교육의 시간은?

① 위생교육을 받은 것으로 한다.
② 위생교육을 다시 받아야 한다.
③ 위생교육 시간을 1/2로 단축한다.
④ 위생교육 시간은 3시간이다.

126 위생교육 실시 단체는 교육교재를 편찬하여 누구에게 제공하는가?

① 영업자
② 영업장의 직원
③ 교육대상자
④ 공중이용 소유자

127 위생교육 실시 단체의 장이 해야 할 업무처리로 올바른 것은?

① 위생교육을 수료한 자에게 수료증을 교부한다.
② 교육실시 결과를 2개월 이내에 통보해야 한다.
③ 통보자는 시·도지사이다.
④ 수료증 교부대장 등은 1년 이상 보관 관리해야 한다.

> **해설**
> 교육실시 결과를 교육 후 1개월 이내에 시장, 군수, 구청장에게 통보하여야 하며 수료증 교부대장 등 교육에 관한 기록을 2년 이상 보관, 관리하여야 한다.

128 위생교육에 관한 세부사항 결정권자는?

① 보건복지부령
② 보건복지부장관
③ 시·도지사
④ 시장, 군수, 구청장

정답 117 ① 118 ② 119 ③ 120 ① 121 ④ 122 ① 123 ③ 124 ② 125 ① 126 ③ 127 ① 128 ②

공중위생관리 출제예상문제

129 위생교육 실시 단체장의 요청이 있으면 위생교육대상자의 명단을 누구에게 통보하여야 하나?
① 시·도지사
② 시장, 군수, 구청장
③ 보건복지부장관
④ 특별시장, 광역시장, 도지사

130 대통령령이 정하는 바에 의하여 그 업무의 일부를 위탁할 수 있는 자는?
① 보건복지부장관 ② 시장, 군수, 구청장
③ 시·도지사 ④ 특별시장, 광역시장, 도지사

131 보건복지부장관은 위생교육 위임 및 위탁에 관한 권한 일부를 대통령령이 정하는 바에 의하여 누구에게 위임할 수 있는가?
① 시장, 군수, 구청장
② 시·도지사
③ 시·도지사 또는 시장, 군수, 구청장
④ 보건복지부장관

132 미용사면허 발급 시 수수료는 누구의 명에 따르는가?
① 대통령령 ② 보건복지부령
③ 시·도지사 ④ 시장, 군수, 구청장

133 국가 또는 지방자치단체가 위생서비스 평가를 실시하기 위해 하는 일이 아닌 것은?
① 위생서비스 평가의 전문성을 높이기 위해 노력한다.
② 관련 전문기관 및 단체로 하여금 위생서비스 평가를 실시하게 한다.
③ 국고(예산의 범위 안에서)에서 소요되는 경비의 전부 또는 일부를 보조할 수 있다.
④ 위생서비스 평가의 위임 및 위탁권자는 대통령이다.

④ 위임 및 위탁권자는 보건복지부장관이다.

9. 벌칙

134 1년 이하의 징역 또는 1천만원 이하의 벌금이 아닌 것은?
① 영업의 신고 규정을 어겼을 때
② 영업정지 명령 또는 일부 시설 사용 중지 명령을 어겼을 때
③ 영업소 폐쇄 명령을 어겼을 때
④ 퇴폐 영업을 하였을 때

135 6월 이하의 징역 또는 500만원 이하의 벌금이 아닌 것은?
① 중요 사항 변경신고를 하지 않은 자
② 영업신고를 하지 않고 영업할 때
③ 영업자의 지위를 승계한 자로서 1월 이내에 신고하지 않은 자
④ 건전한 영업질서를 위하여 영업자가 준수하여야 할 사항을 준수하지 아니한 자

136 300만원 이하의 벌금이 아닌 것은?
① 면허가 정지된 후에도 계속하여 업무를 행한 자
② 면허를 받지 아니한 영업소를 개설하거나 업무에 종사한 자
③ 면허가 취소된 후에도 계속하여 업무를 행한 자
④ 영업소 폐쇄명령을 받고도 계속하여 영업을 한 자

④ 1년 이하의 징역 또는 1천만원 이하의 벌금에 해당한다.

137 면허 정지 기간 중에 업무를 행한 자의 벌금은?
① 300만원 이하의 벌금 ② 200만원 이하의 벌금
③ 500만원 이하의 벌금 ④ 1천만원 이하의 벌금

138 면허를 받지 아니한 영업소를 개설하거나 업무에 종사한 자의 벌금은?
① 300만원 이하의 벌금 ② 200만원 이하의 벌금
③ 500만원 이하의 벌금 ④ 1천만원 이하의 벌금

139 과징금 금액 부과는 누구의 명인가?
① 보건복지부령 ② 대통령령
③ 시·도지사 ④ 시장·군수·구청장

140 과징금 미납에 따른 체납처분권자는?
① 시·도지사 ② 특별시장, 광역시장, 도지사
③ 시장, 군수, 구청장 ④ 보건복지부령

141 과징금 미납 체납처분에서 징수 과징금의 귀속관청은?
① 시·군·구 ② 보건복지부
③ 행정자치부 ④ 관할 경찰서

142 과징금 산정 기준에서 영업정지 1월은 몇일로 계산하는가?
① 30일 ② 31일
③ 29일 ④ 28일

정답 129 ② 130 ① 131 ③ 132 ① 133 ④ 134 ④ 135 ② 136 ④ 137 ① 138 ① 139 ② 140 ③ 141 ① 142 ①

공중위생관리 출제예상문제

143 과징금 금액의 1/2 범위 안에서 가중 또는 경감할 수 있는 참작 내용이 <u>아닌</u> 것은?

① 영업자의 사업규모
② 위반행위의 정도
③ 위반행위의 횟수 정도
④ 매출금액

해설

시장, 군수, 구청장은 영업자의 사업규모, 위반행위의 정도 및 횟수의 정도 등을 참작하여 과징금 금액의 1/2 범위 안에서 이를 가중 또는 경감할 수 있다.

144 가중하는 때에도 과징금 총액의 얼마를 초과할 수 없는가?

① 1,000만원
② 2,000만원
③ 3,000만원
④ 4,000만원

145 과징금을 부과하고자 할 때 서면 통지자는?

① 시 · 도지사
② 시장, 군수, 구청장
③ 특별시장, 광역시장, 도지사
④ 보건복지부장관

146 시장, 군수, 구청장이 과징금을 서면으로 통지할 때 명시할 것은?

① 그 위반 행위의 종별과 과징금의 금액
② 과징금을 납부할 자의 납부기간
③ 지방세 체납처분의 예에 의해 징수
④ 과징금 부과기준이 되는 매출금액

147 과징금 수납 시 통보해야 할 관청은?

① 시 · 도지사
② 시장, 군수, 구청장
③ 특별시장, 광역시장, 도지사
④ 보건복지부장관

148 천재지변, 그 밖에 부득이한 사유로 과징금을 납부할 수 없을 때 몇 일 이내 납부해야 하는가?

① 그 사유가 없어진 날로부터 7일 이내에 납부한다.
② 그 사유가 없어진 날로부터 15일 이내에 납부한다.
③ 그 사유가 없어진 날로부터 20일 이내에 납부한다.
④ 그 사유가 없어진 날로부터 25일 이내에 납부한다.

149 과징금 수납기관은 규정에 따라 과징금을 수납한 때 그 사실을 누구에게 통보하나?

① 시 · 도지사
② 특별시장, 광역시장, 도지사
③ 시장, 군수, 구청장
④ 보건복지부장관

150 과징금 부과 및 납부에 대한 설명으로 맞지 <u>않는</u> 것은?

① 과징금 납부를 받은 수납기관은 영수증을 교부한다.
② 과징금은 분할 납부할 수 없다.
③ 과징금의 징수절차는 보건복지부령으로 한다.
④ 시 · 도지사가 정하는 수납기관에 납부한다.

해설

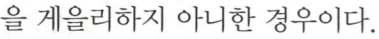

④ 시장, 군수, 구청장이 정하는 수납기관에 납부하여야 한다.

151 그 행위자를 벌하는 외에 그 법인 또는 개인에게도 해당 조문의 벌금형을 과하는 내용과 거리가 <u>먼</u> 것은?

① 법인 대표자나 법인이 해당한다.
② 개인의 대리인 또는 사용인이 해당한다.
③ 그 밖의 종업원이 그 법인 또는 개인의 업무에 관하여 벌칙에 위반행위를 할 때이다.
④ 법인 또는 개인이 그 위반행위를 방지하기 위해 주의와 감독을 게을리하지 아니한 경우이다.

해설

④ 법인 또는 개인이 그 위반 행위를 방지하기 위하여 해당 업무에 관하여 상당한 주의와 감독을 게을리하지 아니한 경우에는 벌금을 부과하지 않는다.

152 300만원 이하의 과태료에 해당되는 것이 <u>아닌</u> 것은?

① 폐업신고를 하지 않은 자
② 개선명령에 따르지 아니한 자
③ 규정보고를 하지 아니한 자
④ 관계 공무원의 출입, 검사, 기타 조치를 거부 · 방해 또는 기피한 자

153 200만원의 과태료가 <u>아닌</u> 것은?

① 과태료 처분 불복자
② 영업소의 위생관리 의무를 지키지 아니한 자
③ 영업소 이외의 장소에서 미용업무를 행한 자
④ 위생교육을 받지 아니한 자

정답 143 ④ 144 ③ 145 ② 146 ① 147 ② 148 ① 149 ③ 150 ④ 151 ④ 152 ① 153 ①

공중위생관리 출제예상문제

154 과태료 부과·징수권자는?
① 시·도지사
② 시장, 군수, 구청장 혹은 보건복지부장관
③ 특별시장, 광역시장
④ 관할 보건소장

155 다음 중 과태료에 관한 영은?
① 보건복지부령
② 보건복지부장관
③ 대통령령
④ 시·도지사

> 해설
> ③ 과태료는 대통령령이 정하는 바에 의해 시장, 군수, 구청장이 징수한다.

10. 시행령 및 시행규칙 관련사항

156 위반행위가 2개 이상으로 처분기준이 각각 다른 경우 행하는 행정처분은?
① 그 중 중한 처분기준에 의한다.
② 영업정지에 해당하는 경우 처분기준이 법으로 정해져 있다.
③ 영업정지일 경우 가장 무거운 정지처분에다가 남은 정지처분 기간 1/2을 가중시킨다.
④ 2개 이상 영업정지행위 중 가장 무거운 정지 처분으로 기준을 정한다.

> 해설
> ② ③ ④ 그 이상 처분기준이 영업정지에 해당하는 경우로서 가장 중한 정지처분 기간에 나머지 각각의 정지처분 기간의 1/2 더하여 처분한다.

157 행정처분을 하기 위한 절차가 진행되는 기간 중 같은 사항을 위반하였을 때 처분으로 옳지 않은 것은?
① 같은 사항을 위반한 때에는 처분이 달라진다.
② 그 위반 횟수마다 가중된다.
③ 그 위반 횟수에 상관없이 무조건 가중된다.
④ 행정 처분 기준의 1/2씩 더하여 처분된다.

158 위반행위의 차수에 따른 행정처분기준 적용 기간은?
① 최근 1년간
② 최근 2년간
③ 최근 3년간
④ 최근 4년간

159 동일 위반 사항일 경우 행정처분의 적용일은?
① 수거검사에 의한 경우에는 검사 시작일을 처분청에 접수한 날을 기준으로 한다.
② 동일 위반사항에 대한 행정처분일과 그 처분 후의 재적발일을 기준으로 한다.
③ 동일 위반사항에 대한 행정처분일을 기준으로 한다.
④ 동일위반사항에 대한 그 처분 후의 재적발일을 기준으로 한다.

160 다음 중 위반사항 정도가 경미할 때 처분으로 옳지 않은 것은?
① 개별기준에도 불구하고 경감할 수 없다.
② 영업정지일 경우 그 처분기준 일수의 1/2 범위 안에서 경감할 수 있다.
③ 영업장 폐쇄일 경우 3월 이상의 영업정지 처분으로 경감할 수 있다.
④ 해당 위반사항에 관하여 검사로부터 기소유예처분 또는 법원으로부터 선고유예의 판결을 받을 때에 적용된다.

> 해설
> ① 개별기준에도 불구하고 경감할 수 있다.

[161~165] 다음은 국가기술자격법에 따라 미용사의 면허에 관한 규정을 1차 위반 행정처분기준이다.

> ㉠ 미용사 자격이 취소될 때
> ㉡ 미용사 자격 정지 처분을 받은 때
> ㉢ 미용사면허 결격사유에 해당할 때
> ㉣ 이중면허를 취득한 때
> ㉤ 면허정지 처분을 받고 그 정지기간 중 업무를 행한 때

161 1차 면허 취소인 것을 모두 고른 것은?
① ㉠, ㉡, ㉢
② ㉡, ㉢, ㉣
③ ㉡, ㉢, ㉣, ㉤
④ ㉠, ㉢, ㉣, ㉤

162 1차 면허정지인 것은?
① ㉠
② ㉡
③ ㉢
④ ㉣

163 나중에 발급받은 면허를 취소해야 하는 것은?
① ㉡
② ㉢
③ ㉣
④ ㉤

정답 154 ② 155 ③ 156 ① 157 ③ 158 ① 159 ② 160 ① 161 ④ 162 ② 163 ③

PART 4 공중위생관리 출제예상문제

164 면허증을 다른 사람에게 대여한 때의 1차 – 2차 – 3차 위반은?

① 면허정지(3월) – 면허정지(6월) – 면허취소
② 면허정지(2월) – 면허정지(3월) – 면허취소
③ 영업정지(2월) – 영업정지(3월) – 면허취소
④ 경고 – 영업정지(15일) – 면허취소

165 신고를 하지 아니하고 영업소의 소재지를 변경한 때는?

① 1차 면허정지
② 1차 영업정지 1월
③ 1차 면허취소
④ 1차 경고

[166~168] 다음은 행정처분기준의 개선명령, 경고 또는 개선명령으로서 1차 위반 사항이다.

> ㉠ 시설 및 설비기준을 위반한 때
> ㉡ 신고를 하지 아니하고 영업소의 명칭 및 상호 또는 영업장 면적의 1/3 이상을 변경한 때
> ㉢ 영업자의 지위를 승계한 후 1월 이내에 신고하지 아니한 때
> ㉣ 소독을 한 기구와 소독을 하지 아니한 기구를 각각 다른 용기에 넣어 보관하지 아니하거나 1회용 면도날을 2인 이상의 손님에게 사용한 때
> ㉤ 미용업 신고증 및 면허증 원본을 게시하지 아니하거나 업소 내 조명도를 준수하지 아니한 때
> ㉥ 시·도지사 또는 시장·군수·구청장의 개선명령을 이행하지 아니한 때
> ㉦ 음란한 물건을 관람, 열람하게 하거나 진열 또는 보관한 때
> ㉧ 위생교육을 받지 아니한 때

166 1차 위반이 개선명령만인 것은?

① ㉠, ㉡, ㉢
② ㉣, ㉤, ㉥
③ ㉡, ㉣, ㉧
④ ㉠, ㉢, ㉦

167 1차 위반이 경고인 것만인 것은?

① ㉠, ㉡, ㉢
② ㉣, ㉤, ㉦
③ ㉥, ㉦, ㉧
④ ㉣, ㉥

168 1차 위반이 경고 또는 개선명령인 것은?

① ㉠, ㉡, ㉢
② ㉡, ㉢
③ ㉡, ㉤
④ ㉣, ㉤

[169~172] 다음은 3차 위반 시 영업장 폐쇄명령이 이루어지는 행정처분 기준이다.

> ㉠ 피부미용을 위하여 「약사법」에 따른 의약품 또는 「의료기기법」에 따른 의료기기를 사용한 때
> ㉡ 점 빼기, 귀볼뚫기, 쌍꺼풀 수술, 문신, 박피술, 그 밖에 이와 유사한 의료행위를 한 때
> ㉢ 영업소 외의 장소에서 업무를 행할 때
> ㉣ 손님에게 도박, 그 밖에 사행행위를 하게 한 때
> ㉤ 무자격 안마사로 하여금 안마사의 업무에 관한 행위를 하게 한 때

169 1차 위반이 영업정지 2월만인 것으로 묶인 것은?

① ㉠, ㉡
② ㉢, ㉣
③ ㉣, ㉤
④ ㉠, ㉤

170 1차 위반이 영업정지 1월만인 것으로 묶인 것은?

① ㉠, ㉡
② ㉡, ㉢
③ ㉢, ㉣, ㉤
④ ㉠, ㉤

171 신고를 하지 않고 영업소 소재지를 변경하였을 때 행정처분은?

① 1차 경고
② 1차 면허정지
③ 1차 영업정지 1월
④ 1차 면허취소

172 영업정지 처분을 받고 그 영업정지 기간 중에 영업을 한 때 행정처분은?

① 1차 경고
② 1차 면허정지
③ 1차 면허취소
④ 1차 영업장 폐쇄 명령

[173~179] 다음은 4차 위반 시 영업장 폐쇄명령의 행정처분이다.

> ㉠ 시설 및 설비 기준을 위반한 때
> ㉡ 신고를 하지 아니하고 영업소의 명칭 및 상호 또는 영업장 면적의 3분의 1 이상을 변경한 때
> ㉢ 음란한 물건을 관람, 열람하게 하거나 진열 또는 보관한 때
> ㉣ 소독을 한 기구와 소독을 하지 아니한 기구를 각각 다른 용기에 넣어 보관하지 아니하거나 1회용 면도날을 2인 이상의 손님에게 사용한 때
> ㉤ 미용업 신고증 및 면허증 원본을 게시하지 아니하거나 업소 내 조명도를 준수하지 아니한 때
> ㉥ 위생교육을 받지 아니한 때

173 2차 위반 시 영업정지 15일과 3차 위반 시 영업정지 1월인 것은?

① ㉠, ㉡, ㉢
② ㉡, ㉢, ㉣
③ ㉢, ㉣, ㉤
④ ㉠, ㉤, ㉥

정답 164 ①   165 ②   166 ④   167 ④   168 ③   169 ①   170 ③   171 ③   172 ③   173 ①

공중위생관리 출제예상문제

174 2차 위반 시 영업정지 5일과 3차 위반 시 영업정지 10일인 것은?

① ㄱ, ㄴ, ㄷ
② ㄹ, ㅁ
③ ㄱ, ㄷ, ㄹ
④ ㄴ, ㅁ, ㅂ

175 시·도지사 또는 시장·군수·구청장의 개선명령을 이행하지 아니한 때 행정처분은?

① 1차(경고) → 2차(영업정지 10일) → 3차(영업정지 1월) → 4차(영업장 폐쇄명령)
② 1차(개선명령) → 2차(영업정지 10일) → 3차(영업정지 1월) → 4차(영업장 폐쇄명령)
③ 1차(경고 또는 개선명령) → 2차(영업정지 10일) → 3차(영업정지 1월) → 4차(영업장 폐쇄명령)
④ 1차(경고) → 2차(영업정지 1월) → 3차(영업정지 2월) → 4차(영업장 폐쇄명령)

176 1차(면허정지 3월) → 2차(면허취소)의 위반사항 관련 내용이 아닌 것은?

① 손님에게 성매매 알선
② 손님에게 성매매 행위
③ 음란행위 제공 및 알선
④ 영업소에 대한 행정처분

 ④ 미용사(업주)가 받는 행정처분이다.

177 1차(영업정지 3월) → 2차(영업장 폐쇄명령)의 위반사항이 아닌 것은?

① 미용사(업주)에 대한 행정처분
② 손님에게 성매매 알선
③ 손님에게 성매매 행위
④ 음란행위 제공 및 알선

 ① 영업장소에 대한 행정처분이다.

178 관계 공무원의 출입 검사를 거부, 기피하거나 방해한 때는?

① 1차(영업정지 15일) → 2차(영업정지 20일) → 3차(영업정지 1월) → 4차(영업장 폐쇄명령)
② 1차(영업정지 10일) → 2차(영업정지 20일) → 3차(영업정지 1월) → 4차(영업장 폐쇄명령)
③ 1차(영업정지 5일) → 2차(영업정지 10일) → 3차(영업정지 1월) → 4차(영업장 폐쇄명령)
④ 1차(영업정지 1월) → 2차(영업정지 2월) → 3차(영업정지 3월) → 4차(영업장 폐쇄명령)

179 영업자의 지위를 승계한 후 1월 이내에 신고하지 아니한 때의 3차 행정처분은?

① 영업정지 1월
② 영업정지 2월
③ 영업정지 3월
④ 영업장 폐쇄명령

 ① 1차(개선명령) → 2차(영업정지 10일) → 3차(영업정지 1월) → 4차(영업장 폐쇄명령)

180 시·도지사, 시장·군수·구청장이 하도록 한 필요한 보고를 하지 아니하거나 거짓으로 보고한 때 2차 행정처분은?

① 영업정지 5일
② 영업정지 10일
③ 영업정지 20일
④ 영업정지 1월

 ② 1차(영업정지 10일) → 2차(영업정지 20일) → 3차(영업정지 1월) → 4차(영업장 폐쇄명령)

정답 174 ② 175 ① 176 ④ 177 ① 178 ② 179 ① 180 ③

MEMO

제 3 장

실전모의고사

제1회 실전모의고사
제2회 실전모의고사
제3회 실전모의고사
제4회 실전모의고사

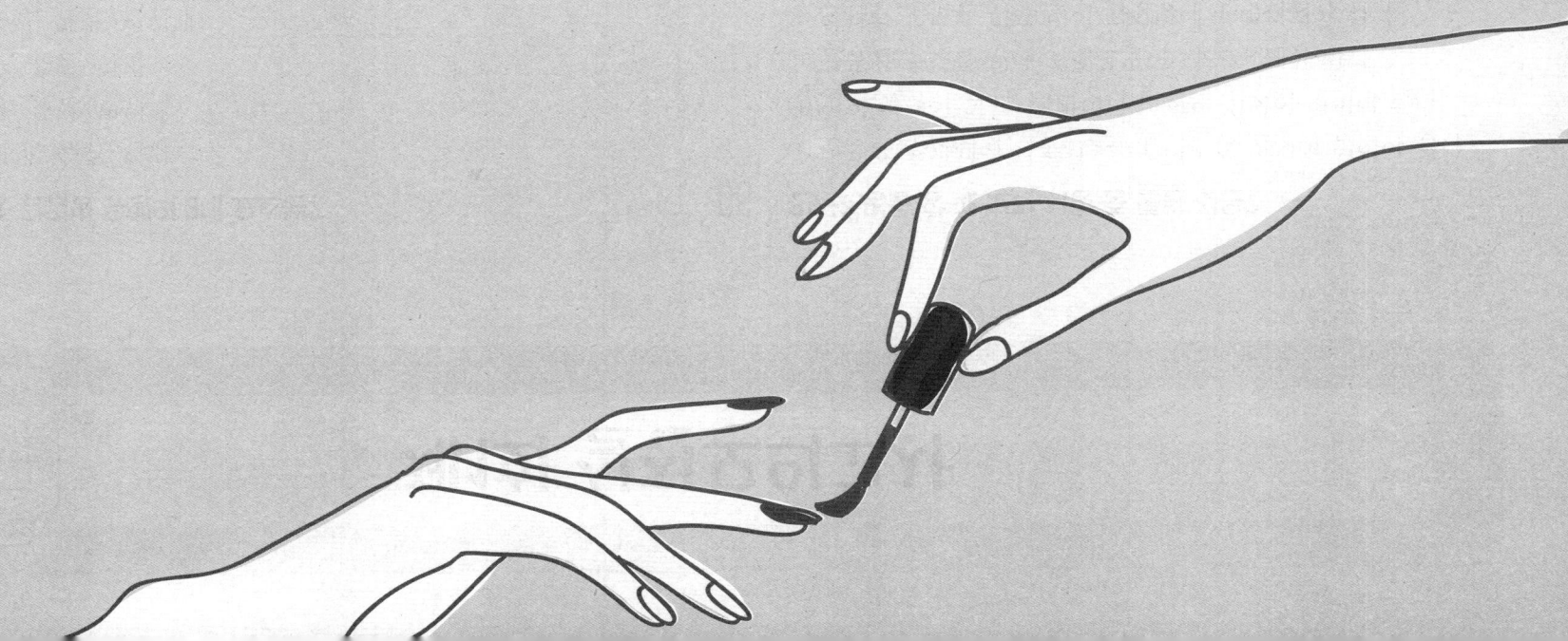

제1회 실전모의고사

01 다음 중 감염병 유행의 3대 요소는?

① 병원체, 숙주, 환경
② 환경, 유전, 병원체
③ 숙주, 유전, 환경
④ 감수성, 환경, 병원체

해설
감염병 유행 요소는 질병 발생 요인과 동일한 의미로서 병인(감염원), 환경(감염경로), 숙주(모든 면역성과 감수성)를 나타낸다.

02 일반적으로 이 · 미용업소의 실내 쾌적 습도 범위로 가장 알맞은 것은?

① 10 ～ 20%   ② 20 ～ 40%
③ 40 ～ 70%   ④ 70 ～ 90%

해설
일반적으로 쾌적 습도는 40~70%이다.

03 자력으로 의료문제를 해결할 수 없는 생활 무능력자 및 저소득층을 대상으로 공적으로 의료를 보장하는 제도는?

① 의료보험   ② 의료보호
③ 실업보험   ④ 연금보험

해설
의료보호제도 : 개인적인 보험료 납부가 없으며, 병원 이용 비용의 전액 또는 일부를 국가와 지방정부가 담당한다.

04 공중보건학의 범위 중 보건관리 분야에 속하지 <u>않는</u> 사업은?

① 보건통계   ② 사회보장제도
③ 보건행정   ④ 산업보건

해설
공중보건학의 범위는 환경보건, 질병관리, 보건관리 등 3가지 분야로 연구되고 있다. ④는 환경보건 분야 중 일부이다.

05 다음 중 수인성 감염병에 속하는 것은?

① 유행성 출혈열   ② 성홍열
③ 세균성 이질   ④ 탄저병

해설
수인성(소화기계) 전염병으로는 세균성 이질, 장티푸스, 파라티푸스, 콜레라, 유행성 간염, 파상열, 폴리오 등이 있다.

06 인공조명을 할 때 고려 사항 중 틀린 것은?

① 광색은 주광색에 가깝고, 유해 가스의 발생이 없어야 한다.
② 열의 발생이 적고, 폭발이나 발화의 위험이 없어야 한다.
③ 균등한 조도를 위해 직접조명이 되도록 해야 한다.
④ 충분한 조도를 위해 빛이 좌상방에서 비춰줘야 한다.

해설
균등한 조도와 시력 보호를 위해 간접조명이 되도록 해야 한다.

07 솔라닌(Solanine)의 원인이 되는 식중독과 관계 깊은 것은?

① 버섯   ② 복어
③ 감자   ④ 조개

해설
① 버섯 : 무스카린
② 복어 : 테트로도톡신
④ 조개 : 삭시톡신, 베네루핀

08 미생물의 발육과 그 작용을 제거하거나 정지시켜 음식물의 부패나 발효를 방지하는 것은?

① 방부   ② 소독
③ 살균   ④ 살충

해설
② 사람에게 유해한 미생물을 파괴해 감염의 위험을 제거한다. 세균의 포자에는 작용하지 못한다.
③ 미생물을 여러 가지 물리 · 화학적 작용을 통해 급속하게 죽이는 것을 말한다.
④ 농작물, 가축, 인체에 해로운 벌레를 죽이거나 없애는 것을 말한다.

09 물의 살균에 많이 이용되고 있으며 산화력이 강한 것은?

① 포름알데히드(Formaldehyde)
② 오존(O_3)
③ E.O(Ethylene Oxide) 가스
④ 에탄올(Ethanol)

해설
오존(O_3) 소독은 무미, 무취, 무색의 기체로서 산화력이 강하다. 세균, 바이러스를 사멸시키며 강한 표백작용을 한다.

정답 01 ① 02 ③ 03 ② 04 ④ 05 ③ 06 ③ 07 ③ 08 ① 09 ②

제1회 실전모의고사

10 소독제를 수돗물로 희석하여 사용할 경우 가장 주의해야 할 점은?

① 물의 경도 ② 물의 온도
③ 물의 취도 ④ 물의 탁도

 수돗물은 연수로서 정수(살균, 소독, 침전, 정화 등)되어 있기 때문에 경도와는 관련이 없다. 그러나 센물(우물물, 지하수), 즉 경수일 때는 소독제와 희석할 경우 불활성 침전이 생길 수 있다.

11 소독제를 사용할 때 주의사항이 아닌 것은?

① 취급 방법
② 농도 표시
③ 소독제병의 세균 오염
④ 알코올 사용

 소독제를 사용할 때는 취급 방법, 농도 표시, 소독제 병의 세균 오염 등에 주의해야 한다.

12 다음 중 금속제품 기구 소독에 가장 적합하지 않은 것은?

① 알코올 ② 역성비누
③ 승홍수 ④ 크레졸수

 승홍수는 살균력이 강하며, 맹독성으로서 금속을 부식시키는 단점이 있다.

13 다음 중 하수도 주위에 흔히 사용되는 소독제는?

① 생석회 ② 포르말린
③ 역성비누 ④ 과망간산칼륨

• 생석회는 물을 가(소석회)했을 때 발생기 산소에 의해 소독작용을 한다.
• 값이 싸고 탈취력이 있어 분변, 하수, 오수, 토사물 등의 소독에 좋다.

14 개달전염(介達傳染)과 무관한 것은?

① 의복 ② 식품
③ 책상 ④ 장난감

 오염물질이 감염원으로부터 시간적·거리적으로 상당히 떨어진 곳에서 감염되는 개달감염은 인쇄물, 의류, 서적, 수건 등의 개달물에 의해 감염된다.

15 피부구조에서 지방세포가 주로 위치하고 있는 곳은?

① 각질층 ② 진피
③ 피하조직 ④ 투명층

 지방세포는 주로 피하조직에 있다.

16 다음 중 기미의 생성 유발 요인이 아닌 것은?

① 유전적 요인
② 임신
③ 갱년기 장애
④ 갑상선 기능 저하

 기미는 유전적 요인, 임신, 갱년기 장애, 자외선 등에 의해 생성된다.

17 외인성 피부질환의 원인과 가장 거리가 먼 것은?

① 유전인자 ② 산화
③ 피부건조 ④ 자외선

 ①은 내인성 피부질환과 관련된다.

18 다음 중 원발진에 해당하는 피부변화는?

① 가피 ② 미란
③ 위축 ④ 구진

 ①, ②, ③ 속발진에 해당된다.

19 자외선으로부터 어느 정도 피부를 보호하며 진피조직에 투여하면 피부 주름과 처짐 현상에 가장 효과적인 것은?

① 콜라겐 ② 엘라스틴
③ 무코다당류 ④ 멜라닌

 콜라겐(교원섬유)은 강력한 견인력과 함께 피부 주름을 예방하는 수분 보유원의 역할을 한다.

정답 10 ① 11 ④ 12 ③ 13 ① 14 ② 15 ③ 16 ④ 17 ① 18 ④ 19 ①

제1회 실전모의고사

20 정상피부와 비교하여 점막으로 이루어진 피부의 특징으로 옳지 **않은** 것은?

① 혀와 경구개를 제외한 입안의 점막은 과립층을 가지고 있다.
② 당김미세섬유사(Tonofilament)의 발달이 미약하다.
③ 미세융기가 잘 발달되어 있다.
④ 세포에 다량의 글리코겐이 존재한다.

해설
구강점막에는 과립층이 없다.

21 성장기 어린이의 대사성 질환으로 비타민 D 결핍 시 뼈 발육에 변형을 일으키는 것은?

① 석회결석　　　　② 골막파열증
③ 괴혈증　　　　　④ 구루병

해설
비타민 D 결핍 시 구루병과 골연화증이 생긴다.

22 시 · 도지사 또는 시장 · 군수 · 구청장은 공중위생관리상 필요하다고 인정하는 때에 공중위생영업자 등에 대하여 필요한 조치를 취할 수 있다. 이 조치에 해당하는 것은?

① 보고　　　　　　② 청문
③ 감독　　　　　　④ 협의

해설
보고 및 출입 · 검사(제9조 제1항) 권한자는 시 · 도시사(또는 시장, 군수, 구청장)이다.

23 법령상 위생교육에 대한 기준으로 (　) 안에 적합한 것은?

공중위생관리법령상 위생교육을 받은 자가 위생교육을 받은 날부터 (　) 이내에 위생교육을 받은 업종과 같은 업종의 영업을 하려는 경우에는 해당 영업에 대한 위생교육을 받은 것으로 본다.

① 2년　　　　　　② 2년 6월
③ 3년　　　　　　④ 3년 6월

해설
위생교육을 받은 자가 위생교육을 받은 날부터 2년 이내에 위생교육을 받는 업종과 같은 업종의 영업을 하려는 경우 해당 영업에 대한 위생교육을 받은 것으로 본다.

24 미용사에게 금지되지 않는 업무는 무엇인가?

① 얼굴의 손질 및 화장을 행하는 업무
② 의료기기를 사용하는 피부관리 업무
③ 의약품을 사용하는 눈썹손질 업무
④ 의약품을 사용하는 제모

해설
미용사는 의료기기 또는 의약품을 사용하여 업무를 할 수 없다.

25 다음 중 이 · 미용업에 있어서 과태료 부과대상이 **아닌** 사람은?

① 위생관리 의무를 지키지 아니한 자
② 영업소 외의 장소에서 이용 또는 미용업무를 행한 자
③ 보건복지부령이 정하는 중요사항을 변경하고도 변경 신고를 하지 아니한 자
④ 관계 공무원의 출입 · 검사를 거부 · 기피 방해한 자

해설
①, ② 200만원 이하의 과태료를 부과한다.
③ 6월 이하의 징역 또는 500만원 이하의 벌금에 처한다.
④ 300만원 이하의 과태료를 부과한다.

26 손님에게 음란행위를 알선한 사람에 대한 관계행정기관의 장의 요청이 있는 때, 1차 위반에 대하여 행할 수 있는 행정처분으로 영업소와 업주에 대한 행정 처분기준이 바르게 짝지어진 것은?

① 영업정지 1월 – 면허정지 1월
② 영업정지 1월 – 면허정지 2월
③ 영업정지 3월 – 면허정지 3월
④ 영업정지 3월 – 면허정지 5월

해설
영업소 – 3월, 미용사(업주) – 면허정지 3월

27 이 · 미용업 영업장 안의 조명도 기준은?

① 50룩스 이상　　　② 75룩스 이상
③ 100룩스 이상　　　④ 125룩스 이상

해설
영업장안의 조명도는 75룩스 이상 유지되도록 한다.

28 이 · 미용업 영업신고를 하면서 신고인이 확인에 동의하지 아니하는 때에 첨부하여야 하는 서류가 **아닌** 것은? (단, 신고인이 전자정부법에 따른 행정정보의 공동이용을 통한 확인에 동의하지 아니하는 경우임)

① 영업시설 및 설비개요서
② 교육필증
③ 이 · 미용사 자격증
④ 면허증

해설
이 · 미용사 자격증은 실기교사 또는 이 · 미용 교육을 하기 위한 증명서이다.

정답 20 ①　21 ④　22 ①　23 ①　24 ①　25 ③　26 ③　27 ②　28 ③

제1회 실전모의고사

29 동물성 단백질의 일종으로 피부의 탄력 유지에 매우 중요한 역할을 하며 피부의 파열을 방지하는 스프링 역할을 하는 것은?

① 아줄렌   ② 엘라스틴
③ 콜라겐   ④ DNA

① 항염증작용 및 진정효과
③ 피부의 결합조직을 구성하는 역할
④ 핵을 가지고 있으며, 세포 전체의 대사활동 조절

30 식물의 꽃, 잎, 줄기, 뿌리, 씨, 과피, 수지 등에서 방향성이 높은 물질을 추출한 휘발성 오일은?

① 동물성 오일   ② 에센셜 오일
③ 광물성 오일   ④ 밍크 오일

향을 의미하는 에센셜(아로마)은 향기가 나는 식물성 향료이다.

31 화장품의 피부 흡수에 관한 설명으로 옳은 것은?

① 분자량이 적을수록 피부 흡수율이 높다.
② 수분이 많을수록 피부 흡수율이 높다.
③ 동물성 오일 < 식물성 오일 < 광물성 오일 순으로 피부 흡수력이 높다.
④ 크림류 < 로션류 < 화장수류 순으로 피부 흡수력이 높다.

피부 표피의 각질층이 라멜라층으로 되어 있어서 화장품이 대체적으로 침투하지 못하나, 모공이나 땀샘 등을 통해서 거의 흡수된다. 따라서 화장품 제조 시에는 성분을 나노 상태의 미립자로 만들어 흡수율을 높인다.

32 여드름 피부에 맞는 화장품 성분으로 가장 거리가 먼 것은?

① 캄퍼   ② 로즈마리 추출물
③ 알부틴   ④ 하마멜리스

알부틴은 미백 성분이다.

33 보습제가 갖추어야 할 조건으로 틀린 것은?

① 다른 성분과 혼용성이 좋을 것
② 모공 수축을 위해 휘발성이 있을 것
③ 적절한 보습능력이 있을 것
④ 응고점이 낮을 것

보습제는 흡착력이 높아 수분 증발을 억제해야 한다.

34 메이크업 화장품에 주로 사용되는 제조방법은?

① 유화   ② 가용화
③ 겔화   ④ 분산

분산은 물 또는 오일 성분에 미세한 고체 입자가 계면활성제에 의해 균일하게 혼합된 상태로 립스틱, 아이섀도, 마스카라, 아이라이너, 파운데이션 등에 쓰인다.

35 화장품법상 기능성 화장품에 속하지 않는 것은?

① 미백에 도움을 주는 제품
② 여드름 완화에 도움을 주는 제품
③ 주름 개선에 도움을 주는 제품
④ 자외선으로부터 피부를 보호하는 데 도움을 주는 제품

기능성 화장품은 주름 개선제, 미백제, 자외선 차단제로 분류한다.

36 손톱이 나빠지는 후천적 요인이 아닌 것은?

① 잘못된 푸셔와 니퍼사용에 의한 손상
② 손톱 강화제 사용 빈도수
③ 과도한 스트레스
④ 잘못된 파일링에 의한 손상

손톱 강화제는 부러지고 약한 손톱에 견고함을 부여한다.

37 손톱의 특성이 아닌 것은?

① 손톱은 피부의 일종이며, 머리카락과 같은 케라틴과 칼슘으로 만들어져 있다.
② 손톱의 손상으로 조갑이 탈락되고 회복되는 데는 6개월 정도 걸린다.
③ 손톱의 성장은 겨울보다 여름이 잘 자란다.
④ 엄지손톱의 성장이 가장 느리며, 중지 손톱이 가장 빠르다.

소지 손톱의 성장이 가장 느리다.

38 고객을 응대할 때 네일아티스트의 자세로 틀린 것은?

① 고객에게 알맞은 서비스를 하여야 한다.
② 모든 고객은 공평하게 하여야 한다.
③ 진상고객은 단념하여야 한다.
④ 안전 규정을 준수하고 충실히 하여야 한다.

진상고객이라도 끝까지 친절하게 대한다.

정답 29 ② 30 ② 31 ① 32 ③ 33 ② 34 ④ 35 ② 36 ② 37 ④ 38 ③

제1회 실전모의고사

39 손톱에 색소가 침착되거나 변색되는 것을 방지하고 네일 표면을 고르게 하여 폴리시의 밀착성을 높이는 데 사용되는 네일미용 화장품은?

① 톱 코트
② 베이스 코트
③ 폴리시 리무버
④ 큐티클 오일

> **해설**
> ① 손톱에 광택 부여
> ③ 폴리시를 지울 때 사용
> ④ 큐티클을 제거할 때 사용

40 에나멜을 바르는 방법으로 손톱을 가늘어 보이게 하는 것은?

① 프리에지
② 루눌라
③ 프렌치
④ 프리 월

> **해설**
> 프리 월은 손톱을 길고 가늘어 보이도록 하는 방법으로, 손톱 양 옆을 1.5mm 남겨놓고 바른다.

41 골격근에 대한 설명으로 틀린 것은?

① 인체의 약 60%를 차지한다.
② 횡문근이라고도 한다.
③ 수의근이라고도 한다.
④ 대부분이 골격에 부착되어 있다.

> **해설**
> 체중의 40~50%를 차지하는 수의근 또는 골격근은 뼈에 부착된 횡문근, 즉 뼈대 근육에 있는 섬유로서 줄무늬 근육이라고도 한다.

42 매니큐어를 가장 잘 설명한 것은?

① 네일에나멜을 바르는 것이다.
② 손톱 모양을 다듬고 색깔을 칠하는 것이다.
③ 손 매뉴얼 테크닉과 네일에나멜을 바르는 것이다.
④ 손톱 모양을 다듬고 큐티클 정리, 유분기 제거 등을 포함한 관리이다.

> **해설**
> 매니큐어는 엄밀하게 말하면 1단계인 손질(Care)과 2단계인 색조화장으로 대별된다. 여기서 말하는 매니큐어는 손과 손톱을 건강하고 아름답게 유지하기 위한 손질 과정으로서 12개의 절차로 구분된다.

43 매니큐어의 유래에 관한 설명 중 틀린 것은?

① 중국은 특권층의 신분을 드러내기 위해 홍화를 손톱에 바르기 시작했다.
② 매니큐어는 고대 희랍어에서 유래된 말로 마누와 큐라의 합성어이다.

③ 17세기 경 인도의 상류층 여성들은 손톱의 뿌리 부분에 신분을 나타내는 목적으로 문신을 했다.
④ 건강을 기원하는 주술적 의미에서 손톱에 빨간색을 물들이게 되었다.

> **해설**
> 매니큐어는 라틴어에서 유래된 말로 손을 의미하는 '마누스'와 관리를 의미하는 '큐라'에서 파생되었다.

44 다음 중 하지의 신경에 속하지 않는 것은?

① 총비골 신경
② 액와신경
③ 복재신경
④ 배측신경

> **해설**
> ②는 상지신경에 속하며, 겨드랑이를 말한다.

45 표피성 진균증 중 네일몰드는 습기, 열, 공기에 의해 균이 번식되어 발생한다. 이때 몰드가 발생한 수분 함유율이 옳게 표기된 것은?

① 2% ~ 5%
② 7% ~ 10%
③ 12% ~ 18%
④ 23% ~ 25%

> **해설**
> 미생물은 80~90%가 수분으로 이루어져 습도가 높은 환경에서 증식한다. 곰팡이(Mold)는 생육에 필요한 수분 함유율이 세균, 효모보다 적은 23~25% 정도이다.

46 손톱의 역할 및 기능과 가장 거리가 먼 것은?

① 물건을 잡거나 성상을 구별하는 기능
② 작은 물건을 들어 올리는 기능
③ 방어와 공격의 기능
④ 몸을 지탱해주는 기능

> **해설**
> ④는 골격의 기능이다.

47 네일 재료에 대한 설명으로 적합하지 않은 것은?

① 네일 에나멜 시너 – 에나멜을 묽게 해주기 위해 사용한다.
② 큐티클 오일 – 글리세린을 함유하고 있다.
③ 네일 블리치 – 20볼륨 과산화수소를 함유하고 있다.
④ 네일 보강제 – 자연네일이 강한 고객에게 사용하면 효과적이다.

> **해설**
> 네일 보강제 또는 강화제는 부러지고 약한 네일에 견고함을 부여한다. 자연네일이 약한 고객에게 사용하면 효과적이다.

정답 39 ② 40 ④ 41 ① 42 ④ 43 ② 44 ② 45 ④ 46 ④ 47 ④

Part 3 실전모의고사

제1회 실전모의고사

48 뼈의 기능이 <u>아닌</u> 것은?
① 지렛대 역할   ② 흡수기능
③ 보호작용   ④ 무기질 저장

뼈는 신체 내에서 보호, 조혈, 저장, 지지, 운동기능을 한다.

49 매니큐어 시술 시에 미관상 제거의 대상이 되는 손톱을 덮고 있는 각질세포는?
① 네일 큐티클(Nail Cuticle)
② 네일 플레이트(Nail Plate)
③ 네일 프리에지(Nail Free Edge)
④ 네일 그루브(Nail Groove)

② 네일 바디, 조체, 조갑이라고도 하며, 손톱자체를 말한다.
③ 조체의 외부로 향하는 잘려나가는 부분인 옐로우 라인의 가장 바깥면을 말한다.
④ 조구, 조벽, 조곽이라고도 하며, 조체의 양 측면에서 패인 홈을 말한다.

50 다음 ( ) 안의 a와 b에 알맞은 단어를 바르게 짝지은 것은?

(a)는 폴리시 리무버나 아세톤을 담아 펌프식으로 편리하게 사용할 수 있다.
(b)는 아크릴 리퀴드를 덜어 담아 사용할 수 있는 용기이다.

① a - 다크디시, b - 작은종지
② a - 디스펜서, b - 다크디시
③ a - 다크디시, b - 디스펜서
④ a - 디스펜서, b - 디펜디시

• 디스펜서(Dispenser) : 액체용액을 덜어 사용하는 용기
• 디펜디시(Dappen Dish) : 아크릴 리퀴드 또는 파우더를 덜어 사용하는 용기

051 매니큐어 시술에 관한 설명으로 옳은 것은?
① 손톱 모양을 만들때 양쪽 방향으로 파일링한다.
② 큐티클은 상조피 바로 밑 부분까지 깨끗하게 제거한다.
③ 네일 폴리시를 바르기 전에 유분기는 깨끗하게 제거한다.
④ 자연네일이 약한 고객은 네일 컬러링 후 톱 코트(Top Coat)를 2회 바른다.

① 한쪽 방향으로 파일링해야 한다.
② 큐티클을 너무 많이 제거하면 감염이 발생할 수 있다.
④ 자연네일이 약한 고객은 네일 보강제를 발라준다.

52 큐티클 정리 및 제거 시 필요한 도구로 알맞은 것은?
① 파일, 톱 코트
② 라운드 패드, 니퍼
③ 샌딩블럭, 핑거볼
④ 푸셔, 니퍼

• 푸셔 - 큐티클을 밀어올린다.
• 니퍼 - 네일 주변 굳은살과 거스러미를 제거할 때 사용되는 가위이다.
• 라운드 패드(다크니 패드) - 파일링 후 먼지나 조구 내의 거스러미 제거에 사용한다.
• 샌딩블럭 - 조체면의 거칠음을 제거한다.
• 파일 - 인조네일의 모양 또는 길이를 변경할 때 사용한다.

53 네일 팁 접착 방법의 설명으로 틀린 것은?
① 네일 팁 접착 시 자연 네일의 1/2 이상 덮지 않는다.
② 올바른 각도의 팁 접착으로 공기가 들어가지 않도록 유의한다.
③ 손톱과 네일 팁 전체에 프라이머를 도포한 후 접착한다.
④ 네일 팁 접착할 때 5~10초 동안 누르면서 기다린 후 팁의 양쪽 꼬리부분을 살짝 눌러준다.

프라이머는 자연손톱에만 도포한다.

54 UV 젤 네일 시술 시 리프팅이 일어나는 이유로 적절하지 <u>않은</u> 것은?
① 네일의 유·수분기를 제거하지 않고 시술했다.
② 젤을 프리에지까지 시술하지 않았다.
③ 젤을 큐티클 라인에 닿지 않게 시술했다.
④ 큐어링 시간을 잘 지키지 않았다.

젤을 큐티클 라인에 닿게 시술할 경우 리프팅의 원인이 된다.

55 습식 매니큐어 시술에 관한 설명 중 틀린 것은?
① 베이스 코트를 가능한 한 얇게 1회 전체에 바른다.
② 벗겨짐을 방지하기 위해 도포한 폴리시를 완전히 커버하여 톱 코트를 바른다.
③ 프리에지 부분까지 깔끔하게 바른다.
④ 손톱의 길이 정리는 클리퍼를 사용할 수 없다.

클리퍼는 자연네일과 인조네일의 길이를 자르는 도구이다.

제1회 실전모의고사

56 아크릴릭 네일의 설명으로 맞는 것은?

① 두꺼운 손톱 구조로만 완성되며 다양한 형태를 만들 수 없다.
② 투톤 스컬프처인 프렌치 스컬프처에 적용할 수 없다.
③ 물어뜯는 손톱에 사용하여서는 안 된다.
④ 네일 폼을 사용하여 다양한 형태로 조형이 가능하다.

> ① 혼합량에 따라 네일 두께는 달라진다.
> ② 아크릴 오버레이, 원톤 스컬프처, 프렌치 스컬프처에 모두 적용할 수 있다.
> ③ 아크릴 네일은 물어뜯는 손톱의 교정을 위해 시술된다.

57 아크릴릭 스컬프처 시술 시 손톱에 부착해 길이를 연장하는 데 받침대 역할을 하는 재료로 옳은 것은?

① 네일 폼   ② 리퀴드
③ 모노머   ④ 아크릴 파우더

58 다른 섀입보다 강한 느낌을 주며, 대회용으로 많이 사용되는 손톱 모양은?

① 오벌 섀입
② 라운드 섀입
③ 스퀘어 섀입
④ 아몬드형 섀입

> ① 손의 노출이 많은 여성에게 좋다.
> ② 자연스러운 모양으로 남 · 녀 모두에게 어울리는 타입이다.
> ④ 충격이 가해지면 흡수 면적이 작기 때문에 부러지기 쉬운 단점이 있다.

59 발톱의 섀입으로 가장 적절한 것은?

① 라운드형   ② 오발형
③ 스퀘어형   ④ 아몬드형

> 발톱은 스퀘어형이 가장 좋다.

60 아크릴릭 보수 과정 중 옳지 <u>않은</u> 것은?

① 심하게 들뜬 부분은 파일과 니퍼를 적절히 사용하여 세심히 잘라내고 경계가 없도록 파일링한다.
② 새로 자라난 손톱 부분에 에칭을 주고 프라이머를 바른다.
③ 적절한 양의 비드로 큐티클 부분에 자연스러운 라인을 만든다.
④ 새로 비드를 얹은 부위는 파일링이 필요하지 않다.

> ④는 리프팅이 발생하지 않도록 파일링을 필요로 한다.

정답   56 ④   57 ①   58 ③   59 ③   60 ④

제2회 실전모의고사

01 세계보건기구에서 정의하는 보건행정의 범위에 해당하지 <u>않는</u> 것은?

① 산업행정　　② 모자보건
③ 환경위생　　④ 감염병 관리

 해설
세계보건기구(WHO)에서 보건행정의 범위 : 보건 관련 기록 보존, 대중에 대한 보건교육, 환경위생, 감염병 관리, 모자보건, 의료서비스 제공, 보건간호

02 질병 발생의 3대 요소는?

① 숙주, 환경, 병명
② 병인, 숙주, 환경
③ 숙주, 체력, 환경
④ 감정, 체력, 숙주

 해설
질병 발생의 3대 요소는 병인(감염원), 환경(감염경로), 숙주(감수성)이다.

03 상수(上水)에서 대장균 검출의 주된 의의는?

① 소독 상태가 불량하다.
② 환경위생 상태가 불량하다.
③ 오염의 지표가 된다.
④ 감염병 발생의 우려가 있다.

 해설
대장균은 음용수의 일반적인 오염지표로 사용된다.

04 결핵 예방접종으로 사용하는 것은?

① DPT　　② MMR
③ PPD　　④ BCG

 해설
생균백신인 BCG을 예방접종함으로써 인공능동면역에 의해 항체가 형성된다.

05 폐흡충 감염이 발생할 수 있는 경우는?

① 가재를 생식했을 때
② 우렁이를 생식했을 때
③ 은어를 생식했을 때
④ 소고기를 생식했을 때

 해설
②, ③은 오꼬가와 흡충증이며, 소고기를 생식하면 무구조충에 감염될 수 있다.

06 한 나라의 건강수준을 다른 국가들과 비교할 수 있는 지표로 세계보건기구가 제시한 것은?

① 인구증가율, 평균수명, 비례사망지수
② 비례사망지수, 조사망율, 평균수명
③ 평균수명, 조사망율, 국민소득
④ 의료시설, 평균수명, 주거상태

 해설
WHO에서는 비례사망지수, 평균수명, 조사망률을 국가 간 건강수준을 비교할 수 있는 지표로 제시하였다.

07 장티푸스, 결핵, 파상풍 등의 예방접종으로 얻어지는 면역은?

① 인공능동면역
② 인공수동면역
③ 자연능동면역
④ 자연수동면역

 해설
- 생균백신 : 두창, 탄저, 결핵, 홍역, 광견병, 폴리오
- 사균백신 : 백일해, 콜레라, 폴리오, 일본뇌염, 장티푸스, 파라티푸스
- 순화독소 : 파상풍, 디프테리아

08 계면활성제 중 가장 살균력이 강한 것은?

① 음이온성　　② 양이온성
③ 비이온성　　④ 양쪽이온성

 해설
양이온성 계면활성제는 살균·소독작용이 뛰어나고 유연효과로 정전기 발생을 억제한다.

09 미생물의 증식을 억제하는 영양의 고갈과 건조 등의 불리한 환경 속에서 생존하기 위하여 세균이 생성하는 것은?

① 아포　　② 협막
③ 세포벽　　④ 점질층

 해설
세균은 외부환경 조건에 대해서 강한 저항성을 가지게 되어 균체 세포질에 아포를 형성한다.

10 물리적 소독법에 속하지 <u>않는</u> 것은?

① 건열멸균법　　② 고압증기멸균법
③ 크레졸 소독법　　④ 자비소독법

 해설
크레졸은 화학적 소독법이다. 물리적 소독법은 가열멸균법과 습열멸균법이 있다.

정답　01 ①　02 ②　03 ③　04 ④　05 ①　06 ②　07 ①　08 ②　09 ①　10 ③

제2회 실전모의고사

11 소독제인 석탄산의 단점이라 할 수 없는 것은?

① 유기물 접촉 시 소독력이 약화된다.
② 피부에 자극성이 있다.
③ 금속에 부식성이 있다.
④ 독성과 취기가 강하다.

> **해설**
> 석탄산은 유기물 접촉에도 소독력이 약화되지 않는다.

12 소독제의 구비조건에 해당하지 <u>않는</u> 것은?

① 높은 살균력을 가질 것
② 인체에 해가 없을 것
③ 저렴하고 구입과 사용이 간편할 것
④ 용해성이 낮을 것

> **해설**
> 소독제는 용해성이 높아야 한다.

13 미생물의 종류에 해당하지 <u>않는</u> 것은?

① 벼룩 ② 효모
③ 곰팡이 ④ 세균

> **해설**
> 미생물은 세균, 바이러스, 리케차, 진균, 조류, 원생동물 등이며, 벼룩은 병원체(소)로서 절족동물이다.

14 재질에 관계없이 빗이나 브러시 등의 소독방법으로 가장 적합한 것은?

① 70% 알코올 솜으로 닦는다.
② 고압증기멸균기에 넣어 소독한다.
③ 락스액에 담근 후 씻어낸다.
④ 세제를 풀어 세척한 후 자외선 소독기에 넣는다.

> **해설**
> 중성세제로 세척한 후 자외선 소독기에 보관한다.

15 표피와 진피의 경계선의 형태는?

① 직선 ② 사선
③ 물결상 ④ 점선

> **해설**
> 표피는 혈관과 신경이 없고 진피층의 유두층과 인접된 기저층이 있다. 기저층은 한 줄의 원주세포층으로 물결상의 이랑과 돌기 형태를 취한다. 유두층은 혈관이 집중되어 있다.

16 건강한 피부를 유지하기 위한 방법이 <u>아닌</u> 것은?

① 적당한 수분을 항상 유지해야 한다.
② 두꺼운 각질층은 제거해야 한다.
③ 일광욕을 많이 해야 건강한 피부가 된다.
④ 충분한 수면과 영양을 공급해야 한다.

> **해설**
> 일광(햇빛)에는 자외선(UV-A, UV-B, UV-C)이 포함되어 있어 정오에 10분만 노출되어도 홍반이 생길 수 있다.

17 다음 중 영양소와 그 최종 분해로 연결이 옳은 것은?

① 탄수화물 – 지방산
② 단백질 – 아미노산
③ 지방 – 포도당
④ 비타민 – 미네랄

> **해설**
> ① 탄수화물 – 포도당
> ③ 지방 – 지방산, 글리세린
> ④ 비타민 – 지용성, 수용성

18 자외선 차단지수의 설명으로 옳지 <u>않은</u> 것은?

① SPF라 한다.
② SPF 1이란 대략 1시간을 의미한다.
③ 자외선 강약에 따라 차단제의 효과 시간이 변한다.
④ 색소 침착 부위에는 가능하면 1년 내내 차단제를 사용하는 것이 좋다.

> **해설**
> SPF(Sun Protection Factor) 1은 10분 내에 홍반이 나타남을 수치화한 것이다.

19 백반증에 관련 내용 중 틀린 것은?

① 멜라닌 세포의 과다한 증식으로 일어난다.
② 백색반점이 피부에 나타난다.
③ 후천적 탈색소 질환이다.
④ 원형, 타원형 또는 부정형의 흰색 반점이 나타난다.

> **해설**
> 백반증은 멜라닌 색소 결핍으로 인해 일어난다.

20 기계적 손상에 의한 피부질환이 <u>아닌</u> 것은?

① 굳은살 ② 티눈
③ 종양 ④ 욕창

> **해설**
> 종양은 1차적 피부질환인 원발진에 속한다.

정답 11 ① 12 ④ 13 ① 14 ④ 15 ③ 16 ③ 17 ② 18 ② 19 ① 20 ③

제2회 실전모의고사

21 사람의 피부 표면은 주로 어떤 형태인가?

① 삼각 또는 마름모꼴의 다각형
② 삼각 또는 사각형
③ 삼각 또는 오각형
④ 사각 또는 오각형

사람의 피부결은 촘촘하게 연결된 삼각 또는 마름모꼴의 다각형으로 이루어져 있다.

22 이·미용업 영업신고를 하지 않고 영업을 한 자에 대한 벌칙기준은?

① 6월 이하의 징역 또는 100만원 이하의 벌금
② 6월 이하의 징역 또는 300만원 이하의 벌금
③ 1년 이하의 징역 또는 500만원 이하의 벌금
④ 1년 이하의 징역 또는 1천만원 이하의 벌금

영업의 신고(제3조 제1항) 규정에 의한 신고를 하지 않는 자에게는 1년 이하의 징역 또는 1천만원 이하의 벌금을 부과한다.

23 공중위생관리법상 위생교육에 관한 설명으로 틀린 것은?

① 위생교육은 교육부장관이 허가한 단체가 실시할 수 있다.
② 공중위생영업의 신고를 하고자 하는 자는 원칙적으로 미리 위생교육을 받아야 한다.
③ 공중위생영업자는 매년 위생교육을 받아야 한다.
④ 위생교육을 받아야 하는 자 중 영업에 직접 종사하지 아니하나 2 이상의 장소에서 영업을 하는 자는 종업원 중 영업장별로 공중위생에 관한 책임자를 지정하고 그 책임자로 하여금 위생교육을 받게 하여야 한다.

위생교육은 보건복지부장관이 허가한 단체가 실시할 수 있다.

24 영업소 내에 게시 또는 부착해야 하는 것이 아닌 것은?

① 미용업 신고증
② 개설자의 면허증 원본
③ 건강진단증
④ 최종지불요금표

이·미용업소에서는 이·미용업 신고증, 개설자의 면허증 원본, 이·미용 요금표 등을 손님이 보기 쉬운 곳에 게시해야 할 의무가 있다.

25 이·미용업자는 신고한 영업장 면적을 얼마 이상 증감하였을 때 변경신고를 하여야 하는가?

① 5분의 1   ② 4분의 1
③ 3분의 1   ④ 2분의 1

신고한 영업장 면적의 3분의 1 이상 증감 시 변경신고를 해야 한다.

26 공중위생영업자가 영업소 폐쇄명령을 받고도 계속하여 영업을 하는 때에 대한 조치사항으로 옳은 것은?

① 당해 영업소가 위법한 영업소임을 알리는 게시물 등의 부착
② 당해 영업소의 출입자 통제
③ 당해 영업소의 출입금지구역 설정
④ 당해 영업소의 강제 폐쇄 집행

① 이외에 당해 영업소의 간판·기타 영업표지물의 제거, 영업을 위하여 필수 불가결한 기구 또는 시설물을 사용할 수 없게 봉인 등을 한다.

27 공중위생관리법상 이·미용업 영업장 안의 조명도는 얼마 이상이어야 하는가?

① 50룩스   ② 75룩스
③ 100룩스   ④ 125룩스

영업장 안의 조명도는 75룩스 이상이 되도록 유지하여야 한다.

28 다음 중 이·미용사 면허를 발급할 수 있는 사람만으로 짝지어진 것은?

㉠ 특별·광역시장   ㉡ 도지사   ㉢ 시장
㉣ 구청장   ㉤ 군수

① ㉠,㉡
② ㉠,㉡,㉢
③ ㉠,㉡,㉢,㉣
④ ㉢,㉣,㉤

미용사가 되고자 하는 자는 보건복지부령이 정하는 바에 의하여 시장·군수·구청장이 발부하는 면허를 받아야 한다.

29 일반적으로 많이 사용하고 있는 화장수의 알코올 함유량은?

① 70% 전후   ② 10% 전후
③ 30% 전후   ④ 50% 전후

일반적으로 무알코올 화장수는 알코올 함유량이 0~4%, 유연 화장수는 4~10%, 수렴화장수는 16~22%로 알코올 함유량은 10% 전후이다.

정답 21 ① 22 ④ 23 ① 24 ③ 25 ③ 26 ① 27 ② 28 ④ 29 ②

제2회 실전모의고사

30 화장품의 분류에 관한 설명 중 틀린 것은?

① 샴푸, 헤어 린스는 모발용 화장품에 속한다.
② 팩, 마사지 크림은 스페셜 화장품에 속한다.
③ 퍼퓸(Perfume), 오데코롱(Eau De Cologne)은 방향 화장품에 속한다.
④ 자외선 차단제나 태닝 제품은 기능성 화장품에 속한다.

해설
기초 화장품은 피부보호제에 속한다.

31 AHA에 대한 설명으로 옳은 것은?

① 물리적으로 각질을 제거하는 기능을 한다.
② 글리콜산은 사탕수수에 함유된 것으로 침투력이 좋다.
③ pH 3.5 이상에서 15% 농도가 각질 제거에 가장 효과적이다.
④ AHA보다 안정성은 떨어지나 효과가 좋은 BHA가 많이 사용된다.

해설
AHA(α-Hydraxy Acid)는 5가지 과일산으로 이루어져 수용성을 띠며 각질 제거와 피부 재생효과가 뛰어나다. pH 3.5 이상에서 10% 이하의 농도가 사용된다.

32 손을 대상으로 하는 제품 중 알코올을 주 베이스로 하며, 청결 및 소독을 주된 목적으로 하는 제품은?

① 핸드 워시(Hand Wash)
② 새니타이저(Sanitizer)
③ 비누(Soap)
④ 핸드크림(Hand Cream)

해설
새니타이저는 알코올이 함유되어 있어 손, 피부 등의 살균 소독에 쓰이는 손 소독제이다.

33 피부의 미백을 돕는 데 사용되는 화장품 성분이 아닌 것은?

① 플라센타, 비타민 C
② 레몬추출물, 감초추출물
③ 코직산, 구연산
④ 캄퍼, 카모마일

해설
알부틴, 하이드로퀴논, 비타민 C, 코직산, 감초, 레몬 등은 미백용으로 쓰인다. 캄퍼는 살균작용, 카모마일은 진정작업을 돕는 성분이다.

34 라벤더 에센셜 오일의 효능에 대한 설명으로 가장 거리가 먼 것은?

① 재생 작용
② 화상 치유 작용
③ 이완 작용
④ 모유 생성 작용

해설
라벤더 에센셜 오일은 세포 성장 촉진, 피지 분비 균형, 진정, 화상 상처 회복 등에 효과가 있다.

35 SPF에 대한 설명으로 틀린 것은?

① Sun Protection Factor의 약자로서 자외선 차단지수라 불린다.
② 엄밀히 말하면 UV-B 방어효과를 나타내는 지수라고 볼 수 있다.
③ 오존층으로부터 자외선이 차단되는 정도를 알아보기 위한 목적으로 이용된다.
④ 자외선 차단제를 바른 피부에 최소한의 홍반을 일어나게 하는 데 필요한 자외선 양을 바르지 않은 피부에 최소한의 홍반을 일어나게 하는 데 필요한 자외선 양으로 나눈 값이다.

해설
SPF는 실험실 내에서 측정한 자외선 차단 효과를 지수로 표시한 단위로, 피부로부터 자외선이 차단되는 정도를 알아보는 데 쓰인다.

36 마누스(Manus)와 큐라(Cura)라는 말에서 유래된 용어는?

① 네일 팁(Nail Tip)
② 매니큐어(Manicure)
③ 페디큐어(Pedicure)
④ 아크릴릭(Acrylic)

해설
매니큐어는 손을 의미하는 라틴어 '마누스(manus)'와 관리를 의미하는 '큐라(cura)'에서 유래되었다.

37 손목을 굽히고 손가락을 구부리는 데 작용하는 근육은?

① 회내근
② 회외근
③ 장근
④ 굴근

해설
①은 손목을 안쪽으로 하는 근육이다.
②는 손바닥을 위로 향하게 하는 근육이다.

38 네일 역사에 대한 설명으로 잘못 연결된 것은?

① 1930년대 - 인조네일 개발
② 1950년대 - 페디큐어 등장
③ 1970년대 - 아몬드형 네일 유행
④ 1990년대 - 네일 시장의 급성장

해설
1970년대는 스퀘어형 손톱 모양이 유행하였다.

정답 30 ② 31 ② 32 ② 33 ④ 34 ④ 35 ③ 36 ② 37 ④ 38 ③

제2회 실전모의고사

39 에포니키움과 관련한 설명으로 틀린 것은?
① 네일 매트릭스를 보호한다.
② 에포니키움 위에는 큐티클이 존재한다.
③ 에포니키움 아래편은 끈적한 형질로 되어 있다.
④ 에포니키움의 부상은 영구적인 손상을 초래한다.

> **해설** 에포니키움 아래에 큐티클이 존재한다.

40 자율 신경에 대한 설명으로 틀린 것은?
① 복재신경 – 종아리 뒤 바깥쪽으로 내려와 발뒤꿈치의 바깥쪽 뒤에 분포
② 배측신경 – 발등에 분포
③ 요골신경 – 손등의 외측과 요골에 분포
④ 수지골신경 – 손가락에 분포

> **해설** 복재신경은 하체의 내측부터 무릎 아래까지 분포한다.

41 네일숍에서 시술이 불가능한 손톱 병변에 해당하는 것은?
① 조갑 박리증(오니코리시스)
② 조갑 위축증(오니케트로피아)
③ 조갑 비대증(오니콕시스)
④ 조갑 익상편(테리지움)

> **해설** 조갑 박리증은 조체의 전부 또는 일부가 조상에서 이완되거나 분리되는 것이며, 건선의 한 증상으로 네일 시술이 불가능한 질환이다.

42 다음 중 손톱 밑의 구조에 포함되지 않는 것은?
① 반월(루눌라)　② 조모(매트릭스)
③ 조근(네일 루트)　④ 조상(네일 베드)

> **해설** 조근은 모세혈관으로부터 산소를 공급받아 손·발톱이 자라나기 시작하는 부분이다.

43 손톱의 구조에 대한 설명으로 가장 거리가 먼 것은?
① 네일 플레이트(조판)는 단단한 각질 구조물로 신경과 혈관이 없다.
② 네일 루트(조근)는 손톱이 자라나기 시작하는 곳이다.
③ 프리에지(자유연)는 손톱의 끝부분으로 네일 베드와 분리되어 있다.
④ 네일 베드(조상)는 네일 플레이트(조판) 위에 위치하며 손톱의 신진대사를 돕는다.

> **해설** 네일 베드(조상)는 조체의 밑부분이다.

44 다음 중 고객관리카드의 작성 시 기록해야 할 내용과 가장 거리가 먼 것은?
① 손발의 질병 및 이상 증상
② 시술 시 주의사항
③ 고객이 원하는 서비스의 종류 및 시술내용
④ 고객의 학력 여부 및 가족사항

> **해설** 고객 카드 작성 시 고객의 생활습관, 건강상태, 기호를 이해하며 작성한다.

45 네일의 구조에서 모세혈관, 림프 및 신경조직이 있는 것은?
① 매트릭스　② 에포니키움
③ 큐티클　④ 네일바디

> **해설** 매트릭스는 네일 판 밑에 위치하며 림프관과 혈관, 신경이 많이 분포한다.

46 네일 큐티클에 대한 설명으로 옳은 것은?
① 살아있는 각질 세포이다.
② 완전히 제거가 가능하다.
③ 네일 베드에서 자라나온다.
④ 손톱 주위를 덮고 있다.

> **해설** 네일 큐티클(조표피)은 조모와 조체의 경계선에 있는 피부로서 손톱 주위를 덮고 있다.

47 손과 발의 뼈 구조에 대한 설명으로 틀린 것은?
① 한 손은 손목뼈 8개, 손바닥뼈 5개, 손가락뼈 14개로 총 27개의 뼈로 구성되어 있다.
② 한 발은 발목뼈 7개, 발바닥뼈 5개, 발가락뼈 14개로 총 26개의 뼈로 구성되어 있다.
③ 손목뼈는 손목을 구성하는 뼈로 8개의 작고 다른 뼈들이 두 줄로 손목에 위치하고 있다.
④ 발목뼈는 몸의 무게를 지탱하는 5개의 길고 가는 뼈로 체중을 지탱하기 위해 튼튼하고 길다.

> **해설** 발목뼈는 7개의 관절로 이루어져 있으며 몸의 무게를 지탱하는 역할을 한다.

정답　39 ②　40 ①　41 ①　42 ③　43 ④　44 ④　45 ①　46 ④　47 ④

제2회 실전모의고사

48 건강한 네일의 조건에 대한 설명으로 틀린 것은?

① 건강한 네일은 유연하고 탄력성이 좋아서 튼튼하다.
② 건강한 네일은 네일 베드에 단단히 잘 부착되어야 한다.
③ 건강한 네일은 연한 핑크빛을 띠며 내구력이 좋아야 한다.
④ 건강한 네일은 25~30%의 수분과 10%의 유분을 함유해야 한다.

> **해설**
> 건강한 네일은 12~18%의 수분과 0.15~0.75%의 지질을 함유하고 있다.

49 다음 중 네일 팁의 재질이 <u>아닌</u> 것은?

① 아세테이트   ② 플라스틱
③ 아크릴   ④ 나일론

> **해설**
> 네일 팁의 재료는 나일론, 플라스틱, 아세테이트 등이다.

50 다음은 조갑 종렬증(오니코렉시스)의 관한 설명으로 옳은 것은?

① 손톱의 색이 푸르스름하게 변하는 증상이다.
② 멜라닌 색소가 착색되어 일어나는 증상이다.
③ 손톱이 갈라지거나 부서지는 증상이다.
④ 큐티클이 과잉 성장하여 네일 플레이트 위로 자라는 증상이다.

> **해설**
> 특발성 종렬이 나타나며, 세로로 갈라지고 부러지며 골이 파지는 현상이다.

51 아크릴릭 네일의 제거 방법으로 가장 적합한 것은?

① 드릴머신으로 갈아준다.
② 솜에 아세톤을 적셔 호일로 감싸 30분 정도 불린 후 오렌지우드스틱으로 밀어서 떼어준다.
③ 100그릿 파일로 파일링하여 제거한다.
④ 솜에 알코올을 적셔 호일로 감싸 30분 정도 불린 후 오렌지우드스틱으로 밀어서 떼어준다.

> **해설**
> 아크릴릭 네일은 100% 아세톤을 솜에 적셔 휘발되지 않도록 호일로 감싸주어 불린 후 오렌지우드스틱으로 프리에지 방향으로 밀어내어 제거한다.

52 프렌치 컬러링에 대한 설명으로 옳은 것은?

① 옐로우 라인에 맞추어 완만한 U자 형태로 컬러링한다.
② 프리에지의 컬러링의 너비는 규격화되어 있다.
③ 프리에지의 컬러링 색상은 흰색으로 규정되어 있다.
④ 프리에지 부분만을 제외하고 컬러링한다.

> **해설**
> 프렌치 컬러링은 프리에지 중앙 쪽으로 옐로우 라인의 흐름을 따라 둥글게 바른 다음, 다른 편에서 프리에지 중앙을 향해 완만한 U자 형태로 컬러링하는 것이다.

53 아크릴릭 시술에서 핀칭(Pinching)을 하는 주된 이유는?

① 리프팅(Lifting) 방지에 도움이 된다.
② C 커브에 도움이 된다.
③ 하이 포인트 형성에 도움이 된다.
④ 에칭(Etching)에 도움이 된다.

> **해설**
> 아크릴 볼이 완전히 마르기 전에 스트레스 포인트를 눌러주면 C 커브 형성에 도움을 준다.

54 네일 종이 폼의 적용 설명으로 틀린 것은?

① 다양한 스컬프처 네일 시술 시에 사용한다.
② 자연스러운 네일의 연장을 만들 수 있다.
③ 디자인 UV 젤 팁 오버레이 시에 사용한다.
④ 일회용이며 프렌치 스컬프처에 적용한다.

> **해설**
> UV젤 팁 오버레이 시에는 네일 폼이 필요하지 않다.

055 아크릴릭 네일의 시술과 보수에 관련한 내용으로 틀린 것은?

① 공기방울이 생긴 인조네일은 촉촉하게 젖은 브러시의 사용으로 인해 나타날 수 있는 현상이다.
② 노랗게 변색되는 인조네일은 제품과 시술하는 과정에서 발생한 것으로 보수를 해야 한다.
③ 적절한 온도 이하에서 시술했을 경우 인조네일에 금이 가거나 깨지는 현상이 나타날 수 있다.
④ 기존에 시술된 인조네일과 새로 자라 나온 자연네일을 자연스럽게 연결해주어야 한다.

> **해설**
> ① 브러시에 리퀴드가 충분히 젖지 않았을 경우 공기방울이 생길 수 있다.

| 정답 | 48 ④ | 49 ③ | 50 ③ | 51 ② | 52 ① | 53 ② | 54 ③ | 55 ① |

제2회 실전모의고사

056 자연네일의 형태 및 특성에 따른 네일 팁 적용 방법으로 옳은 것은?

① 넓적한 손톱에는 끝이 좁아지는 내로우 팁을 적용한다.
② 아래로 향한 손톱(Claw Nail)에는 커브 팁을 적용한다.
③ 위로 솟아 오른 손톱(Spoon Nail)에는 옆선에 커브가 없는 팁을 적용한다.
④ 물어뜯는 손톱에는 팁을 적용할 수 없다.

> 해설
> ② 커브 팁을 사용하지 않는다.
> ③ 커브가 있는 팁을 적용한다.
> ④ 물어뜯는 손톱에도 손톱 교정을 위해 팁을 적용한다.

57 푸셔로 큐티클을 밀어 올릴 때 가장 적합한 각도는?

① 15° ② 30°
③ 45° ④ 60°

> 해설
> 푸셔를 45°로 연필처럼 잡고 자연손톱 판이 최대한 긁히지 않도록 가볍게 밀어준다.

58 팁 워드 랩 시술 시 사용하지 않는 재료는?

① 글루 드라이 ② 실크
③ 젤 글루 ④ 아크릴 파우더

> 해설
> 아크릴 파우더는 아크릴 인조 네일에 사용되는 재료이다.

59 UV 젤의 특징이 아닌 것은?

① 올리고머 형태의 분자구조를 가지고 있다.
② 탑 젤의 광택은 인조 네일 중 가장 좋다.
③ 젤은 농도에 따라 묽기가 약간씩 다르다.
④ UV 젤은 상온에서 경화가 가능하다.

> 해설
> UV 젤은 UV 램프에서 경화된다.

60 컬러링의 설명으로 틀린 것은?

① 베이스 코트는 폴리시의 착색을 방지한다.
② 폴리시 브러시의 각도는 90°로 잡는 것이 가장 적합하다.
③ 폴리시는 얇게 바르는 것이 빨리 건조하고 색상이 오래 유지된다.
④ 톱 코트는 폴리시의 광택을 더해주고 지속력을 높인다.

> 해설
> 브러시 각도는 45°로 잡는 것이 적당하다.

정답 56 ① 57 ③ 58 ④ 59 ④ 60 ②

제3회 실전모의고사

01 야채를 고온에서 요리할 때 가장 파괴되기 쉬운 비타민은?

① 비타민 A   ② 비타민 C
③ 비타민 D   ④ 비타민 K

> **해설**
> 비타민 C는 공기와 접촉시켜 열을 가하면 대부분 파괴된다.

02 다음 중 병원소에 해당하지 않는 것은?

① 흙   ② 물
③ 가축   ④ 보균자

> **해설**
> 사람, 동물, 식물, 곤충, 흙 등이 병원소에 해당한다.

03 일반폐기물 처리방법 중 가장 위생적인 방법은?

① 매립법   ② 소각법
③ 투기법   ④ 비료화법

> **해설**
> 소각법은 불에 태워 멸균시키는 가장 쉽고 안전한 방법이다.

04 인구통계에서 5 ~ 9세 인구란?

① 만 4세 이상 ~ 만 8세 미만 인구
② 만 3세 이상 ~ 만 10세 미만 인구
③ 만 4세 이상 ~ 만 9세 미만 인구
④ 4세 이상 ~ 9세 이하 인구

05 모유 수유에 대한 설명으로 옳지 않은 것은?

① 수유 전 산모의 손을 씻어 감염을 예방하여야 한다.
② 모유 수유를 하면 배란을 촉진시켜 임신을 예방하는 효과가 있다.
③ 모유에는 림프구, 대식세포 등의 백혈구가 들어 있어 각종 감염으로부터 장을 보호하고 설사를 예방하는 큰 효과가 있다.
④ 초유는 영양가가 높고 면역제가 있으므로 아기에게 반드시 먹이도록 한다.

> **해설**
> 모유 수유가 산모에게 미치는 영향
> • 옥시톡신(자궁 수축 호르몬)이 분비되어 자궁을 수축시키고 산후 출혈을 줄인다.
> • 젖 분비 호르몬이 분비되어 배란이 억제되므로 자연 피임 효과가 있다.

06 감염병 감염 후 얻어지는 면역의 종류는?

① 인공능동면역   ② 인공수동면역
③ 자연능동면역   ④ 자연수동면역

> **해설**
> ① 생균, 사균, 순화독소 등을 사용한 예방접종을 통해 얻어지는 면역
> ② 회복기 혈청, 면역 혈청, 감마글로불린(γ- globulin) 등을 주사하여 얻는 면역
> ④ 모체로부터 태반이나 수유를 통해 받는 면역

07 다음 중 출생 후 아기에게 가장 먼저 실시하게 되는 예방접종은?

① 파상풍   ② B형 간염
③ 홍역   ④ 폴리오

> **해설**
> • 파상풍 : 2개월 이내
> • B형 간염 : 생후 4주 이내
> • 홍역 : 12~15개월 이내
> • 폴리오 : 2개월 이내

08 바이러스(Virus)의 특성으로 가장 거리가 먼 것은?

① 생체 내에서만 증식이 가능하다.
② 일반적으로 병원체 중에서 가장 작다.
③ 황열 바이러스가 인간 질병 최초의 바이러스이다.
④ 항생제에 감수성이 없다.

09 소독제의 적정 농도로 틀린 것은?

① 석탄산 1~3%   ② 승홍수 0.1%
③ 크레졸수 1~3%   ④ 알코올 1~3%

> **해설**
> 알코올은 70% 수용액을 사용한다.

10 병원성 · 비병원성 미생물 및 포자를 가진 미생물 모두를 사멸 또는 제거하는 것은?

① 소독   ② 멸균
③ 방부   ④ 정균

> **해설**
> ① 병원 또는 비병원성 미생물을 죽이거나 감염력과 증식을 없애는 것
> ③ 미생물의 발육과 생활 작용을 억제 또는 정지시킴으로써 부패나 발효를 방지하는 조작
> ④ 세균의 성장과 대사 저지

정답　01 ②　02 ②　03 ②　04 ②　05 ②　06 ③　07 ②　08 ④　09 ④　10 ②

제3회 실전모의고사

11 다음 중 이·미용업소에서 가장 쉽게 옮겨질 수 있는 질병은?
① 소아마비
② 뇌염
③ 비활동성 결핵
④ 전염성 안질

12 다음 중 음용수 소독에 사용되는 소독제는?
① 석탄산
② 액체염소
③ 승홍
④ 알코올

물의 소독에는 열처리법, 자외선 소독법, 오존 소독법, 염소 소독법 등이 있다.

13 다음 중 미생물학의 대상에 속하지 않는 것은?
① 세균(Vacteria)
② 바이러스(Virus)
③ 원충(Protoza)
④ 원시동물

미생물의 종류에는 세균, 바이러스, 리케차, 진균, 조류, 원생동물 등이 있다.

14 소독제의 사용 및 보존상의 주의점으로 틀린 것은?
① 일반적으로 소독제는 밀폐시켜 보존해야 한다.
② 부식과 상관이 없으므로 보관 장소의 제한이 없다.
③ 승홍이나 석탄산 같은 것은 인체에 유해하므로 특별히 주의 취급하여야 한다.
④ 염소제는 일광과 열에 의해 분해되지 않도록 냉암소에 보존하는 것이 좋다.

약품에 따라 밀폐해서 냉암소에 보관한다.

15 리보플라빈이라고도 하며 녹색 채소류, 밀의 배아, 효모, 계란, 우유 등에 함유되어 있고 결핍되면 피부염을 일으키는 것은?
① 비타민 B₂
② 비타민 B
③ 비타민 K
④ 비타민 A

비타민 B₂
- 노란색을 띠는 결정체로서 리보플라빈이라고 한다.
- 녹색채소, 밀의 배아, 효모, 우유, 간, 달걀노른자에 함유되어 있다.
- 피부의 보습 함량을 증진하고 모세혈관 순환을 촉진한다.
- 집중력과 기억력을 높여 성장 촉진에 기여하며, 어린이 성장에 도움이 된다.

16 다음 태양광선 중 파장이 가장 짧은 것은?
① UV-A
② UV-B
③ UV-C
④ 가시광선

① UV-A : 장파장 320~400nm
② UV-B : 중파장 290~320nm
③ UV-C : 단파장 200~290nm
④ 가시광선 : 390~700nm

17 멜라닌 색소결핍의 선천적 질환으로 쉽게 일광화상을 입는 피부 병변은?
① 주근깨
② 기미
③ 백색증
④ 노인성 반점(검버섯)

백색증 : 멜라닌 합성의 결핍으로 인해 눈, 피부, 털 등에서 색소 감소가 나타나는 선천성 유전 질환이다.

18 진균에 의한 피부 병변이 아닌 것은?
① 족부백선
② 대상포진
③ 무좀
④ 두부백선

대상포진은 허피스(포진) 바이러스에 의한 감염이다.

19 피부에 대한 자외선의 영향으로 피부의 급성 반응과 가장 거리가 먼 것은?
① 홍반반응
② 화상
③ 비타민 D 합성
④ 광노화

①②③ UV-B(290~320nm) : 비타민 D 합성 촉진, 색소 침착, 홍반, 부종, 물집, 일광 화상을 일으킨다.

20 얼굴에서 피지선이 가장 발달된 곳은?
① 이마 부분
② 코 옆 부분
③ 턱 부분
④ 뺨 부분

21 에크린 땀샘(소한선)이 가장 많이 분포된 곳은?
① 발바닥
② 입술
③ 음부
④ 유두

에크린 선은 99% 수분으로 이루어져 있으며 특히 손바닥, 발바닥, 이마 부위에 많다.

정답 11 ④ 12 ② 13 ④ 14 ② 15 ① 16 ③ 17 ③ 18 ② 19 ④ 20 ② 21 ①

제3회 실전모의고사

22 이·미용 업소 내에 반드시 게시하지 않아도 무방한 것은?

① 이·미용 신고증
② 개설자의 면허증 원본
③ 최종지불요금표
④ 이·미용사 자격증

업소 내에 미용업 신고증, 개설자의 면허증 원본 및 미용 요금표를 게시하여야 한다.

23 다음 중 이·미용업의 시설 및 설비기준으로 옳은 것은?

① 소독기, 자외선 살균기 등의 소독 장비를 갖추어야 한다.
② 영업소 안에는 별실, 기타 이와 유사한 시설을 설치할 수 있다.
③ 응접 장소와 작업 장소를 구획하는 경우에는 커튼, 칸막이 기타 이와 유사한 장애물의 설치가 가능하며 외부에서 내부를 확인할 수 없어야 한다.
④ 탈의실, 욕실, 욕조 및 샤워기를 설치하여야 한다.

이·미용업의 시설 및 설비 기준
• 미용기구는 소독을 한 기구와 소독을 하지 아니한 기구를 구분하여 보관할 수 있는 용기를 비치하여야 한다.
• 소독기·자외선 살균기 등 미용기구를 소독하는 장비를 갖추어야 한다.
• 영업소 내의 작업장소와 응접장소·상담실·탈의실 등을 분리하여 칸막이를 설치하려는 때에는 외부에서 내부를 확인할 수 있도록 각각 출입구가 설치된 벽면 출입구의 3분의 1 이상을 투명하게 하여야 한다.

24 풍속 관련 법령 등 다른 법령에 관계 행정 기관장의 요청이 있을 때 공중위생영업자를 처벌할 수 있는 자는?

① 시·도지사
② 시장·군수·구청장
③ 보건복지부장관
④ 행정자치부장관

풍속 관련 법령 등 다른 법령에 관계 행정 기관장의 요청이 있을 때 공중위생영업자를 처벌할 수 있는 자는 시장·군수·구청장이다.

25 1차 위반 시의 행정처분이 면허취소가 아닌 것은?

① 국가기술자격법에 따라 이·미용사 자격이 취소된 때
② 이중으로 면허를 취득한 때
③ 면허정지 처분을 받고 그 정지 기간 중 업무를 행한 때
④ 국가기술자격법에 의하여 이·미용사 자격정지 처분을 받을 때

④ 1차 위반 시 면허정지 처분을 받는다.

26 다음 중 영업소 외에서 이용 또는 미용 업무를 할 수 있는 경우는?

ㄱ. 중병에 걸려 영업소에 나올 수 없는 자의 경우
ㄴ. 혼례 기타 의식에 참여하는 자에 대한 경우
ㄷ. 이용장의 감독을 받은 보조원이 업무를 하는 경우
ㄹ. 미용사가 손님 유치를 위하여 통행이 빈번한 장소에서 업무를 하는 경우

① ㄷ
② ㄱ, ㄴ
③ ㄱ, ㄴ, ㄷ
④ ㄱ, ㄴ, ㄷ, ㄹ

보건복지부령에 의한 특별한 사유
• 질병 기타의 사유로 인하여 영업소에 나올 수 없는 자에 대하여 미용을 하는 경우
• 혼례, 기타 의식에 참여하는 자에 대하여 그 의식 직전에 미용을 하는 경우
• 사회복지시설에서 봉사활동으로 미용을 하는 경우
• 위의 세 가지 사정 외에 특별한 사정이 있다고 시장·군수·구청장이 인정하는 경우

27 공중위생영업의 승계에 대한 설명으로 틀린 것은?

① 공중위생영업자가 그 공중위생영업을 양도하거나 사망한 때 또는 법인의 합병이 있는 때에는 그 양수인·상속인 또는 합병 후 존속하는 법인이나 합병에 의하여 설립되는 법인은 그 공중위생영업자의 지위를 승계한다.
② 이용업 또는 미용업의 경우에는 규정에 의한 면허를 소지한 자에 한하여 공중위생영업자의 지위를 승계할 수 있다.
③ 민사집행법에 의한 경매, 채무자 회생 및 파산에 관한 법률에 의한 환가나 국세징수법·관세법 또는 지방세 기본법에 의한 압류재산의 매각 그 밖에 이에 준하는 절차에 따라 공중위생영업 관련시설 및 설비의 전부를 인수한 자는 이 법에 의한 그 공중위생영업자의 지위를 승계한다.
④ 공중위생영업자의 지위를 승계한 자는 1월 이내에 보건복지부령이 정하는 바에 따라 보건복지부장관에게 신고하여야 한다.

영업자의 지위를 승계한 자는 1월 이내에 보건복지부령이 정하는 바에 따라 시장·군수·구청장에게 신고하여야 한다.

정답 **22** ④ **23** ① **24** ② **25** ④ **26** ② **27** ④

제3회 실전모의고사

28 처분 기준이 2백만원 이하의 과태료가 아닌 것은?
① 규정을 위반하여 영업소 이외의 장소에서 이·미용 업무를 행한 자
② 위생 교육을 받지 아니한 자
③ 위생 관리 의무를 지키지 아니한 자
④ 관계공무원의 출입·검사·기타 조치를 거부·방해 또는 기피한 자

> **해설**
> ④ 300만원 이하의 과태료에 해당된다.

29 향수의 부향률이 높은 순에서 낮은 순으로 바르게 정렬된 것은?
① 퍼퓸 > 오데 퍼퓸 > 오데 토일렛 > 오데 코롱
② 퍼퓸 > 오데 토일렛 > 오데 퍼퓸 > 오데 코롱
③ 오데 코롱 > 오데 퍼퓸 > 오데 토일렛 > 퍼퓸
④ 오데 코롱 > 오데 토일렛 > 오데 퍼퓸 > 퍼퓸

> **해설**
> • 퍼퓸 : 15~30%, 6~7시간 지속
> • 오데 퍼퓸 : 9~12%, 5~6시간 지속
> • 오데 토일렛 : 6~8%, 3~5시간 지속
> • 오데 코롱 : 3~5%, 1~2시간 지속
> • 샤워코롱 : 1~3%, 약 1시간 지속

30 화장품의 요건 중 제품이 일정기간 동안 변질되거나 분리되지 않는 것을 의미하는 것은 무엇인가?
① 안전성   ② 안정성
③ 사용성   ④ 유효성

> **해설**
> ① 안전성 : 피부자극 및 독성이 없을 것
> ③ 사용성 : 피부에 도포했을 때 사용감이 우수하고 피부에 잘 흡수될 것
> ④ 유효성 : 피부 보습, 자외선 차단, 세정, 미백, 색채효과 등을 부여할 것

31 자외선 차단 성분의 기능이 아닌 것은?
① 노화를 막는다.
② 과색소를 막는다.
③ 일광 화상을 막는다.
④ 미백작용을 한다.

> **해설**
> 자외선 차단 성분의 기능
> • 노화 방지
> • 과색소(기미, 주근깨) 방지
> • 일광 화상과 색소 침착 방지

32 다음 중 화장수의 역할이 아닌 것은?
① 피부의 수렴작용을 한다.
② 피부 노폐물의 분비를 촉진시킨다.
③ 각질층에 수분을 공급한다.
④ 피부의 pH 균형을 유지시킨다.

> **해설**
> 기초 화장품의 종류
> • 세안, 청결, 세정을 목적으로 하는 클렌징 제품
> • 피부를 보호하거나 정돈하는 화장수, 팩, 크림, 에센스 등

33 양모에서 추출한 동물성 왁스는?
① 라놀린   ② 스쿠알렌
③ 레시틴   ④ 리바이탈

> **해설**
> • 스쿠알렌 : 상어 간에서 추출
> • 레시틴 : 난황, 콩기름 등에서 추출

34 세정제(Cleanser)에 대한 설명으로 옳지 않은 것은?
① 가능한 한 피부의 생리적 균형에 영향을 미치지 않는 제품을 사용하는 것이 바람직하다.
② 대부분의 비누는 알칼리성의 성질을 가지고 있어서 피부의 산, 염기 균형에 영향을 미치게 된다.
③ 피부노화를 일으키는 활성산소로부터 피부를 보호하기 위해 비타민 C, 비타민 B를 사용한 기능성 세정제를 사용할 수도 있다.
④ 세정제는 피지선에서 분비되는 피지와 피부장벽의 구성요소인 지질 성분을 제거하기 위하여 사용된다.

> **해설**
> 세정제는 땀, 피지, 각질 등의 생리적 노폐물과 환경 오염물인 먼지, 매연, 색조 화장품, 미생물 등을 제거한다.

35 바디샴푸(Body Shampoo)가 갖추어야 할 이상적인 성질과 가장 거리가 먼 것은?
① 각질의 제거 능력
② 적절한 세정력
③ 풍부한 거품과 거품의 지속성
④ 피부에 대한 높은 안정성

> **해설**
> ① 바디스크럽, 바디솔트에 해당된다.

정답 28 ④ 29 ① 30 ② 31 ④ 32 ② 33 ① 34 ④ 35 ①

제3회 실전모의고사

36 파일의 거칠기 정도를 구분하는 기준은?

① 파일의 두께
② 그리트(Grit) 숫자
③ 소프트(Soft) 숫자
④ 파일의 길이

해설
그리트(Grit)의 숫자가 낮아질수록 거칠다.

37 부드럽고 가늘며 하얗게 되어 네일 끝이 굴곡진 상태의 증상으로 질병, 다이어트, 신경성 등에서 기인되는 네일 병변으로 옳은 것은?

① 위축된 네일(Onychatrophia)
② 파란 네일(Onychocyanosis)
③ 계란껍질 네일(Onychomalacia)
④ 거스러미 네일(Hang Nail)

해설
① 강한 알칼리성 세제, 조모 손상, 내과적 질환에 의해 나타난다.
② 혈액순환이 제대로 이루어지지 않는 네일이다.
④ 피부가 건조하여 상조피 또는 측부의 조구 내 스트레스 포인트 등에서 피부가 조그맣게 들떠 있는 모습이다.

038 파고드는 발톱을 예방하기 위한 발톱 모양으로 적합한 것은?

① 라운드형
② 스퀘어형
③ 포인트형
④ 오발형

해설
① 둥글게 굴려주는 형태
③ 뾰족하게 만들어주는 형태
④ 라운드보다 더 둥글게 굴려주는 형태

39 네일의 역사에 대한 설명으로 틀린 것은?

① 최초의 네일 관리는 기원전 3000년경에 이집트와 중국의 상류층에서 시작되었다.
② 고대 이집트에서는 헤나(Henna)라는 관목에서 빨간색과 오렌지색을 추출하였다.
③ 고대 이집트에서는 남자들도 네일 관리를 하였다.
④ 네일 관리는 지금까지 5000년에 걸쳐 변화했다.

해설
전쟁에 나가는 군인들이 손톱에 색조를 넣었다.

40 고객의 홈 케어 용도로 큐티클 오일을 사용 시 주된 사용 목적으로 옳은 것은?

① 네일 표면에 광택을 주기 위해서
② 네일과 네일 주변 피부에 트리트먼트 효과를 주기 위해서
③ 네일 표면에 변색과 오염을 방지하기 위해서
④ 찢어진 손톱을 보강하기 위해서

해설
큐티클 오일은 네일과 큐티클에 유분과 수분을 공급한다.

41 폴리시 바르는 방법 중 네일을 가늘어 보이게 하는 것은?

① 프리에지
② 루눌라
③ 프렌치
④ 프리 월

해설
프리 월은 손톱을 가늘게 길게 보이도록 하는 방법으로 손톱 양옆을 1.5mm 남겨놓고 바르는 방법이다.

42 다음 중 네일의 병변과 그 원인의 연결이 잘못된 것은?

① 모반점(니버스) – 네일의 멜라닌 색소 작용
② 과잉 성장으로 두꺼운 네일 – 유전, 질병, 감염
③ 고랑 파진 네일 – 아연 결핍, 과도한 푸셔링, 순환계 이상
④ 붉거나 검붉은 네일 – 비타민과 레시틴 부족, 만성질환 등

해설
④ 청색모반이라고도 하며 푸른빛이 낀 피부착색으로서 특히 혈액 중의 환원 헤모글로빈 농도 증가로 인한 피부 및 점막의 변색을 말한다.

43 네일 매트릭스에 대한 설명 중 틀린 것은?

① 손·발톱의 세포가 생성되는 곳이다.
② 네일 매트릭스의 세로 길이는 네일 플레이트의 두께를 결정한다.
③ 네일 매트릭스의 가로 길이는 네일 베드의 길이를 결정한다.
④ 네일 매트릭스는 네일 세포를 생성시키는 데 필요한 산소를 모세혈관을 통해서 공급받는다.

44 다음 중 손의 중간근(중수근)에 속하는 것은?

① 엄지막섬근(무지대립근)
② 인지모음근(무지내전근)
③ 벌레근(충양근)
④ 작은원근(소원근)

해설
벌레근 : 둘째에서 다섯째 손가락을 굽히는 근육의 힘줄에서 일어나 손가락을 펴는 근육의 힘줄로 붙는 작은 근육

정답   36 ②   37 ③   38 ②   39 ③   40 ②   41 ④   42 ④   43 ③   44 ③

제3회 실전모의고사

45 다음 중 뼈의 구조가 아닌 것은?
① 골막
② 골질
③ 골수
④ 골조직

> 해설
> 골질은 골의 조직에서 세포간질을 형성하는 콜라겐의 한 종류이다.

46 건강한 손톱의 조건으로 틀린 것은?
① 12~18%의 수분을 함유하여야 한다.
② 네일 베드에 단단히 부착되어 있어야 한다.
③ 루눌라(반원)가 선명하고 커야 한다.
④ 유연성과 강도가 있어야 한다.

> 해설
> • 루눌라는 일반적으로 엄지가 가장 크게 보이고 소지는 거의 보이지 않는다.
> • 루눌라가 보이지 않는 것은 손톱을 감싸고 있는 피부의 위치, 유전과 관계가 있다.

47 일반적인 손·발톱의 성장에 관한 설명 중 틀린 것은?
① 소지 손톱이 가장 빠르게 자란다.
② 여성보다 남성의 경우 성장 속도가 빠르다.
③ 여름철에 더 빨리 자란다.
④ 발톱의 성장 속도는 손톱의 성장 속도보다 1/2 정도 늦다.

> 해설
> 손가락 중 중지의 손톱이 가장 빠르게 자란다.

48 다음 중 소독방법에 대한 설명으로 틀린 것은?
① 과산화수소 3% 용액을 피부 상처의 소독에 사용한다.
② 포르말린 1~1.5% 수용액을 도구 소독에 사용한다.
③ 크레졸 2%, 물 97% 수용액을 도구 소독에 사용한다.
④ 알코올 30%의 용액을 손, 피부 상처에 사용한다.

> 해설
> 알코올은 70% 수용액(에틸알코올)으로 사용된다.

49 한국 네일미용의 역사와 가장 거리가 먼 것은?
① 고려시대부터 주술적 의미로 시작하였다.
② 1990년대부터 네일 산업이 점차 대중화되었다.
③ 1998년 민간자격시험제도가 도입 및 시행되었다.
④ 상류층 여성들은 손톱 뿌리 부분에 문신 바늘로 색소를 주입하여 상류층임을 과시하였다.

> 해설
> 조모에 문신 바늘로 헤나를 주입하여 건강한 붉은 손톱을 표현한 곳은 인도이다.

50 네일 도구를 제대로 위생처리하지 않고 사용했을 때 생기는 질병으로 시술할 수 없는 손톱의 병변은?
① 오니코렉시스(조갑 종렬증)
② 오니키아(조갑염)
③ 에그쉘 네일(조갑 연화증)
④ 니버슨(모반점)

> 해설
> ① 조체가 세로로 갈라지고 부서지며 골이 파지는 현상이다.
> ③ 손톱 표면이 흰색을 띠며 얇고 끝이 부러져 있다. 심한 다이어트나 비타민 부족 등으로 발생하며 직업적 요인으로도 나타난다.

51 젤 큐어링 시 발생하는 히팅 현상과 관련된 내용으로 가장 거리가 먼 것은?
① 손톱이 얇거나 상처가 있을 경우에 히팅 현상이 나타날 수 있다.
② 젤 시술이 두껍게 되었을 경우에 히팅 현상이 나타날 수 있다.
③ 히팅 현상 발생 시 경화가 잘 되도록 잠시 참는다.
④ 젤 시술 시 얇게 여러 번 발라 큐어링하여 히팅 현상에 대처한다.

> 해설
> 한 번에 많은 양의 젤을 올려 큐어링을 할 경우 열에 의해 수축이 일어나기 때문에 2~3회에 걸쳐 발라주는 것이 좋다. 히팅 현상 시에는 램프 앞에서 10~20초 정도 있다가 손가락을 램프 안으로 넣으면 된다.

52 스마일 라인에 대한 설명 중 틀린 것은?
① 손톱의 상태에 따라 라인의 깊이를 조절할 수 있다.
② 깨끗하고 선명한 라인을 만들어야 한다.
③ 좌우 대칭의 밸런스보다 자연스러움을 강조해야 한다.
④ 빠른 시간에 시술해서 얼룩지지 않도록 해야 한다.

> 해설
> 좌우 대칭의 밸런스를 맞추어 둥글게 컬러링한다.

53 프라이머의 특징이 아닌 것은?
① 아크릴릭 시술 시 자연손톱에 잘 부착되도록 돕는다.
② 피부에 닿으면 화상을 입힐 수 있다.
③ 자연손톱 표면의 단백질을 녹인다.
④ 알칼리 성분으로 자연손톱을 강하게 한다.

> 해설
> 프라이머의 주성분은 메타크릴산이다. 강산성으로 이루어져 피부발진과 실명을 일으킬 수 있기 때문에 사용 시 주의해야 한다.

정답 45 ② 46 ③ 47 ① 48 ④ 49 ④ 50 ② 51 ③ 52 ③ 53 ④

제3회 실전모의고사

54 가장 기본적인 네일 관리법으로 손톱 모양 만들기, 큐티클 정리, 마사지, 컬러링 등을 포함하는 네일 관리법은?

① 습식 매니큐어
② 페디아트
③ UV 젤 네일
④ 아크릴 오버레이

해설
습식 매니큐어는 손톱 모양 다듬기, 큐티클 정리, 컬러링 등이 포함되어 있는 네일 관리법이다.

55 다음 중 원톤 스컬프처 제거에 대한 설명으로 틀린 것은?

① 니퍼를 뜯는 행위는 자연손톱에 손상을 주므로 피한다.
② 표면에 에칭을 주어 아크릴릭 제거가 수월하도록 한다.
③ 100% 아세톤을 사용하여 아크릴릭을 녹여준다.
④ 파일링만으로 제거하는 것이 원칙이다.

해설
100% 아세톤을 사용하여 접착제가 밀려나면 오렌지우드스틱, 푸셔를 사용하여 제거한다.

56 그라데이션 기법의 컬러링에 대한 설명으로 틀린 것은?

① 색상 사용의 제한이 없다.
② 스폰지를 사용하여 시술할 수 있다.
③ UV젤의 적용 시에도 활용할 수 있다.
④ 일반적으로 큐티클 부분으로 갈수록 컬러링 색상이 자연스럽게 진해지는 기법이다.

해설
④ 큐티클 부분으로 갈수록 컬러링 색상이 자연스럽게 연해지는 기법이다.

60 아크릴릭 네일 재료인 프라이머에 대한 설명으로 틀린 것은?

① 손톱 표면의 유수분을 제거하고 건조시켜 아크릴의 접착력을 강하게 해준다.
② 산성 제품으로 피부에 화상을 입힐 수 있으므로 최소량만을 사용한다.
③ 인조네일 전체에 사용하며 방부제 역할을 한다.
④ 손톱 표면의 pH 밸런스를 맞춰준다.

해설
③ 프라이머는 손톱의 유분기를 없애주고 아크릴 볼 사용 시 접착이 잘 되도록 도와준다.

58 원톤 스컬프처의 완성 시 인조네일의 아름다운 구조 설명으로 틀린 것은?

① 옆선이 네일의 사이드 월 부분과 자연스럽게 연결되어야 한다.
② 컨벡스와 컨케이브의 균형이 균일해야 한다.
③ 하이포인트의 위치가 스트레스 포인트 부근에 위치해야 한다.
④ 인조네일의 길이는 길어야 아름답다.

해설
전체 길이를 4등분했을 경우에 1/4 길이로 유지하는 것이 이상적인 비율이다.

59 네일 폼의 사용에 관한 설명으로 옳지 않은 것은?

① 정면에서 볼 때 네일 폼이 틀어지지 않도록 균형을 잘 조절하여 장착한다.
② 자연네일과 네일 폼 사이가 벌어지지 않도록 장착한다.
③ 하이포니키움이 손상되지 않도록 주의하며 장착한다.
④ 네일 폼이 틀어지지 않도록 균형을 잘 조절하여 장착한다.

60 페디큐어의 정의로 옳은 것은?

① 발톱을 관리하는 것을 말한다.
② 발과 발톱을 관리, 손질하는 것을 말한다.
③ 발을 관리하는 것을 말한다.
④ 손상된 발톱을 교정하는 것을 말한다.

해설
페디큐어는 발과 발톱을 건강하고 아름답게 가꾸는 것을 말한다.

정답 54 ① 55 ④ 56 ④ 57 ② 58 ④ 59 ① 60 ③

제4회 실전모의고사

01 자연적 환경 요소에 속하지 않는 것은?
① 기온　　② 기습
③ 소음　　④ 위생시설

해설: 자연적 환경 요소에는 기후, 공기, 물, 토양, 광선, 소리 등이 있다.

02 역학에 대한 내용으로 옳은 것은?
① 인간 개인을 대상으로 질병 발생 현상을 설명하는 학문 분야이다.
② 원인과 경과보다 결과 중심으로 해석하여 질병 발생을 예방한다.
③ 질병 발생 현상을 생물학과 환경적으로 이분하여 설명한다.
④ 인간집단을 대상으로 질병 발생과 그 원인을 탐구하는 학문이다.

해설: 역학은 집단으로 발생하는 질병인 감염병이 미치는 영향을 연구하는 학문으로, 질병 예방에 기여함을 목적으로 한다.

03 파리가 매개할 수 있는 질병과 거리가 먼 것은?
① 아메바성 이질　　② 장티푸스
③ 발진티푸스　　④ 콜레라

해설: 발진티푸스는 이에 의해 전파된다.

04 인구 구성 중 14세 이하가 65세 이상 인구의 2배 정도이며 출생률과 사망률이 모두 낮은 형은?
① 피라미드형　　② 종형
③ 항아리형　　④ 별형

해설:
① 4세 이하 인구가 65세 이상 인구의 2배 이상으로 출생률이 높고 사망률이 낮은 인구증가형이다.
③ 14세 이하 인구가 65세 이상 인구의 2배 이하로 출생률이 사망률보다 낮은 인구감퇴형이다.
④ 생산 인구가 전체 인구의 1/2 이상으로 도시 지역의 인구 구성이다. 생산층 인구증가형이며 인구유입형이다.

05 식생활이 탄수화물이 주가 되며, 단백질과 무기질이 부족한 음식물을 장기적으로 섭취함으로써 발생되는 단백질 결핍증은?
① 펠라그라　　② 각기병
③ 콰시오르코르증　　④ 괴혈병

해설:
① 비타민 B_3(나이아신) 결핍 시
② 비타민 B_1(티아민) 결핍 시
④ 비타민 C 결핍 시

06 제1급 감염병으로 묶인 것은?
① 페스트, 디프테리아
② 신종인플루엔자, 세균성이질
③ 발진열, 공수병
④ 한센병, 홍역

해설: 페스트, 디프테리아, 신종인플루엔자는 제1급 감염병이다.

07 흡연이 인체에 미치는 영향으로 가장 적합한 것은?
① 구강암, 식도암 등의 원인이 된다.
② 피부 혈관을 이완시켜서 피부 온도를 상승시킨다.
③ 소화 촉진, 식욕 증진 등에 영향을 미친다.
④ 폐기종에는 영향이 없다.

해설: 습관성 흡연의 영향으로는 각종 암, 허혈성 심질환, 뇌혈관 질환, 만성 폐색성 폐질환, 저체중아, 유·조산 등이 있다.

08 대장균이 사멸되지 않는 경우는?
① 고압증기멸균　　② 저온소독
③ 방사선멸균　　④ 건열멸균

해설: ② 우유, 아이스크림, 건조과실, 포도주 등은 저온살균법으로 63°C에서 30분간 처리한다.

09 다음 중 자외선 소독기의 사용으로 소독효과를 기대할 수 없는 경우는?
① 여러 개의 머리빗
② 날이 열린 가위
③ 염색용 볼
④ 여러 장의 겹쳐진 타월

해설:
- 자외선 멸균법: 공기, 물, 식품, 기구, 식기류 등
- 타월은 자비소독법으로 소독한다.

정답　01 ④　02 ④　03 ③　04 ②　05 ③　06 ①　07 ①　08 ②　09 ④

제4회 실전모의고사

10 다음 중 가위를 끊이거나 증기 소독한 후 처리방법으로 가장 적합하지 않은 것은?

① 소독 후 수분을 잘 닦아낸다.
② 수분 제거 후 엷게 기름칠을 한다.
③ 자외선 소독기에 넣어 보관한다.
④ 소독 후 탄산나트륨을 발라둔다.

해설
자비소독 시 소독효과를 높이기 위하여 석탄산(5%) 또는 크레졸(3%)을 첨가한다.

11 다음 중 미생물의 종류에 해당하지 않는 것은?

① 진균   ② 바이러스
③ 박테리아   ④ 편모

해설
미생물에는 세균(박테리아), 바이러스, 진균(곰팡이), 조류, 원생동물 등이 있다.

12 금속상 식기, 면 종류의 의류, 도자기의 소독에 적합한 소독방법은?

① 화염멸균법   ② 건열멸균법
③ 소각소독법   ④ 자비소독법

해설
① 화염 불꽃에 20초 이상 접촉시켜 미생물을 멸균시키는 방법으로 금속류, 유리기구, 이·미용도구, 도자기류, 바늘 등을 소독한다.
② 160~170℃에서 1~2시간 처리하는 방법으로 유리기구, 주사침 등을 소독한다.
③ 불에 태워 멸균시키는 가장 쉽고 안전한 방법으로 오염된 가운, 수건, 휴지, 쓰레기 등을 소독한다.

13 100℃에서 30분간 가열하는 처리를 24시간마다 3회 반복하는 멸균법은?

① 고압증기멸균법   ② 건열멸균법
③ 고온멸균법   ④ 간헐멸균법

해설
간헐멸균법은 24시간마다 100℃ 증기로 30분간씩 3회 실시한다.

14 여러 가지 물리학적 방법으로 병원성 미생물을 가능한 한 제거하여 사람에게 감염의 위험이 없도록 하는 것은?

① 멸균   ② 소독
③ 방부   ④ 살충

해설
① 병원 또는 비병원성 미생물을 모두 사멸시키거나 그 포자까지도 멸균시킨다.
③ 미생물의 발육과 생활 작용을 억제 또는 정지시킴으로써 부패나 발효를 방지하는 것을 뜻한다.
④ 벌레 또는 기생충을 죽이는 것이다.

15 피지선에 대한 설명으로 틀린 것은?

① 피지를 분비하는 선으로 진피 중에 위치한다.
② 피지선은 손바닥에는 없다.
③ 피지의 1일 분비량은 10~20g 정도이다.
④ 피지선이 많은 부위는 코 주위이다.

해설
1일 피지 분비량은 1~2g 정도이다.

16 다음 중 입모근과 가장 관련 있는 것은?

① 수분 조절   ② 체온 조절
③ 피지 조절   ④ 호르몬 조절

해설
입모근(기모근)은 추울 때 털을 세워 털세움근이라고도 한다.

17 적외선이 피부에 미치는 작용이 아닌 것은?

① 온열 작용
② 비타민 D 형성 작용
③ 세포 증식 작용
④ 모세혈관 확장 작용

해설
비타민 D 형성은 자외선이 미치는 영향이다.

18 얼굴에 있어 T존 부위는 번들거리고 볼 부위는 당기는 피부 유형은?

① 건성피부   ② 정상(중성)피부
③ 지성피부   ④ 복합성피부

해설
복합성 피부는 얼굴 부위(빰, 광대뼈, T존 등)에 따라 피부 유형이 복합적으로 나타난다.

19 다음 중 기미의 유형이 아닌 것은?

① 표피형 기미   ② 진피형 기미
③ 피하조직형 기미   ④ 혼합형 기미

해설
기미의 유형 : 색소가 옅게 깔린 표피형, 색소가 깊은 곳까지 퍼져있는 진피형, 표피와 진피 모두에 있는 혼합형이 있다.

20 지용성 비타민이 아닌 것은?

① 비타민 D   ② 비타민 A
③ 비타민 E   ④ 비타민 B

해설
비타민 B는 수용성이다.

정답 10 ④ 11 ④ 12 ④ 13 ④ 14 ② 15 ③ 16 ② 17 ② 18 ④ 19 ③ 20 ④

제4회 실전모의고사

21 단순포진이 나타나는 증상으로 가장 거리가 먼 것은?
① 통증이 심하여 다른 부위로 통증이 퍼진다.
② 홍반이 나타나고 곧이어 수포가 생긴다.
③ 상체에 나타나는 경우 성기와 둔부에 잘 나타난다.
④ 하체에 나타나는 경우 성기와 둔부에 잘 나타난다.

22 공중위생관리법에서 사용하는 용어의 정의로 틀린 것은?
① 공중위생영업이라 함은 다수인을 대상으로 위생관리 서비스를 제공하는 영업으로서 숙박업, 목욕장업, 이용업, 미용업, 세탁업, 위생관리 용역업을 말한다.
② 숙박업이라 함은 손님이 잠을 자고 머물 수 있도록 시설 및 설비 등의 서비스를 제공하는 영업을 말한다.
③ 위생관리 용역업이라 함은 공중이 이용하는 건축물, 시설물 등의 청결 유지와 실내공기 정화를 위한 청소 등을 대행하는 영업을 말한다.
④ 미용업이라 함은 손님의 머리카락 또는 수염을 깎거나 다듬는 등의 방법으로 손님의 용모를 단정하게 하는 영업을 말한다.

미용업이란 손님의 얼굴, 머리, 피부 등을 손질하여 손님의 외모를 아름답게 꾸며주는 영업을 말한다.

23 공중위생관리법상의 규정에 위반하여 위생교육을 받지 아니한 때 부과되는 과태료의 기준은?
① 300만원 이하 ② 500만원 이하
③ 400만원 이하 ④ 200만원 이하

200만원 이하의 과태료
• 영업소의 위생관리 의무를 지키지 아니한 자
• 영업소 이외의 장소에서 이용 또는 미용 업무를 행한 자
• 위생교육을 받지 아니한 자

24 이·미용사 면허가 취소되거나 면허의 정지명령을 받은 자는 누구에게 면허증을 반납하여야 하는가?
① 보건복지부장관
② 시·도지사
③ 시장·군수·구청장
④ 보건소장

면허가 취소 또는 정지된 자는 지체 없이 시장·군수·구청장에게 면허증을 반납한다.

25 개선을 명할 수 있는 경우에 해당하지 않는 사람은?
① 공중위생영업의 종류별 시설 및 설비기준을 위반한 공중위생영업자
② 위생관리의무 등을 위반한 공중위생영업자
③ 공중위생영업자의 지위를 승계한 자로서 이에 관한 신고를 하지 아니한 자
④ 위생관리의무를 위반한 공중위생시설의 소유자 등

영업자의 지위를 승계한 후 1월 이내에 신고하지 아니한 때에 1차 위반 시 개선명령 행정처분을 할 수 있다.

26 이·미용업자의 위생관리기준에 대한 내용 중 틀린 것은?
① 요금표 외의 요금을 받지 않을 것
② 의료행위를 하지 않을 것
③ 의료용구를 사용하지 않을 것
④ 1회용 면도날은 손님 1인에 한하여 사용할 것

미용업자의 위생관리기준
• 점 빼기·귓불 뚫기·쌍꺼풀 수술·문신·박피술 그 밖에 이와 유사한 의료 행위를 하여서는 아니 된다.
• 피부 미용을 위하여 「약사법」에 따른 의약품 또는 「의료기기법」에 따른 의료기기를 사용하여서는 아니 된다.
• 미용기구 중 소독을 한 기구와 소독을 하지 아니한 기구는 각각 다른 용기에 넣어 보관하여야 한다.
• 1회용 면도날은 손님 1인에 한하여 사용하여야 한다.
• 영업장 안의 조명도는 75룩스 이상이 되도록 유지하여야 한다.
• 영업소 내부에 최종지불요금표를 게시 또는 부착하여야 한다.
• 신고한 영업장 면적이 66제곱미터 이상인 영업소의 경우 영업소 외부에도 손님이 보기 쉬운 곳에 「옥외광고물 등 관리법」에 적합하게 최종지불요금표를 게시 또는 부착하여야 한다. 이 경우 최종지불요금표에는 일부 항목(5개 이상)만을 표시할 수 있다.

27 위생서비스 평가 결과, 위생서비스의 수준이 우수하다고 인정되는 영업소에 대하여 포상을 실시할 수 있는 자에 해당하지 않는 것은?
① 구청장   ② 시·도지사
③ 군수   ④ 보건소장

위생서비스 평가 결과 우수 영업소 포상은 시·도지사 또는 시장·군수·구청장이 한다.

정답 21 ① 22 ④ 23 ④ 24 ③ 25 ③ 26 ① 27 ④

제4회 실전모의고사

28 손님에게 도박 그 밖에 사행행위를 하게 한 때에 대한 1차 위반 시 행정처분 기준은?

① 영업정지 1월   ② 영업정지 2월
③ 영업정지 3월   ④ 영업장 폐쇄명령

해설
- 1차 위반 시 : 영업정지 1월
- 2차 위반 시 : 영업정지 2월
- 3차 위반 시 : 영업장 폐쇄명령

29 에멀전의 형태를 가장 잘 설명한 것은?

① 지방과 물이 불균일하게 섞인 것이다.
② 두 가지 액체가 같은 농도의 한 액체로 섞여있다.
③ 고형의 물질이 아주 곱게 혼합되어 균일한 것처럼 보인다.
④ 두 가지 또는 그 이상의 액상물질이 균일하게 혼합되어 있는 것이다.

해설
에멀전
- 형태 : 서로 녹지 않는 두 가지 액체 중 하나가 다른 쪽에 작은 입자 상태로 분산되어 두 가지 액체가 균일하게 혼합되어 있다.
- 종류
  – 수중유형(O/W형) : 물에 오일이 분산되어 있는 형태
  – 유중수형(W/O형) : 오일에 물이 분산되어 있는 형태

30 다음 중 피부 상재균의 증식을 억제하는 항균기능을 가지고 있고, 발생한 체취를 억제하는 기능이 있는 것은?

① 바디샴푸   ② 데오도란트
③ 샤워코롱   ④ 오데토일렛

해설
- 바디샴푸 : 세정제
- 샤워코롱, 오데 토일렛 : 방향제

31 기능성 화장품에 사용되는 원료와 그 기능의 연결이 틀린 것은?

① 비타민 C – 미백효과
② AHA – 각질 제거
③ DHA – 자외선 차단
④ 레티노이드 – 콜라겐과 엘라스틴의 회복을 촉진

해설
DHA는 뇌 기능을 향상시킨다.

32 방부제가 갖추어야 할 조건이 아닌 것은?

① 독특한 색상과 냄새를 지녀야 한다.
② 적용 농도에서 피부에 자극을 주어서는 안 된다.
③ 방부제로 인하여 효과가 상실되거나 변해서는 안 된다.
④ 일정 기간 동안 효과가 있어야 한다.

해설
방부제의 조건
- 인체에 해가 없어야 한다.
- 첨가로 인해 내용물의 품질을 손상시키지 않아야 한다.
- 일정 기간 동안 효과가 지속되어야 한다.
- 피부에 자극을 주어서는 안 된다.

33 화장품법상 화장품이 인체에 사용되는 목적 중 틀린 것은?

① 인체를 청결하게 한다.
② 인체를 미화한다.
③ 인체의 매력을 증진시킨다.
④ 인체의 용모를 치료한다.

해설
화장품은 용모를 밝게 변화시키고 피부의 건강을 유지 또는 증진시킨다.

34 에센셜 오일의 보관 방법에 관한 내용으로 틀린 것은?

① 뚜껑을 닫아 보관해야 한다.
② 직사광선을 피하는 것이 좋다.
③ 통풍이 잘되는 곳에 보관해야 한다.
④ 투명하고 공기가 통하는 용기에 보관한다.

해설
에센셜 오일 보관법
- 서늘하고 어두운 곳에 보관한다.
- 어린이 손이 닿지 않는 곳에 보관한다.
- 갈색 유리병에 반드시 뚜껑을 닫아 보관한다.

35 기초 화장품의 기능이 아닌 것은?

① 피부 세정   ② 피부 정돈
③ 피부 보호   ④ 피부 결점 커버

해설
④ 베이스 메이크업 화장품의 기능이다.

정답   28 ①   29 ④   30 ②   31 ③   32 ①   33 ④   34 ④   35 ④

제4회 실전모의고사

36 발허리뼈(중족골) 관절을 굴곡시키고 외측 4개 발가락의 지골간 관절을 신전시키는 발의 근육은?
① 벌레근(충양근)
② 새끼벌림근(소지외전근)
③ 짧은새끼굽힘근(단소지굴근)
④ 짧은엄지굽힘근(단무지굴근)

 해설
② 제1손허리 손가락 관절에서 새끼손가락을 벌리고 첫마디 뼈를 구부린다.
③ 발바닥 소지 측의 표층에 있으며 제5중족 골저에서 일어나 소지의 기절 골저에 닿는다.
④ 엄지발가락에서 발바닥으로 이어지는 짧은 심부의 근육으로서 엄지발가락을 구부리고 족궁을 만드는 데 중요한 기능을 한다.

37 한국 네일미용에서 부녀자와 처녀들 사이에서 염지갑화라고 하는 봉선화 물들이기 풍습이 이루어졌던 시기로 옳은 것은?
① 신라시대 ② 고구려시대
③ 고려시대 ④ 조선시대

38 네일 매트릭스에 대한 설명으로 옳은 것은?
① 네일 베드를 보호하는 기능을 한다.
② 네일 바디를 받쳐주는 역할을 한다.
③ 모세혈관, 림프, 신경조직이 있다.
④ 손톱이 자라기 시작하는 곳이다.

 해설
① 조체, ② 조상, ④ 조근

39 손톱의 성장과 관련한 내용 중 틀린 것은?
① 겨울보다 여름이 빨리 자란다.
② 임신 기간 동안에는 호르몬의 변화로 손톱이 빨리 자란다.
③ 피부유형 중 지성피부의 손톱이 더 빨리 자란다.
④ 연령이 젊을수록 손톱이 더 빨리 자란다.

 해설
피부유형과 손톱의 성장 속도는 관계가 없다.

40 손톱의 특성에 대한 설명으로 가장 거리가 먼 것은?
① 조체(네일 바디)는 약 5% 수분을 함유하고 있다.
② 아미노산과 시스테인이 많이 함유되어 있다.
③ 조상(네일 베드)은 혈관에서 산소를 공급받는다.
④ 피부의 부속물로 신경, 혈관, 털이 없으며 반투명의 각질판이다.

 해설
조체는 약 12~18%의 수분을 함유하고 있다.

41 손톱과 발톱을 너무 짧게 자를 경우 발생할 수 있는 것은?
① 오니코렉시스   ② 오니코아트로피
③ 오니코파이마   ④ 오니코크립토시스

 해설
조내생 또는 인그로우 네일이라 하며, 손톱이나 발톱이 조구로 파고 들어가는 현상이다.

42 다음 중 손의 근육이 아닌 것은?
① 바깥쪽뼈사이근(장측골간근)
② 등쪽뼈사이근(배측골간근)
③ 새끼맞섬근(소지대립근)
④ 반힘줄근(반건양근)

 해설
반힘줄근은 다리에 있는 근육으로서 넓적다리 뒷근육에 속한다.

43 자연네일이 매끄럽게 되도록 손톱 표면의 거칠음과 기복을 제거하는 데 사용하는 도구로 가장 적합한 것은?
① 100그릿 네일파일   ② 에머리 보드
③ 네일 클리퍼   ④ 샌딩파일

 해설
① 거친 파일로서 네일 팁의 턱 또는 인조네일 시술 시 사용
② 자연네일의 모양이나 길이를 변경할 때 사용
③ 자연네일과 인조네일의 길이를 자르는 도구

44 네일 미용관리 후 고객이 불만족할 경우 네일 미용인이 우선적으로 해야 할 대처방법으로 가장 적합한 것은?
① 만족할 수 있는 주변의 네일샵 소개
② 불만족 부분을 파악하고 해결방안 모색
③ 샵 입장에서의 불만족 해소
④ 할인이나 서비스 티켓으로 상황 마무리

45 손톱의 주요한 기능 및 역할과 가장 거리가 먼 것은?
① 물건을 잡거나 긁을 때 또는 성상을 구별하는 기능이 있다.
② 방어와 공격의 기능이 있다.
③ 노폐물의 분비 기능이 있다.
④ 손끝을 보호한다.

 해설
손톱에는 노폐물 분비 기능이 없다.

정답 36 ① 37 ③ 38 ③ 39 ③ 40 ① 41 ④ 42 ④ 43 ④ 44 ② 45 ③

제4회 실전모의고사

46 외국의 네일미용 변천과 관련하여 그 시기와 내용의 연결이 옳은 것은?

① 1885년 - 폴리시의 필름 형성제인 니트로셀룰로오스가 개발되었다.
② 1892년 - 손톱 끝이 뾰족한 아몬드형 네일이 유행하였다.
③ 1917년 - 도구를 이용한 케어가 시작되었으며 유럽에서 네일 관리가 본격적으로 시작되었다.
④ 1960년 - 인조손톱 시술이 본격적으로 시작되었으며 네일 관리와 아트가 유행하기 시작하였다.

해설
② 1800년대 : 아몬드형 네일이 유행했다.
③ 1917년 : 보그 잡지에 홈 케어 네일 제품이 광고되었다.
④ 1970년대 : 인조 팁과 아크릴 스컬프처가 본격화되었고, 네일케어와 네일아트가 유행하기 시작했다.

47 손톱 밑의 구조가 아닌 것은?

① 조근(네일 루트) ② 반월(루눌라)
③ 조모(매트릭스) ④ 조상(네일 베드)

해설
조근 : 손발톱의 근원으로 피부 밑에 묻혀있으며, 모세혈관으로부터 산소를 공급받아 손발톱이 자라기 시작하는 곳이다.

48 손톱의 이상증상 중 손톱을 심하게 물어뜯어 생기는 증상으로 인조손톱 관리나 매니큐어를 통해 습관을 개선할 수 있는 것은?

① 고랑진 손톱 ② 교조증
③ 조갑위축증 ④ 조내생증

해설
교조증(Onychophagy)은 손톱을 씹거나 깨무는 버릇에 의해 나타나는 증상이다.

49 손가락 마디에 있는 뼈로서 총 14개로 구성되어 있는 뼈는?

① 손가락뼈(수지골) ② 손목뼈(수근골)
③ 노뼈(요골) ④ 자뼈(척골)

해설
• 손목뼈 : 8개의 뼈로 구성
• 노뼈 : 모지 방향으로 손목뼈와 연결
• 자뼈 : 아래팔의 안쪽에 위치

50 손톱에 대한 설명 중 옳은 것은?

① 손톱에는 혈관이 있다.
② 손톱의 주성분은 인이다.
③ 손톱의 주성분은 단백질이며, 죽은 세포로 구성되어 있다.
④ 손톱에는 신경과 근육이 존재한다.

해설
① 손톱에는 혈관이 없고 피부 속에 박혀 있는 조모(Nail Matrix)에 림프관, 혈관, 신경이 분포되어 있다.
② 손톱의 주성분은 케라틴(경단백질)이다.
④ 손톱은 죽은 세포로 구성되어 있기 때문에 신경과 근육이 존재하지 않는다.

51 인조네일을 보수하는 이유로 틀린 것은?

① 깨끗한 네일미용의 유지
② 녹황색균의 방지
③ 인조네일의 견고성 유지
④ 인조네일의 원활한 제거

해설
인조네일의 보수는 자연네일이 자라남에 따라 큐티클 주변에 들뜸이 생길 수 있으므로 들뜬 부위를 채워주는 작업이다.

052 손톱의 프리에지 부분을 유색 폴리시로 칠해주는 컬러링 테크닉은?

① 프렌치 매니큐어(French Manicure)
② 핫오일 매니큐어(Hot oil Manicure)
③ 레귤러 매니큐어(Regular Manicure)
④ 파라핀 매니큐어(Paraffin Manicure)

해설
②, ④ 유·수분과 보습효과를 줄 때 사용한다.

53 자연네일을 오버레이하여 보강할 때 사용할 수 없는 재료는?

① 실크 ② 아크릴
③ 젤 ④ 파일

해설
파일은 자연네일, 인조네일의 모양과 길이를 다듬을 때 사용하는 도구이다.

54 남성 매니큐어 시 자연네일의 손톱 모양 중 가장 적합한 형태는?

① 오발형 ② 아몬드형
③ 둥근형 ④ 사각형

해설
둥근형 : 기본적인 손톱의 형태로 손톱이 전체적으로 둥글고 각이 없으며 남성들에게도 적합한 형태이다.

| 정답 | 46 ① | 47 ① | 48 ② | 49 ① | 50 ③ | 51 ④ | 52 ① | 53 ④ | 54 ③ |

제4회 실전모의고사

55 오렌지우드스틱의 사용 용도로 적합하지 않은 것은?
① 큐티클을 밀어 올릴 때
② 폴리시의 여분을 닦아 낼 때
③ 네일 주위의 굳은살을 정리할 때
④ 네일 주위의 이물질을 제거할 때

56 라이트 큐어드 젤에 대한 설명으로 옳은 것은?
① 공기 중에 노출되면 자연스럽게 응고된다.
② 특수한 빛에 노출시켜 젤을 응고시키는 방법이다.
③ 경화 시 실내온도와 습도에 민감하게 반응한다.
④ 글루 사용 후 글루 드라이를 분사시켜 말리는 방법이다.

라이트 큐어드 젤이란 특수한 빛(특수광선이나 할로겐 램프)에 노출시켜 젤을 굳히는 일반적인 방법이다.

57 네일 팁 작업에서 팁을 접착하는 올바른 방법은?
① 자연네일보다 한 사이즈 정도 작은 팁을 접착한다.
② 큐티클에 최대한 가깝게 부착한다.
③ 45도 각도로 네일 팁을 접착한다.
④ 자연네일의 절반 이상을 덮도록 한다.

팁을 붙일 때는 조체의 1/3이 적당하며 손톱 길이의 반 이상을 덮지 않는다. 팁 선정 시 자연손톱보다 크기가 작거나 크지 않도록 한다.

58 베이스 코트와 톱 코트의 주된 기능에 대한 설명으로 가장 거리가 먼 것은?
① 베이스 코트는 손톱에 색소가 착색되는 것을 방지한다.
② 베이스 코트는 폴리시가 곱게 발리는 것을 도와준다.
③ 톱 코트는 폴리시에 광택을 더하여 컬러를 돋보이게 한다.
④ 톱 코트는 손톱에 영양을 주어 손톱을 튼튼하게 해준다.

④ 네일 보강제에 대한 설명이다.

59 습식 매니큐어 작업 과정에서 가장 먼저 해야 할 절차는?
① 컬러 지우기
② 손톱 모양 만들기
③ 손 소독하기
④ 핑거볼에 손 담그기

손 소독하기(수험자 + 모델) → 네일 폴리시 제거하기 → 손톱 모양 다듬기 → 샌딩하기 → 큐티클 연화시키기(핑거볼에 손 담그기) → 손가락 물기 말리기 → 큐티클 리무버 바르기 → 큐티클 밀어올리기 → 큐티클 잘라내기 → 소독제 분무하기(모델 큐티클 부위) → 유분기 제거하기 → 컬러링하기

60 아크릴 프렌치 스컬프처 시술 시 형성되는 스마일 라인의 설명으로 틀린 것은?
① 선명한 라인 형성
② 일자 라인 형성
③ 균일한 라인 형성
④ 좌우 라인 대칭

프렌치 시술 시에는 네일의 옐로우 라인에 따라 부드러운 곡선 모양이 나와야 한다.

정답 55 ③ 56 ② 57 ③ 58 ④ 59 ③ 60 ②

단기속성 미용사 네일
필기시험 총정리문제

발 행 일	2026년 1월 10일 개정10판 1쇄 인쇄
	2026년 1월 20일 개정10판 1쇄 발행
저 자	류은주 · 윤미선 공저
발 행 처	 크라운출판사 http://www.crownbook.co.kr
발 행 인	李尙原
신고번호	제 300-2007-143호
주 소	서울시 종로구 율곡로13길 21
공 급 처	02) 765-4787, 1566-5937
전 화	02) 745-0311~3
팩 스	02) 743-2688, (02) 741-3231
홈페이지	www.crownbook.co.kr
I S B N	978-89-406-5051-6 / 13590

판권
본사
소유

특별판매정가   20,000원

이 도서의 판권은 크라운출판사에 있으며, 수록된 내용은
무단으로 복제, 변형하여 사용할 수 없습니다.
　　　　Copyright CROWN, ⓒ 2026 Printed in Korea

이 도서의 문의를 편집부(02-6430-7006)로 연락주시면
친절하게 응답해 드립니다.